HISTOIRE NATURELLE

DES

CRUSTACÉS.

II.

PARIS — IMPRIMERIE ET FONDERIE DE FAIN,
Rue Racine, n. 4, place de l'Odéon.

HISTOIRE NATURELLE

DES

CRUSTACÉS,

COMPRENANT

L'ANATOMIE, LA PHYSIOLOGIE ET LA CLASSIFICATION DE CES ANIMAUX;

PAR M. MILNE EDWARDS,

DOCTEUR ÈS SCIENCES ET EN MÉDECINE, MEMBRE DE LA LÉGION D'HONNEUR, PROFESSEUR D'HISTOIRE NATURELLE AU COLLÉGE ROYAL DE HENRI IV ET A L'ÉCOLE CENTRALE DES ARTS ET MANUFACTURES.

TOME DEUXIÈME.

OUVRAGE ACCOMPAGNÉ DE PLANCHES.

PARIS.

LIBRAIRIE ENCYCLOPÉDIQUE DE RORET,

RUE HAUTEFEUILLE, No 10 BIS.

1837.

HISTOIRE NATURELLE

DES

CRUSTACÉS.

SUITE DE LA

DEUXIÈME PARTIE.

CHAPITRE IV.

FAMILLE DES CATOMÈTOPES.

Dans cette troisième famille de la section des Décapodes Brachyures, qui correspond à peu près à la division des Quadrilatères de M. Latreille, la disposition du *système nerveux* est la même que dans la famille des Cyclomètopes. Le *tube digestif* ne nous a offert rien de particulier; mais le *foie*, au lieu de s'étendre dans toute la largeur de la carapace et de recouvrir en grande partie les branchies, ainsi que cela se voit dans les deux familles précédentes, n'occupe en général que la portion médiane du corps et ne s'étend que peu ou point au-dessus des cavités branchiales. Jusqu'ici nous avons toujours vu ces cavités remplies presque entièrement par les *branchies*, dont le nombre a toujours été de neuf de chaque côté du corps, et dont sept étaient constamment couchées sur la voûte des flancs; mais dans les Catomètopes il en est presque toujours autrement Dans la plupart des cas il existe une grande distance entre la voûte de la cavité respiratoire et la face supérieure des branchies; la membrane qui tapisse cette voûte, au lieu d'être recouverte d'une couche épidermique lisse et épaisse, se présente souvent à nu ou couverte de végétations spongiformes; d'autres fois elle se reploie en dessous de manière à former une espèce de sac ou d'auge, servant à retenir de l'eau nécessaire pour empêcher le dessèchement de l'appareil respiratoire lorsque l'animal reste long-temps à l'air; enfin, le nombre des branchies est quelquefois le même que chez les Oxyrhinques et les Cyclomètopes, mais souvent on n'en compte que cinq ou six sur la voûte des flancs, celles qui s'insèrent d'ordinaire au-dessus des pates de la quatrième paire n'existant pas. Quant aux ouvertures par lesquelles l'eau pénètre dans la cavité respiratoire et en est expulsée, leur disposition est exactement la même que les deux familles précédentes. Nous n'avons remarqué rien de particulier dans la structure de l'*appareil génital* des femelles; mais les organes mâles présentent, chez ces Crustacés, une modification très-remarquable, et dont les auteurs systématiques n'ont pas fait mention. Les deux ouvertures extérieures de cet appareil, au lieu d'être percées dans l'article basilaire des pates postérieures, comme chez tous les autres Brachyures, occupent presque toujours le plastron sternal (1); tantôt elles sont situées à une distance

(1) Pl. 18. fig. 6, *a*, *b*.

considérable du bord latéral de ce plastron, et d'autres fois elles sont formées par une échancrure profonde de ce bord lui-même; enfin, lorsqu'elles occupent l'article basilaire des pates postérieures, elles sont presque toujours appliquées contre l'extrémité d'un canal transversal qui est formé par un repli de la portion voisine du plastron sternal, et qui sert de gaîne à la verge jusqu'au point où elle rencontre l'abdomen et se cache au-dessous de lui. Ces anomalies dans la disposition de l'organe copulateur constituent un des principaux traits caractéristiques de la famille des Catomètopes.

La structure du squelette tégumentaire de ces Crustacés et leur *forme générale* sont également caractéristiques (1). Quelquefois leur corps est fortement déprimé; mais en général il est remarquable par son épaisseur : la *carapace* est presque toujours plus large que longue, et assez régulièrement rhomboïdale ou ovalaire; quelquefois elle est presque circulaire, mais elle n'affecte jamais la forme triangulaire qu'on lui voit chez les Oxyrhinques, et elle n'est jamais arquée en avant et fortement rétrécie dans sa moitié postérieure comme chez les Cyclomètopes. La *région stomacale* est grande et ordinairement divisée postérieurement par un prolongement médian de la *région génitale* comme chez les Cyclomètopes; les *régions hépatiques*, lorsqu'elles sont distinctes, sont extrêmement petites; et les *régions branchiales* occupent presque toute la longueur du bord latéral de la carapace. Le *front* ne s'avance jamais en forme de

(1) Pl. 14 *bis*, fig. 8, 9 et 11; Pl. 18, fig. 1, 10, 14, et Pl. 19, fig. 1, 4, 7, 13.

rostre; il est en général fortement recourbé en bas, et souvent tout-à-fait vertical; caractère dont nous avons tiré le nom de cette famille. A un très-petit nombre d'exceptions près, le *bord fronto-orbitaire* occupe presque toute la largeur de la carapace, les *bords latéraux* sont droits ou plus ou moins courbes, mais ne sont jamais divisés en deux portions distinctes, et formant entre elles un angle, comme chez la plupart des Cyclomètopes; enfin, le *bord postérieur* de la carapace est en général très-long.

Les *yeux* sont ordinairement portés sur des pédoncules assez longs et fort grêles (1); les *orbites* sont presque toujours dirigés directement en avant et en haut, et l'angle interne de ces cavités présente, en général, un hiatus qui loge une portion de la base de l'antenne externe. La disposition des *antennes internes* varie; tantôt elles sont verticales ou longitudinales, tantôt transversales; enfin les fossettes qui les logent communiquent quelquefois librement avec l'orbite, et ne peuvent en être distinguées (2); d'autres fois elles en sont séparées, mais alors elles sont presque toujours extrêmement étroites d'avant en arrière (3), et, au lieu d'être séparées entre elles par une lame longitudinale, c'est ordinairement le front lui-même qui se réunit directement à l'épistome dans une étendue assez considérable. Les *antennes externes* sont extrêmement courtes; leur article basilaire est souvent beaucoup plus large que long, et leur tige mobile, qui est quelquefois rudimentaire, naît en général dans l'hiatus de

---

(1) Pl. 18, fig. 10 et 11, et Pl. 19, fig. 13 et 14.
(2) Pl. 18, fig. 11; Pl. 19, fig. 14.
(3) Pl. 18, fig. 2 et 15, et Pl. 19, fig. 2, 5, 10.

l'angle orbitaire interne. L'*épistome* est ordinairement presque linéaire, et son bord antérieur ne dépasse que peu ou point les *tubercules auditifs ;* disposition qui suffirait à elle seule pour faire distinguer les Catomètopes des Oxyrhinques, mais qui se remarque aussi chez les Cyclomètopes ; enfin, ce même bord antérieur de l'épistome, au lieu d'être situé à une distance assez grande en arrière du bord orbitaire inférieur, ainsi que cela se voit chez ces derniers Crustacés, est presque toujours placé sur la même ligne, et se continue presque avec lui (1). Le *cadre buccal* est presque toujours à peu près quadrilatère, et ne s'avance jamais jusqu'au niveau de l'insertion des yeux ; il est souvent un peu rétréci en avant, et son bord antérieur est quelquefois un peu arqué, mais il ne se termine jamais en pointe, comme nous le verrons dans la famille suivante. La forme des *pates-mâchoires externes* est quelquefois la même que dans les Crabes (2) ; mais en général ces organes présentent une modification qui ne se rencontre pas dans la famille précédente : l'espèce de tige terminale formée par les derniers articles, au lieu de s'insérer à l'angle interne du troisième article de ces membres, naît du milieu du bord antérieur de ce même article (3) ou de son angle externe (4), et quelquefois cette tigelle ne se compose que de deux pièces au lieu de trois, et se cache complétement sous la portion lamelleuse de la mâchoire (5). Enfin l'appendice externe de ces pates-mâchoires est en général styli-

(1) Voyez les figures 2, 5, 8, 10, 11, 14, Pl. 19, etc.
(2) Dans le genre Thelpheuse, par exemple, Pl. 18, fig. 18.
(3) Pl. 18, fig. 16.
(4) Pl. 18, fig. 7, 11, etc.
(5) Pl. 18, fig. 3.

forme, et ne porte pas toujours à son extrémité la petite tigelle articulée qu'on y remarque chez la plupart des Brachyures. Les autres appendices de la bouche ne présentent aucune particularité bien importante à noter.

Le *plastron sternal* (1) est presque toujours plus large que long, et notablement rétréci dans sa moitié antérieure. Le segment qui porte les pates de la première paire est en général peu développé, celui qui donne attache aux pates postérieures est presque toujours très-large, et la suture qui la sépare du pénultième anneau est transversale et à peu près parallèle à toutes les autres sutures analogues. Enfin, la *voûte des flancs* est ordinairement presque horizontale.

Les *pates antérieures* varient beaucoup : souvent elles sont médiocres ou même petites et notablement plus courtes que celles de la seconde paire. En général, ces dernières sont à leur tour moins longues que les pates de la troisième paire, et quelquefois ce sont celles de la quatrième paire qui sont les plus longues de toutes ; dans la plupart des cas, celle-ci, ou les précédentes, ont environ deux fois la longueur de la portion post-frontale de la carapace. Enfin, chez un assez grand nombre de ces Crustacés, *l'abdomen* du mâle est beaucoup moins large à sa base que la partie correspondante du thorax, de façon qu'il ne recouvre pas la totalité du dernier segment sternal et ne s'étend pas jusqu'à l'origine des pates postérieures; presque toujours on y compte, chez les mâles, de même que chez les femelles, sept articles distincts.

Cette famille est aussi remarquable par les mœurs de plusieurs des animaux dont elle se compose que

(1) Pl 18, fig. 6.

TABLEAU SYNOPTIQUE DE LA DIVISION DE LA FAMILLE DES CATOMÉTOPES EN SIX TRIBUS.

FAMILLE DES ATOMÉTOPES.

- Verges naissant de l'article basilaire des pates postérieures et ne se cachant pas dans un canal transversal du sternum pour gagner l'abdomen qui les recouvre à leur naissance. Carapace plus ou moins ovalaire; pedoncules oculaires courts, n'atteignant pas à beaucoup près l'extrémité latérale de la carapace; quatrième article des pates-mâchoires externes ne s'insérant jamais à l'angle externe du précédent, et ne se cachant pas sous sa face interne. — **Tribu des Thelphusiens.**
- Verges naissant directement du plastron sternal, ou bien traversant l'article basilaire des pates postérieures, et se cachant de suite dans un canal transversal du sternum pour gagner le dessous de l'abdomen.
  - Carapace ovalaire, notablement plus large que longue, très-arrondie et très-renflée sur les côtés. Secoup article de l'abdomen du mâle atteignant presque toujours la base des pates postérieures. Front assez large. Pedoncules oculaires en général assez longs. Quatrième article des pates-mâchoires externes inséré à l'angle externe du précédent ou caché sous sa face interne. — **Tribu des Gécarciniens.**
  - Carapace circulaire, au moins aussi longue que large. Second article de l'abdomen du mâle beaucoup plus étroit que la partie correspondante du plastron sternal. Front presque toujours très-étroit. Pedoncules ovaires très-courts. Quatrième article des pates-mâchoires externes s'insérant au sommet ou à l'angle externe du troisième article. — **Tribu des Pinnothériens.**
  - Carapace quadrilatère ou rhomboïdale; ses bords antérieurs et latéraux à peu près droits ou faiblement courbés.
    - Second article de l'abdomen du mâle plus étroit que la portion correspondante du plastron sternal. Pedoncules oculaires presque toujours très-longs.
      - Front extrêmement étroit; antennes internes verticales et logées en grande partie dans l'angle interne des orbites. Quatrième article des pates-mâchoires inséré à l'angle externe de l'article précédent. — **Tribu des Ocypodiens.**
      - Front très-large, occupant presque toujours le tiers de la longueur du bord fronto-orbitaire. Antennes externes horizontales et logées sous le front. Quatrième article des pates-mâchoires externes s'insérant en général dans une échancrure de l'angle antérieur et interne du troisième article. — **Tribu des Gonoplaciens.**
    - Second article de l'abdomen du mâle presque toujours aussi large que la partie correspondante du thorax et s'étendant jusqu'à la base des pates postérieures. Front très-large, occupant environ la moitié du bord antérieur de la carapace. Pedoncules oculaires très-courts. Quatrième article des pates-mâchoires externes s'insérant au milieu du bord antérieur ou à l'angle externe du troisième article, mais jamais à son angle interne. — **Tribu des Grapsoïdiens.**

par leur organisation. Un certain nombre de Catomètopes sont complétement terrestres; d'autres vivent habituellement sur la plage et s'y creusent des terriers; la plupart sont d'une agilité extrême, et il en est qui établissent leur demeure dans l'intérieur de la coquille de divers mollusques bivalves, comme nous aurons, du reste, l'occasion de le voir plus en détail par la suite.

Le groupe des Catomètopes renferme plusieurs types d'organisation assez distincts pour motiver sa division en six tribus naturels qu'on peut caractériser analytiquement de la manière indiquée dans le tableau ci-joint. Les Thelphusiens et les Gonoplaciens établissent le passage entre cette famille et la précédente, et semblent appartenir à deux séries parallèles formées l'une par les Thelphusiens, les Gécarciniens, les Ocypodiens et les Pinnothériens; l'autre par les Gonoplaciens et les Grapsoïdiens : les premiers sont pour la plupart plus ou moins terrestres; les seconds, au contraire, ne sortent que rarement de la mer.

TRIBU DES THELPHEUSIENS.

Les Thelpheusiens ont beaucoup d'analogie avec les Cancériens, et ils établissent évidemment un passage entre ces Crustacés et les Gécarciniens; en effet, la forme générale de plusieurs d'entre eux diffère peu de celle des Eriphies, et la disposition des organes de la génération est la même que dans les deux familles précédentes; mais la structure de leur appareil respiratoire, et d'autres caractères que le zoologiste ne peut négliger, les éloignent de ces groupes naturels, et ne permettent pas de les séparer des Catomètopes. Ainsi, chacune des *cavités branchiales* occupe environ le tiers de la carapace et s'élève en voûte à une distance très-considérable des branchies. Quelquefois la membrane qui la tapisse est couverte de végétations spongieuses. Les *branchies* sont, il est vrai, au nombre de neuf de chaque côté, savoir : deux réduites à l'état de vestiges et fixées aux pates-mâchoires, et sept couchées sur la voûte des flancs comme chez les Cyclomètopes; mais leur texture est plus molle, et elles se dirigent en arrière de manière à recouvrir la presque totalité de la voûte des flancs, disposition qui ne se rencontre que dans la famille des Catomètopes.

La *carapace* des Thelpheusiens (Pl. 14 *bis*, fig. 9, et Pl. 18, fig. 14) est peu ou point bombée, et notablement plus large que longue; son bord antérieur est droit et occupe environ les deux tiers de son diamètre transversal; enfin ses bords latéraux décrivent toujours une courbure régulière et assez forte. Le *front* est notablement plus large que la portion antérieure du cadre buccal et plus ou moins recourbé en bas. Les *yeux* ont un pédoncule gros et court, dont la longueur n'est jamais plus du double du diamètre, et dont la face inférieure est occupée par la cornée dans environ la moitié de sa longueur. Les *orbites* sont ovalaires et présentent toujours à leur angle interne un hiatus étroit, rempli par l'antenne externe (Pl. 18, fig. 15). Les *antennes internes* sont horizontales, et en général presque entièrement cachées par le front qui ne laisse entre son bord inférieur et l'épistome qu'un espace linéaire. L'article basilaire des *antennes externes* pénètre dans l'hiatus qui occupe l'angle interne de l'orbite, et sépare cette cavité des fossettes antennaires; du reste, il est peu développé, et la tige mobile qui en naît dans le même hiatus est très-petite. L'*épistome* (fig. 15) est presque linéaire et placé sur le même niveau que le bord inférieur de l'orbite. Le *cadre buccal* est presque aussi large en avant qu'en arrière, et le quatrième article des pates-mâchoires externes s'insère tantôt à l'angle interne (fig. 18), tantôt au milieu du bord antérieur de l'article précédent (fig. 16), et d'autrefois à son angle externe. Les *pates* antérieures sont beaucoup plus fortes et presque toujours plus longues que les suivantes; elles ne sont que peu ou point comprimées. Les pates de la troisième paire sont les plus longues de toutes, mais elles n'ont pas deux fois la longueur de la portion post-frontale de la carapace, et elles se terminent comme les autres par un tarse styliforme. Le second article de l'*abdomen* du mâle recouvre la portion correspondante du plastron sternal dans toute sa largeur, et s'étend jusque sur l'article basilaire des pates postérieures. Enfin, les appendices abdominaux de la seconde paire chez le mâle sont filiformes vers le bout, et au moins aussi longs que ceux de la première paire.

Les Thelpheusiens présentent des particularités de mœurs très-remarquables. Tous ceux dont les habitudes sont connues vivent dans l'intérieur des terres, près du bord des fleuves ou dans les forêts humides. Ils ont beaucoup d'analogie avec les Gécarciniens. On en connaît trois genres faciles à distinguer aux caractères suivans :

§. Troisième article des pates-mâchoires externes à peu près carré, et donnant insertion à l'article suivant par une échancrure de son angle interne.

G. Thelphuse.

§§. Troisième article des pates-mâchoires externes à peu près carré, et donnant insertion à l'article suivant vers le milieu de son bord antérieur.

G. Boscia.

§§§. Troisième article des pates mâchoires externes ayant à peu près la forme d'un triangle renversé, et donnant insertion à l'article suivant par son angle externe.

G. Trichodactyle.

Genre THELPHEUSE. — *Thelpheusa* (1).

Le Crustacé qui constitue le type de ce genre est l'un des animaux de cette classe le plus anciennement connus, car il en est question dans les écrits d'Hippocrate. On le voit représenté sur beaucoup de médailles antiques, et c'est probablement le Crabe héracléotique mentionné par Aristote. Il est en effet commun en Grèce, et ses mœurs le rendent remarquable; car, au lieu d'habiter le littoral comme la plupart des Crustacés, il se tient dans l'intérieur des terres, sur le bord des rivières.

C'est Latreille qui a séparé génériquement ces singuliers Crustacés; il les a d'abord désignés sous le nom de *Potamo-*

(1) *Cancer*, Belon, Rondelet, Olivier, Herbst, etc.; *Potamophite*, Latreille, Règne animal, 1re. ed., t. III, p. 18. *Potamon*, Savigny, Egypte, Mém. sur les animaux sans vertèbres. — *Thelphusa*, Latreille, Nouv. Dict. d'hist. nat., 2e. éd. — Encyc. méth., etc. — Desmarest, Consid. sur les Crustacés, p. 127.

phile, qui, ayant déjà été donné à un genre d'insectes, n'a pas été conservé, et a été remplacé par celui de Thelphuse.

La *carapace* des Thelpheuses est beaucoup plus large que longue, notablement rétrécie en arrière, et très-légèrement bombée en dessus. En général les régions sont à peine séparées; mais la région stomacale, lorsqu'elle est distincte, est extrêmement large eu avant (Pl. 14 *bis*, fig. 9). Le bord fronto-orbitaire ou antérieur de la carapace occupe environ les deux tiers de son diamètre transversal, et ses bords latéraux sont très-arqués dans leurs deux tiers antérieurs; enfin son bord postérieur est égal en largeur à la moitié ou aux deux cinquièmes de son diamètre transversal. Le *front* est très-peu incliné, presque droit et plus large que le cadre buccal. Les *orbites* sont ovalaires; elles ne présentent point de fissures en dessus, et sont munies d'une grosse dent verticale qui s'élève de leur paroi inférieure près du canthus interne de l'œil. Les *fossettes antennaires* sont très-étroites. L'article basilaire des *antennes externes* varie dans sa forme, mais ne dépasse que peu ou point la dent de la paroi orbitaire inférieure contre laquelle il est appliqué. Les *pates-mâchoires externes* sont allongées, et leur troisième article, à peu près quadrilatère, porte l'article suivant à son angle interne qui est tronqué (Pl. 18, fig. 18). Le *plastron sternal* est presque aussi long que large, et se rapproche par sa forme de celui des Cancériens. Les *pates antérieures* sont toujours beaucoup plus longues que celles de la seconde paire, et de grandeur un peu inégale entre elles; les mains sont un peu courbées en dedans, et la pince qui les termine est pointue, très-allongée et finement dentelée. Les pates suivantes sont toutes un peu cannelées en dessus, et leur tarse est quadrilatère et armé d'épines cornées très-fortes; celles de la deuxième paire sont notablement plus courtes que celles de la troisième paire, et la longueur de ces dernières n'égale pas tout-à-fait deux fois celle de la carapace. Enfin, l'*abdomen* se compose, dans l'un et l'autre sexe, de sept articles.

1. Thelpheuse fluviatile. — *T. fluviatilis* (1).

Bords latéraux de la carapace armés d'une forte dent située près de l'angle orbitaire externe, et suivie d'une série de petites dentelures; quelques rugosités près du front et sur les côtés de la carapace. Mains couvertes de granulations élevées; carpe également granuleux et armé en dedans de plusieurs épines. Longueur, 2 $\frac{1}{2}$ pouces. Couleur, jaunâtre.

Habite le midi de l'Italie, la Grèce, l'Egypte et la Syrie, et se tient d'ordinaire caché sous les pierres, sur le bord des ruisseaux et des lacs. (C. M.)

2. Thelpheuse du Nil. — *T. nilotica.*

Bords latéraux de la carapace armés d'une dent post-orbitaire comme dans l'espèce précédente, et d'une série d'épines très-aiguës. La partie antérieure de la face supérieure de la carapace présentant une petite crête transversale qui s'étend d'une manière continue et en ligne droite dans toute sa largeur. Front lisse. Mains et carpe lisses. Point d'épines sur le bord inférieur du pénultième article des pates postérieures. Longueur, environ 1 pouce.

Habite le Nil. (C. M.)

---

(1) *Cancer fluviatilis*, Belon, de Aquatilibus, lib. II, p. 372. — Rondelet, Hist. des Poissons, 2e. partie, p. 153. — *Crabe de rivière*, Olivier, Voyage dans l'empire ottoman, Pl. 30, fig. 2. — *Crabe fluviatile*, Bosc, t. I, p. 177. — *Ocypode fluviatilis*, Latr. Hist. des Crust. et Ins. t. VI, p. 39. — *Potamophile fluviatile*, Latr. Règne an. 1re. éd. t. III, p. 18. — Savigny, Egypte, Crustacés, Pl. 2, fig. 5. — *Potamophilus edulis*, Latr. Encyc. atlas, Pl. 297, fig. 4. — *Geçarcinus fluviatilis*, Lamarck, Hist. des An. sans vert. t. V, p. 251. — *Telphusa fluviatilis*, Latr. Encyc. méth. t. X, p. 563, etc. — Desmarest, Considérations sur les Crustacés, p. 128, Pl. 15, fig. 2.

3. THELPHEUSE INDIENNE. — *T. indica* (1).

Bord latéral de la carapace armé d'une dent post-orbitaire plus forte que dans les espèces précédentes, mais ne présentant ensuite que des vestiges de dentelures (Pl. 14 *bis*, fig. 9). Une crête élevée et droite s'étendant d'une dent post-orbitaire à celle du côté opposé, comme dans l'espèce précédente, mais plus forte. Régions ptérygostomiennes lisses. Pates à peu près comme dans l'espèce précédente. Longueur, 2 pouces. Couleur, brunâtre.

Habite la côte de Coromandel, et y est connu sous le nom de *Tillé naudon*. (C. M.)

La THELPHUSE CHAPERON ARRONDI, figurée par MM. Quoy et Gaimard (Voyage du cap. Freycinet, Pl. 77, fig. 1) paraît être très-voisine de la précédente.

4. THELPHEUSE PERLÉE. — *T. perlata*.

Carapace comme dans l'espèce précédente, mais plus bombée et garnie sur ses *bords latéraux d'une série de petites dents perlées*. Régions ptérygostomiennes couvertes de petites granulations semblables. Pates à peu près comme dans l'espèce précédente. Longueur, 20 lignes.

Habite le cap de Bonne-Espérance. (C. M.)

5. THELPHEUSE DE LESCHENAULT. — *T. Leschenaudii*.

Bords latéraux de la carapace armés d'une forte dent

(1) *Cancer aurantius?* Herbst, t. III, p. 59, Pl. 48, fig. 5. — *C. senex?* Fabr. Suppl. p. 340. — *Ocypoda aurantia*, Bosc op cit. t. I, p. 195. — Latr. Hist. des Crust. t. VI, p. 50. — *Telphusa indica*, Latr. Encyc. t. 10, p. 563. — Guérin, Iconographie du Règne animal, Crust. Pl. 3, fig. 3 (dans cette figure les bords de la carapace sont crénelés, ce qui n'existe pas dans la nature).

près de l'angle orbitaire externe, mais ensuite parfaitement lisses. Crête transversale de la face supérieure de la carapace formée de trois portions, dont une médiane un peu plus avancée que les deux latérales. Pates comme dans l'espèce précédente. Longueur, 20 lignes.

Habite les environs de Pondichéry. (C. M.)

6. THELPHEUSE DE BÉRARD. — *T. Berardii* (1).

Bords latéraux de la carapace entièrement obtus, lisses, ne présentant aucune dent en arrière de l'angle orbitaire externe, et très-courbes. Face supérieure de la carapace bombée, lisse, et sans crête transversale. Pates comme dans les espèces précédentes. Longueur, 1 pouce.

Habite l'Egypte. (C. M.)

L'espèce figurée sous le même nom par M. Dehaan (Fauna Japonica, Cr. Pl. 6, fig. 2), et rapportée du Japon par M. Sibold, me paraît différer de celle de l'Egypte; elle a la carapace moins large.

GENRE BOSCIA. — *Boscia* (2).

En rangeant la collection des Crustacés du Muséum d'histoire naturelle, j'ai établi il y a plusieurs années, sous le nom de *Boscia*, une nouvelle division générique pour les Thelphusiens des Antilles, dont on doit la connaissance à l'un des professeurs de cet établissement, M. Bosc. M. Latreille a suivi la même marche dans sa Classification des Crustacés publiée peu de temps avant sa mort; mais il a cru préférable de donner à ce genre le nom de *Potamie*, que j'aurais adopté aussi, si celui

(1) Audouin, explication des planches de M. Savigny, Egypte, Crust. Pl. 2, fig. 6.

(2) *Cancer*, Herbst, Bosc, etc. — *Thelphusa*, Latr. Encyc. t. X, p. 564, etc. — *Potamia*, Latr. Cours d'entomologie, p. 338.

de Boscia n'avait été déjà gravé au bas de l'une des planches de cet ouvrage. La forme générale de ces Crustacés (Pl. 18, fig. 14) est à peu près la même que celle de certaines Thelphuses; mais le *front*, brusquement reployé au bas, est vertical (fig. 15), et le troisième article des *pates-mâchoires externes*, au lieu d'être carré, et d'avoir la forme ordinaire chez les Cancériens, est rétréci en avant et porte l'article suivant au milieu de son bord antérieur (fig. 16).

Ces animaux sont terrestres comme les Thelphuses, et habitent le bord des fleuves. La dissection d'un individu assez bien conservé dans l'alcool, faite par M. Audouin et moi, nous a fait découvrir chez ce Crustacé une disposition très-remarquable de l'appareil branchial; les cavités qui renferment les organes de la respiration s'élèvent beaucoup au-dessus de la surface supérieure des branchies, et présentent un grand espace vide dont les parois sont tapissées d'une membrane tomenteuse et couverte de végétations.

On ne connaît encore qu'une espèce de ce genre.

1. Boscia dentée. — *B. dentata* (1). (Pl. 18, fig. 14-16.)

Carapace horizontale et lisse en dessus, très-large. Front granuleux sur les bords; orbites entières; bords latéraux tranchans, très-arqués et finement dentelés; portion des régions ptérygostomiennes voisine de la bouche couverte d'un duvet long et serré. Pates comme chez les Thelphuses. Longueur, 2 pouces.

Habite les Antilles et l'Amérique du sud. (C. M.)

---

(1) *Cancer fluviatilis*, Herbst, t. I, p. 183, Pl. 10, fig. 61. — Bosc, op. cit. t. I, p. 177. — *Thelphusa dentata*, Latr. Encyc. t. X, p. 564. — *T. Serrata*, Desmarest, Consid. sur les Crust. p. 128.

GENRE TRICHODACTYLE. — *Trichodactylus* (1).

Ce petit groupe se compose d'une espèce de Thelphusien qui établit le passage entre les genres précédens et la tribu des Grapsoïdiens. La *carapace*, presque horizontale en dessus, est beaucoup moins large que chez les Thelphuses. Le front est large, lamelleux, et simplement incliné; les orbites sont presque circulaires; les bords latéraux de la carapace courbes. Les antennes sont disposées à peu près comme chez les Thelphuses; mais la forme des pates-mâchoires externes est très-différente; leur troisième article est presque triangulaire, avec son sommet dirigé en dedans, et il s'articule avec l'article suivant par son angle antérieur et externe. Les pates ont à peu près la même forme que chez les précédens. On ne connaît encore qu'une espèce de ce genre.

1. TRICHODACTYLE CARRÉ. — *T. quadrata* (2).

Carapace lisse; ses bords latéraux un peu relevés. Pates médiocres. Tarses cylindriques, allongés et couverts d'un duvet court et serré. Longueur, 1 pouce.

Habite le Brésil. (C. M.)

TRIBU DES GÉCARCINIENS.

La tribu des Gécarciniens est un des groupes les plus remarquables de la classe des Crustacés, car elle se compose d'animaux à branchies qui sont cependant essentiellement terrestres, et qu'on peut même faire périr d'asphyxie en les tenant long-temps submergés. On

(1) Latr. Encyc. t. X, p. 705.

(2) Latr. Collection du Muséum, — *Trichodactylus fluviatilis*, ejusdem Encyc. t. X, p. 705.

les distingue facilement des autres Catométopes à leur *carapace* ovalaire transversalement très-élevée et bombée en dessus (Pl. 18, fig. 1). Les régions branchiales sont en général bien distinctes et très-renflées en dessous; elles occupent environ les deux tiers de sa surface. Le front est à peu près aussi large que le cadre buccal, et fortement recourbé en bas. Les orbites sont ovalaires, médiocres et très-profondes. Les bords latéraux de la carapace sont très-arqués, et décrivent en général presque un demi-cercle. Les *antennes internes* sont logées sous le front, et se reploient transversalement dans des fossettes étroites et souvent presque linéaires (Pl. 18, fig. 2). La disposition des antennes externes varie; il en est de même pour les pates-mâchoires; tantôt leur quatrième article s'insère à l'angle externe du précédent et reste à découvert comme chez les Ocypodiens, tantôt se cache en entier sous sa face interne. Les pates de la première paire sont longues et fortes; les suivantes sont également robustes et longues; le tarse est pointu et quadrilatère. Enfin l'abdomen du mâle est reçu dans une fosse profonde du plastron sternal, et son second article atteint presque toujours la base des pates postérieures; en général, il est si long, qu'il arrive jusqu'à la base de la bouche; et les appendices cachés au-dessous sont remarquablement gros.

Les branchies ne sont souvent qu'au nombre de sept, savoir : cinq fixées à la voûte des flancs, et deux, à l'état rudimentaire, cachées sous la base des précédentes et prenant naissance des pates-mâchoires; mais, dans d'autres espèces, on en compte de chaque côté neuf, comme d'ordinaire. La cavité respiratoire est très-grande et s'élève en une voûte très-élevée au-dessus des branchies, de façon qu'il existe au-dessus de ces organes un grand espace vide. La membrane tégumentaire dont elle est tapissée est aussi très-spongieuse, et forme quelquefois le long du bord inférieur de la cavité un repli d'où résulte une espèce de gouttière ou d'auge longitudinale propre à contenir de l'eau lorsque l'animal reste exposé à l'air.

Les Gécarciniens, que dans nos colonies on désigne sous les noms de *Tourlouroux*, de *Crabes de terre*, etc., habtent les parties chaudes des deux hémisphères, et ont des mœurs très-remarquables, car, au lieu de vivre dans l'eau comme les Crustacés ordinaires, ils sont terrestres et quelques-uns d'entre eux périssent même assez promptement par la submersion. La plupart se tiennent d'ordinaire dans les bois humides, et se cachent dans les trous qu'ils creusent dans la terre; mais les localités qu'ils préfèrent varient suivant les espèces; les unes vivent dans les terrains bas et marécageux qui avoisinent la mer, d'autres sur les collines boisées, loin du littoral, et à certaines époques ces dernières quittent leur demeure habituelle pour gagner la mer. On rapporte même qu'alors ces Crustacés se réunissent en grandes bandes, et font ainsi des voyages très-longs, sans se laisser arrêter par aucun obstacle, et en dévastant tout sur leur passage. Ils se nourrissent principalement de substances végétales et sont nocturnes ou crépusculaires. C'est surtout lors des pluies qu'ils quittent leurs terriers, et ils courent avec une grande rapidité. Il paraîtrait que c'est à l'époque de la ponte qu'ils se rendent à la mer et qu'ils y déposent leurs œufs: mais nous ne connaissons aucune observation bien positive à cet égard.

Pendant la mue ils restent cachés dans leurs terriers.

On trouve dans les ouvrages de Rochefort (Hist. nat. des Antilles), de Feuillée (Observ. faites sur les côtes d'Amérique), de Labat (nouv. Voy. aux îles d'Amérique, t. II), de Brown (Hist. of Jamaica), et de plusieurs autres voyageurs qui ont visité les Antilles, beaucoup de détails sur les mœurs des Crabes de terre; mais en général les espèces ne sont pas assez bien distinguées par ces naturalistes pour qu'on puisse les déterminer avec certitude.

La tribu des Gécarciniens, ou *Crabes de terre*, se compose de quatre genres faciles à distinguer par les caractères suivans :

				Genres.
TRIBU DES GÉCARCINIENS.	Tige terminale des pates-mâchoires externes complétement à découvert, et	S'insérant à l'angle externe du troisième article.	Bord interne des pates mâchoires externes droit, et se joignant exactement à celui du côté opposé, de manière à fermer complétement la bouche.	UCA.
			Bord interne des pates-mâchoires externes fortement échancré au milieu, de façon que ces deux organes laissent entre eux un espace vide en forme de losange.	CARDISOMA.
		S'insérant dans une échancrure profonde du sommet du troisième article.		GÉCARCOÏDE.
	Tige terminale des pates-mâchoires externes s'insérant à la face interne du troisième article près de son sommet et complétement cachée sous lui.			GÉGARCIN.

Genre UCA. — *Uca* (1).

Le genre Uca établit à quelques égards le passage entre les Ocypodes et les autres Gécarciniens, car la disposition du front et des pates-mâchoires externes se rapproche de ce que l'on voit chez les premiers, tandis que l'ensemble de l'organisation est la même que chez les Gécarcins. La *carapace* est beaucoup plus large que longue, de forme ovalaire et très-élevée. Le *front* est plus étroit que chez les autres Gécarciniens, très-incliné et presque semi-circulaire. Les *orbites* sont assez grandes et ouvertes en dehors au-dessous de leur angle externe. Les *fossettes antérieures* sont ovalaires, petites et séparées par un petit prolongement triangulaire de l'épistome. L'*antenne externe* occupe le canthus orbitaire interne. Le *cadre buccal* a la forme d'un rhomboïde. Le deuxième et le troisième article des *pates-mâchoires externes* (Pl. 18, fig. 7) sont quadrilatères, à peu près de même grandeur, et se terminent du côté interne par un bord droit; le quatrième article s'insère à l'angle externe du précédent et s'applique contre son bord antérieur. Les *pates* ne présentent rien de particulier, si ce n'est que les pinces sont un peu élargies au bout et faiblement creusées en cuillère, et que les tarses sont aplatis, non épineux et à peu près de même forme que chez les Ocypodes. Il n'y a que cinq *branchies* thoraciques, et la membrane que tapisse la voûte de la cavité branchiale se replie en bas et au dedans de façon à former à sa partie inférieure une sorte de gouttière ou d'auge.

Ces Crustacés vivent à terre, mais on ne connaît pas les particularités de leurs mœurs.

---

(1) *Cancer*, Herbst, etc. — *Gecarcinus*, Latr. Nouv. Dict d'hist. nat. 2e. éd. — Desmarest, Consid. sur les Crust. p. 114. — *Uca*, Leach, Latr. Reg. anim. 1re. éd. t. III, p. 18. — Encyc. méth. t. X, p. 685, etc.

1. Uca une. — *Uca una* (1).

Bords latéraux de la carapace garnis d'une petite crête saillante et finement dentelée. Régions ptérygostomiennes très-granuleuses. Mains épineuses en dessus et en dedans. Pates poilues en dessous, de longueur médiocre; celles de la troisième paire un peu plus longues que les autres. Taille, 2 pouces.

Habite l'Amérique méridionale. (C. M.)

2. Uca lisse. — *Uca lævis.*

Bords latéraux de la carapace à peine marqués. Régions ptérygostomiennes lisses. Pates du mâle très-grandes; celles de la deuxième paire un peu plus longues que les autres. Longueur, 2 ½ pouces.

Habite les Antilles. (C. M.)

Genre CARDISOME. — *Cardisoma* (2).

Le genre Cardisome, établi par M. Latreille, comprend un certain nombre de Gécarciniens qui ont la *carapace*

---

(1) *Uca una*, Margrave, op. cit. p. 184. — Seba, t. III, Pl. 20, fig. 4. — *Cancer uca*, Linn. Syst. nat. 12e. éd. t. II, p. 1041, no. 13, et *C. cordatus*, ejusdem loc. cit. p. 1039, no. 4 et Amœn. Acad. 6, p. 414. — *Cangrejo ajaes terrestres*, Parra, op. cit. p. 164, Pl. 58. — *C. cordatus*, Herbst, t. I, p. 131, Pl. 6, fig. 38. — *Ocypode cordata*, Latr. Hist. nat. des Crust. et Ins. t VI, p. 37, Pl. 46, fig. 3 (d'après Seba). — *Gecarcinus uca*, Lamarck, Hist. nat. des Anim. sans vert. t. V, p. 291. — *Uca una*, Latr. Encycl. méth. t. X, p. 685, Pl. 269, fig. 4 (d'après Seba). — Guérin, Iconogr. Crust. Pl. 5, fig. 5.

M. Latreille cite aussi, comme synonymie de l'*Uca una*, son *Ocypode fossor* (Hist. nat. des Crust. et des Ins. t. VI, p. 38); mais nous sommes portés à croire qu'il faudrait plutôt le rapporter à l'espèce suivante.

(2) *Cancer*, Linn., Fabr., Herb. — *Ocypode*, Latr. Hist. nat. des

plus élevée et plus carrée que la plupart des autres Crustacés de la même tribu et qui sont caractérisés principalement par la disposition de leurs pates-mâchoires. Le *cadre buccal* a la forme d'un carré long; ses bords latéraux sont droits. Le deuxième article des *pates-mâchoires externes* est rétréci antérieurement, et le troisième, un peu moins long que le précédent, s'élargit d'arrière en avant, de façon que ces organes laissent entre eux, au milieu de l'appareil buccal, un espace vide ayant à peu près la forme d'un losange; le troisième article, à peu près cordiforme, est échancré à son bord antérieur, et donne insertion par son angle externe au quatrième article, qui, de même que les suivans, reste toujours à découvert. Le *front* est très-large et presque droit. Les *fossettes antennaires* sont tout-à-fait transversales et séparées par une surface demi-circulaire et très-large. Les *pates* de la troisième et de la quatrième paire sont les plus longues, et les tarses sont quadrilatères et très-épineux. Enfin, les *branchies* couchées sur la voûte des flancs sont au nombre de sept de chaque côté, dont la première est comme d'ordinaire très-petite, et les deux dernières, au contraire, très-longues.

Les Cardisomes vivent dans les bois et se creusent des terriers profonds et obliques, dont ils ne sortent que pendant la nuit.

1. Cardisome bourreau. — *C. carnifex* (1).

Carapace très-élevée et sa surface très-courbée d'avant en arrière, mais presque horizontale transversalement; ses *bords*

Crust. t. VI. — *Gecarcinus*, ejusdem, Nouv. Dict. d'hist. nat. 2e. éd — Desmarest, Consid. sur les Crust. p. 113. — *Cardisoma*, Latr. Encycl. t. X, article *Tourlouroux;* Reg. anim. 2e. éd. t. IV, p. 50, etc.

(1) *C. carnifex*, Herbst, Pl. 41, fig. 1. — *Ocypoda cordata ?* Latr. Gen. Crust. et Inst. t. . — *Gecarcinus hirtipes ?* Lamarck, Hist. des

latéraux marqués d'une ligne saillante et élevée. Une petite dent derrière l'angle orbitaire externe. Quatre rangées d'épines sur les tarses; les deux inférieures très peu nombreuses. Pinces grandes d'un côté; main très-large; doigts se touchant dans presque toute leur longueur. Longueur, 2 pouces.

Habite le voisinage de Pondichéry. (C. M.)

Le *Cancer hydromus*, figuré par Herbst (Pl. 41, fig. 4), est évidemment une espèce très voisine de la précédente, dont il ne devra peut-être pas être distingué.

2. Cardisome guanhumi. — *C. guanhumi* (1).

Carapace très-renflée latéralement et se prolongeant plus loin que la *ligne indicative du bord latéral, laquelle est à peine distincte.* La dent placée dans l'angle orbitaire très-courte. Pinces allongées; celle de la grande placée en général du côté gauche. Mains énormes chez le mâle (plus grandes que le corps), très-courbes et ne se joignant que par leur extrémité. Du reste, ne différant pas notablement de l'espèce précédente. Longueur, 3 pouces.

Habite les Antilles. (C. M.)

L'Ocypode ruricola, de M. Freminville (Ann. des sc. nat. 2e. série, zool. t. III, p. 217), paraît être la femelle de l'espèce précédente.

Anim. sans vert. t. V, p, 251. — *Gecarcinus carnifex*, Latreille, Nouv. Dict. d'hist. nat. 2e. éd. (dit Dict. de Déterville). Desmarest, op. cit. p. 113. — *Cardisoma carnifex*, Latr. Encyc. t. X, p. 685.

(1) *Cancer Guanhumi*, Margraff, loc. cit. (figure extrêmement mauvaise). — *Crabe blanc*, Labat, nouv. Voyage aux îles d'Amérique, t. II, p. 173. — *Cangrejo terrestre*, Parra, op. cit. Pl. 57. — *Cardisoma Guanhumi*, Latr. Encycl. t. X, p. 685. — *Ocypode gigantea*, Freminville, Annales des sciences naturelles, 2e. série, zool. t. III, p. 221.

Genre GÉCARCOIDE. — *Gecarcoidea.*

Cette petite division générique établit le passage entre les Cardisomes et les Gécarcins. Ici la *carapace* est plus ovalaire et moins élevée que dans les genres précédens. Le *front* est de longueur médiocre, droit et très-incliné ; les *fossettes antennaires* sont arrondies et séparées par un petit prolongement triangulaire du front. Les *orbites* sont petites, et leur bord inférieur est beaucoup plus saillant que dans les genres précédens, et laisse entre son angle interne et l'antenne externe une échancrure large et profonde. Le *cadre buccal* n'est pas aussi nettement circonscrit que d'ordinaire et est plutôt circulaire que carré. Les *pates-mâchoires externes* laissent entre eux un grand espace vide ; leur troisième article, beaucoup moins grand que le second, est à peu près quadrilatère, peu ou point rétréci en arrière, et profondément échancré à son bord antérieur, au milieu duquel s'insère l'article suivant qui est à découvert.

Nous ne connaissons encore qu'une seule espèce de ce genre.

1. Gécarcoïde de Lalande. — *G. Lalandii.*

Carapace ovalaire et sans crête sur les bords latéraux. Pates fortes ; pinces grosses, cylindriques, tuberculeuses, et se joignant dans toute leur longueur ; bord antérieur des bras noduleux ; pates suivantes dentelées sur les bords ; celles de la troisième paire les plus longues. Six rangées de dents sur les tarses. Couleur, rouge brunâtre. Longueur, 3 pouces.

Habite le Brésil. (C. M.)

Genre GÉCARCIN. — *Gecarcinus* (1).

Le genre Gécarcin se compose de plusieurs Crustacés ter-

(1) *Cancer*, Linn., Fab., Herbst, etc. — *Ocypode*, Bosc. — La-

restres remarquables par la forme ovalaire de leur *carapace* qui est peu élevée et très-renflée sur les côtés (Pl. 18, fig. 1); ses bords latéraux ne sont pas distincts. Le *front* est très-fortement recourbé en bas. Les *orbites* sont profondes, ovalaires et sans échancrure du côté externe. Les *antennes internes* sont presque entièrement cachées sous le front qui envoie un petit prolongement rejoindre l'épistome (fig. 2). La disposition des antennes externes et celle du canthus interne de l'orbite sont à peu près les mêmes que dans le genre précédent. Le *cadre buccal* est presque circulaire et n'est pas nettement séparé des régions ptérygostomiennes. Les *pates-mâchoires externes* sont très-larges, mais laissent entre elles un espace vide; leur deuxième article est aussi grand que le second, et recouvre complétement les articles suivans qui s'insèrent à sa face interne; ceux-ci sont très-courts et au nombre de deux seulement; enfin l'appendice externe de ces organes est caché sous leur deuxième article et son extrémité ne le dépasse qu'à peine (fig. 3). Les *pates* ne présentent rien de remarquable, si ce n'est que leurs bords sont armés de dents spiniformes.

1. GÉCARCIN RURICOLE. — *G. ruricola* (1).

Tarses armés de six rangées de dents spiniformes. Bord interne du troisième article des pates-mâchoires

---

treille, Hist des Crust. et Ins. t. VI, p. 27, *Gecarcinus*, ejusdem, nouv. Dict. d'hist. nat. 2e. éd. — Reg. anim. Encyc. méth t. X, p. 685, etc. — Lamarck, Hist. des Anim. sans vert. t. V, p. 247. — Desmarest, Consid. sur les Crust. p. 112. — *Ocypode*, Freminville, Ann. des sc. nat. 2e. série, zool. t. III, p.

(1) *Cancer terrestris*, Seba, t. III, Pl. 20, fig. 5. — Sloane, Voyage to Madera, Jamaica, etc., t. I, Pl. 2 (bonne figure). — *Crabe violet?* Labat, op. cit. t. II, p. 175 — *Black or mountain Crab*, Brown, Hist. of Jamaica, p. 123. — *Cangrejos ajaes terrestres*, Parra, op. cit. Pl. 58. — *Cancer ruricola*, Linn. Syst. nat. — Fabricius, Suppl. p. 339. — Herbst, Pl. 49, fig. 1. — *Ocypode ruricola*, Latr. Hist. nat. des Crust. t. VI, p. 35. — Bosc, op.

sans fissure notable. Carapace très-large. Quelques dents sur le bord interne du carpe. Longueur, 3 pouces. Couleur, rouge violet, ou jaune lavé de rouge.

Habite les Antilles. (C. M.)

2. Gécarcin latérale. — *G. lateralis* (1).
(Pl. 18, fig. 1-6.)

Tarses armés de quatre rangées d'épines. Pates-mâchoires externes comme dans l'espèce précédente; carapace moins large; point de dents sur le carpe. Longueur, 20 lignes. Couleur, violet au milieu, jaune lavé de rouge sur les côtés et sur les pates.

Habite les Antilles. (C. M.)

3. Gécarcin bec-de-lièvre. — *G. lagostoma.*

Tarses armés de six rangées d'épines. Troisième article des pates-mâchoires externes présentant à son bord interne une fissure profonde au-dessus de l'article suivant. Carapace moins large que chez le G. ruricole. Pates disposées de même. Longueur, 2 ½ pouces.

Rapporté de l'Australasie par MM. Quoy et Gaimard. (C. M.)

M. Desmarest a décrit, sous le nom de Gécarcin a trois épines (Crust. fossiles, p. 108, Pl. 8, fig. 10), un Crustacé fossile dont l'origine ne lui était pas connue; mais nous sommes portés à croire que ce n'est pas un Gécarcinien : par la forme générale de sa carapace, cette espèce paraîtrait se rapprocher davantage du genre Pseudograpse.

---

cit. t. I, p. 197. — *Gecarcinus ruricola*, Latr. Reg. anim. 1re. éd. t. III, p. 17; ejusdem, Encycl. t. X, p. 685, Pl. 296, fig. 2. — Lamarck, Hist. nat. des Anim. sans vert. t. V, p. 250. — Desmarest, op. cit. p. 113, Pl. 12, fig. 2.

(1) Freminville, loc. cit. p. 224. — Guérin, Iconog. Crust. Pl. 5, fig. 1. — *Tourlouroux?* Labat, op. cit. t. II.

TRIBU DES PINNOTHÉRIENS.

Les Pinnothériens sont de petits Crustacés dont la *carapace* est presque circulaire, et dont les tégumens conservent beaucoup de mollesse (Pl. 19, fig. 7). Leurs *yeux* sont en général très-petits; la disposition de leur *front* et de leurs *antennes* varie; il en est de même pour leurs *pates-mâchoires externes* qui présentent des anomalies remarquables; leurs *pates* sont courtes ou de longueur médiocre, et en général très-faibles; enfin l'*abdomen* du mâle est beaucoup plus étroit à sa base que la partie correspondante du plastron sternal.

Les mœurs de ces Crustacés sont aussi très-singulières; ils se tiennent d'ordinaire entre les lobes du manteau de certains mollusques bivalves, tels que des Moules, des Pinnes, des Mactres, etc.

Nous rangeons dans ce petit groupe les genres Pinnothère, Doto, Mictyre, Hymenosome et Elamène, qu'on distinguera aux caractères indiqués ci-dessous; mais nous ne nous dissimulons pas que cette tribu n'est pas aussi naturelle qu'on pourrait le désirer, et par la suite on sentira peut-être la nécessité de la subdiviser.

Les principaux caractères génériques de ces Crustacés se trouvent énumérés dans le tableau suivant :

Tribu				Genres.
TRIBU DES PINNOTHERIENS.	Front assez large pour recouvrir complétement les antennes internes.		Cadre buccal semi-lunaire ; antennes internes transversales.	PINNOTHÈRE.
			Cadre buccal quadrilatère ; antennes internes longitudinales.	ELAMÈNE.
	Front trop étroit pour recouvrir complétement les antennes internes.	Tige mobile des antennes internes grande, et ne pouvant se cacher en entier sous le front. Troisième article des pates-mâchoires externes plus long que le précédent.		HYMENOSOME.
		Tige mobile des antennes internes très-petite et à peine visible.	Troisième article des pates-mâchoires externes moins grand que le précédent. Pédoncules oculaires petits.	MICTYRE.
			Troisième article des pates-mâchoires externes beaucoup plus grand que le précédent. Pédoncules oculaires longs.	DOTO.

Genre PINNOTHÈRE. — *Pinnotheres* (1).

Les Pinnothères sont des Crustacés remarquables par leur taille et leurs mœurs : ce sont les plus petites des Brachyures, et ils ont la singulière habitude de se loger entre les lobes du manteau des Moules, des Pinnes et de quelques autres mollusques bivalves ; particularité que l'on peut attribuer à la mollesse de leur test. Les femelles sont beaucoup plus grosses et sont plus nombreuses que les mâles, et, dans certaines saisons de l'année, on les trouve quelquefois réunies par paire dans la même coquille.

Ces petits animaux étaient connus des anciens, et ils figurent dans le langage hiéroglyphique des Égyptiens ; mais leur histoire a été pendant long-temps chargée de fables.

La structure des Pinnothères est remarquable : leur corps est circulaire et arrondi en dessus (Pl. 19, fig. 7 et 8) ; leur front ne se soude pas à l'épistome ; les yeux sont très-petits, et les *orbites* presque circulaires ; les *antennes internes* ont la forme ordinaire, et les fossettes qui les logent sont à peine séparées entre elles ; les *antennes externes* sont courtes et occupent l'angle interne de l'orbite. Le *cadre buccal* est très-large en arrière et décrit un demi-cercle en avant. Les *pates-mâchoires externes* sont placées très-obliquement, et leur portion élargie et valvulaire est formée en entier par leur troisième article, qui est très-grand, tandis que le deuxième est rudimentaire ; l'appendice latéral est caché presque en entier sous celui dont nous venons de parler ; le quatrième article s'insère au sommet du précédent, et le cinquième, qui est assez développé, s'articule avec le sixième par le milieu de son bord interne, de façon que celui-ci se trouve placé à peu près comme le pouce des pinces didactyles (fig. 9). Le *plastron* sternal est très-large, et chez le mâle les ouvertures des organes générateurs en occupent le dernier segment. Les

(1) *Cancer*, Linn., Fab., Herbst. — *Pinnotheres*, Latreille, Hist. nat. des Crust. t. VI, etc. — Leach, Malac. — Desm. op. cit. — etc

pates sont médiocres. Enfin, l'*abdomen* du mâle est petit, tandis que chez la femelle il est d'ordinaire très-bombé et plus grand que le plastron sternal.

D'après les observations récentes de M. Thompson, il paraîtrait que dans les premiers temps de la vie les Pinnothères ont l'abdomen très-allongé, et terminé par une nageoire, la carapace armée de trois grands prolongemens spiniformes, les yeux très-gros et les pates natatoires; en un mot, qu'ils auraient alors la plus grande ressemblance avec les Zoés (1).

La distinction des espèces de ce genre est difficile, car les principales différences qu'on remarque chez la plupart d'entre elles n'existent pas chez les deux sexes, et sont souvent de la nature de celles qui se modifient avec l'âge.

1. Pinnothère pois. — *P. pisum* (2)

Carapace mou. *Front saillant chez le mâle, ne dépassant pas la ligne courbe formée par la partie antérieure*

---

(1) Voyez *Memoir on the Metamorphosis and natural History of the Pinnotheres or pea Crab*, by W. Thompson: Entomological magazine, n°. XI

(2) Baster, Opusc. subsec. tab. 4, fig. 1 et 2. — *Cancer pisum*, Pennant, Brit. Zool. t. IV, p. 1, Pl. 1, fig. 1 (reprod. dans l'Encycl. Pl. 275, fig. fig. 5 et 6), la femelle, et *C. minutus*, ejusdem loc. cit. fig. 2 (Encycl. Pl. 275, fig. 4), le mâle. — *C. pisum*, Herbst. t. I, p 95, tab. 2, fig. 21 (la femelle), et *C. mytilorum*, ejusdem, Pl. 2, fig. 24 et 25. — *C. pisum*, Fabr. Suppl. p. 343, n°. 33 (la femelle). Sous le nom de *C. minutus*, Fabricius réunit le mâle de cette espèce et le Nautilograpse uni. — *Pinnotheres pisum*, Latreille, Hist. nat. des Crust. t. VI, p. 83. — Bosc, op. cit. t. I, p. 243. — *P. pisum*, Leach, Malacost t. XIV, fig 2 et 3 (femelle). — *P. varians*, ejusdem op. cit. tab. 14, fig. 10 et 11 (le mâle), et *P. Latreillii*, ejusd. op. cit. tab. 14, fig 7 et 8 (jeune femelle). — *P. pisum*, Desmarest, Consid. sur les Crust. p. 118, Pl. 11, fig. 3 (femelle), et *P. Latreillii*, loc. cit. — *P. mytilorum*, Latr. Encyc. t. X, p. 135. — *P. pisum*, Thompson, Ent. Mag. n°. X, p. 96, fig. 3.

de la carapace chez la femelle. Bord inférieur des mains cilié. Abdomen de la femelle circulaire ; celui du mâle ayant le dernier article moins grand que le pénultième. Longueur : femelles, 4 lignes ; mâles, 2 lignes.

Très-commun dans les Moules, sur les côtes de la France et de l'Angleterre. (C. M.)

Le PINNOTHÈRE CRANCHII, de Leach (Malacos. tab. 14, fig. 4, 5) ne me paraît pas différer spécifiquement de la précédente.

2. PINNOTHÈRE DES ANCIENS. — *P. veterum* (1).

(Pl. 19, fig. 7 et 8.)

Forme générale la même que dans l'espèce précédente. *Une petite épine au bord inférieur de la main droite chez la femelle. L'abdomen de la femelle est ovalaire ;* mais cette particularité pourrait bien disparaître avec l'âge. Longueur de la femelle, 8 lignes.

Se trouve dans les Pinnes marines, sur les côtes de l'Italie, etc.

3. PINNOTHÈRE DE MONTAGUE. — *P. montagui* (2).

Front saillant ; chez la femelle aussi bien que chez le mâle, dépassant notablement la ligne courbe formée par la partie antérieure de la carapace. Test assez solide.

(1) *Pinnophylax*, Rondelet, Hist. des Poissons, p. 409. — *C. pinnotheres*, Forskael. op. cit. p. 88. — *C. Pinnophylax* ? Herbst, Pl. 2, fig. 27. — *P. veterum*, Bosc, op. cit. t. I, p. 243. — Leach, op. cit. Pl. 15, fig. 1-5. — Desmarest, op. cit. p. 119. — Latreille, Encycl. t. X, p. 135.

(2) Leach, Malac. tab. 15, fig. 7 et 8. — Desmarest, Consid. p. 119. Cette espèce n'est peut-être qu'une simple variété du P. pois.

Dernier article de l'abdomen du mâle plus large que le précédent. Longueur, 6 lignes.

La Pinnothère figurée par M. Savigny (Crust. Pl. 7, fig. 1), et rapportée avec doute par M. Audouin à la Pinnothère des anciens, est très-voisine de la précédente, mais paraît différer de toutes celles connues, par l'absence du petit article terminal des pates-mâchoires externes. C'est probablement la même espèce que la *P. tridacnæ* de M. Ruppell (op. cit. Pl. V, fig. 2.)

4. Pinnothère chilienne. — *P. chilensis.*

Forme générale la même que dans la Pinnothère des anciens. Front pointu. *Régions ptérygostomiennes. Pates-mâchoires externes et bords des pates garnis de longs poils.* Longueur, 1 pouce.

Habite la côte de Valparaiso. (C. M.)

M. Say a décrit, sous le nom de *Pinnotheres ostreum* (Journ. of the Acad. of Philad. vol. I, p. 67, tab. 4, fig. 5), une espèce qu'il croit nouvelle et qui paraît avoir beaucoup d'analogie avec le P. pois. Le *Pinnotheres depressum* de M. Say pourrait bien être, de l'avis de ce naturaliste même, le mâle de *P. ostreum.*

Genre ELAMÈNE. — *Elamena* (1).

Nous ne croyons pas devoir laisser dans le genre Hymenosome un petit Crustacé que Latreille a désigné sous le nom d'*Hymenosoma mathœi*, et que M. Ruppell a représenté dans son ouvrage sur les Crustacés de la mer Rouge. Il diffère, en effet, beaucoup de l'Hymènosome orbiculaire, type

(1) *Hymenosoma*, Latreille, Ruppell.

du genre, et semble établir le passage entre ces Crustacés, les Oxystomes et les Oxyrhinques. Il a là *carapace* à peu près triangulaire, plane en dessus, et excessivement aplatie. Tout le corps est presque lamelleux. Le *front* est large, très-avancé, et a la forme d'un petit rostre lamelleux et à peu près horizontal, au-dessous duquel sont cachés les yeux : ces derniers organes sont de grandeur médiocre et ne sont pas logés dans des cavités orbitaires; ils sont libres sous le front, et s'appuient en arrière contre une petite saillie de la région ptérygostomienne. Les *antennes internes* sont séparées entre elles par une petite lame verticale de la face inférieure du front; leur article basilaire est très-petit, et leur tige mobile se reploie longitudinalement et dépasse ainsi les pédoncules oculaires. Les *antennes externes* sont très-petites et cylindriques dès leur base; elles naissent au-dessous des pédoncules oculaires et n'atteignent pas le bord du front. L'*épistome*, au lieu d'être à peine distinct comme chez les Hymènosomes, est très-grand et à peu près carré. Le *cadre buccal* est petit, quadrilatère, et rempli en entier par les pates-mâchoires externes, dont le troisième article est presque carré, et est tronqué à son angle antérieur et interne pour l'insertion de l'article suivant, lequel est complétement à découvert. Le *plastron* sternal est beaucoup plus large que long. Les pates sont toutes grêles, filiformes et longues; celles de la première paire se terminent par des pinces renflées au bout et creusées en cuillère; les suivantes par un article lamelleux et un peu falciforme. Enfin l'abdomen de la femelle est très-grand.

Ce Crustacé, comme on le voit, se rapproche beaucoup des Inachoïdiens, et devra probablement en être rapproché; mais n'ayant pas eu l'occasion d'examiner un individu mâle, et ignorant par conséquent la disposition des verges, nous avons préféré le laisser provisoirement à côté du genre Hymènosome dont il a jusqu'ici fait partie.

1. Elamène de Mathieu. — *E. Mathœi* (1).

Carapace lisse, très-large en arrière, arrondie sur les côtés et se rétrécissant graduellement jusqu'au rostre, qui est un peu relevé; ses bords garnis d'une espèce de crête horizontale extrêmement mince et irrégulièrement découpée. Les pates de la seconde paire les plus longues, ayant à peu près trois fois la longueur de la carapace. Longueur, 4 lignes.

Habite l'Ile-de-France et la mer Rouge. (C. M.)

Genre HYMÈNOSOME. — *Hymenosoma* (2).

Le genre Hymènosome, établi par M. Leach, a été rangé jusqu'ici dans le voisinage des Inachus, principalement à cause de son front étroit et pointu; mais sa place naturelle me paraît être dans la famille des Catomètopes, car c'est de ce type qu'il se rapproche par tous les points les plus importans de l'organisation. Ainsi, de même que chez la plupart de ces Crustacés, l'abdomen du mâle est beaucoup plus étroit que le bord postérieur du plastron sternal, et les ouvertures de l'appareil générateur sont pratiquées dans ce bouclier, au lieu d'être situées comme d'ordinaire sur l'article basilaire des pates postérieures. La *carapace*, très-aplatie en dessus, est presque circulaire (Pl. 14 *bis*, fig. 13); le *front* est très-étroit et incliné. Les *orbites* sont très-petites et presque circulaires; pour s'y cacher, les *yeux* doivent se reployer en bas plutôt qu'en dehors. Les *fossettes antennaires* sont longitudinales et se continuent sans interruption avec les orbites; la tige des antennes internes est grande. Les *antennes externes* s'insèrent près de l'angle externe de l'orbite et sont plus allongées que chez la plupart des Brachyures. L'*épistome* est

---

(1) *Hymenosoma Mathœi*, Latreille, Collection du Muséum. — Desmarest, Considérations sur les Crustacés, p. 163. — Ruppell, Krabben, p. 21, Pl. 5, fig. 1.

(2) Coll. du Muséum. — Desmarest, Considérations, etc., p. 163. — Latr. Reg. Anim. 2ᵉ. éd. t. IV, p. 63.

à peine distinct et se trouve caché par les pates-mâchoires. Le *cadre buccal* a la forme d'un carré long ; ses bords latéraux sont très-saillans et viennent se terminer à l'angle extérieur des orbites. Les *pates-mâchoires externes* sont longues et étroites ; leur troisième article est beaucoup plus long que le second et porte l'article suivant à son extrémité antérieure. Le *plastron sternal* est circulaire. Les *pates antérieures* sont médiocres, et celles de la troisième paire sont les plus longues ; les tarses sont grêles et styliformes. Enfin l'*abdomen* du mâle est très-petit, n'arrivant qu'au niveau des pates de la troisième paire.

1. Hyménosome orbiculaire. — *H. orbiculare* (1).

Carapace marquée en dessus d'une grande dépression circulaire et lisse ; un peu granuleuse sur les côtés. Deux dents spiniformes de chaque côté de l'épistome, l'une formée par l'extrémité antérieure du bord latéral du cadre buccal, l'autre par l'angle orbitaire externe. Tarses très-allongés. Longueur, 1 pouce.

Habite le cap de Bonne-Espérance. (C. M.)

Le Crustacé figuré par M. Guérin, sous le nom d'Hymenosoma Leachia (Iconographie du règne animal, Crustacés, Pl. 10, fig. 1), ne nous paraît pas devoir rester dans ce genre ; il deviendra probablement le type d'une nouvelle division générique.

Genre MYCTIRE. — *Myctiris* (2).

Les Crustacés singuliers dont on a formé le genre Myctire établissant à quelques égards le passage entre les Ocypodes,

---

(1) *Hymenosoma orbiculare*, Leach, Coll. du Muséum. — Desmarest, Consid. p. 163, Pl. 26, fig. 1. — Latreille, Règne animal, 2e. éd. t. IV, p. 63.

(2) Latreille, Règne animal, 1re. éd. t. III, p. 21, etc. — Desmarest, Considérations sur les Crust. p. 115.

les Pinnothères et même certains Macroures, tels que les Callianasses.

Leur *carapace*, extrêmement mince, est presque circulaire et très-bombée en dessus. Le front est disposé à peu près comme chez les Ocypodes (Pl. 19, fig. 11) ; mais les yeux, qui sont courts et gros, n'ont point de cavité orbitaire pour se cacher, et restent toujours saillans. Les antennes internes sont très-petites et placées comme chez les Ocypodes ; les externes sont plus longues. La disposition de la bouche est très-remarquable. Les pates-mâchoires externes, au lieu de s'appliquer horizontalement dans le cadre buccal, restent presque verticales et forment par leur réunion un cône renversé, court et large, dont le sommet, dirigé en bas est ouvert et garni de poils ; leur portion lamelleuse (formée par les deuxième et troisième article) est très-large, et porte l'article suivant à son extrémité antérieure ; au devant de l'apophyse situé à la base de ces pates-mâchoires, et dirigé en dessous pour supporter le fouet, la carapace présente une grande échancrure, de façon que l'ouverture afférente de l'appareil respiratoire est toujours béante. Les pates de la première paire sont très-longues, et se reploient longitudinalement sur la bouche ; les pates suivantes sont longues, grêles et aplaties. Enfin l'abdomen a la même forme dans les deux sexes, et s'élargit vers le bout.

Nous ne connaissons qu'une seule espèce de ce genre.

1. Myctire longicarpe. — *M. longicarpis* (1).

Carapace lisse et divisée par des sillons en trois portions longitudinales ; une petite épine à l'endroit où se trouve ordinairement l'angle orbitaire externe ; bord postérieur de la carapace très-saillant et garni de poils. Bras courbés et armés en dessous

(1) Latr. Encyc. atlas, Pl. 297, fig. 3. — Desmarest, op. cit. p. 11, fig. 2. — Guérin, Iconogr. Crust. Pl. 4, fig. 4.

de dents spiniformes ; carpe très-grand ; doigts longs et courbes. Longueur, environ 1 pouce.

Habite l'Australasie. (C. M.)

Genre DOTO. — *Doto* (1).

Ce n'est pas sans quelque incertitude que je place ici un petit Crustacé très-remarquable que M. Savigny a figuré dans le grand ouvrage sur l'Egypte, et que M. Audouin a rapporté au genre Myctire. Il se rapproche beaucoup des Ocypodes par la forme générale du corps, par celle des pates, et par la disposition du front, des antennes et des yeux ; mais il se distingue de tous les Catomètopes précédens par la conformation des *pates-mâchoires externes* et la forme du *cadre buccal ;* celui-ci, très-large en arrière, est étroit en avant ; le troisième article des pates-mâchoires externes est beaucoup plus grand que le second, et cache presque entièrement les articles suivans, dont le premier s'insère à son angle antérieur et externe. Enfin le palpe, placé au côté extérieur de ces organes, ressemble assez à celui des Ocypodes, car il ne porte pas à son extrémité, comme la plupart des Brachyures, un filet multi-articulé. A raison de l'organisation de l'appareil buccal, ce Crustacé établit, comme on le voit, le passage entre les Ocypodes et les Pinnothériens.

Nous ne connaissons encore qu'une espèce de ce genre, et cela seulement d'après les figures que M. Savigny en a publiées.

1. Doto sillonné. — *D. sulcatus* (2).

Carapace presque carrée, et sillonnée en dessus ; le bord

(1) *Cancer*, Forskæl. — *Myctiris*, Aud. Egypte. — *Forskalia*, Edw. Coll. du Muséum. — *Doto*, Dehaan, Fauna Japonica. 1re. livr.

(2) *Cancer sulcatus*, Forskæl, Descriptiones animalium qua in itinere Orientalis observavit, p. 92. — Savigny, Egypte, Crustacés, Pl. 1, fig. 3. — *Myctiris sulcatus*, Audouin, Explication des planches de l'Egypte. — Guérin, Iconogr. Crust. Pl. IV, fig. 4.

fronto-orbitaire occupant presque toute sa largeur. Régions ptérygostomiennes et pates-mâchoires externes également sillonnées. Pates assez longues et un peu comprimées. Longueur, environ 6 lignes.

Habite la mer Rouge.

TRIBU DES OCYPODIENS.

Les Ocypodiens ont toujours la *carapace* rhomboïdale, ou trapézoïde, très-élevée en avant et déprimée en arrière (Pl. 18, fig. 10 et 19, fig. 13); le bord fronto-orbitaire en occupe toute la largeur, et le *front*, qui est lamelleux et qui se reploie en bas jusqu'à l'épistome, est extrêmement étroit; sa largeur n'égale pas le tiers de la longueur des yeux, ni la moitié de la largeur du cadre buccal, bien que celui-ci soit lui-même très-étroit (Pl. 18, fig. 11, et Pl. 19, fig. 14). Les *yeux* sont fort longs, et la cornée est en général très-grande. L'article basilaire des *antennes internes* est ovalaire, assez gros, et placé verticalement dans l'angle intérieur de l'orbite; la tige mobile de ces appendices est extrêmement petite et cachée sous le front; enfin, les deux filets qui la terminent sont très-courts, gros et à peine annelés, disposition qui ne s'est rencontrée dans aucun des Crustacés dont nous ayons déjà traité, si ce n'est dans les Dotos. Les *antennes externes* sont rudimentaires, et situées, comme d'ordinaire, dans un hiatus de l'angle interne de l'orbite; leur premier article est moins grand que le second, et le troisième n'arrive pas jusqu'au niveau du bord antérieur de l'article basilaire de l'antenne interne. L'*épistome* se continue avec le bord inférieur de l'orbite, et le cadre buccal est notablement plus étroit en avant qu'en arrière. Enfin, les *pates-mâchoires externes* ferment complétement la bouche; le bord intérieur de leur portion lamelleuse est droit; leur troisième article est très-allongé, et leur quatrième article s'insère à l'angle externe du précédent. Le *plastron sternal* a la forme d'un trapézoïde dont la base serait dirigée en arrière; il est fortement courbé dans le sens de sa longueur et livre passage aux organes mâles à une distance considérable de son bord extérieur. Les *pates antérieures* sont en général comprimées et de grandeur très-inégale; les suivantes sont toujours très-longues et ne présentent pas entre elles une très-grande différence; l'article qui les termine est souvent déprimé, mais n'a jamais la forme d'une rame natatoire. Enfin l'*abdomen*, qui se compose ordinairement de sept articles distincts dans les deux sexes, est très-étroit; en général il ne recouvre pas plus du tiers de la largeur de la portion postérieure du plastron sternal du mâle, et chez la femelle même il laisse presque toujours à découvert la partie de ce plastron qui avoisine la base de toutes les pates. Il est aussi à noter que dans la plupart des cas, sinon toujours, il n'existe de chaque côté du thorax que sept *branchies*, dont cinq seulement couchées sur la voûte des flancs, et deux réduites à l'état de vestiges et fixées aux pates-mâchoires.

La plupart des Ocypodiens vivent presque toujours sur la plage et s'y creusent des terriers; ils sont en général remarquables par la vitesse extrême avec laquelle ils courent.

Ce petit groupe est très-naturel, mais se lie d'une manière assez étroite aux genres Doto et Mictyre, que nous avons rangé dans la tribu des Pinnothériens. Il ne se compose que de deux genres, faciles à distinguer entre eux à l'aide des caractères suivans :

TRIBU DES OCYPODIENS.	Cornée transparente très-grande, ovalaire, occupant au moins la moitié de la longueur des pédoncules oculaires, et commençant très-près de la base de ces tiges.	Ge. OCYPODE.
	Cornée transparente très-petite, arrondie, n'occupant pas le quart de la longueur du pédoncule oculaire, et ne commençant que tout auprès de son extrémité.	Ge. GÉLASIME.

GENRE OCYPODE. — *Ocypoda* (1).

Le genre Ocypode, établi par Fabricius, se compose de Crustacés faciles à reconnaître au premier coup d'œil, tellement leur aspect est particulier. Leur *carapace* (Pl. 19, fig. 13), est rhomboïdale ou même presque carrée, et à peu près aussi large en arrière qu'en avant; sa face supérieure, toujours légèrement granuleuse, est presque horizontale transversalement, mais un peu courbée dans le sens longitudinal et fortement inclinée en bas et en arrière; enfin ses faces antérieures et latérales sont très-élevées et à peu près verticales, et ces dernières sont divisées en deux portions par une ligne saillante verticale qui vient se terminer entre la base des pates de la troisième et quatrième paire. Le *front* est beaucoup plus long que large; il ne recouvre pas l'articulation des pédon-

(1) *Cancer*, Lin., Pallas, Fonsk., Herb., etc. — *Ocypode*, Fabr. Suppl. p. 347. — Latr. Hist. nat. des Crust. t. VI, p. 27. — Leach, Trans. Linn. Soc. vol. XI, p. 322. — Lamk. Hist. des Anim. sans vert. t. V, p. 251. — Desm. Consid. p. 119. — Latr. Reg. Anim. 2e. éd. t. IV, p. 46.

cules oculaires, et n'égale en largeur que la moitié de l'épistome, au bord antérieur duquel il s'unit (Pl. 19, fig. 14). Les *orbites* sont très-grandes, peu profondes et divisées en deux portions distinctes : l'une interne ou foraminaire, qui donne insertion au pédoncule oculaire, et qui, dans les Cyclomètopes et les Oxyrhinques, est toujours cachée sous le front; l'autre externe servant à loger la majeure partie de l'œil et de son pédoncule. Le bord supérieur de ces cavités, qui est beaucoup moins avancé que l'inférieur, présente une disposition qui est en rapport avec cette division, car il décrit deux lignes courbes qui se réunissent en formant un angle dont le sommet est dirigé en avant. La forme des *yeux* est également très-remarquable; la cornée est ovalaire, très-grande, et s'étend en dessous jusqu'à une très-petite distance de la base du pédoncule; mais en général celui-ci se prolonge au delà de son extrémité, de façon que les yeux se terminent par une espèce de corne dont la longueur paraît augmenter avec l'âge. Les *antennes internes* sont disposées comme nous l'avons déjà dit (page 39); les *externes* sont rudimentaires; leur troisième article n'est pas moitié aussi long que le second, et leur tigelle terminale n'est guère plus longue que leur pédoncule. L'*épistome* est fort petit et présente à sa partie moyenne un petit prolongement quadrilatère qui se soude au front. Le troisième article des *pates-mâchoires externes* est quadrilatère et beaucoup plus petit que le précédent; enfin il ne cache jamais l'espèce d'appendice formé par les trois articles suivans, et le palpe qui occupe le bord externe de ces membres est styliforme et dépourvu de filet terminal multi-articulé. Les *pates antérieures* sont en général moins longues que les suivantes, et la main qui les termine est fortement comprimée et très-grande comparativement au bras : la différence entre celles des deux côtés est souvent très-grande, surtout chez le mâle. Les pates suivantes sont également très-comprimées, et elles augmentent de longueur jusqu'à la quatrième paire inclusivement; celles-ci ont environ trois fois la longueur de la portion post-frontale de la carapace, et les pates postérieures sont beaucoup plus courtes ; enfin les tarses sont toujours déprimés et presque en forme de petite spatule, et il existe à l'article basilaire des pates de la troisième et quatrième paire une espèce de surface articulaire entourée de poils, qui paraît destinée à diminuer le frottement de ces deux membres l'un contre l'autre. L'*abdomen* est beaucoup plus étroit à sa base que la partie postérieure du thorax, et dans l'un et l'autre sexe il laisse à découvert une portion considérable des derniers segmens de cette partie du corps ; dans le mâle il a la forme d'un triangle allongé, et s'avance jusqu'à l'extrémité antérieure du plastron sternal ; chez la femelle son dernier segment n'est pas le quart aussi large que le précédent, et est ordinairement reçu dans une échancrure de son bord antérieur. Enfin les appendices abdominaux de la première paire, chez le mâle, sont très-développés, cylindriques et un peu crochus vers le bout, et ceux de la seconde paire sont en général rudimentaires.

La *branchie* qui existe d'ordinaire sur l'antipénultième article des flancs manque chez les Ocypodes ; les autres sont dirigées très-obliquement en arrière, et la cavité branchiale s'élève de manière à laisser au-dessus d'elles un grand espace vide que tapisse une membrane plus ou moins spongieuse.

Les Ocypodes, comme leur nom l'indique, sont remarquables par la vélocité de leurs courses : les voyageurs assurent qu'un homme peut à peine les suivre. Ils se creusent des trous dans le sable du rivage, et demeurent renfermés dans leur terrier pendant tout l'hiver.

Ils habitent les parties chaudes des deux hémisphères.

La distinction des espèces présente quelques difficultés à cause des changemens que l'âge apporte dans les formes de ces animaux.

A. *Espèce dont la cornée transparente occupe l'extrémité du pédoncule oculaire, et n'est pas dépassée par un prolongement styliforme ou un tubercule terminal.*

1. OCYPODE DES SABLES.—*O. arenaria* (1).

(Pl. 19, fig. 13-14.)

Carapace à peine granulée à sa partie moyenne; ses angles latéro-antérieurs très-aigus et dépassant le niveau de la saillie qui sépare les deux portions du bord orbitaire supérieur; ses bords latéraux un peu élevés et distinctement dentelés dans toute leur longueur; enfin ses faces latérales dirigées obliquement en bas et en dehors. Bord inférieur de l'orbite interrompu par deux échancrures, l'une semi-circulaire occupant son extrémité externe, et l'autre plus étroite, mais assez profonde, située plus en dedans, et se continuant avec un petit sillon semi-circulaire de la région ptérygostomienne. Pates antérieures très-inégales; des dents spiniformes sur le bord interne des bras, sur le corps et sur les faces externe et interne de la grosse main qui est environ deux fois aussi longue que haute; la main du côté opposé à peine épineuse et terminée par des pinces pointues et à peine comprimées. Pates des quatre dernières paires très-comprimées, presque entièrement lisses et garnies de plusieurs rangées de longs poils; leur troisième article présentant en dessus un rebord arrondi, et *dépourvu de dentelures ou d'épines aux pates de la seconde et de la troisième paire; tarses aplatis et très-élargis vers le bout*, surtout aux pates de la deuxième, de la troisième et de la

(1) *Cancer arenarius*, Catesby, Latr. Hist. of south Carolina, vol. II, Pl. 35. — *Ocypoda quadrata*, Bosc, t. I, p. 194, Pl. 4, fig. 91? — Fabr. Suppl. p. 347. — *O. albicans*, Latr. Encyc. Pl. 285, fig. 1 (cop. d'après Catesby). — *Ocypoda quadrata*, Latr. Hist. nat. des Crust. t. VI, p. 49. — *O. arenaria*, Say, op. cit. p. 69.

quatrième paire. Longueur, environ 2 pouces ; couleur, jaunâtre.

Cette espèce habite les côtes de l'Amérique septentrionale et des Antilles, et vit dans des trous profonds de trois ou quatre pieds, qu'elle se creuse dans le sable immédiatement au-dessus du niveau du ressac de la mer. C'est en général pendant la nuit qu'elle quitte ce terrier pour chercher sa nourriture, et lorsqu'on la poursuit elle court avec une grande vitesse en élevant ses pates antérieures d'une manière menaçante. Vers la fin d'octobre ces Ocypodes abandonnent leur habitation près de la mer, et vont hiverner dans l'intérieur des terres ; lorsqu'ils ont rencontré un lieu qui leur convienne, ils y creusent un trou semblable à celui qu'ils viennent de quitter ; après y être entrés, ils en bouchent l'ouverture de façon à ce qu'on ne puisse plus en distinguer de trace ; enfin ils se retirent au fond de leurs terriers et y restent dans un état d'inactivité pendant toute la durée de l'hiver. (C. M.)

L'Ocypode blanc, décrit et figuré par Bosc (op. cit. t. I, p. 196, Pl. 4, fig. 1, — Desm. op. cit. p. 121), me paraît être la même espèce que la précédente, un peu défigurée par le peintre ; le front est représenté d'une manière évidemment inexacte, et je suis porté à croire que c'est également par erreur qu'on a donné une corne terminale aux yeux, car dans la région habitée par ce Crustacé, qui est la patrie de l'Ocypode des sables, on ne connaît pas d'espèce ayant ce caractère.

2. Ocypode cordimane. — *O. cordimana* (1).

Carapace couverte de granulations bien distinctes. Angle orbitaire externe ne dépassant pas le niveau du fond de la portion externe du bord orbitaire supérieur, beaucoup moins avancé que le fond de la portion interne ou foraminaire de l'orbite et

(1) Latr. Coll. du Muséum. — Desmarest, Consid. sur les Crust. p. 121.

se dirigeant obliquement en dehors. La disposition des pates antérieures est à peu près la même que dans l'espèce précédente, seulement la grosse main est beaucoup plus courte et plus large (sa portion palmaire est aussi haute que longue), et les pates suivantes sont couvertes en dessus de rides et de granulations; *le bord des troisième et quatrième articles des pates de la seconde et de la troisième paire dentelé ou légèrement épineux.* Longueur, environ 2 pouces. Quelques poils vers le bout des pates.

Habite l'Ile-de-France. (C. M.)

3. Ocypode rhombe. — *O. rhombea* (1).

Carapace de même forme que chez l'Ocypode des sables, seulement un peu moins large; son bord latéral est à peine denté, et les angles externes des orbites sont un peu moins aigus. La disposition des orbites est enfin la même que dans cette dernière; mais les mains sont seulement granuleuses, et celle qui est la plus développée est très-courte et élevée (sa portion palmaire étant aussi haute que longue). *Tarses des pieds des quatre dernières paires linéaires, sans élargissement notable vers le bout.* Longueur, 15 lignes.

Habite les Antilles et le Brésil. (C. M.)

---

(1) *Uca guacu?* Marcgrave, op. cit. p. 185. — *Ocypode rhomba*, Fabr. Suppl. p. 348, n°. 3? — Savigny, Egypte, Crust. Pl. 1, fig. 2. (Cette dernière figure se rapporte peut-être seulement à un jeune individu du Cératophthalme, espèce qui se trouve dans l'Orient.)

§ B. *Espèces dont les yeux portent à leur extrémité un appendice en forme de tubercule, de cylindre ou de stylet qui dépasse la cornée transparente.*

4. OCYPODE CHEVALIER. — *O. ippeus* (1).

Appendice terminal des yeux gros, court, conique et garni à son extrémité d'un pinceau de longs poils. Bord supérieur de l'orbite presque droit et terminé en dehors par un angle saillant. Grosse pince médiocre, arrondie en dessus et simplement granuleuse. Cinquième article des pates de la seconde et de la troisième paire quadrilatère et armé de dents spiniformes sur ses quatre bords ; tarse comprimé, très-large, mais diminuant graduellement vers sa pointe, et garni en dessus de quatre lignes saillantes, dont les externes se réunissent bientôt aux deux moyennes. (Cette disposition est marquée surtout aux pates de la deuxième et de la troisième paire.) Longueur, 2 pouces.

Habite la Syrie, l'Egypte, le cap Vert, etc. (C. M.)

5. OCYPODE DE FABRICIUS. — *O. Fabricii.*

Appendice terminal des yeux non sétifère, très-court et obtus. Forme générale comme dans l'espèce précédente ; angle orbitaire plus saillant ; la portion post-foraminaire de l'orbite à peu près droit et dirigé directement en avant. Mains épineuses, très-larges, comprimées et terminées supérieurement par un bord mince. Pates suivantes arrondies en dessus ;

(1) *Crabe chevalier*, Belon, de la Nat. des Poissons, liv. 2, p. 367. — *C. cursor*? Linn. Syst. nat. — *Ocypode ippeus*, Olivier, Voy. dans l'empire ottoman, t. II, p. 234, Pl. 30, fig. 1 ; et Encyc. méth. t. VIII, p. 416. — Lamk. Hist. des Anim. sans vert. t. V, p. 252. — Savigny, Egypte, Pl. 1, fig. 1. — Desmarest, Consid. sur les Crust. p. 121.

tarses aplatis, lancéolés et garnis en dessus de deux lignes lisses, élevées et séparées par un espace rempli de duvet. Longueur, 20 lignes.

Habite l'Océanie. (C. M.)

5. Ocypode cératophthalme. — *O. ceratophthalma* (1).

Appendice terminal des yeux non sétifère, très-long, à peu près de la longueur de la cornée transparente, obtus au bout, et dépassant de beaucoup l'angle orbitaire externe, qui est en général beaucoup moins avancé que la portion du bord orbitaire supérieur située au-dessus de l'insertion des yeux; la portion foraminaire de l'orbite dirigée obliquement en dehors. Pates comme dans l'espèce précédente, mais point épineuses. Longueur, 20 lignes.

Habite l'Egypte, l'Ile-de-France, la Nouvelle-Hollande, etc. (C. M.)

6. Ocypode brevicorne. — *O. brevicornis*.

Stylet terminal des yeux non sétifère, court et cylindrique, n'ayant pas le quart de la longueur du pédoncule oculaire, mais dépassant l'orbite. Orbites obliques comme dans l'espèce précédente; carapace plus large. *Pinces médiocres, allongées; pince de la petite main s'amincissant régulièrement vers le bout et de forme ordinaire.* Tarses styliformes. Longueur, 10 lignes.

Habite les Indes orientales. (C. M.)

---

(1) *Cancer ceratophthalmus*, Pallas, Specil. Zool. fasc. 9, p. 83, tab. 5, 17. — *C. cursor*, Hasselquist, voyez dans le Levant, 2e. partie, p. 65? — Linn. Syst. nat. — Herb. t. I, Pl. 1, fig. 8 et 9. — *Ocypode ceratophthalma*, Fabr. Suppl. p. 347. — Latr. Hist. nat. des Crust. t. VI, p. 47, et Encyc Pl. 274, fig. 1. (Copiée de l'ouvrage de Pallas.) — Desm. Consid. sur les Crust. p. 121, Pl. 12, fig. 1.

L'*Ocypoda platitarsis*, Lamarck, Collection du Muséum, me paraît se rapporter à cette espèce.

L'Ocypoda Urvilii, de M. Guérin (Voyage de *la Coquille*, Crust. Pl. 1, fig. 1), est une espèce extrêmement voisine de la précédente, mais qui paraît s'en distinguer par la forme des orbites; du reste la description n'en a pas encore été publiée.

7. Ocypode macrocère. — *O. macrocera.*

Stylet terminal des yeux comme chez l'O. brevicorne. Orbites très-évasés et dirigés très-obliquement en dehors, la portion externe de leur bord supérieur se dirigeant directement en dehors et en arrière de manière à former avec le bord latéral de la carapace un angle obtus; point d'échancrure au-dessous de l'angle orbitaire externe. Bords latéraux de la carapace finement granulés. La grosse main très-courte, très-élevée et un peu épineuse en dessus; sa portion palmaire beaucoup plus élevée que longue; *pinces de la petite main lamelleuses et très-élevées jusqu'à leur extrémité.* Pates des quatre dernières paires très-rugueuses en dessus; tarses peu élargis. Longueur, environ 1 pouce et demi; couleur, jaunâtre.

Habite les Indes orientales, le Brésil, etc. (C. M.)

L'Ocypode bombée, de MM. Quoy et Gaimard (Voyage de M. Freycinet, Pl. 77, fig. 2), ressemble à l'Ocypode rhombe, mais n'a pas été décrite ni figurée avec assez de détail pour pouvoir être reconnue d'une manière certaine.

Enfin, l'*Ocypoda unispinosa* de M. Rafinesque (Précis de découvertes semiologiques, p. 21), ne me paraît pas déterminable.

Genre GÉLASIME. — *Gelasimus* (1).

Les Gélasimes ont la *carapace* (Pl. 18, fig. 10) beaucoup

(1) *Cancer*, Linn., Degeer, Herb., Fabr., etc. — *Ocypode*, Bosc, op. cit. t. I. — *Uca*, Leach, Trans. Linn. t. XI. — *Rhombille*, Lamarck, Hist. des Anim. sans vert. t. V, p. 254. — *Gelasimus*, Latr. nouv. Dict. d'hist. nat.; Règne animal, etc. — Desmarest, op. cit.

plus large que les Ocypodes, plus bombée, et beaucoup plus rétrécie en arrière. La région stomacale est très-petite et la génitale en général très-grande. La disposition du front et des *antennes internes* est à peu près la même que dans le genre précédent (fig. 11); les *pédoncules oculaires* sont, au contraire, extrêmement grêles, et la cornée qui les termine n'en occupe au plus que la cinquième partie (1); le bord supérieur des orbites est beaucoup moins saillant que l'inférieur; il n'est pas distinctement divisé en deux portions comme chez les Ocypodes, et est convexe dans presque toute sa longueur; enfin, l'extrémité externe de ces cavités est largement ouverte, et communique avec un sillon qui se porte obliquement en arrière et en bas. Les antennes externes sont beaucoup plus développées que dans le genre précédent. Les pates-mâchoires externes ont la même forme que chez les Ocypodes. Les *pates* antérieures sont en général très-petites et très-faibles chez la femelle; mais, chez le mâle, l'un de ces organes acquiert des dimensions énormes. Tantôt c'est du côté droit, tantôt du côté gauche que se trouve la grosse pince, qui est quelquefois deux fois aussi grande que le corps. Les pinces de la petite pate sont élargies et lamelleuses vers le bout, et un peu contournées; celles de la grosse pate sont arquées, élevées et faiblement dentées sur les bords. Les pates suivantes sont médiocres et ne présentent rien de remarquable. Il en est de même de l'abdomen.

Les Gélasimes vivent dans des trous près du bord de la mer, et s'y trouvent, à ce qu'il paraît, par paires. M. Marion de Procé a observé que le mâle se sert de sa grosse main pour boucher l'entrée de sa demeure. Ces singuliers

(1) Au moment de mettre cette feuille sous presse, je reçois de M. T. Bell la communication d'un fait que je ne puis passer sous silence. Quelques Gélasimes présentent, à un certain âge, sinon toujours, un stylet à l'extrémité du pédoncule oculaire du côté de la grosse pince, tandis que l'œil du côté opposé conserve toujours la forme ordinaire.

Crustacés habitent les régions chaudes des deux hémisphères.

On en connaît un assez grand nombre, et ils sont difficiles à bien distinguer, car les parties qui diffèrent le plus dans les derniers Gélasimes, savoir, le front et la grosse main, changent de forme par les progrès de l'âge.

1. Gelasime maracoani. — *G. maracoani* (1).

Front presque linéaire entre les yeux, et *s'élargissant en dessous de manière à ressembler à une raquette renversée*. Bord supérieur de l'orbite presque droit; angle orbitaire externe avancé. *Grosse main* du mâle énorme, extrêmement élevée, dentelée; le doigt mobile plus élevé vers le bout qu'à sa base, et l'inférieur recourbé dessous à son extrémité. Quelques dents, mais point de crête notable sur le bord antérieur des bras. Pates suivantes terminées par un article large et fortement aplati. Longueur, 15 lignes.

Habite Cayenne. (C. M.)

2. Gélasime platydactyle. — *G. platydactylus* (2).

Cette espèce est très-voisine de la précédente; le *front a la même forme*, mais l'angle externe de l'orbite est plus aigu et beaucoup moins avancé que le fond de la portion interne du bord orbitaire supérieur; la carapace est plus bombée. *La grosse main du mâle, beaucoup moins forte que dans l'espèce précédente, n'est que faiblement dentée;* sa por-

(1) *Maracoani*, Margrave, Hist. rerum nat. Brasiliæ, p. 174.— *Ocypode maracoani*, Latr. Hist nat. des Crust. t. VI, p. 46. — *Ocypode heterochelos*, Bosc, op. cit. t. I, p. 197.— *Gonoplax maracoani*, Lamarck, op. cit. t. V, p. 254. — *Gelasima maracoani*, Latr. Encyc. Pl. 296, fig. 1.

(2) Latreille, collection du Muséum. C'est à cette espèce que me paraît devoir être rapportée la Gelasime figurée par Seba (t. II, Pl. 18, fig. 8), et confondue par les auteurs avec le G. maracoani. La figure de Seba a été reproduite par Herbst sous le nom de *Cancer vocans major* (Pl. 1, fig. 11), et par Latreille sous celui de *G. maracoani* (Encyc. Pl. 275, fig. 7).

tion palmaire est très-renflée et beaucoup plus longue que haute ; le doigt immobile de la même main n'est pas recourbé en dehors vers le bout, et le doigt mobile diminue graduellement de hauteur depuis sa base jusqu'à son extrémité, qui ne présente pas de crochet ; enfin il existe *une fort grande crête sur le bord antérieur du bras.* Longueur, environ 1 pouce.

Habite Cayenne. (C. M.)

L'Ocypode (Gelasimus) arcuata, figuré par M. Dehaan (Fauna Japonica, Crust. Pl. 7, fig. 2), mais dont la description n'a pas encore été publiée, ressemble beaucoup à l'espèce précédente.

3. Gélasime pince. — *G. forceps* (1).

Front de même largeur entre les yeux et à sa partie inférieure. Carapace très-bombée. Angles orbitaires externes aigus et dirigés en avant, mais notablement moins avancés que le fond de la portion interne du bord orbitaire supérieur. Bords latéraux très-obliques. *Bord orbitaire inférieur parfaitement distinct jusqu'à la base de l'antenne externe, et courbé en avant vers sa partie externe, puis brusquement recourbé en arrière.* Grosse pate antérieure lisse, et à peu près de même forme que chez le Gelasime de Marion. Troisième article des huit pates suivantes granuleux, court et très-élevé (guères plus d'une fois et demie aussi long que haut). Longueur, 6 lignes.

Habite l'Australasie. (C. M.)

4. Gélasime tétragone. — *G. tetragonon* (2).

Front et forme générale de la carapace à peu près les

---

(1) Latreille, Coll. du Muséum.

(2) *Cancer tetragonon*, Herb. t. I, p. 257, Pl. 20, fig. 110. — *Ocypoda tetragona*, Bosc, op. cit. t. I, p. 198 (fem.). — *Gelasimus tetragonon*, Ruppell, op. cit. p. 25, Pl. 5, fig. 5 (mâle). — *Gelasima variegata*, Latr. Coll. du Mus. (fem.).

mêmes que dans l'espèce précédente, seulement les angles orbitaires externes sont beaucoup moins avancés. Le *bord orbitaire inférieur est distinct dès la base des antennes externes;* mais n'est pas notablement recourbé en avant près du point où il se dirige brusquement en arrière. Pates antérieures finement granulées. Grosse main très-renflée et sans crête oblique à sa face interne; pinces coniques. Pates des huit dernières paires lisses; le bord supérieur de leur troisième article arrondi et sans dentelures. Longueur, 1 pouce.

Habite l'Ile-de-France, la mer Rouge, etc. (C. M.)

5. Gélasime cordiforme. — *G. cordiformis* (1).

Carapace à peu près de même forme que chez le *Gelasime forceps*. Le front est un peu rétréci à sa partie inférieure, et le *bord orbitaire inférieur cesse d'être distinct avant que d'arriver au niveau du bord externe du cadre buccal.* Les pates antérieures du mâle sont presque de même grandeur des deux côtés; la main est lisse et aussi longue que la carapace est large. Sa portion palmaire est renflée et beaucoup plus longue que haute; enfin les pinces sont moins longues que la portion palmaire et creusées en écuelle comme la petite main des espèces précédentes. Les pates suivantes sont lisses et ne présentent rien de remarquable. Longueur, 10 lignes.

Habite l'Australasie. (C. M.)

6. Gélasime de Marion. — *G. Marionis* (2).

Front de même forme que dans les deux espèces précédentes chez l'adulte, mais plus large supérieurement chez le jeune. Orbites et pates des quatre dernières à peu près comme chez le G. tétragone. Pinces de la grosse main aplaties, droites, plus

(1) Latreille, Coll. du Muséum.

(2) *Cancer vocans?* Rhumph, Thesaurus, Pl. X, fig. E. — Desmarest, op. cit. p. 124, Pl. 13, fig. 1.

longues que la portion palmaire de la main, et laissant entre elles un grand espace vide; deux dents un peu plus grosses que les autres sous le bord du doigt immobile.

7. Gélasime appelant. — *G. vocans* (1).

Orbites presque droites; leur bord inférieur régulièrement arrondi en dehors. Grosse main extrêmement grande; doigt mobile très-crochu et diminuant graduellement vers la pointe; les pates suivantes poilues. Longueur, 1 pouce.

Habite le Brésil. (C. M.)

8. Gélasime chlorophthalme. — *G. chlorophthalmus* (2).

Cette espèce ressemble beaucoup par sa forme générale au Gélasime tétragone, seulement le front est beaucoup plus large entre les yeux qu'à sa partie inférieure; elle se distingue de la précédente par la *direction très-oblique des orbites.* Les pates antérieures sont lisses, et la portion palmaire de la grosse main plus longue que la digitale; les suivantes ne sont pas poilues. Longueur, 5 lignes.

Habite l'Ile-de-France.

---

(1) *Ciecie, etc.*, Margrave, op. cit. p. 185. — *Crabe appelant*, Degéer, Mém. pour servir à l'hist. des insectes, t. VII, Pl. 26, fig. 12. — *Cancer vocans?* Linn. Amænit. Acad. t. VI, p. 414, et Syst. nat — *Cancer vocator*, Herbst, Pl. 59, fig. 1, et *Cancer vocans minor*? Pl. 1, fig. 10. — *Ocypode vocans* et *O. pugilator*? Bosc, op. cit. t. I, p. 197 et 198. — *Ocypode vocans*, Latr. Hist. des Crust. t. VI, p. 45. — *Ocypode pugilator*, Say, op. cit. p. 71. — *Gelasimus vocans* et *G. pugilator*, Desmarest, Consid. p. 123.

(2) Latreille, Coll. du Muséum.

9. Gélasime pates annelées. — *G. annulipes* (1).

(Pl. 18, fig. 10-13.)

Front comme dans l'espèce précédente. *Bord orbitaire inférieur brusquement recourbé en arrière près de son angle externe.* La grosse main est à peu près de même forme que chez le Gélasime appelant, si ce n'est que sa portion palmaire est arrondie et lisse en dessus, et que les pinces sont moins aplaties. Les pates suivantes ne sont pas poilues. Longueur, 6 lignes.

Habite la mer des Indes. (C. M.)

L'Ocypode lævis, de Fabricius (Suppl. p. 348), est un Gélasime de l'Inde; mais nous ne pouvons décider l'espèce à laquelle il faut le rapporter.

L'Ocypode minuta, du même auteur (Suppl. p. 348), me paraît être une femelle du même genre.

L'Ocypode microcheles, de Bosc (t. I, p. 199), est probablement la femelle aussi de l'une des espèces précédentes.

10. Gélasime luisante. — *G. nitidus* (2).

Espèce fossile qui paraît très-voisine du G. maracoani, mais qui a les bords latéraux de la carapace tout-à-fait lisses et le front terminé par une pointe aiguë très-courte.

On ignore le gisement de ce Crustacé. (C. M.)

---

(1) Latreille, Collection du Muséum.

(2) *Gonoplace luisante*, Desmarest, Nouv. Dict. d'hist. nat. 2e. éd. t. VIII, p. 505. — *Gelasime luisante*, ejusdem, Hist. nat des Crustacés fossiles, p. 206, Pl. 8, fig. 7 et 8.

TRIBU DES GONOPLACIENS.

Dans cette petite tribu la *carapace* est carrée ou rhomboïdale et beaucoup plus large que longue ; son bord postérieur (mesuré entre la base des pates de la cinquième paire) égale presque toujours la moitié de son diamètre transversal, tandis que dans la tribu précédente, de même que chez les Cyclométopes et la plupart des Oxyrhinques, la longueur de ce bord n'est que d'environ le quart de la plus grande largeur de la carapace. Le *front* est peu incliné et très-large ; il ne se recourbe pas en bas de manière à se réunir dans presque toute sa largeur à l'épistome, comme cela se voit chez les Ocypodiens, et il est égal aux deux tiers du cadre buccal mesuré dans le point de sa plus grande largeur. Les *pedoncules oculaires* sont en général très-allongés et assez menus ; leur longueur égale souvent cinq ou six fois leur diamètre, et la cornée qui les termine est toujours petite ; enfin l'angle externe de l'orbite occupe ordinairement l'extrémité latérale de la carapace. Les *antennes internes* sont toujours horizontales, parfaitement à découvert et logées dans des fossettes bien distinctes des orbites. Les *antennes externes* sont disposées à peu près comme dans la tribu précédente. L'*épistome* est souvent placé à quelque distance en arrière du bord orbitaire inférieur, caractère qui se rencontre toujours chez les Cyclométopes, et n'existe que très-rarement dans la famille des Catométopes. Le *cadre buccal* est en général plus large à son bord antérieur qu'à sa partie postérieure, et le quatrième article des *pates-mâchoires externes* s'insère presque toujours à l'angle interne de l'article précédent. Le *plastron sternal* est très-large ; il est quelquefois perforé pour le passage des *verges ;* mais en général ces organes s'insèrent comme dans les familles précédentes à l'article basilaire des pates postérieures, et se logent ensuite dans un petit canal transversal creusé dans le plastron sternal au point de réunion de ses deux derniers segmens, canal qui leur sert de gaîne jusqu'à ce qu'ils soient arrivés au-dessous de l'abdomen. La longueur des *pates antérieures* varie ; elle est quelquefois très-considérable, et celles de la troisième ou quatrième paire, qui sont toujours les plus longues parmi les huit dernières, ont à peu près deux fois et demie la longueur de la portion post-frontale de la carapace ; elles sont toutes grêles et terminées par un tarse styliforme. Enfin, l'*abdomen* de la femelle est très-large, et recouvre presque tout le plastron sternal ; mais celui du mâle est au contraire très-étroit, et au lieu de s'étendre jusque sur l'article basilaire des pates postérieures, laisse à découvert une portion assez considérable du plastron sternal entre son bord externe et la base de ces mêmes pates. Il est aussi à remarquer que dans la plupart des cas son second anneau est tout-à-fait linéaire, tandis que les autres sont assez développés.

Cette tribu ne se compose que d'un très-petit nombre de Crustacés, qu'on peut distribuer en quatre genres ainsi qu'il suit :

TRIBU DES GONOPLACIENS.

- Pedoncules oculaires très-courts. Bord fronto-orbitaire n'occupant qu'environ la moitié du diamètre transversal de la carapace. — G^e^. Pseudorhombile.
- Pedoncules oculaires longs. Bord fronto-orbitaire occupant la presque totalité du diamètre transversal de la carapace.
  - Quatrième article des pates-mâchoires externes inséré à l'angle interne de l'article précédent. — G^e^. Gonoplace.
  - Quatrième article des pates-mâchoires externes s'insérant à l'angle externe ou au milieu du bord antérieur de l'article précédent.
    - Front très-étroit, n'occupant qu'environ le cinquième du diamètre transversal de la carapace. Pedoncules oculaires très-longs et grêles. Troisième article des pates-mâchoires externes beaucoup moins grand que le précédent. — G^e^. Macropthalme.
    - Front occupant environ le tiers du bord antérieur de la carapace. Pedoncules oculaires gros et de longueur moyenne. Troisième article des pates-mâchoires externes à peu près de même grandeur que le second. — G^e^. Cleistotome.

Genre Pseudorhombile. — *Pseudorhombila* (1).

Le Crustacé qui nous a fourni le type de ce nouveau genre est très-remarquable en ce qu'il tient le milieu entre les

(1) *Thelpheusa ?* Latr. Collect. du Mus. — *Mælia*, Latr. Encyc. t. X, p. 706.

Cancériens et les Gonoplaces. En effet, la forme de sa *carapace* se rapproche de celle des Panopés et de quelques autres Cancériens, car elle est légèrement arquée en avant, et entre les orbites et les bords latéraux il existe une portion assez considérable de son contour qui se recourbe en arrière à la manière du bord latéro-antérieur de la carapace des Cyclométopes; mais cependant sa forme générale est celle d'un rhombe, et son bord postérieur occupe plus du tiers de son diamètre. Le corps est très-épais et très-élevé antérieurement. Le *front* est presque horizontal et divisé en deux lobes tronqués très-larges. Les *yeux*, les *antennes*, l'*épistome* et les *pates-mâchoires externes* présentent la même disposition que chez les Crabes. Le *plastron sternal* est beaucoup plus large que long et assez fortement courbé d'avant en arrière; à sa partie postérieure, qui est très-large, on remarque de chaque côté, chez le mâle, un canal d'un calibre assez grand, qui loge les *verges* dont l'origine se voit à la base des pates postérieures. Les *pates antérieures* sont très-fortes et très-longues chez le mâle; les suivantes ne présentent rien de remarquable, si ce n'est que celles de la seconde paire sont presque de même longueur que celles de la troisième paire, et que ces dernières sont un peu plus longues que les suivantes. Quant à la forme des appendices de l'*abdomen* du mâle, elle diffère peu de ce que nous avons vu chez les Xanthes, etc.

Ce genre ne renferme encore qu'une seule espèce.

1. Pseudorhombile quadridenté. — *P. quadridentata* (1).

Carapace presqu'une fois et demie aussi large que longue, et finement granulée en dessus. Orbites marqués de deux fissures à leur bord supérieur et d'une à leur bord inférieur; portion post-orbitaire du bord antérieur de la carapace armée de deux fortes dents, dont l'une située vers son milieu et

(1) *Melia quadridentata*, Latr. Encyc. t. X, p. 706.

l'autre dans son point de réunion avec le bord latéral qui se dirige un peu obliquement en arrière et en dedans. Pates antérieures très-fortes. Une grosse épine sur le bord supérieur du bras et un tubercule arrondi et très-saillant au bord interne du carpe ; pinces pointues, très-longues et un peu recourbées en bas. Les pates suivantes grêles et cylindriques. Longueur, environ 2 pouces ; couleur rosée ; quelques poils sur les tarses.

Habite? (C. M.)

Les Crustacés figurés par M. Dehaan sous le nom de *Cancer* (*Curtonotus*) *longimanus* (Fauna Japonica, Crust. Pl. 6, fig. 1), nous paraissent très-voisins de l'espèce précédente ; mais, comme la description n'en est pas encore publiée, nous ne pouvons nous prononcer sur leur identité.

Genre GONOPLACE. — *Gonoplax* (1).

Les Gonoplaces ont la *carapace* plus d'une fois et demie aussi large que longue, et assez fortement rétrécie en arrière ; son bord fronto-orbitaire s'étend dans toute sa largeur, et le front lui-même est lamelleux, légèrement incliné et terminé par un bord droit. Les *pedoncules oculaires* ont plus d'un tiers de la largeur de la carapace ; ils sont de grosseur médiane et ne présentent pas de renflement notable à leur extrémité. Les *antennes internes* sont grandes et de forme ordinaire ; l'article basilaire des externes est petit et cylindrique comme les suivans, et leur tige terminale est très-longue. L'*épistome* est beaucoup moins avancé que le bord inférieur de l'orbite ; le *cadre buccal* est beaucoup plus large que

(1) *Cancer*, Fabricius, Pennant, Herbst, etc. — *Ocypoda*, Bosc, t. I, p. 193. — Latr. Hist. nat. des Crust. t. VI, p. 44. — *Gonoplax*, Leach. Trans. Lin. Soc. vol. XI, p. 323, etc. — *Rhombille*, *Gonoplax*, Lamk Hist. des An. sans vert. t. V, p. 253. — Latr. Encyc. t. X, p. 253. — *Gonoplax*, Desm. p. 124. — Latr. Reg. anim. 2ᵉ. edit. t. IV, p. 43, etc.

long, et un peu rétréci en arrière; et la forme des *pates-mâchoires externes* est la même que chez les Crabes. La disposition du *plastron sternal* est à peu près la même que dans le genre précédent; il est seulement à remarquer que le canal transversal qui loge chacune des verges n'est pas complétement fermé en dessous. Les *pates antérieures* sont extrêmement longues et presque cylindriques; celles de la quatrième paire sont plus longues que les secondes ou les troisièmes, et celles de la dernière paire sont à peu près de même longueur que les secondes. Enfin, l'*abdomen* du mâle présente sept articles distincts comme celui de la femelle.

Ce genre ne renferme qu'une ou deux espèces, et appartient à nos côtes.

1. Gonoplace anguleuse. — *G. angulata* (1).

Carapace armée de chaque côté de deux petites épines dirigées en avant, dont l'une occupe l'angle orbitaire externe, et l'autre est placée sur le bord latéral à peu de distance de la première. Pates antérieures du mâle environ quatre fois aussi longues que la carapace. Celles de la femelle beaucoup plus courtes; bras cylindrique et armé d'une épine vers le milieu de son bord supérieur; une seconde épine sur le bord interne du carpe, et une troisième très-petite sur le bord externe du même article; mains grossissant un peu vers le bout; pinces finement dentelées. Pates des quatre dernières paires assez longues et grêles; celles de la quatrième paire à peu près deux fois et demie aussi longue que la carapace; une petite épine vers l'extrémité du bord supérieur du troisième article; tarses com-

(1) *C. angulatus*, Fabr. Suppl. p. 341. — Pennant, op. cit. t. IV, Pl. 5, fig. 10. — Herb. op. cit. Pl. 1, fig. 13. — *Ocypoda angulata*, Bosc, t. I. p. 198. — Latr. Hist. nat. des Crust. t. VI, p. 44. — *Gonoplax bispinosa*, Leach, Malacost. Pl. 13. — Latr. Encyc. t. X, p. 293, Pl. 273, fig. 5 (cop. d'après Pennant). — Desm. p. 125.

primés. Longueur, environ 1 pouce; couleur, jaune mêlé de rouge.

Habite nos côtes du nord, de l'ouest et du sud.

2. Gonoplace rhomboïde. — *G. rhomboides* (1).

Cette Gonoplace, que M. Latreille a cru devoir ne pasdistinguer de l'espèce précédente, et qui n'en est peut-être qu'une variété, ne présente *point d'épines sur les bords latéraux de la carapace, derrière les angles orbitaires externes*, mais on y remarque presque toujours dans les points correspondants une petite élévation. Les pates antérieures sont encore plus longues que chez la Gonoplace anguleuse. Longueur, environ 1 pouce; couleur, jaunâtre mêlé de rouge.

Ce Crustacé habite la Méditerranée et l'Océan; il se tient parmi les rochers, dans les eaux assez profondes, et paraît vivre solitaire; suivant M. Risso, il nage avec facilité, et vient souvent à la surface de l'eau, sans jamais en sortir; enfin, il se nourrit de petits poissons et de radiaires.

Parmi les Crustacés fossiles que M. Desmarest rapporte avec doute au genre Gonoplace, il en est un qui se rapproche des espèces récentes par la forme du front, et qui pourrait bien appartenir au même groupe; mais sa carapace est carrée, au lieu d'être trapézoïdal, et les bords latéraux en sont arqués. C'est le Gonoplax incerta (Desm. Crust. foss. p. 104, Pl. 8, fig. 9).

---

(1) *Cancer rhomboïdes*, Fab. Syst. entom. p. 404, etc. — Herb. t. I, Pl. 1, fig, 12, Pl. 45, fig. 5. — *Ocypoda rhomboïdes*, Bosc, t. I, p. 199. — *Ocypoda longimana*, Latr. Hist. nat. des Crust t. VI, p. 44. — *Gonoplax longimana*, Lamk. Hist. des Anim. sans vert. t. V, p. 254, Pl. 272, fig. 2? — *G. bispinosa*, Latr. Encyc. t. X, p. 293. — *Gonoplax rhomboides*, Desm. p. 125, Pl 13, fig. 2. — Risso, Hist. nat. de l'Eur. mérid. t. V, p. 13. — Roux, Crustacés de la Méditerranée. Pl. 9.

Genre MACROPHTHALME. — *Macrophthalmus* (1).

Le genre Macrophthalme a été établi par M. Latreille pour recevoir quelques Crustacés qui ont le port des Gonoplaces, mais qui s'en distinguent par la forme des pates-mâchoires, et surtout par la longueur des pedoncules oculaires. Leur *carapace* est rhomboïdale et très-large; le diamètre transversal en est quelquefois plus de deux fois aussi long que le diamètre longitudinal, et le bord antérieur en occupe toute la longueur; la région stomacale est petite et à peu près quadrilatère; les régions branchiales grandes et presque de même forme. Le *front* est recourbé en bas, très-étroit et assez semblable à celui des Ocypodes; il n'occupe qu'environ le cinquième du diamètre transversal de la carapace et ne recouvre pas complétement la portion basilaire des *pedoncules oculaires*; ceux-ci sont très-longs, grêles et terminés par une cornée ovalaire et très-petite. Les *orbites* ont la forme d'une rainure transversale creusée sous le bord antérieur de la carapace et dirigée obliquement en haut; en dedans, leur bord inférieur est beaucoup plus saillant que leur bord supérieur, mais au-dessous de l'angle externe il manque, de façon que dans ce point leur cavité n'est pas close. Les *antennes internes* sont logées sous le front, et leur tige, assez longue, se reploie transversalement; la disposition des antennes externes est aussi à peu près la même que dans le genre précédent. L'*épistome* est linéaire et se continue avec le bord orbitaire inférieur. Le *cadre buccal* est plus large que long et cintré en avant. Les *pates-mâchoires externes* ne se rencontrent pas tout-à-fait; leur deuxième article est très-large, et le troisième, beaucoup moins grand, surtout en avant, porte à l'angle externe de son bord anté-

---

(1) *Cancer*, Herb. — *Gonoplax*. Latr. Encyc. et Hist. nat. des Crust. ? — Desm. op. cit. p.. 124. — *Macrophthalmus*, Latr. Reg. an. 2ᵉ. éd. t. IV, p. 44, etc.

rieur la tigelle terminale. Le *plastron sternal* est à peu près de même forme que chez les Gonoplaces, mais beaucoup plus large, et, chez le mâle, au lieu de présenter des gouttières transversales pour loger les verges qui, chez ces derniers, sortent par la base des pates postérieures, il est lui-même perforé très-loin du bord pour livrer directement passage à ces appendices terminaux des conduits spermatiques. Quant à la disposition des pates elles-mêmes, elle est à peu près la même que chez les Gonoplaces.

On ne connaît encore qu'un petit nombre de ces Crustacés, et on ne sait rien sur leurs mœurs.

La plupart des Gonoplaciens fossiles décrits par M. Desmarest nous paraissent devoir le rapporter à ce genre plutôt qu'à celui des Gonoplaces, car la forme de leur front et même celle de la carapace en général est tout-à-fait celle des Macrophthalmes, et diffère notablement de celle de ces Gonoplaces.

1. Macrophthalme transversal. — *M. transversus* (1).

Carapace deux fois plus large que longue, légèrement granuleuse et à régions assez distinctes; une série longitudinale de petits tubercules épineux sur les régions branchiales; front notablement plus étroit entre les yeux qu'à son bord inférieur; bord supérieur de l'orbite convexe, très-finement dentelé et beaucoup moins saillant que le bord orbitaire inférieur, qui est armé de petites dents pointues; bords latéraux de la carapace armés en avant de trois fortes dents aiguës, dont l'antérieure constitue l'angle orbitaire externe, et dont la postérieure est suivie d'une série de dentelures très-fines. Pates antérieures beaucoup plus longues que celles de la seconde paire et grêles; bras armé d'épines sur ses bords antérieur et postérieur; *main cylindrique et granuleuse*,

(1) *Gonoplax transversus*, Latr. Encyc. méth. atlas, Pl. 297, fig. 2, et Nouv. Dict. d'hist. nat. 2e. édit. — Desm. op. cit. p. 125.

sans crête notable sur la face externe, et terminée par une pince très-longue et brusquement recourbée en bas. Pates des trois paires suivantes augmentant progressivement de longueur, et présentant une petite épine près de l'extrémité du bord supérieur de leur troisième article, qui est légèrement granuleux en dessus et en dessous Pates de la cinquième paire extrêmement courtes, leur avant-dernier article dépassant à peine le troisième article de celles de la quatrième paire. Longueur, environ 10 lignes. Quelques poils sur les pates.

Habite Pondichéry. (C. M.)

2. Macrophthalme mains carénées. —*M. carinimanus* (1).

Cette espèce ne diffère que très-peu de la précédente : les *mains sont garnies d'une crête linéaire* sur la partie inférieure de leur face externe ; les pinces sont moins longues et moins fortement recourbées en bas ; enfin l'épine du bord supérieur du troisième article des pates des troisième et quatrième paires est peu ou point distincte. Même grandeur que l'espèce précédente. (C. M.)

3. Macrophthalme petites mains. — *M. parvimanus* (2).

La carapace est moins large et moins déprimée que dans les deux espèces précédentes ; les pédoncules oculaires sont extrêmement longs ; *les pates antérieures sont petites et comprimées* ; chez le mâle elles sont moins longues que celles de la seconde paire ; les pinces sont à peine recourbées en bas, élargies vers le bout et creusées en cuillère ; enfin les pates suivantes sont arrondies et assez grosses.

Cette espèce, qui est de même taille que les précédentes, habite l'Ile-de-France. (C. M.)

---

(1) Latr. Collect. du Muséum. — *Cancer brevis?* Herbst, Pl. 60, fig. 4.

(2) *Ocypode michrocheles*, Bosc, t. I, p. 199.—*Macrophthalmus parvimanus*, Latr. —Guérin, Iconogr. Cr. Pl. 4, fig. 1.

4. Macrophthalme déprimé — *M. depressus* (1).

Pédoncules oculaires très-grêles, mais beaucoup moins longs que dans les espèces précédentes, n'ayant pas plus de deux fois la longueur de l'espace qui les sépare. Bords latéraux de la carapace armés de deux dents, dont une constitue l'angle orbitaire externe. Pates antérieures du mâle très-courtes ; mains élargies; pinces infléchies.

Habite la mer Rouge.

5. Macrophthalme de Latreille. — *M. Latreillii* (2).

Espèce fossile. La carapace subtrapézoïdale est moins d'une fois et demie aussi large que longue, couverte de granulations et armée de chaque côté de *trois fortes dents spiniformes* (y compris l'angle orbitaire externe qui est très-aigu). Front tronqué, saillant, et un peu plus large à son bord qu'à sa base. Mains longues, grêles; pinces infléchies.

Trouvé incrusté dans un calcaire argileux, grisâtre, dont la position géologique n'est pas connue.

6. Macrophthalme incisé. — *M. incisus* (3).

Espèce fossile. La carapace presque carrée, et plus d'une fois et demie aussi large que longue, est très-finement chagrinée ; ses bords latéraux sont un peu plus courbés, minces et interrompus par une échancrure près de l'angle orbitaire ex-

---

(1) Ruppell, op. cit. Pl. 4, fig. 6.

(2) *Gonoplax Latreillii*, Desmarest, Crust. fossiles, p. 99, Pl 9, fig. 1-4.

(3) *Cancer lapidescens*, Rumph, Rarit-Kamer, tab. 60, f. 1 et 2. — Knorr, Monum. du déluge, t. I, Pl. 16, A, B. — *Gonoplax incisa*, Desmarest, Crust. foss. p. 100, Pl. 9, fig. 5 et 6.

terne, qui est obtus. Front un peu échancré et diminuant graduellement de largeur.

Incrusté dans une pierre calcaire grise, argileuse et sablonneuse, de l'Inde.

7. Macrophthalme échancré. — *M. emarginatus* (1).

Espèce fossile. Carapace un peu trapézoïdale, environ une fois et demie aussi large que longue, chagrinée ; bords latéraux presque droits, et armés en avant de deux dents obtuses, dont l'antérieure forme l'angle orbitaire externe. Front plus large, presque en forme de triangle obtus.

Incrusté comme le précédent, et se trouvant également dans l'Inde.

Le Gonoplax impressa (Desm. Crust. foss. p. 102, Pl. 8, fig. 13 et 14) est voisin des espèces précédentes, mais ne devra peut-être pas être rapporté au même genre, car sa carapace est presque aussi longue que large, et ses pates antérieures sont très-courtes et renflées.

Genre CLEISTOTOME. — *Cleistotoma* (2).

La division des Cleistotomes, récemment établie par M. De Haan, comprend des Crustacés très-voisins des Macrophthalmes, mais qui ont le front beaucoup plus large, occupant environ le tiers du bord antérieur de la *carapace*, et peu incliné; les *pédoncules oculaires* gros et de longueur médiocre; les *orbites* de forme ordinaire; le *cadre buccal* au moins aussi large en avant qu'en arrière; le troi-

(1) *Gonoplax emarginata*, Desmarest, Crust. foss. p. 101, Pl. 9, fig. 7 et 8.

(2) *Macrophthalmus*, Audouin, Explication des Planches de l'Egypte. — *Cleistotoma*, De Haan, Fauna Japonica, 1re. livr. des Crustacés.

sième article des *pates-mâchoires extérieures* à peu près de même grandeur que le second, et presque carré; enfin les *pates antérieures* courtes dans les deux sexes.

1. Cleistotome de Leach. — *C. Leachii* (1).

Carapace lisse et dépourvue de poils en dessus; ses bords latéraux entiers, granuleux et divergeant postérieurement. Mains courtes, très larges chez le mâle; pates de la troisième paire les plus longues; cuisses granuleuses en dessus. Longueur, 4 lignes.

Habite la mer Rouge.

L'Ocypode (Cleistotoma) dilatata (De Haan, *Fauna Jap.* Crust Pl. 7. fig. 3), dont la figure seulement a encore été publiée, me paraît très-voisine de l'espèce précédente.

Nous croyons devoir rapporter aussi à ce genre le Crustacé figuré par M. Savigny dans sa seconde Planche, sous le n°. 2, et désigné par M. Audouin sous le nom de *Macrophthalmus Boscii*; mais nous n'en connaissons pas l'appareil buccal. Cette espèce est facile à distinguer des précédentes par sa carapace granuleuse en dessus et armée de deux dents de chaque côté.

TRIBU DES GRAPSOÏDIENS.

Dans ce groupe naturel, qui se rapproche de la tribu des Gonoplaciens plus que de celle des Ocypodiens, la *carapace* est en général moins régulièrement quadrilatère que chez ces Crustacés; ses bords latéraux sont presque toujours légèrement courbés, et son bord fronto-orbitaire n'occupe souvent qu'environ les deux tiers de son diamètre transversal. (Pl 19,

(1) *Macrophthalmus Leachii* (Audouin), Savigny, Egypte, Crust. Pl. 2, fig. 1.

fig. 1 et 4). Le corps est presque toujours très-comprimé, et le *plastron sternal* peu ou point courbé d'avant en arrière. Le *front* est presque toujours fortement recourbé, ou plutôt reployé en bas et très-large; il occupe environ la moitié du bord antérieur de la carapace, et dépasse de chaque côté le niveau des bords latéraux du cadre buccal. Les *orbites* sont ovalaires et de grandeur médiocre; enfin les bords latéraux de la carapace sont légèrement courbés et presque toujours tranchans. Les *pédoncules oculaires* sont gros et courts; leur insertion a lieu au dessous du front, et la cornée occupe la moitié de leur longueur. Les *antennes internes* sont quelquefois verticales et logées dans des fossettes distinctes qui sont ouvertes à la face supérieure de la carapace; mais, dans la grande majorité des cas, ces organes sont tout-à-fait transversaux et complétement recouverts en dessus par le front (fig. 1 et 5); enfin leur tige terminale est presque toujours de longueur ordinaire, et terminée par deux appendices bien distincts, allongés et multi-articulés. Les *antennes externes* occupent encore ici l'hiatus, qui existe entre le front et le bord orbitaire inférieur, et qui fait communiquer les fossettes antennaires avec les orbites; leur premier article est presque toujours court, mais assez large, et presque entièrement recouvert par le front; quant aux trois articles suivans, et à la tigelle terminale, ils sont très-peu développés (fig. 3). Le bord antérieur de l'*épistome* est toujours placé sur la même ligne que le bord inférieur de l'orbite avec lequel il se continue. Le *cadre buccal* est peu ou point rétréci en avant, et la tigelle terminale des *pates-mâchoires externes* prend toujours naissance au milieu du bord antérieur ou à l'angle externe de l'article précédent, et ne se cache jamais au-dessous de lui (fig. 2, 5 et 10). Le palpe de ces pates-mâchoires présente à peu près la même forme que chez les Crabes; il est grand et terminé par un appendice multi-articulé reployé en dedans sous le troisième article de ces membres. Le *plastron sternal* n'est pas très-large en arrière et donne insertion aux verges. La disposition des *pates* varie; celles de la première paire sont en général courtes, et celles des quatre dernières paires très-comprimées : ces dernières sont quelquefois natatoires, caractère qui ne se rencontre dans aucun autre Crustacé de cette famille. L'*abdomen* se compose de sept articles, et son second article s'étend presque toujours dans l'un et l'autre sexe jusque sur l'origine des pates postérieures. On compte en général, de chaque côté, sept *branchies thoraciques*. Enfin l'épimère du dernier anneau thoracique est presque aussi développé que celui de l'anneau précédent, et concourt à la formation de la voûte des flancs; aussi la cellule supérieure ou épimérienne de ce pénultième anneau ne recouvre-t-elle pas la cellule qui correspond à la pate postérieure, ainsi que cela se voit chez les Gécarciniens.

La plupart des Grapsoïdiens, dont nous connaissons les mœurs, vivent sur le rivage ou sur les rochers que bordent les côtes; ils sont très-craintifs et fuient avec beaucoup de vitesse.

Nous y distinguons sept genres, dont les principaux caractères se trouvent résumés dans le tableau suivant.

Tribu

des

IARARAPSOIDIENS.

	sternes plus long que le ou point tronqué antérieu- e crête oblique. Régions une gouttière horizontale it dans l'angle externe de s complétement dépourvus		Gre. SÉSARME.
	s et presque toujours com- s d'épines. Orbites se con- jours avec une gouttière le genre précédent. Cara- : les bords latéraux épais égions ptérygostomiennes uses et presque réticulées. te oblique sur le troisième choires externes.		Gre. CYCLOGRAPSE.
Pates nières p par un drique nulleme	ès- ut- ous ca- ins lé- té- eu té- on de le les er-	Carapace notablement plus large que longue, et à peu près carrée. Front presque toujours reployé en bas.	Gre. GRAPSE.
		Carapace plus longue que large; front avancé et simplement incliné.	Gre. NAUTILOGRAPSE.
	et se touchant presque de sange.		Gre. PSEUDOGRAPSE.
	sées dans toute l'épaisseur		Gre. PLAGUSIE.
Pates			Gre. VARUNE.

Genre SÉSARME. — *Sesarma* (1).

Le nom générique de *Sésarme* a été donné par M. Say à quelques petits Crustacés de l'Amérique, qu'il a ensuite réunis aux Grapses. Ces Grapsoïdiens nous paraissent cependant devoir être distingués et constituer le type d'un genre assez nombreux. Ils sont remarquables par la forme quadrilatère de leur *carapace*, qui est en général presque équilatérale et très-élevée en avant; le bord fronto-orbitaire en occupe toute la largeur; les bords latéraux sont droits et le bord postérieur très-long. Le *front* est presque toujours brusquement reployé en bas et sa longueur est très-considérable; il dépasse la moitié du diamètre transversal de la carapace (Pl. 19, fig. 4 et 5). Les *yeux* sont gros et de longueur médiocre; les orbites sont ovalaires, et il existe à leur angle externe un hiatus en général très-grand qui se continue avec une gouttière horizontale située immédiatement au-dessous du bord latéral de la carapace, caractère que nous avons déjà rencontré chez les Macrophthalmes, mais qui n'existe pas chez la plupart des Grapsoïdiens; le bord inférieur de l'orbite est horizontal et dirigé en avant; enfin il s'élève de la partie interne du plancher orbitaire une dent très-forte qui se dirige vers le front. Les *fossettes antennaires* sont ovalaires transversalement, et l'espace qui les sépare est en général très-large (fig. 5). L'article basilaire des *antennes externes* est plus ou moins cordiforme, et donne insertion à l'article suivant dans une échancrure située au milieu de son bord interne; sa largeur est considérable, cependant le front le dépasse latéralement. L'*épistome* est très-court et très-saillant, de même que toutes les parties qui l'entourent; il se continue avec le bord orbitaire inférieur, et au-dessous de ce bord on voit

(1) *Cancer*, Linn., Herb., etc. — *Grapsus*, Fabricius, Latreille, etc. — *Sesarma*, Say, Acad. of Philadelphia, vol. 1.

une gouttière horizontale qui vient aboutir à l'angle du cadre buccal ; il existe aussi d'autres sillons sur les *régions ptérygostomiennes* dont la surface est granuleuse ou réticulée ; en général elle est divisée en petits carrés d'une régularité extrême (fig. 5), et ce caractère suffirait à lui seul pour faire distinguer la plupart des Sésarmes de presque tous les autres Catométopes. La disposition des *pates-mâchoires externes* est également très-remarquable ; ces organes laissent toujours entre eux un grand espace vide ayant la forme d'un losange, et leur troisième article, plus long que large, et plus long que le second, est ovalaire et peu ou point tronqué antérieurement. Il est aussi à noter qu'il existe sur la surface de cette portion lamelleuse des pates-mâchoires externes une ligne saillante ou crête, qui se porte obliquement de son angle externe et postérieur à son angle intérieur et interne ; en général cette crête est garnie de poils, et on remarque un sillon profond près de son bord externe.

Le *plastron sternal* est en général convexe d'arrière en avant, et, chez le mâle, la portion antérieure de la cavité qui reçoit l'abdomen est arrondie et entourée d'un petit rebord. Les *pates antérieures* du mâle sont presque toujours beaucoup plus longues que celles de la seconde paire, et terminées par une main forte et renflée. Quelquefois il en est de même chez la femelle. Les pates de la seconde paire sont moins longues que celles de la troisième paire, et se terminent, comme toutes les suivantes, par un article styliforme gros, arrondi, plus ou moins distinctement cannelé, ordinairement garni de duvet et presque toujours complétement dépourvu d'épines. Le second anneau de l'abdomen du mâle est en général presque linéaire, et le dernier est beaucoup plus étroit à sa base que le pénultième, de façon que l'abdomen présente dans ce point un rétrécissement brusque. Chez la femelle, le dernier article de l'abdomen est très-petit et en général logé presque en entier dans une échancrure de l'anneau précédent.

Les Sésarmes se trouvent sur les côtes de l'Amérique, de l'Afrique et de l'Asie.

§ A. *Espèces dont la carapace est au moins aussi large que longue, et peu ou point rétrécie postérieurement.*

a. Bords latéraux de la carapace armés de deux ou trois dents (l'angle orbitaire externe compris). Corps très-épais, surtout en avant.

1. Sésarme tétragone. — *S. tetragona* (1).

Bords latéraux de la carapace droits et armés de deux dents; sa surface bombée d'avant en arrière et très-oblique. *Front dépassant latéralement le troisième article des antennes externes*, incliné, surmonté de quatre bosses arrondies et peu saillantes. Pates antérieures grosses et renflées. Longueur, 28 lignes.

Habite l'Océan indien. (C. M.)

2. Sésarme africaine. — *S. africana.*

Bords latéraux de la carapace droits et armés de trois dents, dont la dernière est très-petite. Front à peu près comme dans l'espèce précédente. Carapace très-élevée antérieurement, et présentant dans sa moitié postérieure des lignes courbes transversales, qui, chez le mâle, sont garnies de duvet. *Troisième article des pates-mâchoires externes presque aussi large que long, et sans échancrure au bout.* Mains à pince granuleuse en dehors. Du reste très-semblable à l'espèce précédente. Longueur, 1 pouce.

Habite le Sénégal. (C. M.)

---

(1) *Cancer tetragonus*? Fabr. Suppl. p. 341. — *C. fascicularis*, Herbst, Pl. 47, fig. 5. — *Ocypode tetragona*, Olivier, Encyc. t. VIII, p. 418. — *Grapsus tetragonus*, Latr. Hist. des Crust. t. VI p. 71.

3. Sésarme indienne. — *S. indica.*

Bords latéraux de la carapace droits et armés de trois dents. Front comme dans les espèces précédentes. Troisième article des pates-mâchoires externes à peu près deux fois aussi long que large. Carpe armé d'une série de dents dont l'interne assez forte. Longueur, 16 lignes.

Habite Java. (C. M.)

4. Sésarme imprimée. — *S. impressa.*

Bords latéraux de la carapace armés de trois dents (dont la postérieure à peine distincte), *droits, un peu divergens postérieurement et se terminant en dessus des pates de la quatrième paire. Front moins large que dans les espèces précédentes, ne dépassant pas notablement le troisième article des antennes externes*, presque vertical et profondément quadrilobé en dessus. Deuxième article des pates-mâchoires externes marqué d'une dépression semi-lunaire longitudinale. Pinces fortes, surtout du côté gauche. Ressemble beaucoup à la S. tétragone. Longueur, 18 lignes.

Habite? (C. M.)

5. Sésarme trapezoïde. — *S. trapezoidea* (1).

Bords latéraux de la carapace armés de trois dents, droits, divergeant postérieurement et se terminant au-dessus des pates de la troisième paire. Front comme dans l'espèce précédente. Carapace moins élevée. Deuxième article des pates-mâchoires lisse et sans dépression. Pinces petites; pates très-aplaties. Longueur, 15 lignes.

Habite? (C. M.)

---

(1) Guérin, Collect. du Muséum.

6. Sésarme bombée. — *S. curvata.*

Bords latéraux de la carapace armés de trois grosses dents et assez fortement courbés. Forme générale assez semblable à celle de la S. tétragone. Carapace plus bombée, mais lisse en dehors.

Habite le Sénégal. (C. M.)

aa. Bords latéraux de la carapace ne présentant pas de dent en arrière de l'angle orbitaire externe. (Corps déprimé.)

7. Sesarme carrée. — *S. quadrata* (1).

Epistome lisse. Front presque vertical et à bord droit; orbites grands et obliques. Carapace s'élargissant un peu en arrière et légèrement granuleuse. Pates antérieures petites; les suivantes très-aplaties. Longueur, 8 lignes.

Habite les environs de Pondichéry. (C. M.)

8. Sésarme cendrée. — *S. cinerea* (2).

Epistome couvert de granulations. Front profondément creusé au milieu. Carapace carrée et plus déprimée que dans

---

(1) *Cancer quadratus*, Fabr. Suppl. p. 341. — *Ocypode plicata*, Bosc, op. cit. t. I, p. 198. — Olivier, Encyc. t. VIII, p. 419. — Latr. Hist. des Crust. t. VI, p. 47.

L'espèce figurée par M. de Haan, sous le nom de *Grapsus (Pachysoma) quadratus*, Fabr. (Faune Jap. Crust. Pl. 8, fig. 3), est beaucoup plus grande que la précédente, et s'en distingue par les pates antérieures beaucoup plus fortes, et dont les doigts paraissent tordus. La description n'en a pas encore été publiée.

(2) *Cancer una*, Pison, op cit. lib. 5, et Margrave, op. cit. p. 184. — *Grapsus cinereus*, Bosc, Hist. nat. des Crust. t. I, p. 204, Pl. 6, fig. 1. — Latreille, Hist. nat. des Crust. t. VI, p. 72. — *Sesarma reticulata.* Say, op. cit. Acad. de Philad. t, I, p. 73, Pl. 4, fig. 5, et *Grapsus reticulatus*, Say, loc. cit. p. 442.

l'espèce précédente, à laquelle celle-ci ressemble, du reste, extrêmement. Longueur, environ 6 lignes.

Habite les côtes des Etats-Unis d'Amérique et les Antilles. (C. M.)

§ B. *Espèces dont la carapace est beaucoup plus longue que large et fortement rétrécie en arrière.*

9. Sésarme de Pison. — *S. Pisonii* (1).
(Pl. 19, fig. 4 et 5.)

Carapace déprimée et un peu convexe transversalement. Front très large et presque vertical ; bords latéraux entiers. Troisième article des pates-mâchoires externes plus long que le second, et ovalaire ; pates longues et très-comprimées ; tarse fort court. Longueur, 8 lignes.

Habite les Antilles. (C. M.)

Le Grapse de Husard, *Grapsus Husardii*, de M. Desmarest (Considér. p. 131), nous paraît appartenir à ce genre et devoir se rapprocher de notre Sésarme africaine. Voici la description que ce naturaliste en a donné :

« Longueur du corps 11 lignes ; largeur 1 pouce. Carapace élevée, presque carrée, à surface un peu irrégulière, ayant quatre lobes placés sur une même ligne, entre les yeux, au-dessus du chaperon, qui est infléchi et un peu creusé dans son milieu ; région génitale faisant une pointe très-marquée en avant ; région cordiale assez élevée ; serres médiocres, légèrement granuleuses, avec les doigts terminés en pointe, ayant leurs bords internes appliqués l'un contre l'autre dans toute leur étendue et à peine rugueux ; carpe légèrement épineux sur

---

(1) *Aratapinima*, Pison, lib. V, p. 300 (figure reproduite dans Margrave, lib. IV, p. 185). — Latreille a confondu cette espèce avec le *Grapse ensanglanté*, voyez Latr. Encyc. article *Plagusie*, t. X, p. 148.

son bord interne et antérieur ; bras trièdre ayant ses trois arêtes ou angles dentelés également ; cuisses des quatre dernières pates comprimées sur leur bord antérieur et munies d'une épine à l'extrémité de ce bord, au-dessus de l'articulation des jambes. Couleur générale brunâtre.» Trouvé à l'embouchure du fleuve Sénégal.

Le Cancer hispanus de Herbst (t. I, p. 156, Pl. 37, fig. 1), me semble devoir appartenir à ce genre, ou du moins s'en rapprocher beaucoup.

Genre CYCLOGRAPSE. — *Cyclograpsus* (1).

Dans ce groupe le corps est beaucoup moins aplati que chez les Grapses, et il est plus large, car presque toujours le diamètre transversal de la carapace excède de beaucoup sa longueur. Le front est incliné, mais loin d'être vertical; enfin les bords latéraux du test sont élevés, minces et très-courbes, et ses parois latérales forment d'ordinaire avec sa face supérieure un angle presque droit. Les yeux n'offrent rien de remarquable; les orbites sont dirigés en avant et présentent presque toujours au-dessous de leur angle externe une échancrure large et profonde qui, de même que chez les Sésarmes, se continue en arrière avec une gouttière transversale creusée dans les régions ptérygostomiennes de la carapace au-dessous de son bord lateral. Les fossettes antennaires sont bien moins étroites que chez les Grapses, et l'article basilaire des antennes externes est beaucoup moins large. Les pates-mâchoires externes ressemblent extrêmement à celles des Grapses. Leur troisième article est moins long que le deuxième, aussi large que long, élargi antérieurement et fortement tronqué à son bord antérieur; une petite crête saillante et pilifère se porte obliquement de l'angle antérieur et intérieur de cet

(1) *Grapsus*, Latreille, Coll. du Muséum.

article à l'angle postérieur et extérieur de l'article précédent, de façon à former avec celle du côté opposé un triangle dont la base est en arrière; enfin l'appendice externe de ces pates-mâchoires atteint presque le bord antérieur du troisième article de leur tige et se termine par un appendice multi-articulé. Les pates ont à peu près la même forme et la même disposition que chez les Grapses, seulement le tarse est moins gros et ne porte point d'épines.

Ce genre appartient presque exclusivement aux mers d'Asie. — On ne sait rien sur les mœurs de ces Crustacés.

§ A. *Espèces ayant le bord latéral de la carapace entier.*

a. *Une gouttière profonde naissant de l'hiatus orbitaire externe et se dirigeant en arrière.*

1. CYCLOGRAPSE PONCTUÉ. — *C. punctatus.*

Pénultième article de l'abdomen du mâle pentagonal. Régions cordiale et intestinale bien distinctes et lisses ; les régions hépatiques piquetées. Bords latéraux de la carapace garnis d'un petit bourrelet très-mince. Orbites très-incomplets en dessous. Pates couvertes de petits points bruns rouges. Tarses gros et courts. Longueur, 15 lignes.

Habite l'Océan indien. (C. M.)

2. CYCLOGRAPSE D'AUDOUIN. — *C. Audouinii.*

Pénultième article de l'abdomen du mâle quadrilatère, avec ses bords latéraux régulièrement courbés. Régions cordiale et intestinale à peine distinctes. Point de taches punctiformes bien circonscrites. Longueur, 1 pouce. (Peut-être n'est-ce qu'une variété de l'espèce précédente.)

Habite la Nouvelle-Guinée. (C. M.)

aa. Point de gouttière post-orbitaire bien marquée.

3. Cyclograpse entier. — *C. integer* (1).

Carapace rétrécie antérieurement. Paroi inférieure de l'orbite bien formée et séparée de l'angle externe par une échancrure seulement. Tarses légèrement épineux. Longueur, 4 lig.
Habite le Brésil. (C. M.)

§ B. *Espèces dont le bord latéral de la carapace est denté.*
b. Hiatus orbitaire externe peu marqué. Orbites dirigés en avant.

4. Cyclograpse quadridenté. — *C. quadridentatus.*

Deux dents de chaque côté de la carapace (l'angle orbitaire externe compris). Front avancé, incliné et échancré au milieu. Régions ptérygostomiennes lisses. Longueur, 10 lig.
Habite la Nouvelle-Hollande. (C. M.)

5. Cyclograpse a six dents. — *C. sexdentatus.*

Bords latéraux de la carapace granulés et divisés de chaque côté en trois dents, dont les deux premières très-larges. Région stomacale bosselée. Front droit. Pates minces; tarses gros et courts. Longueur, 15 lignes.
Habite la Nouvelle-Zélande. (C. M.)

6. Cyclograpse de Gaimard. — *C. Gaimardii.*

Mêmes caractères que dans l'espèce précédente, excepté les tarses qui sont grêles et styliformes. Longueur, 1 pouce.
Habite la Nouvelle-Hollande. (C. M.)

---

(1) *Grapsus integer*, Latr. Collect. du Muséum.

7. Cyclograpse crénelé. — *Cyclograpsus crenulatus* (1)

Trois dents de chaque côté de la carapace. Région stomacale à peine bosselée. Front presque droit. Pates garnies en dessus et en dessous de longs poils. Longueur, 11 lignes.

Habite ? (C. M.)

8. Cyclograpse a huit dents. — *C. octodentatus.*

Bords latéraux de la carapace armés de quatre dents, dont les deux dernières très-petites. Un sillon linéaire oblique entre les régions hépatiques et branchiales Orbites assez largement ouverts en dessous, mais ne se continuant pas, avec une gouttière latérale. Point de crête sur le troisième article des pates mâchoires externes. Tarses légèrement épineux.

Habite l'île King. (C. M.)

bb. Hiatus orbitaire externe très-large; orbites très-obliques

9. Cyclograpse de Latreille. — *C. Latreillii* (2).

Carapace presque quadrilatère, très-élevée et armée de trois dents de chaque côté. Tarses grêles. Bouche très-saillante. Longueur, 4 lignes.

Habite l'Ile-de-France. (C. M.)

---

(1) *Grapsus crenulatus*, Guérin, Collect. du Muséum.

(2) *Grapsus venosus*, Latr. Collect. du Mus.

Genre PSEUDOGRAPSE. — *Pseudograpsus* (1).

Un des caractères signalés avec raison par M. Latreille comme étant distinctif des groupes naturels que l'on désigne sous les noms de Grapse et de Plagusie, est d'avoir les pates-mâchoires externes étroites et échancrées à leur bord interne, de façon que ces organes, au lieu de fermer complétement la bouche, laissent entre eux un espace vide ayant la forme d'un losange; mais cette disposition ne se rencontre pas chez toutes les espèces qu'on a l'habitude de ranger dans le genre Grapse, et comme ces modifications de l'appareil buccal coïncident avec d'autres caractères, et semblent indiquer une division naturelle parmi ces animaux, nous l'avons pris pour base de leur classification, et nous désignerons sous le nom de *Pseudograpse* le nouveau genre que nous proposons d'établir pour recevoir les Grapsoïdiens marcheurs, dont la bouche est complétement fermée par les pates-mâchoires externes.

La forme générale de ces Crustacés se rapproche de celle des Cyclograpses plus que de celle de la plupart des autres Grapsoïdiens, car leur corps est épais et leur carapace, convexe en dessus, est assez régulièrement arrondie sur les côtés. L'article basilaire des *antennes externes* est presque carré, et se joint au front; son bord externe est en contact avec une dent verticale qui s'élève sur le plancher de l'orbite comme chez les Macrophthalmes et les Ocypodiens; le bord interne du second et du troisième article des *pates-mâchoires externes* est droit, et ce dernier article, notablement plus large que long, présente au milieu de son bord antérieur une échancrure d'où naît la tigelle terminale. Le plastron sternal est presque circulaire et légèrement courbé d'avant en arrière. Les *pates* antérieures du mâle sont très-

(1) *Grapsus*, Latreille, Desmarest, etc.

grosses et beaucoup plus longues que toutes les suivantes, qui sont arrondies et terminées par un tarse velu et complétement dépourvu d'épines. Enfin, l'abdomen du mâle ne s'étend pas tout-à-fait jusqu'à la base des pates postérieures, et son second article est linéaire.

Les Pseudograpses appartiennent aux mers d'Asie. Nous ne savons rien sur leurs mœurs.

1. Pseudograpse porte-pinceau. — *P. penicilliger* (1).

Mains renflées, sans carènes ou lignes élevées, et garnies de poils, qui, sur la face extérieure des doigts, sont très-longs et raides. Front large et fortement recourbé en bas. Bords latéraux de la carapace très-obtus et armés de trois dents courtes et arrondies. Pates arrondies et garnies d'un duvet serré. Longueur, 1 pouce.

Habite les mers d'Asie. (C. M.)

2. Pseudograpse pates pales. — *P. pallipes* (2).

Mains à peine renflées et garnies de quatre petites crêtes longitudinales élevées et dépourvues de poils. Front presque horizontal. Bords latéraux de la carapace minces et armés de trois dents triangulaires et pointues. Longueur, 4 lig.

Habite la Nouvelle-Hollande. (C. M.)

Le Crustacé fossile décrit par M. Desmarest sous le nom de *Gecarcinus trispinosus* (Crust. foss. p. 108, Pl. 8, fig. 10), me paraît ressembler au Pseudograpse penicilliger bien plus qu'à aucun autre Brachyure, et devoir être placé dans ce genre

---

(1) Rumph, Mus. Pl. 10, fig. 2. — *Cancer setosus?* Fabricius, Suppl. 339. — *Grapsus penicilliger*, Latreille, Règne animal de Cuvier, 1re. édit. t. III, p. 16, Pl. 12, fig. 1, et 2e. édit. Pl. 16, fig. 1; Encyc. t. X, p. 148. — Lamarck, Hist. des anim. sans vert. t. V, p. 249. — Desm. Consid. Pl. 15, fig. 1.

(2) *Grapsus pallipes*, Latr. Coll. du Mus.

plutôt que parmi les Gécarcins, avec lesquels il n'a que fort peu d'analogie. La carapace, plus longue que large, est à peu près quadrilatère; les bords latéraux cependant sont assez fortement arqués et présentent dans leur moitié antérieure trois dents obtuses et arrondies; la région stomacale est divisée par un prolongement de la région génito-cordiale, et le bord pestérieur de la carapace est très-large. Les pates antérieures sont grosses et courtes; enfin l'abdomen du mâle, divisé en cinq pièces, est reçu dans un sillon étroit et profond du plastron sternal. On ignore le gisement de ce fossile.

Genre GRAPSE. — *Grapsus* (1).

Le genre Grapse a été établi par Lamarck pour recevoir une partie du genre Cancer, tel que Fabricius l'avait circonscrit, et a été adopté par tous ses successeurs; mais la plupart des auteurs y ont rangé des espèces que nous ne croyons pas devoir y laisser. Celles auxquelles nous conservons ce nom sont pour la plupart remarquables par l'aplatissement extrême de leur corps (Pl. 19, fig. 1). La face supérieure de leur *carapace* est toujours presque horizontale et à peu près carrée. Son bord antérieur n'occupe que rarement toute sa largeur; mais la différence est peu considérable, et en général sa partie postérieure n'est point rétrécie; les bords latéraux sont minces, et ordinairement un peu courbés. Enfin, la région stomacale est très-large, et les régions branchiales très-étendues et presque toujours marquées de lignes saillantes obliques. Le *front* est très-large et incliné, ou même complétement reployé en bas; sa partie supérieure est en général divisée en quatre lobes qui deviennent souvent très-saillans. Les *orbites* sont profondes, et leur bord inférieur est au moins aussi saillant que le bord supérieur; leur extré-

(1) *Cancer*, Linn., Fabr., Herb., etc — *Grapsus*, Lamk. Syst. des Anim. sans vert. p. 150. — Latr. Hist. nat. des Crust. t. VI, p. 56, etc. — Leach, Trans. Linn. Soc. vol. XI. — Desmarest, op. cit. p. 129, etc.

mité externe ne s'ouvre pas dans une gouttière horizontale située sous le bord latéral de la carapace, comme dans le genre Sesarme, et présente au plus une ou deux petites échancrures (fig. 5). Enfin, la dent qui s'élève de leur paroi inférieure, au-dessous de l'articulation de l'œil, est en général très-forte. La disposition des *antennes* est à peu près la même que dans le genre précédent, seulement les fossettes antennaires sont en général moins larges, et séparées entre elles par un espace plus étroit. Les *pates-mâchoires externes* sont fortement échancrées en dedans, de façon à laisser entre elles un grand espace vide ayant la forme d'un losange; leur troisième article est trapézoïdal, et se termine antérieurement par un bord droit et très-large; en général, il est à peu près de la longueur du deuxième article, et porte l'article suivant à son angle externe; mais quelquefois il est très-court, fortement dilaté du côté externe, et donne insertion au quatrième article vers le milieu de son bord antérieur. Si on ne craignait de trop multiplier les divisions génériques parmi des animaux qui se ressemblent beaucoup, on pourrait se servir de ce caractère pour séparer des Grapses les espèces dont nous parlerons dans notre deuxième section de ce genre. Les *régions ptérygostomiennes* sont lisses ou très-légèrement granuleuses, et ne présentent jamais la disposition si remarquable chez les Sésarmes. Les *pates* de la première paire sont courtes, le bras est élargi et épineux en dedans, et les mains courtes, mais assez fortes chez les mâles. Les pates suivantes sont remarquablement aplaties; leur troisième article est tout-à-fait lamelleux inférieurement dans sa moitié externe, et son bord supérieur est mince et élevé; enfin, le tarse est gros et très-épineux. Les pates de la deuxième paire sont beaucoup plus courtes que les troisièmes, qui à leur tour sont en général un peu moins longues que les pénultièmes. L'abdomen du mâle est triangulaire; celui de la femelle est très-large, et son dernier article est grand et point enclavé dans une échancrure de l'article précédent comme chez les Sésarmes.

Ce genre est répandu dans presque toutes les parties du monde. Les espéces dont les habitudes sont connues habitent en général les côtes rocailleuses, et courent avec une grande rapidité.

§ A. *Espèces ayant le troisième article des pates-mâchoires externes plus long que large et sans dilatation notable vers l'angle externe.*

1. GRAPSE ENSANGLANTÉ. — *G. cruentatus* (1).

Bords latéraux de la carapace armés de deux dents (y compris celle qui forme l'angle orbitaire externe). Front très-large, occupant plus de la moitié de la largeur de la carapace, et presque vertical. Portion postérieure de la carapace bombée ; bord inférieur des bras fortement denté; pinces creusées en cuillère au bout. Une dent arquée à l'extrémité du bord supérieur du troisième article des quatre dernières paires de pates. Longueur, 2 pouces. Couleur, rouge piqueté de jaune, et avec des taches jaunes circulaires sur les régions branchiales; pates jaunes avec des taches rouges.

Habite le Brésil et les Antilles. (C. M.)

2. GRAPSE LIVIDE. — *G. lividus.*

Front assez large occupant la moitié de la carapace et presque horizontal Bords latéraux de la carapace armés de deux dents, divergeant; sa partie postérieure presque plane. Bord inférieur des bras peu ou point épineux ;

(1) *Cancer ruricola*, Degéer. Mém. pour servir à l'hist. des Insectes, t. VII, p. 417, Pl. 25. — *Grapsus cruentatus*, Latr. Hist nat. des Crust. t. VI, p. 70; Encyc. t. X, p. 148, art. *Plagusie.* — Lamk. Hist. des Anim. sans vert. t. V, p. 248. — Desm. Consid. sur les Crust. p. 132.

pinces peu ou point creusées en cuillère. Point de dent à l'extrémité du troisième article des pates des quatre dernières paires. Longueur, 14 lignes. Couleur, jaunâtre marqueté de rouge, quelquefois presque entièrement rouge.

Habite les Antilles. (C. M.)

3. Grapse peint. — *G. pictus* (1).

Front médiane n'ayant pas à beaucoup près la moitié de la longueur de la carapace et presque vertical. Bords latéraux armés de deux dents, minces et très-courbes; carapace très-aplatie et moins large que dans les espèces précédentes. Régions branchiales marquées de lignes transversales obliques; région stomacale légèrement squammeuse. *Epistome très-grand, lisse et sans crête transversale.* Pates très-longues et très-aplaties; extrémité du bord inférieur de leur troisième article armée de fortes dents. Pinces en cuillère. Longueur, environ 2 pouces. Couleur, rouge avec des taches jaunes irrégulières.

Habite les Antilles, et se tient d'ordinaire dans les palétuviers. (C. M.)

MM. Quoy et Gaimard ont rapporté des îles Sandwich un Grapse qui a la plus grande analogie avec le précédent, mais qui me semble devoir en être distingué, à raison du grand nombre de petits poils coniques disposés par petites rangées transversales sur les régions branchiales, et stomacales, de l'étendue plus considérable du front, et de quelques autres ca-

(1) Seba, Mus. t. III, Pl. 18, fig. 5 et 6. — *Pagurus maculatus*, Catesby, Hist. nat. de la Caroline, t. II, Pl. 36, fig. 1 — *Cangrejo de arrecife*, Parra, Descripcion de diferentes piezas de Historia natural, tab. 48, fig. 3 — *Cancer tenuicristatus*, Herbst, Pl. 3, fig. 33 et 34. — *C. grapsus*, Fabr. Suppl. p. 342. — *Grapsus pictus*, Latr. nat. des Crust. t. VI, p. 69; Encyc. t. X, p. 147, Pl. 305, fig. 3, etc. — Lamarck, Hist. des anim. sans vert. t. V, p. 248. — Desm. Consid. sur les Crust. p. 130, Pl. 16, fig. 1. — Edwards, Atlas du Règne animal de Cuvier, 3e. éd. Crust. Pl. 22.

ractères; mais n'ayant observé qu'un seul individu en assez mauvais état de conservation, et le Grapse peint présentant des différences individuelles assez grandes, je n'oserais prononcer à cet égard; néanmoins j'ai cru devoir noter le fait, car il est très-intéressant pour la géographie zoologique. Dans la collection du Muséum, j'ai désigné ce Crustacé sous le nom de GRAPSE RUDE. C'est probablement l'espèce figurée par MM. Quoy et Gaimard sous le nom de *Grapse peint*. (Voyage de M. Freycinet, Pl. 76, fig. 2.)

4. GRAPSE RAYÉ. — *G. strigosus* (1).

Forme générale comme dans l'espèce précédente. Front un peu moins incliné; fossettes antennaires beaucoup plus larges. *Epistome très-court et présentant de chaque côté une petite crête transversale.* Longueur, 2 ½ pouces. Couleur, rouge et jaune mélangés irrégulièrement.

Habite la mer Rouge, l'Océan indien et la Nouvelle-Hollande. (C. M.)

5. GRAPSE BIGARRÉ. — *G. variegatus* (2).

Bords latéraux de la carapace armés de trois dents. Front presque horizontal, un peu concave, et n'occupant pas la moitié de la longueur de la carapace. Forme générale, la même que chez le G. rayé. Epistome très-court et garni de crêtes transversales. Troisième article des pates-mâchoires

---

(1) *C. strigosus*, Herb. Pl. 47, fig. 7. — *Grapsus strigosus*, Latr. Hist. nat. des Crust. t. VI, p. 70. — *Grapsus albo lineatus*, Lamarck, Hist. des anim. sans vert. t. V, p. 249. — ? Latr. Encyc. t. X, p. 148.

(2) *Cancer variegatus*, Fabr. Ent. Syst. p. 450. — Suppl. p. 343, n°. 30. — *Grapsus variegatus*, Latr. Hist. nat des Crust. t. VI, p. 71. — *Grapsus personatus*, Lamk. Hist. des Anim. sans vert. t. V, p. 249. — Latr. Encyc. t. X, p. 147. — *Grapsus variegatus*, Guérin. Iconog. du Règne animal Crust. Pl. 6, fig. 1.

externes beaucoup plus long que dans les espèces précédentes. Mains très-fortes ; troisième article des pates suivantes à peine denté en dessous. Longueur, 2 $\frac{1}{2}$ pouces. Couleur, jaune et rouge disposés par grandes masses.

Habite la Nouvelle-Hollande, les côtes du Chili, etc.

BB. *Troisième article des pates-mâchoires externes aussi large que long, et dilaté en dehors vers l'angle antérieur.*

6. Grapse madré ou varié. — G. *varius* (1).

Carapace lisse et presque carrée. Front saillant, presque horizontal, et égal à la moitié de la largeur de la carapace. *Bords latéraux armés de trois dents très-fortes.* Troisième article des pates-mâchoires externes très-large et donnant insertion à l'article suivant vers le tiers interne de son bord antérieur. Pates de longueur médiocre. Longueur, environ 18 lignes. Couleur générale, rouge violacé varié de petites taches irrégulières jaunâtres.

Très-commun sur les parties rocailleuses des côtes de la Bretagne, de l'Italie, etc. (C. M.)

7. Grapse moissonneur. — *G. messor* (2).

Carapace lisse et quadrilatère, mais beaucoup plus large que dans l'espèce précédente. Front très-incliné, peu avancé, et occupant beaucoup plus que la moitié de la largeur de la ca-

(1) *Cancre madré?* Rondelet, Hist. des Poissons, p. 406—*Cancer marmoratus*, Fabricius, Syst, Entomol. II, p. 450. — Herbst, t. I, p. 261, Pl. 20, fig. 114.—Desmarest, Consid. sur les Crust. p. 131. — Olivi, Zool. Adriat. Pl. 11, fig. 1.— *Grapsus varius*, Latreille, Hist. nat. des Crust. t. VI, p. 67 ; Encyc t. X, p. 147, etc.

(2) *Cancer messor*, Forskal, Egypte, p. 88.—*Grapsus Gaimardii*, Audouin, Expl. des Planches de M. Savigny, Egypte, Crust. Pl. 2, fig. 3.

rapace. *Bords latéraux entiers, et ne présentant tout au plus qu'une seule petite dent en arrière de l'angle orbitaire externe.* Troisième article des pates-mâchoires externes moins large que dans le G. madré, et donnant insertion à l'article suivant vers le tiers externe de son bord antérieur. Pates de longueur médiocre. Longueur, environ 1 pouce.

Habite la mer Rouge et l'Océan indien. (C. M.)

8. GRAPSE PLISSÉ. — *G. plicatus.*

Carapace garnie d'un très-grand nombre de lignes saillantes transversales, qui donnent à toute sa surface un aspect plissé, plus large que dans l'espèce précédente, mais du reste ayant à peu près la même forme. Bords latéraux entiers, ou n'ayant qu'une seule dent après l'angle orbitaire externe. Front très-large et médiocrement incliné. Mains rayées longitudinalement. Longueur, 6 lignes.

Habite les îles Sandwich. (C. M.)

Latreille pense que le *Cancer tridens* de Fabricius (Suppl. p. 140) pourrait bien appartenir à ce genre. (*V.* Encyc. t. X, p. 147.)

GENRE NAUTILOGRAPSE. — *Nautilograpsus* (1).

Cette petite division générique ne diffère que très-peu de celle des Grapses, mais établit le passage entre ces derniers Crustacés et les Trapézies. Ici la *carapace*, au lieu d'être notablement plus large que longue et presque plane comme chez les Grapses, est plus longue que large, et bombée en dessus. Les régions ne sont pas distinctes. Le front est avancé, lamelleux et simplement incliné. Les bords latéraux sont courbes et longs. Le bord interne du deuxième article des *pates-mâchoires* est presque droit, et le troisième article est

(1) *Cancer*, Herb., Fabr. — *Grapsus*, Latreille, Roux, etc.

plus large même que chez le Grapse madré, mais à peu près de même forme. Enfin, les *pates* sont beaucoup plus courtes que chez les Grapses, et les verges du mâle traversent une simple échancrure du bord du plastron sternal. Du reste, ces Crustacés ressemblent aux Grapses de la deuxième division.

Je ne connais qu'une seule espèce de ce genre qui se voit dans presque tous les parages et se rencontre en haute mer, souvent flottant sur le *fucus natans* ou sur de grands animaux marins.

1. Nautilograpse minime. — *N. minutus* (1).

Carapace glabre; une petite dent plus ou moins marquée en arrière de l'angle orbitaire externe. Pates antennaires fortes; les suivantes très-comprimées et garnies en dessus d'une bordure épaisse de longs poils; tarses très-courts et épineux en dessous. Longueur, 4 à 8 lignes. Paraît offrir de grandes variations dans ses couleurs. (C. M.)

Genre PLAGUSIE. — *Plagusia* (2).

Les Plagusies ressemblent beaucoup aux Grapses par leur forme générale, mais s'en distinguent au premier coup d'œil

---

(1) *Cancellus marinus minimus quadratus*, Sloane Jamaica, vol. XI, Pl. 245, fig. 1. — *Turtle crabe*, Brown, Jamaica, p. 421, Pl. 42, fig. 1. — *Cancer minutus*, Fabricius, Ent. Syst. v. XI, p. 443, et Suppl. p. 343.— Linneus, Mus. ad. Fred. 1, 8, 91, Itin. W. Goth, tab. 3, fig. 1-2. — Herbst, t. I, Pl. 2, fig. 32. — *Grapsus minutus*, Latreille, Hist. nat. des Crust. t. VI, p. 68. — *Grapsus cinereus*, Say, op. cit. p 99. — *Grapse unie*, Lamarck, Galerie du Muséum.

Nous ne voyons aucune raison suffisante pour distinguer de cette espèce le *Grapsus testudinum* de Roux (Crust. de la Méditerranée, Pl. VI, fig. 1-6).

(2) *Cancer*, Fabricius, Herbst, etc. — *Grapsus*, Latreille, Hist. nat. des Crust. t. VI. — *Plagusia*, Latreille, Genera Crustaceorum, etc. — Desmarest,

par une disposition singulière des antennes internes qui ne se rencontre dans aucun autre Décapode Brachyure. Ces organes, au lieu de se reployer sous le front, se logent chacun dans une échancrure profonde de cette partie, de manière à rester toujours à découvert supérieurement (Pl. 14 *bis*, fig. 10). La *carapace* est large et aplatie; son bord antérieur n'occupe qu'environ la moitié de sa largeur, qui est la plus étendue vers le niveau de l'avant-dernière paire de pates. La portion du front comprise entre les fossettes antennaires est triangulaire et recourbée en bas. Les *yeux* sont courts et gros; les orbites sont dirigées en avant et en haut, et sont séparées des fossettes antennaires. Les *antennes* internes sont verticales; les externes occupent l'angle interne de l'orbite, et ont à peu près la même forme que chez les Grapses. Le bord antérieur du cadre buccal est très-saillant, et se continue avec le bord orbitaire inférieur. Les *pates-mâchoires* externes ferment complétement la bouche, et ne sont pas échancrées en dedans comme chez les Grapses; leur forme est en général à peu près la même que chez les Crabes et les Portunes; le troisième article est beaucoup moins long que le précédent, presque carré, et échancré à son angle antérieur et interne pour l'insertion de l'article suivant. Le sternum est très-large et profondément échancré en arrière pour recevoir l'abdomen. Les *pates* antérieures sont en général médiocres chez le mâle, et petites chez la femelle; les pinces se terminent ordinairement en cuillère. Les pates suivantes sont disposées comme dans les Grapses; tantôt c'est la troisième paire, tantôt la quatrième, qui est la plus longue : en général elles sont ciliées sur le bord supérieur, et le tarse est toujours armé de fortes épines. L'abdomen est aussi de la même forme que chez les Grapses. Enfin, il en est encore de même pour les branchies.

Ce genre appartient plus particulièrement à l'Océan indien, et se trouve depuis le cap de Bonne-Espérance jusqu'au Chili.

§ A. *Espèces ayant le bord supérieur des huit dernières pates armé de dents dans presque toute sa longueur.*

1. Plagusie clavimane. — *P. clavimana* (1).

Front très-étroit, beaucoup plus long que large, et terminé par deux petites épines. Corps extrêmement aplati. Carapace notablement plus longue que large, pubescente. Bord antérieur de l'épistome armé d'une dent spiniforme qui s'avance sous le front. Troisième article des pates mâchoires externes très-petit et tronqué extérieurement. Pates antérieures très-courtes; mains très-renflées. Pates des quatre dernières paires très-longues ; celles de la troisième paire les plus longues de toutes, ayant plus de deux fois la longueur de la carapace. Antépénultième anneau de l'abdomen soudé au précédent dans les deux sexes. Longueur, environ 1 pouce.

Habite la Nouvelle-Hollande, Vanicoro, Nouvelle-Zélande. (C. M.)

La Plagusie conservée dans la collection du Muséum sous le nom de *P. serripes*, de Lamarck (op. cit. t. V, p. 247, et Latreille, Encyc. t. X, p. 146), ne me paraît pas différer spécifiquement de la *P. clavimane*.

Elle habite les mêmes parages.

2. Plagusie cotonneuse. — *P. tomentosa.*

Front très-large, au moins aussi large que long, terminé antérieurement par un bord granuleux, courbé et

(1) Seba, t. III, Pl. 29, fig. 21. — *Cancer planissimus*, Herb. Pl. 59, fig. 3. — *Plagusia clavimana*, Desm. op. cit. Pl. 14, fig. 2.

surmonté de deux épines acérées. Carapace beaucoup plus convexe que dans l'espèce précédente. Mains garnies en dessous de plusieurs rangées de granules ; pates très-aplaties, pubescentes en dessous aussi bien qu'en dessus ; celle de la quatrième paire la plus longue. Abdomen composé de sept articles distincts chez la femelle. Longueur, 2 pouces.

Habite le cap de Bonne Espérance et le Chili. (C. M.)

Le Grapsus (*Plagusia*) dentipes, de M. Dehaan (Fauna Jap. Cr. Pl. 8, fig. 1), est une espèce très-voisine de celle-ci, mais qui paraît en différer par la forme du front. La description n'en a pas encore été publiée.

B. *Espèces dont les pates des quatre dernières paires ne sont armées en dessus que d'une seule dent placée près de l'extrémité du bord supérieur de leur troisième article.*

2. Plagusie déprimée. — *P. depressa* (1).

Carapace garnie en dessus de tubercules déprimés et complétement dépourvue de poils. Front triangulaire et échancré au milieu. Pates moins déprimées que dans les espèces précédentes ; une rangée de petites pointes sur la surface supérieure de leur troisième article, dont la face inférieure est convexe et point pubescente. Abdomen comme dans l'espèce précédente. Longueur, environ 2 pouces.

Habite l'Océan indien, les mers de la Chine, de la Nouvelle-Guinée, etc.

Le nom spécifique de cette espèce est assez mal choisi, car elle est moins aplatie que la plupart des Plagusies.

---

(1) *Cancer depressus*, Herb. Pl. 3, fig. 35. — Fabr. Suppl. p 343. *Grapsus depressus*, Latr. Hist. nat. des Crust. t. VI, p 66. — *Plagusia immaculata*, Lamarck, Hist. des Anim. sans vert. t. V, p. 247. — *Plagusia depressa*, Latr. Encyc. t. X, p. 147. — Desm. Consid. sur les Crust. p. 126.

La Plagusia depressa, de M. Say (Acad. de Philad. t. I, p. 100), me paraît plus voisine de l'espèce suivante que de celle-ci, mais devra probablement en être distinguée.

3. Plagusie écailleuse. — *P. squamosa* (1).

Carapace de même forme que dans l'espèce précédente, mais hérissée de *tubercules plus élevés et garnis chacun d'un rang de poils raides dirigés en avant*, dont la disposition simule celle d'écailles.

Habite la mer Rouge, l'Océan indien et peut-être les îles de la côte occidentale de l'Afrique. (C. M.)

La Plagusie tuberculée, de Lamarck (Hist. des Anim. sans vert. t. V, p. 247, et Latreille, Encycl. méth. t. X, p. 146, Pl. 305, fig. 1), ne me paraît être autre chose qu'un individu de l'espèce précédente dont on aurait enlevé les poils en la brossant.

Genre VARUNE. — *Varuna* (2).

Nous avons établi sous ce nom une nouvelle division générique pour recevoir un Brachyure confondu jusqu'alors avec les Grapses, mais qui s'en distingue par l'existence de pates natatoires. Les Varunes ont la carapace très-déprimée et presque quadrilatère, mais cependant ses bords latéraux sont arqués. Le *front* est large, droit et tranchant (Pl. 14 *bis*, fig. 8). Les *orbites* sont à peu près ovalaires ; leur bord supérieur présente une fissure, leur angle externe est très-saillant, et leur

(1) *Cancer squamosus*, Herbst, t. I, p. 260, Pl. 20, fig. 113. — *Grapsus squamosus*, Bosc, t. I, p. 203. — Latreille, Hist. nat. des Crust. t. VI, p. 73. — *Plagusia squamosa*, Lamarck, Hist. des Anim. sans vert. t V, p. 247 — Latr Encyc. t. X, p. 145.

(2) *Grapsus*, Herbst, Latr., etc. — *Varuna*, Milne Edwards, Dict. classique d'hist nat. t. XVI, p. 511.

bord inférieur presque nul. Les *antennes internes* se reploient un peu obliquement en dehors, et leurs fossettes sont complétement séparées des orbites par l'article basilaire des antennes externes, qui se joint au front, et ne présente rien de remarquable. L'*épistome* est plus grand que chez la plupart des Grapsoïdes, et les *pates-mâchoires externes* se joignent presque; leur bord interne est à peu près droit, et leur troisième article, très-dilaté en dehors, porte l'article suivant vers le milieu de son bord antérieur, qui est fort large et échancré. Les *pates antérieures* sont grandes, et les suivantes, au lieu de se terminer par un tarse gros et cylindrique, ou styliforme, comme chez les autres Grapsoïdes, ont leur dernier article large, aplati, cilié sur les bords, et de forme lancéolée. L'*abdomen* du mâle présente sept articles distincts.

Nous ne connaissons qu'une seule espèce de ce genre.

1. VARUNE LETTRÉE. — *V. litterata* (1).

Carapace un peu piquetée en dessus, et marquée au milieu d'un H formé par les sillons qui séparent les régions branchiales, cordiales, etc. Bords latéraux minces et armés de trois dents très-larges (y compris l'angle orbitaire externe). Une ligne granuleuse sur chaque région branchiale s'étendant de la base de la dernière dent à l'origine de la dernière pate, à quelque distance du bord latéral, qui est également mince et granuleux. Bord antérieur des bras armés de fortes dents arrondies; mains un peu comprimées; pinces courbées en bas et un peu en dedans; pates des quatre dernières paires grandes, aplaties et ciliées sur les bords.

Habite l'Océan Indien. (C. M.)

---

(1) *Cancer litteratus*, Fabr. Suppl. p. 342. — Herbst, t. III, p. 58, Pl. 48, fig. 4. — *Grapsus litteratus*, Bosc, t. I, p. 203.

FAMILLE DES OXYSTOMES.

La quatrième et dernière famille de la grande division des Brachyures a pour type les Leucosies de Fabricius, et se compose de tous les autres Crustacés qui, par l'ensemble de leur organisation et surtout par la conformation de l'appareil buccal, ressemblent le plus à ces animaux.

L'appareil de la génération du mâle ne présente pas ici l'anomalie que nous avons signalée dans la famille des Catomètopes ; les ouvertures qui livrent passage aux verges sont creusées dans l'article basilaire des pates postérieures, comme chez les Oxyrhinques et les Cyclomètopes. La disposition des branchies est aussi à peu près la même que chez ces derniers, mais quelquefois le nombre de ces organes est moins considérable, et ne s'élève qu'à six de chaque côté. Chez plusieurs de ces Crustacés, la cavité branchiale ne présente à la base des pates aucune ouverture pour l'entrée de l'eau nécessaire à la respiration, et ce liquide n'y arrive que par une gouttière creusée de chaque côté de l'espace prélabial et parallèle à la rigole servant au passage de l'eau expulsée de la cavité branchiale. Enfin, chez presque tous les Oxystomes, ce dernier canal est très-long, et se trouve converti en une espèce de tube, par un prolongement des pates-mâchoires antérieures (1). Quant aux parties molles intérieures, on n'a signalé jusqu'ici aucune particularité dans leur mode d'organisation.

(1) Pl. 20, fig. 12 *b* et fig. 14.

La *carapace* des Oxystomes (1) est en général plus ou moins circulaire; mais quelquefois elle est arquée en avant seulement, et ressemble beaucoup à celle de certains Cyclomètopes (2). Les *yeux* sont le plus ordinairement petits. La disposition des *antennes* varie, mais, dans la plupart des cas, la région occupée par ces appendices offre peu d'étendue. Chez la plupart de ces Crustacés, le *cadre buccal* est tout-à-fait triangulaire, et se termine en avant par un sommet étroit, qui se prolonge très-loin, souvent jusqu'au niveau des yeux et tout auprès du front (3). Les pates-mâchoires externes qui remplissent cette espèce de chambranle ont aussi le plus ordinairement la forme d'un triangle alongé (4), et ne laissent pas apercevoir au dehors la tigelle terminale; elles s'avancent alors jusqu'auprès de l'extrémité du cadre buccal, mais ne l'atteignent jamais, de façon qu'il existe toujours dans ce point une ouverture béante qui sert pour le passage de l'eau nécessaire à la respiration; d'autres fois les pates-mâchoires externes sont beaucoup plus courtes que le cadre buccal; l'appendice lamelleux des pates-mâchoires internes les dépasse de beaucoup, et leur troisième article, étroit et plus ou moins rétréci antérieurement, ne recouvre pas les trois petits articles terminaux. Les *pates antérieures* sont presque toujours courtes, et chez la plupart des Oxystomes, la main est comprimée, plus ou moins élevée en dessus, en forme de crête, et disposée de façon à pouvoir s'ap-

(1) Pl. 15. fig. 7, 13, 15, et Pl. 20, fig. 5 et 9.
(2) Pl. 15, fig. 12.
(3) Pl. 20, fig. 2, 4, 7 et 12.
(4) Pl. 20, fig. 4 et 10

pliquer exactement contre la région buccale. Quant à la forme des autres pates, elle est variable.

Les Crustacés que nous réunissons dans cette famille ont jusqu'ici été dispersés dans plusieurs divisions différentes. Ainsi, dans la méthode adoptée par Latreille dans la plupart de ses ouvrages, les Leucosiens forment une famille désignée sous le nom d'Orbiculaires; les Calappes sont réunis aux Œthres dans la famille des Cryptopodes, à cause des prolongemens latéraux de leur carapace; les Orithyies et les Matutes sont confondus avec les Portuniens, parce que leurs tarses sont élargis; les Hépates et les Murcies sont placés à côté des Crabes, auxquels ils ressemblent effectivement par la forme de leur carapace; et les Dorippes sont rangés dans une autre famille, celle des Notopodes, qui se compose principalement de divers Décapodes Anomoures. Tous ces Crustacés ont cependant entre eux la plus grande analogie de structure; plusieurs, il est vrai, établissent le passage vers la famille des Cyclomètopes, et d'autres semblent conduire vers la section des Anomoures; mais nous croyons qu'on ne peut, sans rompre les liaisons naturelles, séparer entre eux nos Oxystomes. Quant aux caractères d'après lesquels Latreille a établi les familles des Cryptopodes et des Notopodes, ils ne nous paraissent pas assez importans pour servir de base à des divisions pareilles.

Nous établirons dans la famille des Oxystomes quatre tribus naturelles reconnaissables aux caractères suivans.

Famille				Tribu
FAMILLE DES OXYSTOMES.	Point d'ouvertures branchiales au devant des pates antérieures. (Antennes externes rudimentaires.)			Tribu DES LEUCOSIENS.
	Ouvertures afférentes des cavités branchiales placées au devant de la base des pates antérieures.	Antennes externes petites. (Pates antérieures comprimées et élevées en crêtes.)		Tribu DES CALAPPIENS.
		Antennes externes très grandes.	Pates postérieures de grandeur ordinaire, disposées comme les précédentes, et servant aux mêmes usages. (Plastron sternal étroit et alongé.)	Tribu DES CORYSTIENS.
			Pates postérieures très-courtes, non ambulatoires. et rejetées au-dessus des autres (Plastron sternal circulaire.)	Tribu DES DORYPIENS.

TRIBU DES CALAPPIENS.

Les Oxystomes dont se compose ce groupe ont la *carapace* tantôt circulaire, tantôt très-élargie, et toujours plus ou moins bombée (Pl. 15, fig. 12, et Pl. 20, fig. 1 et 3). Le front est de largeur médiocre, et les bords latéraux de la carapace minces et plus ou moins dentelés. Les *antennes externes* sont petites, mais bien distinctes (Pl. 20, fig. 2 et 7). Les *pates* externes sont fortes, comprimées, courbées de manière à s'appliquer contre la région buccale, et armées en dessus d'une crête plus ou moins élevée (Pl. 20, fig. 1 et 3). Enfin, les ouvertures par lesquelles l'eau arrive dans les cavités respiratoires, sont disposées de la manière ordinaire au devant de la base des pates antérieures, et le nombre des branchies est normal.

Nous rangeons dans ce groupe les genres Calappe, Platymère, Mursie, Orithyie, Matute et Hépate, dont les principaux traits caractéristiques sont résumés dans le tableau suivant.

TRIBU DES CALAPPIENS.	Troisième article des pates-mâchoires externes n'atteignant pas à beaucoup près l'extrémité du cadre buccal, et ne recouvrant pas les articles suivans.	Tarse des pates des quatre dernières paires styliforme (pates non natatoires).	Carapace se prolongeant en manière de bouclier au-dessus des pates ambulatoires.		Gre. Calappe.
			Point de prolongement clypéiforme de la carapace au-dessus des pates.	Carapace ovalaire; quatrième article des pates-mâchoires externes inséré dans une échancrure profonde au bord antérieur de l'article précédent.	Gre. Platymère.
				Carapace circulaire; quatrième article des pates-mâchoires externes inséré à l'extrémité de l'article précédent.	Gre. Mursie.
		Tarse des pates des quatre dernières paires large et lamelleux (pates natatoires).			Gre. Crithyie.
	Troisième article des pates-mâchoires atteignant presque l'extrémité du cadre buccal et recouvrant complétement les articles suivans.	Pates des quatre dernières paires terminées par un article lamelleux (natatoires). Carapace circulaire.			Gre. Matute.
		Pates des quatre dernières paires terminées par un tarse styliforme (non natatoires). Carapace large, arquée en avant, tronquée en arrière.			Gre. Hépate.

Genre CALAPPE.

Les Calappes sont des Crustacés faciles à reconnaître du premier coup d'œil par leur *carapace* (Pl. 20, fig. 1) fortement bombée en dessus, arrondie en avant et très-large en arrière où elle se prolonge de chaque côté, de façon à former, au-dessus des pates des quatre dernières paires, une voûte mince et inclinée, sous laquelle ces organes peuvent se cacher complétement. Le *front* est étroit et triangulaire ; les *orbites* petits et presque circulaires ; les *yeux* gros et courts. Les *antennes internes* sont de grandeur médiocre et se reploient presque verticalement sous le front. L'article basilaire des *antennes externes* est très-large et logé dans une échancrure de l'angle interne de l'orbite ; il n'atteint pas jusqu'au front et porte l'article suivant à la partie interne de son bord antérieur ; enfin la tige mobile de ces appendices est courte et grêle. Il n'y a point d'épistome distinct ; le cadre buccal se termine antérieurement par une espèce de canal longitudinal qui arrive jusqu'au bord des fossettes antennaires, et qui est divisé en deux gouttières distinctes par une lame longitudinale très-saillante, s'étendant depuis ces fossettes jusqu'à la lèvre supérieure ; les pates-mâchoires externes n'occupent pas cette portion terminale de l'espace bucal, mais elle est recouverte et transformée en deux canaux par un prolongement de l'appendice latéral des *pates-mâchoires antérieures* qui est lamelleux et s'avance jusqu'au bord des fossettes antennaires ; les canaux ainsi formés servent à conduire au dehors l'eau venant des branchies. Les *pates-mâchoires extérieures* ressemblent beaucoup à celles des Périmèles ; leur branche externe a la forme ordinaire et leur troisième article, presque aussi large en avant qu'en arrière, est échancré à l'extrémité de son bord interne pour donner insertion à l'article suivant qui est grand et à découvert. Le *plastron sternal* est très-étroit et formé de deux plans inclinés réunis sur la ligne médiane, de façon à constituer une large gouttière longitudinale très-profonde; la selle turcique postérieure est très-grande et la voûte des flancs presque verticale. Les *pates* de la première paire sont très-grandes, mais disposées de manière à s'appliquer exactement contre la hanche, et à se cacher presque entièrement sous la partie antérieure du corps; la main est toujours très-comprimée et surmontée en dessus d'une crête très-élevée; enfin les pinces sont médiocres, maculées en dedans et très-inclinées en bas. Les pattes suivantes sont grêles et de longueur médiocre; elles ne dépassent que de peu les prolongemens clypéiformes de la carapace, et se terminent par un article styliforme et cannelé. Enfin, on compte sept articles distincts à l'abdomen de la femelle, et seulement cinq chez le mâle, les trois que précèdent le pénultième étant soudés entre eux.

§ A. *Espèces ayant le bord postérieur de la carapace presque droit et armé de dents.*

a. Point de dent médiane sur le bord postérieur de la carapace.

1. CALAPPE GRANULEUX. — *C. granulata* (1).

Carapace très-bombée, presque aussi longue que large, très-bosselée en avant, granuleuse en arrière, et présentant deux sillons longitudinaux sur les côtes des régions cordiale, génitale, etc.; front très-étroit et profondément échancré au milieu; *prolongemens clypéiformes des régions branchiales ne*

(1) *Cancre migrane*, Rondelet, Poissons, 2ᵉ. part. p. 403.— *Cancer granulatus*, Lin. Syst. nat. — Herbst, t. I, p. 200, Pl. 12, fig. 75 et 76. — *Calappa granulata*, Fabricius, Supplém. p. 346. — Bosc, op. cit. t. I, p. 184. — Latreille, Hist. nat. des Crust. et des Insectes, t. V, p. 392, Pl. 43, fig. 1 et 2 (copiée d'après Herbst), et Règne anim. 2ᵉ. édit. t. IV, p. 66. — Desmarest, op. cit. p. 109. — Blainville, Faune française, Crust. Pl. 3.

dépassant pas notablement le bord latéral du reste de la carapace, et armés de six à sept grandes dents triangulaires, et pointues; bras armés près de leur bord antérieur d'une crête verticale fortement dentelée.

Longueur, 2 à 3 pouces; couleur, jaunâtre uniforme.

Habite la Méditerranée. (C. M.)

2. CALAPPE MARBRÉ. — *C. marmorata* (1).

Carapace plus large et moins bombée que dans l'espèce précédente, entièrement couverte de petites granulations; front plus large, mais échancré comme dans l'espèce précédente; *prolongemens clypéiformes grands, dépassant de beaucoup le reste du bord latéral de la carapace*, et armés de cinq dents très-larges, mais obtuses. *Crête verticale des bras fortement dentée*, comme dans l'espèce précédente.

Longueur, 3 pouces; couleur jaunâtre, marbrée de rouge.

Habite les Antilles. (C. M.)

3. CALAPPE LOPHOS. — *C. lophos* (2).

Carapace presque entièrement lisse en dessus; front à peu près comme dans l'espèce précédente; *prolongemens clypéiformes encore plus saillans latéralement*, et armés de

(1) *Guaia apara*, Marcgrave, p. 182? — *C. chelis crassissimis*, Catesby, op. cit. t. II, tab. 36, fig. 2. — *Cangrejo gallo Parra*, op. cit. Pl. 47, fig. 2 et 3. — *C. marmoratus*, Fabr. Ent. Syst. t. II, p. 450. — *C. flammeus*, Herb. t. II, p. 161, tab 40, fig. 2. — *Calappa marmorata*, Fabr. Suppl. p. 346. — *Calappa flammea*, Bosc, op. cit. t. I, p. 185. — *Calappa marmorata*, Latreille, Hist nat. des Crust. t. V, p. 393, et Encyc. Méthod. Pl. 270, fig. 1 (copiée d'après Catesby). — Desmarest, op. cit. p. 109.

(2) *Cancer lophos*, Herbst, t. I. p. 201, Pl. 13, fig. 77. — *Calappa lophos*, Fabricius, Suppl. p. 346. — Bosc, op. cit. p. 184. — Latr. Hist. des Crust. etc. t. V, p. 394.

sept à huit dents très-pointues; *la créte verticale du bras très-forte, mais à peine dentée.*

Longueur, 2 pouces $\frac{1}{2}$; couleur, jaunâtre.

Habite la mer de l'Inde. (C. M.)

4. Calappe coq. — *C. gallus* (1).

Carapace beaucoup moins large que dans les espèces précédentes, très-élevée, et couverte de gros tubercules inégaux; *front entier* et triangulaire; dents du bord postérieur de la carapace à peine saillantes, prolongemens clypéiformes très-grands.

Longueur, 2 pouces.

Habite les côtes de l'île de France, etc. (C. M.)

aa. Une dent médiane sur le bord postérieur de la carapace.

5. Calappe a crête. — *C. cristata* (2).
Planche 20, fig. 1.

Carapace médiocrement large et garnie en dessus de gros tubercules, dont les principaux forment cinq rangées longitudinales; front bidenté; bords latéro-antérieurs de la carapace finement dentés; trois grosses dents pointues et dirigées en dehors sur la partie postérieure du bord latéral, et trois autres dirigées en arrière de chaque côté de la dent médiane du bord postérieur.

Longueur de la carapace, environ 2 pouces.

Habite les mers d'Asie. (C. M.)

---

(1) *Cancer gallus*, Herb. t. III, p. 46, Pl. 58, fig. 1.

(2) Fabricius, Suppl. p. 346. — *Cancer inconspectus*, Herb. t. II, p. 162, Pl. 40, fig. 3. — *Calappa inconspecta*, Bosc, op. cit. t. I, p. 185. — *Calappa cristata*, Latreille, Hist. des Crust. etc. t. V, p. 394.

§ *Espèces ayant le bord postérieur de la carapace arquée et dépourvue de dents.*

6. Calappe tuberculeux. — *C. tuberculata* (1).

Carapace bosselée et granuleuse en dessus ; une douzaine de dents triangulaires et bien distinctes sur son bord latéro-antérieur, et *quatre dents larges plates, et pointues sur la portion antérieure du bord des prolongemens clypéiformes*, qui sont très-grands ; face externe des mains tuberculeuses, mais sans épines.

Longueur, 2 pouces ; couleur, blanchâtre.

Habite l'Archipel Indien (C. M.)

7. Calappe très-épineux. — *C. spinosissima.*

Carapace semblable à celle de l'espèce précédente, mais armée sur les bords d'une série de dents spiniformes très-pointues et relevées, dont les six ou sept dernières sont les plus longues, et occupent le bord des prolongemens clypéiformes. Trois épines semblables et très-aiguës sur la face externe des mains.

Longueur, 15 lignes ; couleur, blanchâtre.

Patrie inconnue (C. M.)

8. Calappe vouté. — *C. fornicata* (2).

Carapace presque entièrement lisse, très-large, et simple-

(1) Fabricius, Suppl. p. 345. — Herbst, Pl. 13, fig. 78. — Bosc, op. cit. t. I, p. 183. — Latreille, Hist. des Crust. etc. t. V, p. 393. — Desmarest, op. cit. p. 109, Pl. 10, fig. 1. — Guérin, Iconogr. Crust. Pl. 12, fig. 2.

(2) Rumph. Mus. t. II, fig. 2-3. — Seba, t. III, Pl. 20, fig. 78. — *Cancer calappa*, Lin. Mus. Lud. Ulr. p. 449, et Syst. nat. —

ment festonnée sur les bords latéro-antérieurs, prolongemens clypéiformes excessivement grands, et terminés par un bord entier et régulièrement arqué.

Longueur, 3 pouces; couleur, jaunâtre.

Habite la mer des Indes (C. M).

Fabricius donne le nom de *Calappa angustata* à une autre espèce qu'il croit différente des précédentes, et qui habite les mers d'Amérique ; nous n'avons pas eu l'occasion de l'observer.

Genre PLATYMÈRE. — *Platymera*.

Nous avons établi cette nouvelle division générique pour un Crustacé très-remarquable qui lie entre eux les Calappes et les Mursies, d'une part, et se rapproche aussi par d'autres caractères de la tribu des Cancériens.

La *carapace* est très-large, et assez régulièrement elliptique, seulement, de chaque côté, elle se prolonge en une forte dent spiniforme; ses bords latéro-postérieurs ne se prolongent pas au-dessus des pates comme chez les Calappes. Le *front* est triangulaire et disposé de même que dans les genres précédens. Les *orbites* sont ovalaires, profonds, et de grandeur médiocre ; on remarque une fissure au milieu de leur bord inférieur. Les *antennes* internes et externes sont disposées à peu près comme chez les Mursies. Le *cadre buccal* est beaucoup plus large antérieurement que dans les autres genres de cette tribu, et la petite portion de l'espace prélabial qui dépasse les pates-mâchoires externes n'est pas divisée par une cloison médiane, et n'est qu'imparfaitement

---

Herbst, t. I, p. 196, Pl. 12, fig. 73 et 74. — *Calappa fornicata*, Fabr. Suppl. p. 345. —Bosc, op cit. t. I, p. 183. (La fig. 3, Pl. 3, que l'auteur désigne sous ce nom, appartient à une autre espèce, probablement le C. granuleux.)—Latreille, Hist. nat. des Crust. etc. t. V, p. 394.

recouverte par les prolongemens lamelleux des pates-mâchoires internes. Les *pates-mâchoires externes* sont très-larges antérieurement ; leur troisième article, de la longueur du second, se termine par un bord antérieur assez large, et présente, au-dessous de son angle antérieur et interne, une grande et profonde échancrure, dans laquelle s'insère le quatrième article ; ce dernier est à découvert et très-grand, mais n'arrive pas au niveau de l'extrémité antérieure du troisième article ; enfin l'appendice basilaire de ces organes, qui sert de valve pour boucher les ouvertures afférentes des cavités branchiales, est lamelleux, très-grand et semi-lunaire. Le *plastron sternal* est ovalaire. Les *pates* de la première paire ont à peu près la même forme et la même disposition que chez les Calappes, mais les mains sont plus longues et moins élevées. Les pates suivantes sont très-longues et très-comprimées ; leur troisième article ou cuisse est remarquablement large et presque lamelleux ; les tarses longs et styliformes ; les pates de la troisième paire sont un peu plus longues que les secondes et les quatrièmes ; enfin les cinquièmes sont beaucoup plus courtes que toutes les autres. L'abdomen du mâle se compose de cinq articles distincts, dont le troisième présente en arrière une crête transversale très-forte. Nous ne savons rien sur les mœurs de ces Crustacés.

Platymère de Gaudichaud. — *P. Gaudichaudii.*

Carapace légèrement convexe, inégale, finement granulée ; front petit et tridenté ; bords latéro-antérieurs de la carapace garnis d'une quinzaine de petites dents obtuses qui les font paraître comme festonnées ; dents latérales très-fortes ; mains surmontées d'une grande crête dentelée, et garnies sur leur face externe d'une rangée de tubercules, et plus bas d'une forte crête longitudinale ; quelques pointes sur le carpe. Bords supérieurs des pates suivantes granuleux ; sternum du mâle armé de chaque côté d'une grosse dent près de la base des pates antérieures. Longueur, 3 pouces; couleur rougeâtre.

Habite les côtes du Chili. (C. M.)

Genre MURSIE. — *Mursia* (1).

Les Mursies ont la plus grande analogie avec les Calappes, mais s'en distinguent facilement par la forme de leur *carapace*, qui est presque circulaire, et ne se prolonge pas en manière de bouclier au-dessus des pates ambulatoires; sa face supérieure est bombée et inégale, et vers le milieu du bord latéral se trouve une longue dent spiniforme. Le *front* est triangulaire, et les *orbites* presque circulaires à peu près comme chez les Calappes; la disposition des *antennes* est aussi à peu près la même, ainsi que celle du *cadre buccal* (Pl. 20, fig. 7). Le troisième article des *pates-mâchoires externes* est aussi long que le second, et a la forme d'un carré long, dont l'angle antérieur est cependant très-oblique et donne insertion à l'article suivant vers son tiers externe. Le *plastron sternal* est étroit et alongé, mais plus ovalaire que chez les Calappes. Les *pates antérieures* ont aussi à peu près la même forme que chez ces derniers, et les mains, garnies en dessus d'une crête élevée, s'appliquent aussi contre la bouche, de façon à se cacher sous la partie antérieure du corps. Les pates suivantes sont longues et de force médiocre; le tarse qui les termine est styliforme, cannelé et très-long. Enfin l'abdomen du mâle ne présente que cinq segmens mobiles (fig. 8).

MURSIE A CRÊTE. — *M. Cristiata* (2).

Carapace inégale et garnie en dessus de plusieurs tubercules

---

(1) Leach; Desmarest, op. cit. p. 108. — Latreille, Reg. anim. 2e. éd. t. IV, p. 39.

(2) Desmarest, Consid. sur les Crust. p. 108, Pl. 9, fig. 3. — Latreille, Reg. anim. 2e. éd. t. IV, p. 39. — Edw. Règne anim. de Cuvier, 3e. édit. Crust. Pl. 13, fig. 1 et 1 *a*.

saillans, dont les principaux forment une rangée transversale semi-circulaire, et trois rangées longitudinales, dont une médiane, et les deux autres placées sur les régions brachiales. Front armé de cinq petites dents ; une dizaine de petites dents sur le bord latéral de la carapace, et suivies d'une dent très-forte et très-aiguë qui se dirige en dehors. Une ou deux épines très-fortes à l'extrémité de la face externe du bras, et dix ou douze dents de même forme, mais moins longues, sur la face externe des mains ; bord supérieur de celles-ci très-éle é, mince et découpé en dents de scie ; leur bord inférieur également dentelé. Pates suivantes lisses.

Longueur, environ 2 pouces ; couleur blanchâtre lavé de rouge. (C. M.)

Au moment de mettre cette feuille sous presse, j'ai reçu de M. Brulé, aide-naturaliste au Muséum du Jardin du Roi, communication d'un Crustacé nouveau qui habite les îles Canaries, et qui a beaucoup d'analogie avec les Mursies, mais qui doit cependant former le type d'une division générique particulière. Il se distingue par sa carapace presque circulaire ; par la longueur plus considérable du troisième article des pates-mâchoires externes, et surtout par les tarses, qui, aux pates postérieures, sont de forme sublancéolée. M. Brulé se propose de donner à ce Crustacé le nom de *Cryptosoma cristata*, et de le figurer dans l'ouvrage de MM. Webb et Berthelot sur les îles Canaries.

Genre ORITHYIE. — *Orithyia* (1).

Le genre Orithyie, établi par Fabricius, a été placé par Latreille entre les Polybies et les Podophthalmes, auxquels en effet il ressemble un peu par la disposition de ses pates ; mais, par l'ensemble de son organisation, il se rapproche

(1) *Cancer*, Herbst. —*Orithyia*, Fabr. Suppl. — Latreille, Encyc. t. VIII, p. 534. — Desmarest, op. cit. p. 140.

bien plus des Oxystomes, et nous semble ne pas devoir en être éloigné. La *carapace* est légèrement convexe, et a la forme d'un ovale dont le grand diamètre serait longitudinal et dont l'extrémité antérieure serait tronquée. Le *front* est triangulaire et presque horizontal ; le bord fronto-orbitaire est égal à environ la moitié de la plus grande largeur de la carapace. Les *pédoncules oculaires* sont minces, et égalent presque la longueur du front. Les *orbites* sont ovalaires et très-incomplets ; leur bord supérieur est profondément échancré au milieu ; leur angle interne n'est pas séparé de la fossette antennaire, et leur bord inférieur n'est formé que par une grosse dent spiniforme, située au-dessous de leur canthus interne. Les *antennes internes* sont séparées entre elles par une forte cloison ; leur article basilaire est globuleux et saillant ; enfin leur tige mobile est grande, et ne paraît pas pouvoir se reployer de façon à se cacher complétement dans les fossettes où s'insèrent ces organes. Les *antennes externes* sont petites et placées dans l'angle interne de l'orbite, leur article basilaire est cylindrique, grêle et court. La disposition de la bouche est très-remarquable ; le cadre buccal est triangulaire et se prolonge en une double gouttière longitudinale bien au delà de l'extrémité des pates-mâchoires externes, à peu près comme chez les Mursies ; mais ces canaux, au lieu d'être recouverts par un appendice des pates-mâchoires internes, sont transformés en deux tubes par un prolongement de leur cloison médiane, qui se recourbe en dehors et va se souder aux bords latéraux du cadre buccal ; il en résulte qu'il existe au devant de la bouche deux trous ronds, dirigés en avant et servant à l'écoulement de l'eau qui vient des branchies (1). Les *pates-mâchoires externes* ont à peu près la même forme que celle des Mursies, si ce n'est que leur troisième article est beaucoup plus grand, triangulaire et donne insertion à l'article suivant

---

(1) *Voyez* la Planche 8 de notre Atlas du Règne anim. de Cuvier.

par son bord interne, mais sans le recouvrir. Le *plastron sternal* est circulaire. Les *pates* antérieures sont courtes; la main renflée, un peu courbée en dedans et surmontée de quelques dents spiniformes, au lieu de crête; les pinces sont à peine inclinées. Les pates des trois paires suivantes sont aplaties et terminées par un tarse styliforme et un peu comprimées de dehors en dedans. Les pates postérieures sont au contraire tout-à-fait natatoires; leur forme générale est la même que chez les Portuniens, et leur tarse lancéolé et très-large. Enfin, l'abdomen du mâle présente sept articles distincts.

Les mœurs de ces Crustacés sont tout-à-fait inconnues; on n'en possède qu'une espèce qui provient des mers de la Chine.

ORITHYIE MAMELONNÉE. — *O. mamillaris* (1).

Carapace bosselée et garnie de trois rangées longitudinales d'élévations mamillaires, dont les deux latérales divergentes postérieurement; front armé de cinq dents spiniformes; une dent au milieu du bord supérieur de l'orbite, et une autre beaucoup plus forte à son angle externe; deux petites pointes sur la portion antérieure du bord latéral de la carapace, et trois très-fortes sur sa portion postérieure. Une petite crête terminée par une dent sur le bord supérieur du bras, et une dent spiniforme très-forte à sa face inférieure; trois pointes, dont une grande sur le carpe, et trois autres sur le bord supérieur de la main. Une épine à l'extrémité du bord inférieur du deuxième article des pates suivantes, et une seconde plus petite à l'extrémité du

(1) *Cancer bimaculatus*, Herbst, t. I, p. 248, Pl. 18, fig. 101. — *Orithyia mamillaris*, Fabr. Suppl. Ent. Syst. p. 363. — Bosc, t. I, p. 222. — Latreille, Hist. nat. des Crust. et Ins. t. VI, p. 130, Pl. 50; Gen. Crust. t. I, p. 42; Encyc. t. VIII, p. 537, Pl. 306, fig. 4; Reg. an. etc. — Desmarest, Consid. sur les Crust. p. 141, Pl. 19, fig. 1. — Guérin, Iconog. du Reg. anim. Crust. Pl. 1, fig. 2. — Edwards, Règne anim. de Cuvier, Crust. Pl. 8, fig. 1.

bord supérieur du troisième article des pates des deuxième, troisième et quatrième paires. Longueur, 2 pouces.

Habite les mers de la Chine. (C. M.)

Genre MATUTE. — *Matuta* (1).

Ce genre, dont l'établissement est dû à Fabricius, ressemble à certains Portuniens par la forme natatoire des pieds; mais prend plus naturellement sa place entre les Hépates et les Orithyies dans la famille des Oxystomes.

La *carapace* des Matutes est circulaire et légèrement convexe; ses bords latéro-antérieurs sont garnis de grosses dents obtuses; de chaque côté elle est armée d'une longue et forte dent conique, qui se prolonge au-dessus des pates de la seconde paire. Le *front* est assez large et divisé en trois portions à peu près égales, dont la médiane seulement est aussi saillante que l'épistome; les orbites sont grands, ovalaires, dirigés très-obliquement en avant et en haut; à la partie extérieure de leur bord inférieur on remarque une échancrure profonde qui se continue avec une gouttière verticale de la région ptérygostomienne et correspond à la cornée lorsque les yeux sont rétractés. Les *fossettes antennaires* sont circulaires et communiquent avec les orbites par une échancrure profonde; les *antennes internes* s'y reploient transversalement, mais sans s'y cacher en entier. Les *antennes externes* sont rudimentaires et logées dans l'angle inférieur et externe des fossettes antennaires. Le *cadre buccal* est triangulaire et entièrement rempli par les *pates-mâchoires externes* qui se recourbent en haut, et arrivent jusqu'au bord des fossettes antennaires; leur troisième article est triangulaire et recouvre complétement les articles suivans qui naissent de sa face externe; enfin la branche externe de ces organes ne porte pas d'appendice sétacé à son extrémité. Le *plastron sternal* est

(1) *Matuta*, Fabr., Latr., Leach, Desmarest, etc.

ovalaire. Les *pates* antérieures sont courtes, grosses et concaves du côté interne, de façon à s'appliquer exactement contre la bouche et les régions ptérygostomiennes. La main est surmontée d'une petite crête dentelée, et les pinces sont un peu inclinées. Les pates suivantes sont toutes natatoires, mais leur forme varie : celles des deuxième, troisième et quatrième paires ont leur cinquième article lamelleux et prolongé inférieurement en une crête triangulaire contre laquelle se replie le tarse, qui est large et lancéolé; tandis qu'aux pates postérieures le prolongement lamelleux de ce pénultième article est arrondi et le tarse est ovalaire. Enfin l'abdomen du mâle ne se compose que de cinq articles distincts, dont le troisième présente en arrière une crête transversale très-saillante.

La distinction des espèces de ce genre présente de grandes difficultés ; M. Leach a employé comme caractères la direction transversale ou un peu oblique des grosses épines latérales de la carapace et le nombre de petits points saillans qui se voient sur la face supérieure de la carapace; mais à cet égard il n'y a rien de constant, et si ce naturaliste avait examiné un grand nombre de ces Crustacés, il aurait vu que les particularités qu'il signale comme des différences spécifiques varient suivant les individus. Il m'a paru que le nombre des espèces connues n'est réellement que de deux.

1. Matute lunaire. — *M. lunaris* (1).

Epines latérales de la carapace en général dirigées très-obliquement en avant; ligne granuleuse du bord postérieur de la carapace se prolongeant jusqu'à la base de ces épiues; mains tuberculeuses plutôt que pennères; *troisième article des pates de la quatrième paire bicaréné*. Couleur jaunâtre, avec une multi-

(1) *C. lunaris*, Herb. t. III, p. 43, Pl. 48, fig. 6. — *Matuta lunaris*, Leach, Zool. Mis. t. III, tab. 127, fig. 3-5. — *M. planipes*, Desmarest, Consid. sur les Crust. p. 102. — *M. Peronii*, Guérin, Iconogr. Crust. Pl. 1, fig. 1.

tude de points rouges, qui sur la carapace forment des *lignes continues décrivant des cercles plus ou moins réguliers.*

2. Matute vainqueur. — *M. victor* (1).
(Pl. 20, fig. 3 et 6.)

Epines latérales de la carapace tantôt droites, tantôt plus ou moins obliques ; ligne granuleuse du bord postérieur de la carapace s'arrêtant au tubercule situé sur la région branchiale, à quelque distance de cette épine ; en général, deux grosses épines sur le bord extérieur de la main, mais quelquefois trois ; *une seule carène sur le troisième article des pates de la quatrième paire.* Couleur jaunâtre, avec une multitude *de points rouges épars, et ne formant pas de lignes continues.*

M. Leach a décrit et figuré, sous le nom de *Matuta Peronii* (2), un Crustacé qui se trouve dans la collection du Muséum, et qui ne nous a offert aucun caractère suffisant pour être distingué de l'espèce précédente. Par l'examen attentif d'un grand nombre d'individus, nous nous sommes convaincu que les différences indiquées par M. Leach sont seulement des particularités individuelles qui appartiennent plus particulièrement aux femelles.

Nous ne trouvons non plus dans la description que ce naturaliste donne de sa Matuta Banksii (Tabl. Zool. t. III, p. 14) aucun caractère constant pour distinguer ce Crustacé de l'espèce précédente.

Le Matute décrit par Degéer, sous le nom de *C. planipes*, (Mém. pour servir à l'hist. des Insectes, t. VII, Pl. 28, fig.), a été évidemment altéré par le dessinateur, et c'est seulement

(1) *Cancer lunaris*, Herb. t. I, p. 140, Pl. 6, fig. 44. — *Matuta victor*, Fabr. Suppl. p. 369. — *Matuta victor*, Latreille, Encyc. Pl. 273, fig. 3 et 4? (d'après Seba). — *M. Lesueurii*, Leach, Zool. Miscel. t. III, p. 14. — *M. victor*, Desmarest, op. cit. p. 101, Pl. 7, fig. 2. — Edwards, Atlas du Règne anim. de Cuvier, 3e. éd. Crust. Pl. 7, fig. 1.

(2) *Matuta Peronii*, Leach, Zoological Miscel. vol. III, tab 127

d'après cette mauvaise figure que MM. Latreille et Desmarest paraissent avoir caractérisé leur *Matuta integrifrons* (Consid. sur les Crust., p. 102).

Genre HÉPATE. — *Hepatus* (1).

Les Hépates établissent le passage entre les Cancériens, dont ils se rapprochent par leur forme générale; les Calappes, auxquels ils ressemblent par la disposition de leurs mains et les Leucosiens dont ils ne diffèrent que peu sous le rapport du mode d'organisation de la bouche. La *carapace* de ces Crustacés est en effet très-large, bombée, régulièrement arquée en avant, fortement rétrécie en arrière; les régions hépatiques sont très-grandes et les régions branchiales fort petites. Le *front* est étroit, droit, assez saillant et placé beaucoup au-dessus du niveau du bord latéral de la carapace, qui se prolonge sous les orbites pour gagner les côtés du *cadre buccal*. Les *orbites* sont petits, circulaires et placés sur le même niveau que le front. Les *antennes internes* sont assez écartées entre elles et se reploient très-obliquement sous le front. Les *antennes externes* occupent l'angle interne des orbites, qu'elles séparent des fossettes antennaires; leur article basilaire est étroit, mais assez long; le second est au contraire petit, et leur tige terminale est presque rudimentaire. Le cadre buccal très-étroit en avant et assez régulièrement triangulaire, se prolonge au delà du niveau du bord inférieur des orbites et est occupé en entier par les *pates-mâchoires* externes, dont le troisième article est triangulaire et terminé du côté interne par un bord droit sous lequel sont cachés les articles suivans. Le *plastron sternal* est ovalaire et ne présente rien de remarquable. Les pates antérieures sont fortes, sans être très-grandes, et peuvent s'appliquer exactement contre la face inférieure du corps et s'y cacher presqu'en entier; la main est surmon-

(1) *Calappa*, Fabr. — *Hepatus*, Latreille, Reg. anim.

tée d'une crête, et les pinces sont un peu inclinées en bas et en dedans. Les pates suivantes sont de longueur médiocre. L'abdomen est divisé en sept articles dans les deux sexes.

Ces Crustacés sont propres à l'Amérique ; on ne sait presque rien sur leurs mœurs.

1. HÉPATE FASCIÉ. — *H. fasciatus* (1).

Bords latéro-antérieurs de la carapace divisés en douze ou treize dents plus ou moins rectangulaires, qui à leur tour sont dentelées sur les bords. Bord antérieur du front gros et obtus ; la ligne qui descend obliquement de l'angle orbitaire externe au bord antérieur de la carapace à peine marquée ; face externe des mains ornée de plusieurs rangées de petites pointes assez aiguës. Carapace jaunâtre maculée de rouge ; pates jaunâtres, avec des bandes transversales rouges. Longueur, 2 pouces et demi.

Habite les côtes de l'Amérique du nord, les Antilles. (C. M.)

2. HÉPATE CHILIENNE. — *H. Chiliensis.*

Cette Hépate, très-voisine de la précédente, et qui n'en est peut-être qu'une variété, me paraît cependant devoir en être distinguée spécifiquement ; car les bords latéro-antérieurs de la carapace sont uniformément dentelés sans être crénelés ; le bord du front est mince et garni d'une rangée de granulations perlées ; enfin la couleur est rouge, uniforme. Grandeur, 2 pouces.

Habite la côte de Valparaizo. (C. M.)

---

(1) *Calappa angustata*, Fabr. Suppl. p. 347. — *Cancer princeps* Herbst, t. II, p. 154, Pl. 38, fig. 2. — *Cancer, princeps et calappa angustata.* Bosc, op. cit. t. I, p. 175 et 184. — *Hepatus fasciatus.* — Latreille. Hist. nat. des Crust. t. V, p. 988, etc. — Say. op. cit. p. 457. — Desmarest, Consid. sur les Crust. p. 107, Pl. 9, fig. 2. — Edwards, Atlas du Règne anim. de Cuvier, 3e. édit. Crust. Pl. 15, fig. 2.

TRIBU DES LEUCOSIENS.

Les Crustacés dont Fabricius a composé son genre Leucosie, et dont les auteurs plus récens ont formé plusieurs divisions génériques que nous réunissons ici dans une même tribu, ont des caractères très-remarquables. Leur *carapace* est en général circulaire, et présente antérieurement une saillie assez forte, à l'extrémité de laquelle se trouvent le front et les orbites. Le *front* est étroit et les cavités orbitaires sont très-petites et à peu près circulaires. Les *antennes internes* se reploient presque toujours transversalement ou très-obliquement sous le front; et les *antennes externes*, insérées dans une échancrure profonde, mais étroite, de l'angle orbitaire interne, sont presque rudimentaires. Le *cadre buccal* est en général bien régulièrement triangulaire, et les *pates-mâchoires externes*, de même forme, ne montrent pas à découvert la tigelle que supporte leur troisième article; le palpe ou branche latérale de ces organes est très-grand, et leur base est séparée de celle des pates antérieures par un prolongement de la région ptérygostomienne, qui se soude en plastron sternal; il en résulte que l'ouverture située d'ordinaire dans ce point, et servant à l'entrée de l'eau dans la cavité respiratoire, manque ici, et ce liquide n'arrive aux branchies que par deux canaux creusés de chaque côté de l'espace prélabial et parallèles aux canaux efférens de la cavité respiratoire. Les pates-mâchoires de la seconde paire ne présentent rien de remarquable; mais celles de la première paire ont l'article terminal de leur tige interne lamelleux, et assez long pour arriver jusqu'à l'extrémité antérieure du cadre buccal. Le *plastron sternal* est à peu près circulaire et les pates grêles. Enfin le nombre des articles de l'abdomen est de trois ou quatre.

Les meilleurs caractères des divers genres dont se compose la tribu des Leucosiens sont fournis par la conformation des fossettes antennaires, du cadre buccal et des pates-mâchoires externes; mais ne connaissant pas la disposition de ces parties dans plusieurs des divisions génériques établies par M. Leach, nous n'avons pas pu nous en servir dans le tableau suivant, et nous avons été obligé de nous contenter de caractères bien moins importans.

LEUCOSIENS dont la carapace est					Genres
circulaire ou ovalaire, et point dilatée latéralement. Cadre buccal	presque aussi large en avant qu'en arrière. Fossettes antennaires	grandes et longitudinales..			ARCANIE.
		très-étroites et transversales.			PHYLIRE.
	triangulaire, ou du moins se rétrécissant beaucoup antérieurement. Bord externe du palpe des pates-mâchoires externes	courbe.			MYRA.
		droit. Pates antérieures	très-longues, grêles, et terminées par des doigts	longs et filiformes. .	ILIA.
				courts et gros. . . .	GUAIA.
			courtes et grosses.		LEUCOSIE.
plus ou moins dilatée en dehors ; son bord latéral	mince et médiocrement dilaté : sa forme générale	arrondie.			PERSEPHO
		rhomboïdale. Palpe des pates-mâchoires externes	dilaté en dehors . .		NURSIE.
			non dilaté en dehors.		EBALIE.
	se prolongeant comme un bouclier au-dessus des pates				ORÉOPHORE
	se prolongeant de manière à constituer de chaque côté une grosse apophyse horizontale dirigées en dehors, et de forme	conique très-acérée . . .			IPHIS.
		cylindrique très-obtuse .			IXA.

Genre LEUCOSIE. — *Leucosia* (1).

M. Leach a réservé le nom de Leucosie à un petit nombre de Crustacés de la famille des Leucosiens qui se distinguent par la forme générale de la carapace, par celle des pates antérieures et par quelques autres caractères.

La *carapace* des Leucosies est bombée, presque globuleuse; en avant cependant elle se rétrécit et présente tout à coup un prolongement qui se relève un peu et porte à son extrémité le front et les yeux. Les régions de la carapace sont presque entièrement confondues; la région stomacale est très-petite, et présente de chaque côté de la base de ce prolongement rostral une dépression; les hépatiques paraissent être très-petites et les branchiales très-grandes. Le *front* s'avance un peu au-dessus et au devant de la région antennaire. Les *fossettes antennaires* sont assez grandes et très-obliques. Le *cadre buccal* est triangulaire, et la portion antérieure de ses bords latéraux se confond avec celle de la portion avancée de la carapace. Le palpe ou tige externe des *pates-mâchoires externes* n'est pas dilaté en dehors comme chez les Phyllyres; mais il est large, très-obtus au bout, guère plus large à sa base qu'à son extrémité, et presque aussi long que la portion interne de ces appendices. Les *pates* de la première paire sont grosses et courtes; chez le mâle elles ont environ une fois et demie la longueur de la portion post-frontale de la carapace, et chez la femelle une fois et tiers cette longueur; la main est renflée, et la pince courte, un peu infléchie et garnie de petites dents obtuses. Les pates suivantes sont beaucoup plus courtes et diminuent rapidement de

(1) *Cancer*, Linn., Herbst. — *Leucosia*, Fabricius. Hist. nat. des Crust. t. VI, Règne anim. 2e. éd. t. IV, etc. — Leach, Zool. Mis. t. III. — Desmarest, Consid. sur les Crust. p. 167. — Latreille, Règne anim. de *Cuvier*, 2e. éd. t. IV, p. 54.

longueur d'avant en arrière : celles de la seconde paire ont environ les cinq sixièmes de la longueur de la carapace, et les dernières les deux tiers de cette même longueur; leur tarse est styliforme. Chez le mâle, tous les segmens de l'*abdomen*, à l'exception du premier et du dernier, se soudent en une seule pièce; chez la femelle, les quatre segmens qui précèdent le dernier se soudent en un grand bouclier très-bombé.

1. Leucosie Uranie. — *L. Urania* (1).

Bords latéraux de la carapace régulièrement arqués, et garnis d'une ligne de granules perlées bien distinctes. Front droit et armé de trois petites dents, dont la médiane est très-peu saillante *Bras couverts de gros tubercules arrondis.* Long. 1 pouce.

Habite la Nouvelle-Guinée. (C. M.)

2. Leucosie craniolaire. — *L. craniolaris* (2).

Bords latéraux de la carapace peu granuleux et coudés vers le milieu, de manière à rendre ce bouclier hexagonal plutôt que circulaire; front presque triangulaire. *Bras ne présentant de tubercules que sur les bords et sur la surface inférieure*, ou du moins n'en ayant que deux ou trois sur l'extrémité externe de sa surface supérieure. Longueur, 10 lignes.

Habite les côtes de l'Inde. (C. M.)

---

(1) Rumph, Pl. X, fig. A B. — Seba, t. III, Pl. 19, fig 3 et 4. — *Cancer Urania*, Herbst, t. III, Pl. 53, fig. 3. — *Leucosia Urania*, Lichtenstein, Berlin Magasin, 1816, p. 40. — Leach, Zool. Misc. vol. III, p. 21. — Desmarest, Consid. sur les Crust. p. 167. — Guérin, Iconogr. Crust. Pl. 6, fig. 4. — Edw. Règne anim. de Cuvier, Crust. Pl. 25, fig. 2.

(2) *L. craniolaris?* Lin. Mus. Lud. Ulr. p. 431. — Herbst, Pl. 2, fig. 17. — *Leucosia craniolaris*, Fabricius, Sup. p. 350. — Latr. Hist. nat. des Crust. t. VI, p. 117. — Berlin, Mag. 1816, p. 141. — Leach, Zool. Mis. vol. 3, p. 21. — Desmarest, Consid. sur les Crust. p. 167, Pl. 27, fig 2.

Le petit Crustacé fossile décrit par M. Desmarest, sous le nom de LEUCOSIA SUB-RHOMBOÏDALE (Crust. foss. p. 114, Pl. 9, fig. 13), appartient à cette subdivision des Leucosiens, et se rapproche beaucoup par sa forme générale de la Leucosie craniolaire ; il a cependant le rostre plus court, et la carapace plus allongée. Son gisement est inconnu.

La *Leucosia prevostiana* du même auteur (Desm. Crust. foss. p. 114, Pl. 9, fig. 14) est trop imparfaitement connue pour pouvoir être classée avec certitude.

GENRE ILIA. — *Ilia* (1).

Le genre Ilia de M. Leach se rapproche beaucoup de ses Leucosies, mais s'en distingue aisément par la conformation des pates antérieures.

La *carapace* est globuleuse, et plutôt renflée que rétrécie vers les régions hépatiques : le prolongement antérieur qui se termine sur le front est court, mais bien distinct et un peu relevé. Le *front* est profondément échancré au milieu, et s'avance sous la forme de deux petites cornes obtuses au devant de l'épistome. Le bord orbitaire supérieur présente en dehors deux fissures plus ou moins distinctes. Les *fossettes antennaires* sont très-obliques, mais petites et leur angle extérieur s'avance beaucoup au devant des orbites. Le *cadre buccal* est triangulaire et séparé des régions ptérygostomiennes par un bord saillant et droit. Le palpe ou tige externe des *pates mâchoires externes* est droit, obtus au bout, sans dilatation latérale et terminé en dehors par un bord à peu près droit. Les *pates antérieures* sont grêles et très-longues ; elles ont environ deux fois la longueur du corps ; la

(1) *Cancer*, Lin. Herb. etc. — *Leucosia*, Fabr. Suppl. Latreille, Hist. nat. des Crust. t. VI. — *Ilia*, Leach, Zool. misc. t. III. — Desmarest, Consid. sur les Crust. p. 169. — Latr. Reg. anim. des Crust. de Cuvier, 2e. éd. t. IV, p. 54. — Roux, Crust. de la Méditerranée.

main se rétrécit beaucoup vers l'origine de la pince, et est contournée sur son axe, de façon que la direction de son articulation carpienne est toute différente de celle de la pince : celle-ci, très-longue et très-grêle, est armée de petites dents coniques et très-pointues, séparées de distance en distance par une dent semblable, mais plus longue. Les pates suivantes sont presque cylindriques et assez longues ; celles de la seconde paire ont environ une fois et demie la longueur de la carapace ; enfin le tarse est styliforme et comprimé latéralement plutôt que déprimé. L'abdomen du mâle a les deux premiers et les deux derniers segmens libres, et les trois moyens soudés en une seule pièce. Chez la femelle, le pénultième segment est soudé aux précédens.

§. *Espèces dont la carapace présente sur la région intestinale, au-dessus de son bord postérieur, deux dents comprimées, et sur la partie postérieure de chaque région branchiale une dent conique dirigée en arrière.*

1. Ilia noyau. — *Ilia nucleus* (1).

Carapace très-bombée, couverte de petites granulations extrêmement fines et serrées, dont quelques-unes, un peu plus grandes que les autres, sont disposées en quinconce ; régions branchiales séparées des régions cordiale et intestinale par un petit sillon ; régions ptérygostomiennes renflées, et présentant vers le milieu un tubercule ou dent conique ; portion externe du bord antérieur

(1) *Araneus Crustaceus?* Aldrovande de Crustaceis, lib. II, p. 202. — *Cancer nucleus*, Herbst, t. I, p. 87, Pl. 2, fig. 14. — Sulzer, Insect Pl. 31, fig. 3. — *Leucosia nucleus*, Fabr. Suppl. p. 351. — Latr. Hist. nat. des Crust. t. VI, p. 115. — Lichtenstein, Berlin, Mag. 1816, p. 142 — *Ilia nucleus*, Leach, Zool. Misc. t. III, p. 24. — Desmarest, Consid. sur les Crust. p. 169, Pl. 27, fig. 3. — Edw. Règne anim. de Cuvier, Crust. Pl 25, fig. 2.

du cadre buccal armé de trois petites dents. Pates antérieures n'ayant pas deux fois la longueur du corps.

Longueur, environ 10 lignes.

Habite la Méditerranée. (C. M.)

2. Ilia ruguleuse. — *I. rugulosa* (1).

Carapace couverte de granulations miliaires déprimées et assez espacées. Du reste, semblable à l'espèce précédente.

§. *Espèces ayant la carapace armée en arrière de trois longues dents coniques, situées sur la région intestinale et dirigées en arrière.*

3. Ilia ponctuée. — *I. punctata* (2).

Carapace peu bombée et granuleuse, terminée lateralement par un bord granulé. Régions ptérygostomiennes peu renflées. *Pates antérieures* presque trois fois aussi longues que la portion post-frontale de la carapace.

Patrie inconnue. (Antilles ?)

Genre MYRA. — *Myra* (3).

Le genre Myra de M. Leach se rapproche beaucoup des Ilias, et l'unique espèce pour laquelle il a été établi ressemble même extrêmement à l'*Ilia punctata* Ce qui le distingue est principalement la forme du palpe ou tige externe des

---

(1) Roux, Crust. de la Méditerranée, Pl. 8, fig. 9-12.

(2) Brown, Jamaica, Pl. 42, fig. 2. — *Cancer punctatus*, Herbst, t. Ier, p. 89, Pl. 2, fig. 15 et 16. — *Leucosia punctata*, Fabr. Suppl. p. 350. — Latr. Hist. nat. des Crust. t. VI, p. 118.

(3) *Cancer*, Lin. — Herbst. *Leucosia*, Fabr. Suppl. Ent. Syst. — Latr. Hist. nat. des Crust. t. VI. — *Myra*, Leach, Zool. misc. t. III. — Desmarest, Consid. sur les Crust. p. 269. — Latr. Règne anim. de Cuvier, 2e. éd. t. IV.

pates-mâchoires externes, qui est un peu dilaté dans sa partie inférieure, et se termine en dehors par un bord légèrement arqué, mais se rétrécit graduellement vers son extrémité. Les pates antérieures ont aussi une forme un peu différente ; la main est moins grêle, et n'est pas contournée sur son axe, de manière que son articulation carpienne est dirigée dans le même sens que celle du doigt. La pince est plus courte, plus forte, et armée de dentelures moins aiguës et plus comprimées. Enfin, les pates suivantes sont plus courtes et beaucoup plus comprimées ; celles de la dernière paire ressemblent même beaucoup à celles des Carcins.

Myra fugace. — *Myra fugax* (1).

Carapace peu bombée, un peu élevée sur la ligne médiane, et couverte de petites granulations déprimées, à peine visibles à l'œil nu et très-espacées entre elles ; une ligne élevée, mais très-obtuse, sur chaque région hépatique, et une échancrure large et profonde dans le bord de la carapace, au-dessus de l'insertion des pates antérieures. Trois épines très-grosses insérées sur la région intestinale, près du bord postérieur de la carapace, et dirigées en arrière. Longueur, 1 pouce. Cette espèce a été souvent confondue avec l'*Ilia punctata*. (C. M.)

Le Myra variegata de M. Ruppell (Crust. de la mer Rouge, p. 17, Pl. 3, fig. 4) ne présente pas tous les caractères qui semblent essentiels au genre Myra ; ainsi les pates des quatre dernières paires sont grêles, et paraissent cylindriques comme celles des Ilias ; les pates antérieures sont de longueur médiocre, et leur pince est très-courte. Du reste, il se distingue des autres Leuco-

(1) Rhumph, Pl. 10, fig. C. — *Leucosia fugax*, Fabr. Suppl. p. 351. — Latr. Hist. nat. des Crust. t VI, p. 119. — Lichtenstein, Berlin, Mag. 1816, p. 142. — *Myra fugax*, Leach, Zool misc. t. III, p. 24. — Desmarest, Consid. sur les Crust. p. 169, Pl. 28, fig. 2. — Edw. Règne anim. de Cuvier, Crust. Pl 25, fig. 3.

siens par les pates-mâchoires externes, semblables à celles de la Myra fugace, et par l'absence d'épines à la partie postérieure de sa carapace.

Genre GUAIA. — *Guaia.*

Cette petite division générique se rapproche extrêmement de celle des Ilias. La *carapace* est très-bombée et le front moins avancé. Les portions latérales du bord antérieur du cadre buccal le dépassent très-sensiblement et rendent la direction des orbites obliques en haut et en avant. Les *fossettes antennaires* sont étroites et presque transversales. La disposition des pates-mâchoires externes est la même que chez les Ilias. Les *pates antérieures* sont assez fortes et longues, mais elles n'ont pas deux fois la longueur de la carapace, et la forme de la main est toute différente de celle des Ilias; elle est comprimée et terminée par une pince forte, de longueur ordinaire, et armée d'un bord tranchant très-obtusément dentelé. Les pates suivantes sont disposées à peu près de même que chez les Ilias, et l'abdomen ne présente rien de particulier.

Guaia ponctué. — *Guaia punctata* (1).

Carapace régulièrement bombée, et couverte de petites granulations miliaires, assez espacées entre elles; front bilobé; bords latéraux de la carapace garnis de petites pointes; une forte épine conique et horizontale sur la partie inférieure de la région intestinale, et deux autres un peu au-dessus, à l'extrémité du bord postérieur, qui est granulé. Régions ptérygostomiennes renflées, avec un petit tubercule dirigé en dehors et se liant au bord latéral. Pates antérieures fortes, à peu près de même gran-

(1) *Guaia alia species?* Marcgrave, p. 182. — *Cancer punctatus*, Brown, Civil and natural History of Jamaica, t. I, Pl. 42, fig. 3. — *Cangrejo tortuga*, Parra op. cit. Pl. 51, fig. 2. — *Cancer Mediterraneus*, Herbst, t. I, Pl. 37, fig. 2.—Lichtenstein, Berlin Mag., 1816, p. 142.

deur dans les deux sexes; bras granuleux; mains légèrement granuleuses sur le bord supérieur. Pates suivantes lisses, avec le tarse styliforme et cannelé. Couleur jaunâtre, avec de grandes taches rougeâtres. Longueur, 2 pouces.

Habite les Antilles. (C. M.)

Genre EBALIE. — *Ebalia* (1).

Les Ebalies se rapprochent beaucoup des Leucosies proprement dites, dont elles ne diffèrent guère que par la forme générale de la carapace, celle des pates antérieures et celle des pates-mâchoires internes. Leur *carapace* est à peu près carrée, avec les angles tronqués et disposés sur les lignes médiane et transversale ou plutôt hexagonale; ses bords latéraux et postérieurs sont minces, saillans. Le front est assez large, beaucoup plus avancé que chez la plupart des Leucosiens, et terminé par un bord à peu près droit. Les orbites présentent à leur bord supérieur deux petites fissures. Les *fossettes antennaires*, complétement cachées sous le front, sont assez grandes et dirigées très-obliquement en dehors. Le *cadre buccal* est triangulaire et séparé des régions ptérygostomiennes par un rebord saillant. Les *pates-mâchoires externes* s'avancent jusqu'au bord de l'épistome, et leur palpe ou tige externe, obtuse au bout, diminue graduellement de largeur depuis sa base, et se termine en dehors par un bord tout-à-fait droit. Les *pates antérieures* sont grosses et courtes; la main est renflée et les pinces courtes. Les pates suivantes, beaucoup plus courtes encore, mais assez grosses, diminuent progressivement de longueur, et se terminent par un article styliforme assez gros.

M. Leach a décrit trois espèces d'Ebalies, mais les carac-

---

(1) *Cancer*, Pennant. Brit. Zool. — *Ebalia*, Leach, Zool. Mis. t. 3. — Desmarest. Consid. sur les Crust. — Latreille, Règne anim. de Cuvier, 2e. éd. t. 4, p. 55.

tères qu'il y assigne sont peu précisés, et l'examen des individus observés par ce naturaliste, et conservés dans la collection du Muséum britannique à Londres, m'a porté à croire qu'elles pourraient bien n'être que de simples variétés. Voici du reste les principales différences que j'ai pu y apercevoir.

1. EBALIE DE BRAYER. — *Ebalia Brayerii* (1).

Bord latéro-antérieur de la carapace entier; front à peine échancré; bord postérieur de la carapace plus large, et moins profondément bilobé que dans les espèces suivantes. Pates antérieures médiocres. Longueur, 3 lignes.

Habite les côtes d'Angleterre. (Musée Britann. de Londres.)

2. EBALIE DE CRACNH. — *Ebalia Cranchii* (2).

Bord latéro-antérieur de la carapace entier; front assez profondément échancré. Pates longues. Longueur, 8 lignes.

Des côtes de l'Angleterre. (Musée Britann. de Londres.)

3. EBALIE DE PENNANT. — *Ebalia Pennantii* (3).

Bord latéro-antérieur de la carapace divisé en deux lobes par une fissure; carapace beaucoup plus élevée que dans les espèces précédentes, et présentant une espèce de crête obtuse et à trois branches, dont l'antérieure occupe la ligne médiane de la région stomacale, et les deux autres s'étendent sur les régions branchiales.

Des côtes de l'Angleterre. (Musée Britann. de Londres.)

---

(1) Leach, Zool. Miscel. vol. 3, p. 20; et Malac. Brit. Pl. 25, fig. 12-13. — Desmarest, Consid. sur les Crust. p. 166.

(2) Leach, Zool. Miscel. vol. 3, p. 20; Malacost. Brit. Pl. 25, fig. 7-11.—Desmarest, Consid. sur les Crust. p. 166.

(3) *Cancer tuberosus* Pennant. — *Ebalia Pennantii*, Leach, Zool. Misc. t. III, p. 19; et Malac. Brit. Pl. 25, fig. 1-6. — Desmarest, Consid. sur les Crust. p. 165.

1. Philyre scabriuscule — *Philyra scabriuscula* (1).
(Pl. 20, fig. 9 et 10.) (2).

Carapace déprimée, granuleuse sur les côtés et en arrière? front bilobé beaucoup moins saillant que l'épistome, qui est échancré au milieu et presque triangulaire; une bordure de granulations autour de la surface supérieure de la carapace. Pates antérieures grêles, et environ deux fois et demie aussi longues que la carapace; bras garnis de plusieurs rangées longitudinales de tubercules; mains comprimées; pinces très-comprimées, recourbées en bas, finement dentelées, et avec le doigt mobile plus long que l'inférieur et crochu au bout. Couleur gris rosé. Long. 6 lignes.

Habite les Indes orientales.

2. Philyre globuleuse. — *Philyra globulosa* (3).

Carapace très-bombée et lisse; front droit, pas notablement dépassé par l'épistome; bords latéraux de la carapace, garnis d'une rangée de petites granulations, interrompue de distance en distance par des tubercules plus gros. Pates antérieures de longueur médiocre; bras granuleux.

Longueur, environ 10 lignes. (C. M.)

---

(1) Seba, t. III, Pl. 19, fig. 9 et 10. — *Leucosia scabriuscula*, Fabr. Suppl. Ent. Syst. p. 349. — *Cancer cancellus*? Herbst, t. I, p. 94, Pl. 2, fig. 20. — *Leucosia scabriuscula*, Latr. Hist. nat. des Crust. t. VI, p. 116. — *Philyra scabriuscula*, Leach, Zool. misc. t. III.—Desmarest, Consid. sur les Crust. p. 167.

(2) C'est à tort que dans la légende de cette planche la fig. 9, a été rapportée au genre Ilia.

(3) *Cancer globosus*, Fabr. Ent. Syst. t. II, p 441.—? Herbst, t. I, p. 90.— *Leucosia globulosa*, Fabr. Suppl. Ent. Syst. p. 349.— Latr. Hist. nat. des Crust. t. VI, p. 117. — Lichtenstein, p. 141 — *Philyra globulosa*, Leach, Zool. misc. t. III.—Desmarest, Consid. sur les Crust. p. 168. — Edw. Regne anim. de Cuvier, Crust. Pl. 24, fig. 4. — C'est à cette espèce que nous paraît devoir se rapporter le *Cancer anatum* de Herbst (Pl. 2, fig. 19).

3. Philyre Porcellana. — *Philyra Porcellana* (1).

Carapace bombée et très-finement piquetée; front un peu droit, et ne dépassant l'épistome que de très-peu; bord de la carapace finement granulé. Pates antérieures au moins deux fois aussi longues que la carapace, et très-fortes. Bras cylindriques et granuleux; mains renflées et lisses; tarses très-déprimés et assez larges. Longueur, 8 lignes.

Patrie inconnue.

D'après la forme générale et la disposition du front par rapport à l'épistome, nous croyons devoir placer dans le genre Philyre le fossile décrit par M. Desmarest, sous le nom de *Leucosia cranium* (Crust. foss. p. 113, Pl. 9, fig. 10-12), et provenant de l'Inde.

Genre ARCANIE. — *Arcania* (2).

La petite division générique établie par M. Leach, sous le nom d'*Arcania*, se distingue facilement des autres Leucosiens par les caractères suivans:

La *carapace* est globuleuse et le front relevé. Les *antennes* internes se reploient presque longitudinalement sous le front. Le cadre buccal est plus large antérieurement que chez les Ilia, etc.; il ne se rétrécit pas sensiblement en avant, et la branche externe des pates-mâchoires externes

---

(1) Seba, 3, Pl. 19, fig. 9 et 19. — *Cancer porcellanus*, Fabr. Ent. Syst. t. II, p. 441. — Herbst t. I, p. 92, Pl 2, fig. 18. — *Leucosia porcellana*, Fabr. Suppl. Ent Syst. p. 350. — Latr. Hist nat. des Crust. t VI, p. 117. — MM. Leach et Desmarest confondent cette espèce avec la précédente.

(2) *Cancer*, Herb. — *Leucosia*, Fabr. Suppl. Ent. Syst. — Latr. Hist. nat. des Crust. t. VI. — *Arcania*, Leach, Zool. misc. t. III. — Desmarest, Consid. sur les Crust — Latr. Règne anim. de Cuvier, 2e. éd. t. IV, p. 54. — Edw. Règne anim. de Cuvier, Crust. Pl. 24, fig. 2.

est droite et étroite ; enfin les pates antérieures sont grêles et alongées, à peu près comme chez les Ilias.

ARCANIE HÉRISSON. — *A. erinaceus* (1).

Carapace couverte d'épines acérées et entourées d'une espèce de couronne de pointes plus longues, et garnies elles-mêmes d'épines. Front armé de deux prolongemens triangulaires ; des épines au bord orbitaire inférieur et sur les pates. Longueur, 10 lignes.

Habite la mer des Indes. (C. M.)

GENRE IXA. — *Ixa* (2).

Les singuliers Crustacés auxquels M. Leach a donné le nom d'Ixa, se distinguent au premier coup d'œil par la forme de leur carapace, dont la portion moyenne est à peu près sphérique, ou plutôt elliptique transversalement, et se continue de chaque côté avec une portion cylindrique qui triple sa largeur et dépasse l'extrémité des pates : ces prolongemens naissent du milieu de la région branchiale, se dirigeant directement en dehors, et diminuent à peine de diamètre jusqu'à leur extrémité. La face supérieure de la carapace est plus ou moins profondément sillonnée par deux gouttières ou sillons longitudinaux qui séparent les régions branchiales des régions médianes, et qui se bifurquent antérieurement pour séparer les régions hépatiques des régions stomacales

---

(1) *Cancer erinaceus*, Herbst, Pl. 20, fig. 111. — *Leucosia erinaceus*, Fabr. Suppl. p. 352. — Latr. Hist. nat. des Crust. t. VI, p. 119. — Lichtenstein, p. 143. — *Arcania erinaceus*, Leach, Zool. misc. t. III, p. 24. — Desmarest, Consid. sur les Crust. p. 170, Pl. 28, fig. 1.

(2) *Cancer*, Herbst, Lin. — *Leucosia*, Fabr. Suppl. Ent. Syst. — Latr. Hist. nat. des Crust. t. VI. — *Ixa*, Leach, Zool. Mis. t. III. — Desmarest, Consid. sur les Crust. — Latreille, Règne anim. de Cuvier, 2e. éd. t. IV, p. 53.

et branchiales. Le *front* est très-relevé et assez large; les *orbites* présentent en dessus deux fissures. Les *antennes* n'offrent rien de bien remarquable, et l'appareil buccal est disposé, à peu de choses près, comme chez les Arcanies, si ce n'est que la branche externe des pates-mâchoires externes est très-large et obtuse au bout, et moins longue que la portion interne de ces organes. Les pates sont filiformes. Enfin l'abdomen de la femelle est très-large et orbiculaire dans son ensemble, mais présente en avant un prolongement formé par son dernier article, qui s'avance dans un sillon du plastron sternal jusqu'à la base de la bouche.

1. IXA CANALICULÉ. — *I. canaliculata* (1).

Prolongemens latéraux de la carapace granuleux, et *garnis à leur extrémité d'une petite dent styliforme*; deux cannelures profondes qui séparent les régions médianes de la carapace des régions latérales. Mains de la femelle longues, grêles, minces, arrondies, et diminuant beaucoup d'épaisseur vers leur extrémité; pinces très-courtes. Longueur, 8 lignes; largeur, 2 pouces.

Habite les côtes de l'Ile-de-France. (C. M.)

2. IXA SANS ARMES. — *Ixa inermis* (2).

Prolongemens latéraux de la carapace sans pointe à leur extrémité; régions de la carapace séparées par des sillons peu profonds; deux tubercules à son bord postérieur.

Patrie inconnue.

---

(1) *Cancer cylindricus*, Herbst, Pl. 2, fig. 30 et 31. — *Leucosia cylindricus*, Fabr. Suppl. p. 352. — Latr. Hist. nat. des Crust. t. VI, p. 119. — Lichtenstein, Berlin, Magaz. 1826, p. 143. — *Ixa canaliculata*, Leach, Zool. Misc. t. III, p. 26, Pl. 129, fig. 1. — Desm. Consid. sur les Crust. p. 171, Pl. 28, fig. 3. — Edw. Règne anim. de Cuvier, Crust. Pl. 24, fig. 1.

(2) Leach, Zool. misc. t. III, p. 26, Pl. 129, fig. 2. — Desmarest, Consid. sur les Crust. p. 171.

Genre PERSEPHONE. — *Persephona* (1).

Nous ne connaissons ce genre que par le peu de mots que MM. Leach et Desmarest en ont dit. Ces naturalistes y assignent les caractères suivans : « Tiges externe et interne des pieds-mâchoires extérieurs amincies insensiblement depuis leur base, l'externe étant très-obtuse à l'extrémité. Carapace arrondie, déprimée, dilatée de chaque côté. Front un peu avancé, mais pas plus long que le chaperon. Grand article de l'abdomen du mâle composé de trois pièces soudées. Pieds de la première paire beaucoup plus gros que les autres, qui ont leurs deux derniers articles comprimés.

1. Persephone de Latreille. — *Persephona Latreillii* (2).

« Partie antérieure du test graduellement et obtusément dilatée, recouverte de granulations ; trois épines égales recourbées à sa partie postérieure ; bras tuberculeux. Longueur, 2 pouces et demi.

Patrie inconnue ».

2. Persephone de Lamarck. — *Persephona Lamarckii* (2).

« Partie antérieure du test presque angulaire, présentant des granulations éparses ; trois épines égales, recourbées à sa partie postérieure ; bras granuleux. Longueur, 2 pouces et demi.

Patrie inconnue ».

---

(1) Leach, Zool. misc. t. III, p. 22. — Desmarest, Consid. sur les Crust. p. 168. — Latreille, Règne anim. de Cuvier, 2e. éd. t. IV, p. 54.

(2) Leach, Zool. misc. t. V, p. 22. — Desmarest, Consid. sur les Crust. p. 168.

(3) Leach, loc. cit. — Desmarest, loc. cit.

3. Persephone de Lichtenstein. — *Persephona Lichtenstenii* (1).

« Test aplati, couvert de granulations éparses, armé d'un tu bercule sur chacun de ses angles latéraux, et de trois épines à peine recourbées, dont la médiane est la plus longue sur son bord extérieur ; très-couvert de tubercules rugueux. Longueur, 1 pouce et un quart.

Patrie inconnue ».

Genre NURSIE. — *Nursia.*

M. Leach a établi, sous le nom de Nursie, un genre nouveau que nous ne connaissons que par la courte description qu'en ont donnée ce naturaliste et M. Desmarest. Les Crustacés qui le composent paraissent avoir beaucoup d'analogie avec les Ebalies, auxquelles ils ressemblent par la forme générale de la carapace et par la conformation des pates antérieures, mais dont ils se distinguent par le palpe ou tige externe de leurs *pates-mâchoires externes*, qui est dilatée en dehors, caractère qui les rapproche des Philyres. La *carapace* est un peu avancée en forme de rostre, et a ses bords postérieurs échancrés. Enfin, les pieds de la première paire sont anguleux, avec les pinces fortement infléchies. M. Leach n'a fait connaître qu'une seule espèce de Nursie ; mais M. Ruppell rapporte à ce genre une seconde espèce.

1. Nursie de Hardweck. — *Nursia Hardweckii* (2).

Carapace armée de quatre dents de chaque côté, et de trois tubercules disposés en triangle sur le milieu de la face supérieure, et pourvue près de son bord postérieur d'une ligne transversale,

---

(1) Leach, loc. cit. — Desmarest, loc. cit.

(2) Leach, Zool. misc. t. III, p. 20. — Desmarest, Consid. sur les Crust. p. 166.

élevée, portant un tubercule. Une petite pointe au bord postérieur de l'avant-dernier article de l'abdomen du mâle.

De l'Inde.

2. NURSIE GRANULEUSE. — *Nursia granulata* (1).

Carapace ellyptique et glabre, sans tubercule ni dents; pates antérieures du mâle médiocres, avec le bras arrondi et garni de granulations.

Habite la mer Rouge. Nous doutons que ce Crustacé soit une véritable Nursie.

GENRE IPHIS. — *Iphis* (2).

Le genre Iphis de M. Leach tient des Ebalies par la forme génuble de la carapace, et des Ilia par ses pates grêles et alongées. La *carapace* a presque la forme d'un rhombe, dont les côtés seraient arrondis, et dont l'un des angles, dirigé en avant pour former le front, serait tronqué. De chaque côté, elle se prolonge horizontalement sous la forme d'une longue et grosse épine. La tige externe des pates-mâchoires extérieures est presque linéaire, mais un peu plus étroite vers son extrémité qu'à sa base. Les pates antérieures sont filiformes et terminées par une pince pointue un peu recourbée en dedans et armée de petites épines, comme chez les Ilias. Les pates suivantes sont cylindriques et extrêmement grêles. Enfin, le grand segment de l'abdomen est formé de deux articles soudés chez la femelle, et de trois chez le mâle.

---

(1) Ruppell, Crust. de la Mer-Rouge, p. 17, Pl. 4, fig. 3.

(2) *Cancer*, Herbst. — *Leucosia*, Fabricius, Suppl. Ent. Syst. — Latr. Hist. nat. des Crust. t. VI. — *Iphis*, Leach, Zool. Misc. t. III, p. 25. — Desmarest, Cons. sur les Crust. p. 170. — Latreille, Règne anim. de Cuvier, 2e. éd. t. IV, p. 55.

IPHIS A SEPT ÉPINES. — *Iphis Septem spinosa* (1).

Carapace un peu granuleuse, armée de chaque côté d'une épine très-forte et un peu recourbée en avant, d'une troisième épine semblable, mais moins longue, sur le milieu de son bord postérieur, et de deux autres épines courtes de chaque côté de la précédente. Base des bras granuleuse.

Habite la mer des Indes.

Le *Cancer plicatus* de Herbst (t. III, 4e. partie, p. 2, Pl. 59, fig. 2) me paraît appartenir à la tribu des Leucosiens, et devra probablement y former un genre particulier; il a évidemment de l'analogie avec les Persephones de M. Leach.

La *Leucosia pila* de Fabricius (Suppl. p. 349) n'a pas été décrite avec assez de détail pour que nous puissions savoir à quelle division de cette tribu elle doit appartenir.

Il en est encore de même de la *Leucosia planata* de Fabricius (Suppl. p. 350).

TRIBU DES CORYSTIENS.

Les Crustacés dont se compose ce groupe établissent évidemment le passage entre les Cancériens et les Calappiens d'une part, et les Décapodes Anoures de l'autre. Le cadre buccal n'est pas aussi étroit antérieurement que chez la plupart des Oxystomes, et les pates-mâchoires ne la closent pas exactement. Les antennes externes sont fort grandes. Enfin, le plastron sternal est très-étroit.

On peut distinguer aux caractères suivans les deux genres de la tribu des Corystiens.

---

(1) *Cancer septem spinosus*, Fabr. Mantissa, t. I, p. 325.—Herbst, Pl. 28, fig. 112. — *Leucosia septem spinosa*, Fabr. Suppl. Ent. Syst. p. 351.— Latr. et Hist. nat des Crust. t. VI, p. 197. — *Iphis septem spinosa*, Leach, Zool. Misc. t. III, p. 25. — Desmarest, Consid. sur les Crust. p. 171.—Edw. Reg. an. de Cuv. Crust. Pl.25. fig. 4.

				Genres.
CORYSTIENS ayant la carapace	large, arquée antérieurement, et rétrécie en arrière. Fossettes antennaires.	longitudinales; front dentelé		ATÉLÉCYCLE.
		transversales. Front large, droit et lamelleux. Carapace	presque globuleuse. Tarses cylindriques.	POLYDECTE.
			horizontale d'avant en arrière. Tarses minces et sub-lancéolés.	THIE.
	étroite, alongée, et peu ou point rétrécie postérieurement. Troisième article des pates-mâchoires externes.	a peu près aussi long ou plus long que le second, et donnant insertion au quatrième article	vers le milieu de son bord interne.	CORYSTE.
			à son sommet	NAUTILOCORYSTE.
		très petit, à peu près triangulaire, et donnant insertion au quatrième article, vers le devant de son bord interne qui est très-oblique.		PSEUDOCORYSTE.

GENRE ATÉLÉCYCLE. — *Atelecyclus* (1).

M. Leach a donné le nom d'Atélécycle à un petit groupe de Crustacés qui jusqu'alors avaient été confondus avec les Crabes proprement dits, mais qui en diffèrent beaucoup. Latreille les place avec les Thies et les Murcies, entre les Pirimèles et les Eriphies, à la fin de la famille des Arqués; ils ont en effet des rapports assez grands avec ces Cancériens; mais ils me paraissent se rapprocher davantage des Corystes et établir, avec plusieurs autres Oxirhynques, le passage entre ces Crustacés et les Décapodes Anomoures. Leur *carapace* (Pl. 14, fig. 7) est convexe et presque circulaire; le front est horizontal, de longueur médiocre, et armé de cinq dents dont les trois médianes rapprochées et plus avancées que les latérales, lesquelles occupent l'angle interne des orbites; les bords latéraux de la carapace sont dentelés, et se prolongent fort loin en arrière, en décrivant une courbure très-régulière; enfin les régions hépatiques sont petites et les branchiales très-grandes. Les *orbites* sont médiocres et dirigées en avant; leur bord supérieur présente deux fissures, et l'inférieur une. Les *antennes internes* se reploient longitudinalement dans leurs fossettes, creusées dans le front. L'article basilaire des *antennes externes* est très-grand, et se soude avec le plancher de l'orbite en dehors et le front en dessus, de façon à séparer cette cavité de la fossette antennaire, de la même manière que chez les Platycarcins. La tige mobile de ces appendices s'insère sous le front, entre l'orbite et la fossette antennaire, à peu près comme chez les Cancériens que nous venons de citer; du reste, elle est cylindrique, ciliée et longue. Le *cadre buccal* est à peu près quadrilatère, et n'est pas

(1) *Cancer*, Olivi, Zool. adriat. — Herbst, op. cit. — Montagu, Lin. Trans. etc. — *Atelecyclus*, Leach — Desm. Consid. p. 88. — Latr. Reg. anim. 2e. éd. t. IV, p. 38.

nettement séparé de l'épistome ; les *pates-mâchoires externes* la remplissent complétement, et s'avancent jusque sur l'article basilaire des antennes internes ; leur troisième article, beaucoup moins grand que le second, se termine par un bord oblique, et dépasse de beaucoup l'article suivant, qui s'insère dans une échancrure vers le milieu de son bord interne. Le *plastron sternal* est étroit et allongé. Les *pates antérieures* sont fortes, mais courtes ; le bras ne dépasse pas le bord de la carapace, et la main, qui est comprimée et élevée en dessus en une crête obtuse et ciliée, s'applique exactement contre la partie antérieure de la face inférieure du corps ; les pinces sont petites et un peu inclinées en bas. Les pates suivantes sont de longueur médiocre et terminées par un article conique. Enfin l'abdomen du mâle est composé de cinq articles distincts, et celui de la femelle de sept, dont le dernier est presque aussi grand que le précédent et arrive jusqu'auprès de la bouche.

1. Atélécycle ensanglanté. *A. Cruentatus* (1).

Carapace légèrement bosselée et finement granulée, surtout à sa partie postérieure ; une dent triangulaire vers le milieu du bord supérieur de l'orbite ; *bords latéraux de la carapace armé de neuf grosses dents à bords granuleux*, suivis de deux autres dents plus ou moins distinctes, qui se continuent en arrière, avec une ligne saillante et granuleuse. Mains surmontées d'une série d'épines et d'une rangée de longs poils ; cinq rangées longitudinales de très-petites épines ou granulations sur leur face externe ; bord supérieur des pates suivantes cilié. Longueur, environ 2 pouces. Couleur blanchâtre, tachetée de rouge.

Habite nos côtes occidentales. (C. M.)

(1) *Cancer rotundatus*, Oliv. Zool. Adriatica, tab. 2, fig. 2. — *Atelecyclus cruentatus*, Desm. Consid. p. 89. — Guérin, Iconogr. Crust. Pl. 2, fig. 2. — *Atelecyclus omoiodon*? Risso, Hist. nat. de l'Eur. mérid. t. V, p. 18.

2. Atélécycle hétérodon. — *A. hétérodon* (1).

Carapace moins bombée que dans l'espèce précédente, presque lisse sur la région stomacale, et armée sur ses bords latéro-antérieurs de *dents alternativement grandes et médiocres, à bords granuleux;* poils des pates très-longs et soyeux. Du reste, semblable à l'espèce précédente.

Habite les côtes d'Angleterre. (Collection du Musée brit. à Londres.)

3. Atélécycle Chilien. — *Atelecyclus Chilensis* (2).

Carapace moins bombée et moins sillonnée que dans l'Atélécycle ensanglanté; dents latérales à peu près égales et fortement denticulées sur leurs bords. Du reste, ne différant que peu des précédentes.

Genre THIE. — *Thia* (3).

L'aspect des petits Crustacés, auxquels M. Leach a donné le nom de *Thia*, est très-particulier, et les rapproche un peu de certaines espèces de la section des Anoures; sous d'autres rapports, ils ont beaucoup d'analogie avec les Atélécycles, et, de même que ces derniers, établissent un passage entre les Oxystomes et les Cancériens. Leur *carapace* (Pl. 14, fig 5) est presque cordiforme, assez for-

(1) *Cancer hippa septemdentatus*, Montagn, Trans. of the Lin. soc. vol. XI, Pl. 1, fig. 1. — *Atelecyclus heterodon*, Leach, Malac. Britan. — Latr. Encyc. Pl. 303, fig. 1 et 2 (d'après Leach). Pl. 2. — *Atelecyclus septemdentatus*, Desm. Consid. sur les Crust. p. 8, Pl. 4, fig. 1.

(2) *Cancer undecimdentatus* ? Herbst. Pl. 10, fig. 60.

(3) Leach, Zool. misc. vol. II. — Desm. Consid. p. 87. — Risso, Latreille, Reg. anim. 2e. éd. t. IV, p. 38. — Guérin, Encyc. t. X, p. 625. — Risso, Hist. nat. de l'Europe mérid. t. V, p.

tement rétrécie en arrière ; sa face supérieure est lisse, et à peu près horizontale d'avant en arrière, mais fortement courbée transversalement, et ne présente point de régions distinctes. Le *front* est large, lamelleux et assez avancé ; les bords latéraux de la carapace minces et arqués. Les *orbites* sont extrêmement petits. Les *antennes* internes se reploient transversalement sous le front ; les externes s'insèrent dans l'hiatus qui sépare le front du plancher de l'orbite, elles sont grandes et fortement ciliées. La disposition de l'*appareil buccal* est à peu près la même que dans le genre précédent (Atélécycle) ; le troisième article des pates-mâchoires externes s'avance de même jusqu'à la base des antennes internes, mais il est beaucoup moins alongé, et donne insertion à l'article suivant par une large échancrure de son angle interne. Le *plastron sternal* est extrêmement étroit. Les *pates* antérieures sont courtes et comprimées, mais moins que chez les Atélécycles ; les pates suivantes sont encore plus courtes, et terminées par un article droit et très-aigu. Enfin l'abdomen est à peu près de même forme dans les deux sexes : seulement chez le mâle il est un peu plus étroit, et les trois articles qui précèdent le dernier sont soudés ensemble.

Ces petits Crustacés vivent enfoncés dans le sable à peu de distance du rivage. On n'en connaît avec quelque certitude qu'une seule espèce.

THIA POLIE. — *T. polita* (1).

Carapace très-lisse, un peu pointillée dans sa partie antérieure, et entourée d'une bordure de longs poils. Front arqué ; yeux excessivement petits ; mains arrondies en dessus et lisses en des-

---

(1) *Thia polita*, Leach, Zool. misc. vol II, tab. 103. — Latr. Encyc Pl. 303, fig. 6 (d'après Leach). — Guérin, Iconogr. Crust. Pl. 2, fig. 3.

sous; pates suivantes ciliées sur les bords. Longueur, 10 lignes. Couleur rosée.

Habite les bords de la Manche et de la Méditerranée. (C. M.)

Le *Cancer residuus* de Herbst (Pl. 48, fig. 1) est probablement encore une Thia. Il paraît différer de l'espèce précédente par la grandeur des yeux et quelques autres particularités.

M. Risso a donné le nom de *Thia Blainvillii* (Journal de Physique, octob. 1822, et Hist. de l'Eur. mérid. t. V, p. 19), à un petit Crustacé de la Méditerranée, qui paraît devoir en effet se rapporter à ce genre, mais qui est décrit d'une manière trop superficielle pour pouvoir prendre actuellement place dans le grand catalogue des animaux.

GENRE POLYDECTE. — *Polydectus.*

Ces petits Crustacés, que Latreille rangeait dans le genre Pilumne, s'éloignaient beaucoup des Cancériens par leur forme générale. Leur *carapace* est presque hexagonale et très-bombée ; elle se rétrécit plus en avant qu'en arrière, mais est notablement plus large que longue ; enfin ses bords sont très-obtus. Le *front* est avancé, lamelleux, droit, et conformé à peu près comme chez les Xanthes. Les *orbites*, dirigés très-obliquement en dehors, sont incomplets antérieurement. Les *antennes internes* se reploient transversalement en dehors. L'article basilaire des *antennes externes* est cylindrique, et placé entre la fossette antennaire et l'orbite ; il arrive jusqu'au front, mais ne s'y soude pas ; leur deuxième article s'insère dans le canthus interne des yeux. Nous ignorons la disposition de la tige terminale de ces appendices. Le *cadre buccal* est rétréci antérieurement, mais sans être triangulaire, et son bord antérieur est très-saillant et en forme de W. Les *pates-mâchoires externes* sont alongées ; leur troisième article est à peu près de même forme que chez les Atélécycles. Les pates de la première paire sont grêles et très-courtes chez la femelle, la main très-petite et les pinces cylindriques. Les pates suivantes sont à peu près cylindriques, et terminées par un article court et pointu ; leur longueur augmente jusqu'à la quatrième paire ; celles de la cinquième paire sont plus longues que les secondes.

Nous n'avons eu l'occasion d'observer qu'un individu femelle de ce genre, qui faisait partie de la collection du Muséum, mais qui a été malheureusement détruit par accident.

POLYDECTE CUPULIFÈRE. — *P. cupulifera* (1).

Ce petit Crustacé est très-remarquable, à cause des trois gros tubercules cupuliformes qui entourent chaque orbite; une de ces éminences, élargie et concave au bout, occupe l'angle externe, et les deux autres le bord inférieur de l'orbite. La carapace est très-bombée ; le front horizontal, avancé, divisé par une fissure médiane et terminé par un bord droit; les bords latéro-antérieurs sont à peine distincts, et présentent d'abord une légère concavité.

GENRE CORYSTE — *Corystes* (2).

Par la forme générale de leur corps, ainsi que par plusieurs particularités de leur organisation, les Corystes diffèrent beaucoup des autres Brachyures, et se rapprochent extrêmement de certains Anomoures ; ils établissent évidemment le passage entre ces deux groupes, mais ils appartiennent bien certainement au premier, et c'est à tort que Fabricius les réunissait aux Albunées. La *carapace* de ces Crustacés (Pl. 14 *bis*, fig. 11) est beaucoup plus longue que

---

(1) *Pilumnus cupulifera*, Latr Encyc. t. X, p.

(2) *Cancer*, Pennant. — *Albunea*, Fabr. Suppl. p. 398. — Bosc, op. cit. t. II, p. 1 — *Corystes*, Latr. Hist. des Crust. etc. t. VI, p. 121. — Leach, Malac. — Lamarck, Hist. des an. sans vert. t. V, p. 233. — Desmarest, op. cit. p. 86.

large, et présente à peu près la forme d'un ellipsoïde, dont le grand diamètre serait longitudinal. Le *front* est lamelleux, et constitue un rostre triangulaire. Les *yeux* sont médiocres, et les *orbites* ne présentent rien de remarquable : seulement on voit à leur bord supérieur deux fissures. Les *antennes internes* se reploient longitudinalement. Les *antennes externes* sont très-grandes, leur longueur dépasse de beaucoup celle de la carapace ; leur premier article est gros, à peu près cylindrique, et inséré sous l'œil, dans un hiatus du bord orbitaire ; le second article, à peu près de même longueur, mais moins gros, est recourbé en bas et en dedans, de façon à suivre le bord du rostre et à former un coude avec le troisième article qui se dirige directement en avant, et se trouve en contact avec celui du côté opposé ; enfin la tige terminale se compose d'un grand nombre d'articles assez gros, et présente comme la portion basilaire, sur ses bords supérieur et inférieur, une rangée de longs poils. Le *cadre buccal* est long, et presqu'en forme d'ogive ; ses bords latéraux sont très-saillans et se continuent avec les antennes externes, tandis que son bord antérieur manque, et que l'espace prélabial se continue avec l'épistome qui est à peine distinct. Les *pates-mâchoires externes* sont longues, étroites, et s'avancent jusqu'à l'origine des antennes internes, mais sans s'appliquer contre l'épistome, de façon à laisser antérieurement, entre leur extrémité et cette partie, une ouverture dirigée en avant ; leur troisième article est plus long que le deuxième, et se termine par une extrémité étroite et arrondie, qui dépasse de beaucoup le quatrième article, lequel s'insère dans une échancrure de son bord interne. Le *plastron sternal* est très-étroit et à peu près de même largeur dans toute son étendue ; le sillon médian résultant de l'apodème médian s'étend jusqu'au milieu de l'anneau qui porte les pates antérieures, et la voûte des flancs est presque verticale. Les *pates antérieures* sont de grosseur médiocre ; chez le mâle, elles ont plus de deux fois la longueur de la carapace, mais les pinces qui les terminent ne sont pas fortes.] *pates* suivantes sont au contraire courtes; leur article t minal est étroit, mais un peu aplati, et remarquablem long comparativement aux articles précédens. Enfin l'*ab men* se recourbe en bas moins brusquement que chez plupart des Brachyures; ses deux premiers articles sc situés sur le même niveau que la carapace; mais du re il est court et reployé comme d'ordinaire contre le st num; chez le mâle on y compte cinq articles seulemei les deux qui précèdent le pénultième étant soudés avec l

CORYSTE DENTÉ. — *Corystes dentatus* (1).

Carapace bombée, présentant un petit sillon de chaque cô des régions cordiale et génitale; rostre profondément échanc au milieu. Trois dents spiniformes de chaque côté de la ca pace, la première formant l'angle orbitaire extérieur, la secon placée sur le bord de la région hépatique, et la troisième, trè petite, sur le bord de la région branchiale. Une petite épi vers l'extrémité du bord antérieur des bras, et une plus for sur le carpe; mains du mâle très-étroites vers leur base; pat suivantes ciliées sur les bords. Longueur, 15 lignes.

Habite les côtes de la Manche, de l'Océan et de la Médite ranée. (C. M.)

---

(1) *Cancer cassivelanus*, Pennant, Brit. Zool. tab. 7, fig. 13. – Herb. t. I, Pl. 12, fig. 72 (le mâle d'après Pennant). – *Cance personatus*, Herb. loc. cit. fig. 73 (la femelle). — *Albunea dentata* Fabr. Suppl. p. 398.— *Corystes dentatus* Latreille, Hist. nat. de Crust. etc. t. VI, p. 122 — Encyc. Atlas, Pl. 287, fig. 3 et . (d'après Pennant). — Lamarck, op. cit. t. V, p 234. — *Coryste cassivelanus*, Leach, Malacostr. Pod. Brit. tab. 1, (reprod. Encyc Pl. 302, fig. 1-5).—*C. dentata*, Desm. Consid. sur les Crust p. 86 Pl. 3, fig. 2. — *C. personatus*, Guérin, Iconogr. Crust. Pl. 6, fig. 3.

Genre NAUTILOCORYSTE. — *Nautilocorystes* (1).

Latreille a rangé dans le genre Coryste un Crustacé rapporté du cap de Bonne-Espérance par Delalande, qui ressemble, en effet, aux Corystes par la forme générale, mais qui néanmoins s'en distingue par un caractère important, car les pates de la cinquième paire sont terminées par un article aplati, en forme de nageoire, absolument comme chez les Portuniens; aussi nous pensons qu'il est convenable de le séparer génériquement, et nous désignerons, sous le nom de *Nautilocoryste*, la division nouvelle établie pour le recevoir. La *carapace* de ce Crustacé ne présente rien de remarquable. Le front est large et à peine saillant. Les *antennes* sont conformées comme chez les Corystes. Les *pates-mâchoires externes* ont aussi à peu près la même forme; mais leur troisième article, un peu moins long que le deuxième, donne insertion par son sommet à l'article suivant. Les pates antérieures sont courtes et arrondies; celles des quatre paires suivantes sont très-comprimées et terminées par un tarse lamelleux et plus ou moins lancéolé; enfin celui des pates postérieures est très-large.

Nautilocoryste ocellaire. — *N. ocellatus.*

Front lamelleux, divisé en deux lobes par une fissure médiane profonde; bords latéro-antérieurs de la carapace armés de quatre dents, outre l'angle orbitaire externe; une forte épine sur le carpe.

Habite le cap de Bonne-Espérance. (C. M.).

Genre PSEUDOCORYSTES. — *Pseudocorystes.*

Les Crustacés que nous désignons sous le nom générique

(1) *Corystes*, Latr. Règne anim. de Cuvier, 2e. éd. t. IV, p. 53.

de Pseudocorystes ont beaucoup d'analogie avec les Corystes, et surtout avec les Nautilocorystes ; leur forme générale se rapproche extrêmement de celle des premiers, et ils ont les pates natatoires comme les derniers, mais ils diffèrent des uns et des autres par leurs pates-mâchoires externes. La *carapace* est à peu près ovalaire et assez bombée. Le front est étroit, avancé et horizontal. Les *pédoncules oculaires* sont de grandeur médiocre, et les orbites, très-peu profondes, sont tout-à-fait ouvertes extérieurement. Les *antennes internes* sont petites et complétement recouvertes en dessus par le front; leur tige se reploie longitudinalement comme chez les Corystes. La disposition des *antennes externes* est aussi essentiellement la même que chez ces Crustacés, mais le cadre auditif placé à leur base est remarquablement grand. L'*épistome* ne se distingue pas de l'espace prélabial, et le *cadre buccal*, tout-à-fait ouvert antérieurement, se prolonge latéralement au devant de la base des antennes externes, où il se termine par une grosse dent conique, qui forme, avec cet appendice, la paroi inférieure de l'orbite. Les *pates-mâchoires externes* sont assez larges; leur second article est très-grand, tandis que le troisième est petit, triangulaire et à peu près aussi long que large; leur tigelle terminale est extrêmement courte et s'insère près du sommet du troisième article. Le *plastron sternal* est à peu près de même forme que chez les Corystes. Les *pates* antérieures sont grosses, comprimées et de longueur médiocre. Celles des quatre paires suivantes sont toutes à peu près de même longueur et très-comprimées; leur tarse est lamelleux, large et de forme lancéolée, surtout à celles de la deuxième et de la cinquième paire. Enfin l'abdomen est très-étroit, et ne présente chez le mâle que cinq segmens distincts; les troisième, quatrième et cinquième anneaux étant soudés entre eux.

Pseudocoryste armé. — *P. armatus.*

Front triangulaire, armé de trois dents, dont la médiane est la plus grosse; une fissure au milieu du bord orbitaire supérieur, et deux grosses dents (dont la première représente l'angle orbitaire externe) sur le bord antérieur de la carapace, suivies de deux petites pointes assez éloignées; une dent très-saillante au-dessous de l'insertion des yeux et des antennes externes. Pates antérieures armées d'une dent très-forte, et de deux petites dents sur le carpe, d'une pointe située vers le milieu du bord inférieur de la main, et d'une série de dents coniques sur le bord supérieur de la main et du doigt mobile. Pates suivantes ciliées sur les bords. Longueur, environ 2 pouces.[1]

Trouvée par M. Gay, sur la côte de Valparaiso. (C. M.)

Le Crustacé figuré par Brown, sous le nom de *Grass-Crab* (Hist. of Jamaica, p. 422, Pl. 48, fig. 2), appartient à ce genre, et pourrait bien ne pas différer spécifiquement du Pseudocoryste armé.

TRIBU DES DORIPPIENS.

Les Crustacés, qui en se groupant autour des Dorippes forment cette petite tribu, ont la carapace très-déprimée, tronquée en avant, un peu élargie en arrière, presque quadrilatère, et en général trop courte pour recouvrir tout le corps(1). Le front est large et les yeux de grandeur ordinaire. La disposition de la bouche se rapproche beaucoup de ce que nous avons déjà vu chez les Calappes, les Mursies, etc., et l'eau arrive aux branchies par deux ouvertures situées au devant

(1) Pl. 20, fig. 11.

de la base des pates antérieures. Le plastron sternal est circulaire et fortement recourbé en haut vers sa partie postérieure ; les pates antérieures sont courtes ; celles des deux paires suivantes longues et terminées par un article styliforme ; enfin, celles de la dernière, ou des deux dernières paires, s'insèrent au-dessus des autres, pour ainsi dire sur le dos ; elles sont presque toujours beaucoup plus petites que les précédentes et se terminent en général par un article crochu disposé de manière à pouvoir agir comme organe de préhension.

Ce groupe ne se compose encore que de quatre genres, caractérisés de la manière suivante :

Tribu des DORIPPIENS.

- Ouverture afférente de l'appareil respiratoire formée par une grande échancrure de la région ptérygostomienne et séparée de la base des pates antérieures. Pates des deux dernières paires relevées sur le dos. Yeux rétractiles. — Gre. DORIPPE.
- Ouverture afférente de l'appareil respiratoire, située comme d'ordinaire entre le bord postérieur de la portion ptérygostomienne de la carapace, et la base des pates antérieures. Pates de la dernière paire
  - très-petites; celles de la
    - quatrième paire semblables aux précédentes; celles de la cinquième paire seulement petites et relevées sur le dos. Yeux rétractiles. — Gre. CYMOPOLIE.
    - quatrième paire les plus petites de toutes, et relevées sur le dos comme celles de la cinquième paire. Yeux non rétractiles. — Gre. ETUSE.
  - de grandeur ordinaire. Yeux rétractiles. — Gre. CAPHYRE.

GENRE DORIPPE. — *Dorippe* (1).

Les Dorippes constituent un genre très-remarquable, tant par la forme générale du corps et le mode d'insertion des pates, que par la disposition de l'appareil buccal et celle des ouvertures respiratoires. La *carapace* de ces Crustacés est déprimée, tronquée en avant, beaucoup plus large postérieurement qu'antérieurement, et trop courte pour recouvrir tout le thorax; elle ne se prolonge même pas au delà de l'insertion des pates de la troisième paire (Pl. 20, fig. 11). Les régions hépatiques sont très-petites, et la région intestinale est linéaire. Le *front* est étroit et échancré; les *orbites* dirigés en avant et fort peu profonds; les bords latéraux de la carapace sont obtus; enfin son bord postérieur est très-large. Les *yeux* sont de longueur médiocre, mais ne se cachent que très-imparfaitement dans les orbites. Les *antennes internes* sont logées dans des fossettes ovalaires et presque verticales; leur article basilaire est petit, mais leur tige mobile est assez grande, et en se reployant ne peut pas rentrer dans sa fossette. Les *antennes externes* sont médiocres, leur article basilaire est vertical et va se joindre au front, de façon à séparer l'orbite de la fossette antennaire; la tige mobile naît par conséquent immédiatement au-dessous du front, près de l'angle orbitaire interne. L'*épistome* manque; le cadre buccal, très-long et triangulaire, s'avance entre les fossettes antennaires jusqu'au front (Pl. 20, fig. 12); les *pates-mâchoires* externes n'occupent qu'environ les trois quarts de sa longueur, et toute sa portion antérieure est transformée en un canal par des prolongemens des pates-mâchoires de la première paire. Le troisième article des pates-mâchoires externes est étroit, et beaucoup moins grand que le précédent; il donne

(1) Fabr. Suppl. p. 361. — Latreille, Reg anim. 2ᵉ. éd. t. IV, p. 68. — Desmarest, Consid. sur les Crust. p. 135.

insertion au quatrième article par son angle antérieur et externe ; enfin le prolongement flabellifère, situé au côté externe de la base de cet organe, au lieu d'être logé comme d'ordinaire dans un espace vide laissé entre la base de la première pate et le bord de la portion ptérygostomienne de la carapace, est reçu dans une échancrure ovalaire creusée dans cette dernière partie (fig. 12, *a*) ; cette échancrure, fermée en dedans par l'insertion de la pate-mâchoire, constitue ainsi un trou par lequel l'eau arrive dans la cavité branchiale. Le *plastron sternal* est large et circulaire ; les *pates* sont très-inégales et ne s'insèrent pas sur la même ligne, comme chez la plupart des Brachyures ; celles de la quatrième paire sont plus élevées que les précédentes, et celles de la cinquième paire naissent au-dessus et un peu en avant des quatrièmes, de façon à paraître s'insérer sur le dos. Les pates antérieures sont courtes ; celles de la deuxième et troisième paires sont au contraire très-longues, et terminées par un article très-grand et un peu falciforme ; enfin les pates des deux dernières paires sont grêles, très-courtes, et terminées par un tarse crochu, et disposé de manière à se reployer contre l'article précédent, comme les pates subchéliformes des Crevettes. Les premiers articles de *l'abdomen* occupent la face supérieure du corps ; les autres sont appliqués comme d'ordinaire contre le plastron sternal. On en compte sept dans les deux sexes : chez la femelle, le pénultième est très-grand et le dernier fort petit et saillant.

1. Doripпe laineux. — *D. lanata* (1).

Carapace très-inégale, bosselée et granuleuse à sa partie posté-

(1) *Cancer hitus alius*, Aldrovande, de Crust. p. 194. — *Cancer lunatus*, Lin. Syst. nat. — Herbst. t. I, Pl. 11, fig. 67 (fem.), et *C. Facchino;* ejusdem, t. I, p. 190, Pl. 11, fig. 68 (mâle). — *Dorippe lanata*, Bosc, Hist. nat. des Crust. t. I, p. 208. — Lamarck, Hist. des an. sans vert. t. V, p. 245. — Latreille, Encyc. Pl. 306, fig. 2. — Desmarest, Consid. sur les Crust. p. 135, Pl. 17, fig. 2.

rieure, très-étroite en avant. Front très-largement échancré, et moins saillant que l'extrémité antérieure du cadre buccal ; angle orbitaire extérieur et dent orbitaire inférieure minces, longs et très-pointus ; cette dernière sans dentelures en dessous, et dépassant de beaucoup le front ; une épine vers le milieu du bord latéral de la carapace ; une crête transversale obtuse sur le troisième article de l'abdomen du mâle. Pates garnies de longs poils.

Fabricius et Latreille ont souvent confondu cette espèce avec la suivante.

Le *Dorippe affinis* de M. Desmarest (op. cit.) ne paraît pas être une espèce distincte.

2. Dorippe quadridenté. — *D. quadridentata* (1).

Carapace très-alongée antérieurement, très-inégale, et garnie de douze à quinze tubercules arrondis. Front lamelleux, avancé, et formant deux dents triangulaires ; angle orbitaire externe très-saillant, et la portion interne du bord orbitaire inférieur formant une grosse dent, pointue et dentelée en dessous, qui s'avance beaucoup au devant du front, et atteint presque le niveau de l'origine de la tigelle multi-articulée des antennes externes, extrémité antérieure du cadre buccal n'atteignant pas le bord du front. Pates antérieures granulaires chez le mâle ; deuxième et troisième articles de l'abdomen armés chacun de trois tubercules dentiformes, disposés par rangées transversales. Chez le mâle, une grosse dent et deux très-petites sur le quatrième article de l'abdomen. Longueur, 16 lignes.

Habite l'Océan indien. (C. M.)

Le *Dorippe facchino*, Latreille (Encyc. Pl. 306, fig. 5) me paraît être la femelle de cette espèce.

---

(1) Fabr. Suppl. p. 361.—*Cancer Frascone*, Herbst, t. I, p. 192, Pl. 11, fig. 70. — *Dorippe nodulosa*, Péron, Coll. du Muséum (le mâle) ; et *D. atropos*, Lamarck, Hist. des an. sans vert. t. V,

3. Dorippe camard. — *D. sima* (1).
(Pl. 20, fig. 11.)

Carapace courte, presque lisse en dessus, et couverte d'un duvet serré. Front large, à peine saillant, et divisé en deux dents triangulaires; une dent ou une dilatation très-marquée de chaque côté du front au-dessus de l'angle orbitaire interne. Angle orbitaire externe presque aussi saillant que le front; dent du bord inférieur de l'orbite médiocre, arrondie, lisse, et ne dépassant pas le niveau du front. Mains du mâle médiocres. Longueur, environ 1 pouce.

Habite les côtes de l'Inde. (C. M.)

4. Dorippe rusé. — *D. astuta* (2).

Carapace très-alongée, plate, presque entièrement lisse en dessus, mais présentant quelques sillons profonds et presque dépourvus de duvet. Front très-saillant et largement échancré, de manière à présenter deux dents triangulaires et aplaties; ni dent ni dilatation au-dessus de l'angle orbitaire interne; dent du bord inférieur de l'orbite rudimentaire; cadre buccal venant se terminer dans l'échancrure médiane du front; mains du mâle courtes, grosses et très-renflées; abdomen ne présentant pas de tubercules dentiformes. Longueur, 6 lignes.

Habite les mers d'Asie. (C. M.)

La *Dorippe callida* de Fabricius (Suppl. p. 362), paraît être très-voisine de l'espèce précédente, dont elle se distingue par les

---

p. 245 (femelle). — *D. quadridentata*, Latr. Hist. nat. des Crust. t. VI, p. 125; Encyc. Pl. 306, fig. 1. — Desmarest, Consid. sur les Crust. p. 135. — *D. nodulosa*, Guérin, Iconog. Pl. 13, fig. 2.

(1) *Dorippe astuta*, Latreille, Collection du Muséum.

(2) *Cancer pinnophylax*, Fabr. Syst. t. II, p. 444. — Linn. Syst. nat. — *Dorippe astuta*, Fabr. Suppl. p. 361. — *C. astuta*, Herbst, t. III, p. 45, Pl. 55, fig. 6.

petits tubercules, qui forment une sorte de carène sur la ligne médiane de l'abdomen. Il habite les mêmes mers. M. Roux la rapporte à son Ethuse Mascarone.

5. Doripe de Risso. — *D. Rissoana* (1).

Espèce fossile très-voisine de la Doripe quadridentée, mais dont le front avancé et étroit paraît être à peine divisé sur la ligne médiane. On ignore l'origine du débris qui a servi à l'établissement de cette espèce.

Genre CYMOPOLIE. — *Cymopolia.*

M. Roux, naturaliste distingué de Marseille, a fait connaître sous ce nom un Crustacé très-remaquable, qui semble établir un passage entre les Doripes et les Grapsoïdiens, et qui se trouve dans la Méditerranée. La *carapace* de cet animal est déprimée, plus large que longue, quadrilatère et très-inégale. Le *front* est très-large et dentelé; les yeux, gros et de longueur médiocre, se reploient dans les orbites, dont le bord supérieur est armé de trois grosses dents (y compris celle formant l'angle orbitaire externe), et dont le bord inférieur est divisé par deux échancrures. Les *antennes externes* se reploient transversalement sous le front, et les fossettes qui les logent sont séparées des orbites par l'article basilaire des *antennes externes;* le second et le troisième articles de ces derniers organes sont longs et cylindriques, et supportent une tige multi-articulée assez longue. Le *cadre buccal* est presque carré, mais est incomplet en avant, et les pates-mâchoires internes paraissent devoir dépasser les externes et se prolonger jusqu'aux fossettes antennaires; mais le seul individu que j'ai eu l'occasion d'examiner, et dont je dois communication à l'obligeance de M. Barthélemy, conservateur du cabinet d'histoire naturelle de la

(1) Desmarest, Crustacés fossiles, p. 119, Pl. 18, fig. 1-3.

ville de Marseille, étant en très-mauvais état, je n'ai pu m'en assurer positivement. Les *pates-mâchoires externes* sont beaucoup trop courtes pour clore en entier le cadre buccal; leur troisième article est très-petit, et fortement tronqué à sa partie antérieure et interne pour l'insertion de l'article suivant, qui est assez grand. Les *pates* antérieures sont inégales; la main petite et renflée. Les pates des trois paires suivantes sont aplaties, et successivement de plus en plus longues; leur tarse est étroit, mais aplati, et de forme un peu lancéolée. Les pates de la cinquième paire sont presque rudimentaires; elles naissent au-dessus des quatrièmes, et n'atteignent pas l'extrémité de leur troisième article. Le tarse de ces organes est grêle, styliforme et presque droit. Enfin, l'abdomen se recourbe en bas immédiatement derrière le bord postérieur de la carapace, et se compose de sept articles distincts dans les deux sexes.

On ne sait rien sur les mœurs de ces Crustacés.

CYMOPOLIE DE CARON. — *C. Caronii* (1).

Carapace fortement bosselée et très-rugueuse; front armé de quatre dents, occupant sa portion médiane; bords latéraux garnis de quatre dents aplaties, dont la grosseur diminue d'avant en arrière (y compris l'angle orbitaire extérieur); mains granuleuses; pinces cannelées en dessus; bord supérieur des cuisses dentelé; une ou deux dents sur le bord supérieur du quatrième article des troisième et quatrième pates. Longueur, 1 pouce.

Habite les côtes de la Sicile. (Cabinet d'hist. nat. de la ville de Marseille.)

GENRE CAPHYRE. — *Caphyra* (2).

Cette petite division générique, que nous ne connaissons que par la description qu'en a publiée M. Guérin, se distingue

(1) Roux, Crust. de la Méditerranée, Pl. 21,
(2) Guérin, Annales des sciences naturelles, 1re. série, t. XXV.

par la disposition des pates, dont les postérieures ne diffèrent pas des trois paires précédentes, et pourrait bien ne pas appartenir à cette famille, mais se rapprocher des Grapsoïdiens, car la conformation de la bouche ne me paraît pas être celle commune aux Oxystomes. La *carapace* est quadrilatère, peu convexe et un peu plus large que longue. Le *front* est large. Les *yeux* sont courts et rétractiles. Les *antennes internes* se reploient transversalement sur le front. Les *antennes externes* sont médiocres; leur premier article est alongé et soudé au test; leurs second et troisième sont courts et ovoïdes. Le *cadre buccal* paraît être quadrilatère et très-large en avant. Les *pates-mâchoires externes* ont à peu près la même forme que chez beaucoup de Grapsoïdiens, si ce n'est qu'elles se terminent du côté interne par un bord droit; leur troisième article est petit et tronqué en dedans au point d'être presque triangulaire. Le *plastron sternal* est très-large. Les *pates* de la première paire sont médiocres; la main ne paraît pas être comprimée, et la pince est courte. Les *pates suivantes* diminuent progressivement de longueur, et se terminent par un crochet velu, recourbé en dedans; celles de la quatrième et de la cinquième paire sont relevées sur le dos. Enfin l'abdomen de la femelle est grand et composé de sept articles. On ne connaît pas la conformation du mâle.

Caphyre de Roux. — *Caphyra Rouxii* (1).

Carapace lisse. Front avancé, échancré au milieu, et sinueux. Bords latéro-antérieurs de la carapace armés de trois épines (y compris l'angle orbitaire externe). Mains armées d'épines en dessus. Couleur, vert jaunâtre; longueur, 4 lignes.

Habite la Nouvelle-Irlande.

---

(1) Guérin, loc. cit. p. 286, Pl. 8, A.

GENRE ETHUSE. — *Ethusa* (1).

Le genre Ethuse, établi par M. Roux aux dépens des Dorippes de Fabricius et des autres naturalistes, se distingue facilement de ces Crustacés par le mode de conformation des ouvertures afférentes de la cavité respiratoire, lesquelles présentent ici la disposition normale. La *carapace* est à peu près quadrilatère, notablement plus longue que large, et très-aplatie; le *front* est large, et les *orbites*, dirigés en avant, sont très-incomplets. Les *yeux*, portés sur un pédoncule assez long et très-saillant, dépassent l'angle externe de la carapace, et ne sont pas rétractiles. Les *antennes* internes se reploient en avant, dans des fossettes placées sous le front; les externes sont assez longues; leur premier article est cylindrique, et sépare la fossette antennaire de l'orbite; le troisième est plus long que le second. Le *cadre buccal* est triangulaire, et arrive au niveau des fossettes antennaires; les *pates-mâchoires* externes sont beaucoup moins longues, et laissent à nu la portion antérieure des pates-mâchoires de la première paire, qui complètent en avant le canal efférant de la cavité respiratoire; le troisième article des pates-mâchoires externes est moins long que le second, presque ovalaire, fortement tronqué en avant, et articulé avec le suivant par le milieu de son bord antérieur. Les *régions ptérygostomiennes* sont à peu près quadrilatères, et ne se prolongent pas entre la base de la pate-mâchoire externe et de la première pate thoracique, comme chez les Dorippes. Le *plastron sternal* est ovalaire. Les *pates antérieures* sont courtes et grêles dans les deux sexes; en se reployant elles forment un double coude, comme chez les Homoles. Les *pates suivantes* sont longues, surtout

(1) *Cancer*, Herbst. — *Dorippe*, Fabr. Latr. Bosc. — *Ethusa*, Roux, Crust. de la Méditerranée.

celles de la troisième paire; celles de la quatrième paire sont au contraire extrêmement courtes, et insérées au-dessus des précédentes; enfin les pates postérieures, plus longues que les quatrièmes, sont insérées au-dessus et en avant de celles-ci, et terminées comme elles par un tarse très-court, crochu et subchéliforme. L'*abdomen* présente sept articles distincts chez le mâle, et seulement cinq chez la femelle; les deux premiers anneaux sont dirigés en arrière et sur le même plan que la carapace.

ETHUSE MASCARONE. — *Ethusa Mascarone* (1).

Front profondément divisé en deux lobes bidentés; une dent pointue à l'angle du bord fronto-orbitaire. Carapace glabre, plus large en arrière qu'en avant.

Longueur, environ 10 lignes.

Habite la Méditerranée. (C. M.)

(1) *Cancer mascarone*, Herbst, t. I, p. 191, Pl. 11, fig. 69. — *Dorippe callida?* Latreille, Encyc. Atlas, Pl. 278, fig. 4. — *Dorippe mascarone*, Roemer, Genere Insectorum, Pl. 33, fig. 1. — Latreille, Hist nat. des Crust t. VI, p. 128. — *Ethusa mascarone*, Roux, Crust. de la Méditerranée, Pl. 11.

SECTION
DES DÉCAPODES ANOMOURES.

Les Crustacés que nous avons rangés dans cette grande division de l'ordre des Décapodes (1) établissent le passage entre les Brachyures et les Macroures, et, comme cela arrive dans tous les points de transition par lesquels la nature passe d'un type à un autre, on remarque dans l'organisation de ces animaux des anomalies nombreuses et assez importantes. Ce groupe n'est donc pas composé d'élémens aussi homogènes que les deux autres sections naturelles du même ordre; et tous les caractères les plus importans qui les distinguent peuvent tour à tour manquer; mais néanmoins l'ensemble des particularités d'organisation que l'on y remarque toujours ne peut laisser aucun doute sur ses limites naturelles.

La portion céphalo-thoracique du corps de ces crustacés est toujours beaucoup plus développée que la portion abdominale (2), et celle-ci n'est jamais conformée de manière à remplir dans la locomotion le rôle important qui y est dévolue chez les Macroures. La forme générale de la *carapace* se rapproche pres-

(1) Voyez à ce sujet un mémoire intitulé : *Recherches sur l'organisation et la classification naturelle des naturelles des Crustacés Décapodes* (Annales des sciences naturelles, 1re. série, t. XXV).

(2) Pl. 21, fig. 1, 5, 9, 14, et Pl. 22, fig. 1, 5, 9, 11.

que toujours beaucoup de celle propre aux Brachyures; mais dans quelques Anomoures elle s'allonge davantage. Le front donne quelquefois naissance à un prolongement qui entoure l'anneau ophthalmique, et se réunit en dessous à l'anneau antennulaire, de manière à former des fossettes antennaires et des orbites (1). En général, cependant, il ne présente pas cette disposition, si constante chez les Brachyures; mais il laisse à découvert l'anneau ophthalmique, et on ne trouve alors ni fossettes pour loger les antennes internes, ni orbites bien formées (2); mode d'organisation qui se retrouve dans toute la division des Macroures. Presque toujours les *antennes internes* sont grandes, et ne peuvent se reployer sous le front; les externes sont également très-développées. Les *yeux* présentent souvent des cornéules carrées; les *pates-mâchoires externes* sont d'ordinaire plus minces, plus alongées et plus pédiformes que chez les Brachyures (3). La structure du *thorax* est également différente de ce qui se voit chez les autres Décapodes; en général, le dernier segment ne se soude pas aux précédens, et en est séparé par une membrane articulaire, quelquefois même il n'est pas recouvert par le carapace, et constitue un anneau complet. Tantôt le plastron sternal est linéaire dans toute sa longueur, comme chez la plupart des Macroures, tantôt linéaire entre les pates des trois dernières paires, ou entre celles de la première paire, et élargie dans le reste de son étendue (4); tantôt, en-

(1) Pl. 21, fig. 6.
(2) Pl. 22, fig. 2, 12, etc.
(3) Pl. 21, fig. 2, et Pl. 22, fig. 3, 6, 12 et 14.
(4) Pl. 21, fig. 2, et Pl. 22. fig. 14.

fin, élargi dans toute sa longueur (1), comme chez les Brachyures ; mais alors on n'y voit pas de suture longitudinale indiquant la présence d'un apodème médian ; et, en effet, cette lame verticale manque alors complétement, tandis que chez les Brachyures elle existe toujours. Les *pates* des trois ou quatre premières paires sont grandes et conformes d'ordinaire, à peu près comme chez les Brachyures ; mais presque toujours celles de la cinquième paire, ou même celles des deux dernières paires, ne servent plus à la locomotion, et sont rudimentaires et transformées en organes de préhension, ou du moins refoulées en quelque sorte au-dessus des précédentes.

La disposition de l'*abdomen* varie ; presque toujours il est mince et lamelleux, à peu près comme chez les Brachyures, et il ne porte jamais en dessous une double série de fausses pates natatoires, mais d'ordinaire on trouve fixé à son pénultième segment une paire d'appendices plus ou moins développés (2). Quelquefois ces appendices disparaissent presque complétement après les premiers temps de la vie (ainsi que nous l'avons constaté pour les Dromies) ; d'autres fois ils constituent une espèce de nageoire caudale ; mais il est bien rare que cette nageoire soit disposée en éventail comme chez les Macroures. Enfin chez plusieurs Anomoures, l'abdomen reste toujours membraneux, soit à sa face inférieure seulement, soit dans presque toute son étendue

A ces caractères, tirés de la conformation extérieure des Anomoures, se joignent d'autres particularités de structure encore plus importantes qui nous sont

(1) Pl. 22, fig. 4.
(2) Pl. 21, fig. 13, 14, 15 ; Pl. 22, fig. 7, 10, 13.

offertes par la plupart des grands appareils de l'économie.

Ainsi, chez ces Crustacés l'appareil femelle de la génération manque de la poche copulatrice, dont nous avons signalé l'existence et les usages chez les Brachyures ; la position des *vulves* est également différente, car, au lieu d'occuper le plastron sternal, ces ouvertures sont creusées dans l'article basilaire des pates de la troisième paire (1).

Chez la plupart des Anomoures, les *branchies* (dont la structure est du reste toujours lamelleuse comme chez les Brachyures), sont plus nombreuses et se fixent sur le pénultième anneau thoracique aussi bien que sur les précédens ; souvent aussi elles sont disposées sur plusieurs rangs et par faisceaux.

Enfin, la disposition du système nerveux paraît tenir en quelque sorte le milieu entre ce qui se voit chez les Brachyures et les Macroures ; car sa portion abdominale présente à peine des traces de ganglions, et dans sa portion thoracique le rapprochement des divers ganglions est bien moins complet que chez les Brachyures. Il est aussi à noter que presque toujours il existe un canal sternal pour loger cet appareil.

Cette section de l'ordre des Brachyures, quoique peu nombreuse en espèces, présente des types d'organisation assez différens pour nécessiter sa division en plusieurs groupes naturels, dont les principaux caractères distinctifs se trouvent résumés dans le tableau suivant.

(1) Pl 21, fig. 8 et 18, *a*.

ANOMOURES.	Famille des **APTERURES.**	Abdomen dépourvu d'appendices terminaux.	Pates antérieures chéliformes; celles des quatre dernières paires	cylindriques et préhensiles. Antennes internes	très-courtes et logées dans des fossettes où elles se reploient en entier comme chez les Brachyures.	DROMIENS.
					assez longues et n'ayant pas de fossettes pour s'y reployer.	HOMOLIENS.
				lamelleuses et natatoires.		RANINIENS.
			Pates antérieures monodactyles et non préhensiles.			PACTOLIENS.
	Famille des **PTÉRYGURES.**	Abdomen portant à son extrémité une paire d'appendices mobiles.	Plastron sternal très-large. Pates antérieures chéliformes. Abdomen terminé par une nageoire en éventail.			PORCELLANIENS.
			Plastron sternal presque linéaire. Pates antérieures		adactyles ou subchéliformes. Appendices terminaux de l'abdomen lamelleux.	HIPPIENS.
					didactyles et en forme de pince bien constituée. Appendices terminaux de l'abdomen non lamelleux.	PAGURIENS.

FAMILLE DES APTERURES.

Les Décapodes, dont cette famille se compose, se rapprochent beaucoup des Brachyures par la forme générale de leur corps (1) et par la conformation de leur abdomen, dont le pénultième anneau ne porte pas d'appendices mobiles, du moins à l'âge adulte. Leurs *antennes* sont médiocres; presque toujours tous les *anneaux thoraciques* sont soudés entre eux, et le *plastron sternal* constitue toujours un bouclier très-large (2); la disposition des *pates* varie. Enfin, dans tous les genres dont l'appareil respiratoire a été examiné, les *branchies* sont couchées obliquement sur la voûte des flancs, et sont presque toujours insérées sur plusieurs rangs et au nombre de quatorze de chaque côté du corps.

On doit ranger dans ce groupe un certain nombre de Crustacés qui offrent dans leur structure de grandes anomalies; aussi, pour en rendre la classification naturelle, devient-il nécessaire de multiplier les divisions beaucoup plus que chez la plupart des Brachyures. Nous y distinguerons quatre tribus reconnaissables aux caractères exposés dans le tableau précédent. (Voyez page 167.)

TRIBU DES DROMIENS.

Les Dromiens (Pl. 21, fig. 5-8) ont tous le *corps* globuleux, et le *front* recourbé au bas, de manière à

(1) Pl. 21, fig. 1 et 5, et Pl. 22, fig. 1.
(2) Pl. 21, fig. 2, et Pl. 22, fig. 4.

venir en contact avec un prolongement de l'épistome et avec le pédoncule des antennes externes, et à circonscrire de la sorte deux fossettes profondes dans lesquelles les antennes internes sont logées en entier comme chez les Brachyures (Pl. 21, fig. 6). Les *yeux* sont courts, et logés dans des orbites bien formés. Le *cadre buccal* est nettement circonscrit, et les pates-mâchoires externes sont élargies et operculiformes. Le *plastron sternal* est assez large partout, et le dernier anneau du thorax est soudé aux précédens. Les *pates* sont courtes et grosses; celles de la première paire sont terminées par des pinces grosses et bien formées, les suivantes sont cylindriques ; celles des deuxième et troisième paires sont ambulatoires et terminées par un tarse conique ; il en est quelquefois de même de celles de la quatrième paire ; mais celles de la cinquième paire ou même des deux dernières paires sont petites, relevées au-dessus des autres ou sur les parties latérales de la carapace, et terminées par un ongle crochu qui se reploie contre l'article précédent, et peut ainsi devenir préhensile. Enfin l'*abdomen* est grand, lamelleux, et appliqué contre le plastron. On y remarque, entre le sixième et le septième segmens, deux petites pièces cornées qui font un peu saillie, et qui sont les vestiges des appendices caudaux (Pl. 21, fig. 7).

Cette petite tribu ne se compose que de deux genres, dont voici les caractères :

DROMIENS	Ayant les pates des deux dernières paires plus petites que les autres, relevées sur le dos, et plus ou moins subchéliformes.	DROMIES.
	Ayant les pates de l'avant-dernière paire semblables aux précédentes, et celles de la cinquième paire seulement petites et relevées.	DYNOMÈNES.

Genre DROMIE. — *Dromia* (1).

Les Dromies ont beaucoup d'analogie avec les Décapodes Brachyures, par leur forme générale; mais dans le jeune âge elles offrent les caractères essentiels des Macroures, et on reconnaît facilement, lorsqu'on les examine avec quelqu'attention, que, même à l'état adulte, elles ne peuvent prendre place ni dans l'une ni dans l'autre de ces divisions naturelles. La *carapace* de ces Crustacés est circulaire et presque globuleuse (Pl. 21, fig. 5); les diverses régions de sa face supérieure se distinguent assez bien; la stomacale est fort grande et les branchiales petites. Le *front* est incliné et triangulaire; les *orbites* profondes, et les *yeux* gros et courts. Les *fossettes antennaires* sont longitudinales et bien séparées entre elles, mais incomplètes en dehors; l'article basilaire des *antennes internes* est presque cylindrique, et dirigé un peu obliquement en avant et en dedans. La tigelle mobile de ces organes est composée de deux articles courts, portant deux filets terminaux, et pouvant se reployer en avant entre le front et la base du pédoncule oculaire (Pl. 21, fig. 6). Les *antennes externes* sont placées au-dessous du pédoncule oculaire; le tubercule auditif qui en occupe la base est extrêmement grand, et perforé près de son angle externe; l'article suivant est gros et à peu près cylindrique, il complète au-dessous la paroi orbitaire, et présente au dehors une forte dent terminale qui avance parallèlement à l'article suivant. Celui-ci, ainsi que le troisième article pédonculaire, est très-court. Enfin, la tigelle multi-articulée ne présente rien de remarquable. L'*épistome* est triangulaire. Le *cadre buccal* est à peu près carré, un peu plus large en avant qu'en arrière, et terminé partout par un bord saillant; la ligne latérale, qui s'é-

(1) *Cancer*, Linné; Herbst, etc. — *Dromia*, Fabricius, Suppl. p. 359. — Latreille, Desmarest, etc.

tend de son angle antérieur sur la région ptérygostomienne, et qui résulte de la soudure des pièces latérales de la carapace avec sa portion médiane, ne se recourbe pas en dedans pour se terminer au-dessus des pates de la troisième ou quatrième paire, comme chez les Brachyures, mais se porte en dehors, et remonte sur la face supérieure de la carapace, au devant de la dernière grosse dent latérale de ce bouclier dorsal. Le *plastron sternal* présente une disposition particulière dépendante de la structure interne du thorax; les lames apodémiennes qui naissent de la face supérieure du sternum ne s'y prolongent pas jusqu'à la ligne médiane, et il n'y a pas sur cette ligne une apodème impaire comme chez les Brachyures; aussi les lignes indicatives de l'existence de ces cloisons ne se voient-elles que sur les parties médianes du plastron. Il est aussi à noter que, dans l'intérieur du thorax, les apodèmes se réunissent sous le cœur et sous l'estomac, de manière à former deux voûtes et à constituer un canal sternal; enfin, il n'existe pas sur le plastron des ouvertures pour les organes générateurs femelles, ainsi que cela se voit chez tous les Brachyures. Les pates antérieures sont grosses, courtes, et terminées par une forte pince, dont le bout est arrondi et creusé en cuiller. Les pates de la deuxième et troisième paires sont également grosses et de longueur médiocre; elles sont terminées par un tarse gros, court et pointu; mais n'offrent, du reste, rien de remarquable, à l'exception des ouvertures creusées dans l'article basilaire du troisième chez la femelle (Pl. 21, fig. 8); celles des deux dernières paires présentent, au contraire, une disposition des plus singulières; elles sont très-petites, relevées sur le dos et terminées par une pince assez bien formée; celles de la cinquième paire s'insèrent au-dessus et même un peu en avant de celles de la quatrième, et sont un peu plus longues; la pince qui les termine est aussi mieux conformée, mais cependant le doigt immobile est encore beaucoup plus court que le doigt mobile, qui est crochu et très-pointu.

L'abdomen de l'adulte n'est guère plus développé que celui des Brachyures ; mais on y reconnaît les vestiges des appendices du pénultième anneau, sous la forme de deux petites pièces latérales intercalées entre les sixième et septième segmens (Pl. 21, fig. 7). Chez la femelle, les cinq premiers anneaux de l'abdomen portent des appendices ovifères, dont le nombre est par conséquent de dix. Chez le mâle, ces appendices sont au nombre de deux paires seulement ; mais ils sont très-grands, et la portion terminale de ceux de la première paire se contourne de façon à former un tube qui loge ceux de la paire suivante, ainsi que les verges.

La structure intérieure des Dromies les éloigne également des Brachyures, avec lesquels on les avait généralement confondus. En effet, les branchies sont au nombre de quatorze de chaque côté du corps ; elles sont disposées par groupes sur plusieurs rangs, et les deux dernières naissent des deux derniers anneaux thoraciques, qui, chez les Brachyures, n'en portent jamais. L'appareil de la génération présente aussi des particularités remarquables ; la femelle n'a point de poche copulatrice, et les vulves, au lieu d'occuper le plastron sternal, sont creusées dans l'article basilaire des pates de la troisième paire (Pl. 21, fig. 8, *a*).

Mais c'est surtout dans le premier âge que la structure des Dromies les éloigne des Brachyures ; car alors leur abdomen est épais, terminé par une nageoire en éventail, comme chez les Macroures, et garni en dessous de fausses pates natatoires. A cette époque de leur existence, ils sont évidemment conformés pour la natation ; mais lorsqu'ils ont subi les changemens de forme qu'amènent les progrès de l'âge, ils deviennent marcheuses et paraissent même avoir des habitudes très-sédentaires. En général, on ne les trouve qu'à des profondeurs assez considérables, et souvent ils se recouvrent d'une éponge ou d'un alcyon qu'ils fixent sur leur dos à l'aide de leurs pates postérieures.

§. *Espèces ayant la carapace beaucoup plus large que longue.*

A. *Bords latéro-antérieurs convexes dans toute leur longueur.*

1. Dromie commune. — *D. vulgaris* (1).
(Planche 21, fig. 5 — 8.)

Carapace fortement bosselée en dessus. Front armé de trois grosses dents obtuses, qui, par les progrès de l'âge, deviennent de simples bosses arrondies. Une fissure au-dessus de l'angle externe de l'orbite, et une assez grosse dent très-saillante au bord inférieur de cette cavité; *bords latéro-antérieurs de la carapace armés de quatre grosses dents*, dont la première est située beaucoup au-dessous du niveau des orbites, dont la seconde présente à sa base un tubercule, de manière à paraître double; dont l'avant-dernière, quoique peu saillante, occupe presque autant de place que les deux précédentes réunies, et dont la dernière est assez petite. Bords latéro-postérieurs à peu près de même longueur que le bord latéro-antérieur. Pates antérieures très-noduleuses; plusieurs petites dents coniques sur le bord supérieur de la main. Pates suivantes grosses et courtes; tarses coniques, crochus, et armés en dessous d'une rangée de grosses épines. Abdomen du mâle bombé au milieu, mais sans gouttières latérales; le dernier article beaucoup plus large que long, et les deux articles précédens distincts entre eux. Poils courts, serrés

(1) *Cancer heracleoticus alter hirsutus*, Aldrovande, de Crustaceis, p. 191. — *C. Dromia*, Olivi, Zool. adriat. p. 45. — *Dromia Rumphii*, Bosc, Hist. des Crust. t. I, p. 229. — Lamarck, Hist. nat. des Anim. sans vertèbres, t. V, p. 264. — Desmarest, Consid. sur les Crust. p. 137. — Blainville, Faune française, Crust. Pl. 7, fig. 1. — Risso, Hist nat. de l'Eur. mérid. t V, p. 32. — Edw. Reg. anim. de Cuv. 3e. édit. Crust. Pl. 40, fig. 1.

Le *Cancer caput mortum*, Linn. Syst. nat. (*Dromia caput mortum*, Latr. Hist. nat. des Crust. t. V, p. 284; — Desmarest, p. 133, t. 138), paraît être une simple variété d'âge de cette espèce.

et claviformes, surtout dans les jeunes individus. Couleur brune, foncée; pinces rosées.

Taille de 2 à 3 pouces.

Habite la Méditerranée et l'Océan. (C. M.)

Les individus de petite taille portent souvent un Spongiaire sur le dos, et en sont quelquefois presque entièrement enveloppés. Ils diffèrent des très-grands individus par la densité des poils dont leur carapace est couverte, et ont un aspect assez différent pour qu'il soit facile, au premier abord, de les regarder comme appartenant à une autre espèce; ils sont aussi beaucoup plus communs que les grands individus.

2. DROMIE PORTEUSE. — *D. lator* (1).

Carapace très-bombée et sans bosselures notables; dents frontales assez saillantes; dent sous-orbitaire, beaucoup plus saillante que dans la D. commune. Bords latéro-antérieurs armés de cinq grosses dents, dont les trois premières sont à peu près d'égale grosseur, dont l'avant-dernière n'est pas plus longue que la seconde et la troisième réunies, et présente à sa base un tubercule saillant, enfin dont la dernière est assez grosse. Pates et abdomen comme dans la D. commune, si ce n'est que les pièces latérales du pénultième segment sont plus aplaties et un peu plus grandes. Poils courts, raides, pointus et médiocrement serrés. Couleur roussâtre.

Taille, 3 pouces.

Habite les Antilles. (C. M.)

3. DROMIE DE RUMPH. — *D. Rumphii* (2).

Carapace très-bombée et sans bosselures notables. Front saillant et armé de trois dents coniques très-pointues et également

(1) *Cangrejo cargador*, Parra, Descripcion de diferentes piezas de Historia natural, p. 126, Pl. 46.

(2) *Cancer lanosus*, Rumph, Mus. t. 11, fig. 1. —Seba, Thes. 3,

saillantes, angle orbitaire externe très-échancré ; dent orbitaire inférieure; petite; *bords latéro-antérieurs armés de quatre dents grosses, peu saillantes, ayant toutes presque la même forme et les mêmes dimensions.* Seulement une ou deux petites dents sur le bord supérieur de la main. Pates des deuxième et troisième paires plus longues et plus grêles que dans les espèces précédentes; leur tarse styliforme, peu courbé, et armé en dessous d'épines très-petites. Abdomen du mâle étroit, et creusé de chaque côté d'une gouttière longitudinale bien distincte ; le dernier article beaucoup plus long que large, et les deux précédens presque entièrement soudés entre eux ; pièces latérales très-petites chez le mâle, plus longues et plus fines chez la femelle. Poils très-courts, gros et serrés. Couleur brune.

Taille, 2 pouces.

Habite les Indes orientales. (C. M.)

4. Dromie gibbeuse. — *D. Gibbosa* (1).

Carapace très-fortement bombée et sans bosselures notables en dessus; dents frontales saillantes et pointues; la dent orbitaire supérieure et celle formée par l'angle supérieur de la fissure orbitaire externe pointues et saillantes; la dent orbitaire inférieure petite et obtuse. *Bords latéro-antérieurs armés de cinq ou six petites dents coniques;* l'espace entre les deux dernières occupant plus du tiers de la longueur totale de ce bord. Bords latéro-postérieurs beaucoup plus courts que les bords latéro-antérieurs. Pates antérieures médiocres et à peine bosselées ; bord supérieur de la main armé de cinq ou six pointes ; pates sui-

---

Pl. 18, fig. 1. — *Cancer Dromia,* Lin. Amœn. Acad. t. VI, p. — Fabricius, Entom. Syst. t. II, p. 451.—*Carcer dorminator,* Herbst, t. I, p. 250, Pl. 18, fig. 103. — *Dromia Rumphii*, Fabr. Suppl. p. 359. — Latreille, Hist. nat. des Crust. t. V, p. 386; Encyc. Pl. 278, fig. 1.

(1) Latreille, Collection du Muséum. Suivant Latreille, cette espèce pourrait bien être la même que le *D. œgagrophila* de Fabricius (Suppl. p. 36).

vantes médiocres. Abdomen du mâle sans gouttières latérales, bien marquées ; le dernier article triangulaire et presque équilatéral ; pièces latérales rudimentaires.

Taille, 2 pouces.

Habite ? (C. M.)

5. Dromie trompeuse. — *Dromia fallax* (1).

Carapace médiocrement bombée et bosselée en dessus. Fron avancé et divisé en trois dents triangulaires, dont les deux latérales sont relevées. Une petite dent pointue au-dessus de l'angle orbitaire interne, et une forte dent triangulaire occupant l'angle orbitaire externe. Bords latéro-antérieurs de la carapace armés de trois dents situées sur le même niveau que l'angle orbitaire externe, la première étant la plus grande et la dernière très-petite. *Régions ptérygostomiennes hérissées de grosses tubercules.* Pates antérieures médiocres, très-noduleuses ; mais celles des deux paires suivantes courtes et larges. Abdomen du mâle creusé en gouttières de chaque côté. Poils très-courts et fauves.

Longueur, 6 lignes.

Habite l'Ile-de-France. (C. M.)

B. *Bords latéro-antérieurs très-concaves dans leur moitié antérieure.*

6. Dromie très-velue. — *Dromia hirtissima* (2).

Carapace très-large ; front avancé, profondément sillonné sur la ligne médiane, et ayant les bords latéraux très-relevés ; orbites avancés, armés à leur angle externe d'une dent pointue, au côté

---

(1) Lamarck, Hist. des anim. sans vertèbres, t. V, p. 264. — La *Dromia artificiosa* de Fabricius, Suppl. p. 36 (Latreille, Hist. nat. des Crustacés, etc. t. V, p. 385), me paraît devoir être la même espèce que la *D. fallax* de Lamarck.

(2) Lamarck, Hist. nat. des anim. sans vertèbres, t. V, p. 264.— Desmarest, Consid. sur les Crust. p. 137, Pl. 18, fig. 1.

externe de laquelle se trouve une épine ; bord latéro-antérieur de la carapace concave dans sa moitié antérieure, et armé d'une forte dent triangulaire ; une petite dent très-obtuse au milieu de sa portion convexe, et une troisième plus saillante au delà du sillon qui sépare ce bord du bord latéro-postérieur. Pates antérieures médiocres ; main très-déprimée en dessus. Tout l'animal est couvert (excepté l'extrémité des pinces) d'un duvet très-court caché sous de longs poils jaunâtres peu serrés. Longueur, environ 2 pouces.

Habite le cap de Bonne-Espérance. (C. M.)

§§ *Espèces ayant la carapace aussi longue que large.*

7. Dromie pates noduleuses. — *D. nodipes.*

Carapace bombée, et présentant de chaque côté une gouttière oblique, assez profonde entre les régions hépatiques, qui sont très-grandes, et les branchiales qui sont très-petites ; *beaucoup de petits tubercules sur la partie antérieure de la carapace.* Front très-large et divisé en trois dents, dont les deux latérales très-larges et très-avancées ; une dent au-dessus de l'angle orbitaire interne, et une autre très-saillante à l'angle orbitaire externe. Bords latéro-antérieurs convexes et armés de quatre dents, dont la première grosse, aplatie, saillante et arrondie ; les deux suivantes médiocres, et la dernière rudimentaire. Pates des trois premières paires hérissées de gros tubercules arrondis.

Habite ? (C. M.)

8. Dromie globuleuse. — *Dromia globosa* (2).

Carapace très-bombée et lisse en dessus. Front très-incliné et armé de trois petites pointes ; une pointe au-dessus de l'angle ex-

(1) Lamarck, Hist. des anim. sans vertèbres, t. V, p. 264. — Guérin, Iconographie Crust. Pl. 14, fig. 1.

(2) Lamarck, Hist. des anim. sans vertèbres, t. V, p. 264.

terne de l'orbite. *Bords latéro-antérieurs de la carapace divisés en deux portions par une grosse dent;* la portion antérieure concave, la postérieure convexe; une dent à peine distincte en avant du sillon qui sépare cette dernière portion marginale du bord latéro-postérieur, qui est très-court, et dirigé presque directement en arrière. Pates grosses et très-courtes; celles de la dernière paire presque aussi grandes que celles de la troisième paire.

Longueur, 10 lignes.

Habite ? (C. M.)

9. Dromie tête de mort. — *Dromia caput mortuum* (1).

Carapace très-bombée et lisse. Front peu saillant; dent médiane rudimentaire; un lobe arrondi au-dessus de l'angle orbitaire interne; angle orbitaire externe assez saillant; dent orbitaire inférieure très-obtuse. *Bords latéro-antérieurs régulièrement convexes, et armés de quatre dents arrondies*, peu saillantes; bords latéro-postérieurs courts et un peu convexes. Pates à peine noduleuses.

Habite l'Océan Indien. (C. M.)

10. Dromie unidentée. — *Dromia unidentata* (2).

Carapace globuleuse, armée de chaque côté d'une seule dent; front divisé en deux lobes triangulaires; pates médiocres.

Taille, environ 16 lignes.

Habite la mer Rouge.

On trouve dans les marnes tertiaires de l'île de Shepey un petit Crustacé fossile qui me paraît appartenir au genre Dromie, mais dont je n'ai pu constater le mode de conformation des pates

(1) Latreille, Collection du Muséum.

(2) Ruppell, Crust. de la mer Rouge, p. 16, Pl. 4, fig. 2.

postérieures ; sa carapace est bombée, presque circulaire, avec la région stomacale très-grande et séparée par une dépression oblique des régions hépatiques, qui à leur tour sont séparées des régions branchiales par un sillon profond, et sont très-petites ; le front est triangulaire, sillonné et incliné. Enfin les bords latéro-antérieurs sont armés de plusieurs dents, dont la dernière est grande ; on remarque aussi une petite dent à l'extrémité antérieure du bord latéro-postérieur. Je crois cette espèce encore inédite, et je la désignerai sous le nom de *Dromia Bucklandii*.

Le Crustacé fossile figuré par Schlotheim, sous le nom de *Brachyurites rugosus* (Petref. p. 23, Pl. 1), paraît se rapprocher aussi des Dromies.

GENRE DYNOMÈNE. — *Dynomene* (1).

M. Latreille a donné ce nom à un petit genre extrêmement voisin des Dromies, mais qui s'en distingue facilement en ce que les pates de la quatrième paire sont semblables aux précédentes, et que celles de la cinquième paire seules sont petites et relevées sur les côtés du corps. La *carapace* est moins bombée et plus tronquée postérieurement que chez les Dromies ; la disposition des *yeux*, des *antennes*, des *pates-mâchoires* externes et des *pates* antérieures est à peu près la même ; les pates de la quatrième paire s'insèrent sur le même niveau que celles des deux paires précédentes, et sont, de même qu'elles, un peu comprimées ; les pates postérieures sont très-grêles, et s'insèrent au-dessus et en arrière des troisièmes. Enfin, l'*abdomen* de la femelle est grand, et présente, entre le sixième et le septième segmens, deux plaques latérales, comme chez les Dromies, mais beaucoup plus grandes.

On ne connaît encore qu'une seule espèce de ce genre.

(1) Latreille, Reg. anim. 2e. éd. t. IV, p. 69. — Desmarest, etc.

DYNOMÈNE HISPIDE. — *Dynomene hispida* (1).

Front triangulaire, recourbé en bas et dépourvu de dents; angle orbitaire externe peu saillant et suivi de cinq dents pointues. Pinces creusées en cuiller. Face supérieure du corps couverte de poils courts et bruns.

Longueur 7 lignes.

Habite l'île de France. (C. M.)

TRIBU DES HOMOLIENS.

Les Anomoures dont se compose cette petite division sont, en général, remarquables par leur carapace épineuse et armée d'un rostre (Pl. 22, fig. 1); par le mode d'insertion de leurs antennes, dont la paire interne n'a pas de fossette et ne peut pas se reployer sous le front; par leurs pates-mâchoires pédiformes (Pl. 22, fig. 2); par la longueur ordinairement très-grande de leurs pates de la deuxième, de la troisième et de la quatrième paires, tandis que celles de la cinquième paire sont très-courtes et ne servent pas à la marche; par leur plastron sternal élargi (Pl. 22, fig. 4), et par plusieurs caractères moins importans. La pince qui termine leurs pates antérieures se compose de deux doigts de forme ordinaire; le tarse des pates des trois paires suivantes est styliforme, et les pates postérieures sont plus ou moins complétement préhensibles.

Nous ne connaissons que trois genres appartenant à cette tribu; en voici les caractères :

(1) Desmarest, Consid. sur les Crust. p. 133, Pl. 18, fig. 2. — Latreille, Règne anim. 2e. édit. t. IV, p. 69. — Guérin, Iconographie, Crust. Pl. 14, fig. 2.— Edw. Reg. anim. de Cuv. 3e. édit. Crust. Pl. 40, fig. 2.

HOMOLIENS ayant les pates postérieures	subchéliformes et à découvert ; carapace quadrilatère.		Gre. Homole.
	chéliformes, et cachées sous les parties latérales de la carapace.	Carapace triangulaire ; rostre très-alongé.	Gre. Lithode.
		Carapace circulaire ; rostre rudimentaire.	Gre. Lomie.

Genre HOMOLE. — *Homola* (1).

Les Homoles sont remarquables par leur forme générale, aussi bien que par un grand nombre de particularités d'organisation moins apparentes. Leur *carapace* (Pl. 22, fig. 1), plus longue que large, est presque quadrilatère ; antérieurement la région stomacale en occupe toute la largeur ; et les régions branchiales, quoiqu'elles ne se prolongent pas au-dessus de la base des pates, sont très-grandes. Les portions latérales de la carapace sont verticales. Le *front* est étroit, et avancé de manière à former un petit rostre ; de chaque côté de sa base on remarque une grosse dent conique, dirigée en avant. Les *orbites* sont extrêmement incomplets, même en dedans, où l'articulation des pédoncules oculaires est à nu (Pl. 22, fig. 2) ; ils sont à peine limités en dehors, et s'y continuent avec une large fosse oblique et très-superficielle, contre laquelle viennent s'appliquer les yeux. Les *pédoncules oculaires* sont cylindriques et divisés en deux portions, l'une interne, grêle et alongée, l'autre grosse, courte, et terminées par l'œil. Les *antennes internes* ne sont pas logées dans des fossettes ; leur article basilaire est presque globuleux, et s'avance au-dessous de l'insertion des pédon-

(1) *Cancer*, Herbst ; *Dorippa*, Lamarck ; *Homola*, Leach, Zool. misc. t. II. — Latr. Règne anim. de Cuvier. — Desmarest, Consid. sur les Crust. — Roux, Crust. de la Méditerranée.

cules oculaires, les deux articles suivans sont très-longs; le troisième porte, comme chez les Brachyures, deux petits filets multiarticulés très-courts. Les *antennes externes* s'insèrent presque sur la même ligne que les internes; à leur base on remarque un gros tubercule auditif, qui est quelquefois extrêmement saillant; leur premier article est cylindrique, assez gros, et de longueur médiocre; le second est au contraire grêle et très-long; le troisième est fort court; enfin le filet terminal est très-long. Le *cadre buccal* est quadrilatère. Les *pates-mâchoires externes* sont presque pédiformes, leurs trois derniers articles étant larges et presque aussi longs que les deux précédens, qui sont à peine aplatis (Pl. 22, fig. 3). Le *plastron sternal* ressemble beaucoup à celui des Dromies, et ne porte pas d'ouvertures génitales (Pl. 22, fig. 4). Les *pates* sont très-longues; celles de la première paire se terminent par une main presque cylindrique, et celles de la cinquième paire se relèvent sur le dos, et sont subchéliformes. Enfin l'*abdomen* est très-large chez le mâle aussi bien que chez la femelle, et se compose de sept articles distincts; chez la femelle, le premier anneau porte une paire d'appendices très-courts; ceux des quatre segmens suivans sont de même forme que chez les Brachyures; l'avant-dernier anneau ne présente aucun vestige d'appendices.

Ainsi que nous l'avons déjà dit, les *vulves*, au lieu d'occuper le plastron sternal comme chez les Brachyures, sont creusées dans l'article basilaire des pates de la troisième paire. La disposition des branchies est également remarquable; on en compte quatorze de chaque côté du corps; la première est encore couchée en travers sous la base des suivantes et fixée à la base de la deuxième pate-mâchoire. Mais les autres se dirigent toutes obliquement en haut, et se fixant au pourtour de la voûte des flancs. Une s'insère à l'anneau qui porte les pates-mâchoires de la seconde paire, deux au-dessus de la base de la pate-mâchoire externe, deux au-dessus de la pate antérieure, trois sur chacun des deux anneaux suivans, et deux au pénultième anneau. Il est aussi à noter que les cornéules sont carrées.

Ce genre paraît être propre aux mers d'Europe.

1. HOMOLE FRONT ÉPINEUX. — *H. spinifrons* (1).
(Planche 22, fig. 1-4.)

Rostre bidenté; dents orbitaires supérieures plus grosses que celles situées de chaque côté de la base du rostre et placées sur la même ligne. Région stomacale hérissée de neuf grosses épines, dont une médiane et postérieure, quatre mitoyennes disposées en carré, et deux latérales de chaque côté, situées à peu près sur la même ligne transversale; bords latéraux de la carapace armés antérieurement d'une très-grosse épine, située à l'extrémité du sillon qui sépare les régions stomacales et hépathiques; une seconde épine un peu moins forte, un peu plus en arrière, suivie d'une série de petites pointes; point d'épines sur le reste de la carapace. Bras prismatiques et armés d'une rangée d'épines sur chaque bord; mains un peu comprimées, et épineuses sur le bord inférieur seulement. Pates suivantes comprimées; armées en dessous d'une rangée de petites épines et au-dessus d'une rangée d'épines assez fortes sur le troisième article. Une grosse dent médiane, conique, sur le second anneau de l'abdomen. Corps couvert de poils fauves. Longueur, 18 lignes.

Habite la Méditerranée. (C. M.)

2. HOMOLE DE CUVIER. — *H. Cuvierii* (2).

Rostre unidenté, et armé à sa base de deux dents coniques très-fortes, et beaucoup plus saillantes que les dents orbitaires infé-

(1) *Cancre jaune*, Rondelet, Poissons, v. 2, p. 405. — *Cancer barbatus*, Herbst, Pl. 42, fig. 3. — *Doripe spinifrons*, Lamarck, Hist. des anim. sans vert. t. V, p. 245.— *Homola spinifrons*, Leach, Zool. Miscel. v. 2, tab. 88. — Latreille, art. Homole du nouv. Dict. d'hist. nat. 2e. éd.; Encycl. atlas, Pl. 277, fig. 4, etc.— Desmarest, Consid. sur les Crust. p. 134, Pl. 17, fig. 1.

(2) *Hippocarcinus hispidus*, Aldrovande de Crustaceis, p. 179 et

rieures, qui sont situées au-dessous. Carapace couverte partout d'une multitude d'épines coniques, de grosseur variable. Bras et mains cylindriques et épineux partout. Pates suivantes armées de plusieurs rangs de dents spiniformes en dessus, et de deux rangées de dents plus fortes en dessous. Longueur, 6 à 8 pouces; envergure, 2 pieds et demi ou même plus.

Habite la Méditerranée. (C. M.)

GENRE LITHODE. — *Lithodes* (1).

Les Lithodes ont été jusqu'ici rangées parmi les Oxyrhinques, à cause de la forme de leur rostre, mais ce n'est point là leur place, et c'est évidemment à la division des Anomoures qu'elles appartiennent. C'est avec les Aptérures et surtout avec les Homoles qu'elles ont le plus d'analogie; mais elles établissent le passage entre ces Crustacés et les Birgus. La *carapace* est triangulaire ou plutôt cordiforme, et sa surface supérieure est partout nettement limitée par une bordure épaisse et épineuse. Le *rostre* est horizontal et très-long; sa base recouvre l'insertion des yeux, et le bord antérieur de la carapace est très-court. Il n'y a point d'orbites; mais une grosse dent conique se voit à la place occupée d'ordinaire par l'angle externe de ces cavités. Les *pédoncules oculaires* sont très-courts. Les *antennes internes* s'insèrent loin de la ligne médiane, en dessous et en dehors des yeux; leur premier article est presque cylindrique; les deux suivans de longueur médiocre, et les filets terminaux conformés de la même manière que chez les Brachyures. Les *antennes externes* s'insèrent plus en arrière, et encore plus en dehors que les précédentes; leur article basilaire est tout-à-fait en-

---

181, *Homola Cuvieri*, Roux, Crust. de la Méditerranée, Pl 7. — Latreille, Règne anim. 2e. édit. t. IV, p. 68.— Guérin, Iconographie, Crust. Pl. 13, fig. 1.

(1) *Cancer*, Linné, Herbst, etc — *Inachus*, Fabricius. — *Maja*, Bosc. — *Lithodes*, Latr. Hist. nat. des Crust. etc. — Leach, Desmarest, etc.

clavé entre un prolongement du bord latéral du cadre buccal et le bord antérieur de la carapace; le second porte en dehors une dent conique, et le dernier article du pédoncule est long et grêle; enfin la tige multiarticulée est assez longue. Le *cadre buccal* n'est distinct que latéralement où ses bords sont droits. Les *pates-mâchoires externes* sont pédiformes, et leur second article, qui est gros est court, porte en dedans un prolongement fortement denté. Le *thorax* présente une disposition dont nous n'avons pas encore rencontré d'exemple, mais qui est générale dans la famille suivante : son dernier anneau n'est pas soudé aux précédens, mais libre et même mobile. Le *plastron sternal* est linéaire entre les pates de la première paire, mais devient ensuite très-large, et présente des sutures transversales complètes entre les trois derniers segmens; à l'intérieur du thorax on ne trouve ni selle turcique postérieure, ni apodème médian, ni canal sternal. Les pates de la première paire sont médiocres et cylindriques ; les trois paires suivantes sont très-longues et également cylindriques ; enfin, celles de la cinquième paire sont extrêmement petites, et reployées dans l'intérieur des cavités branchiales ; elles sont cylindriques, et terminées par une petite pince à doigts aplatis et extrêmement courts. L'*abdomen* est grand, triangulaire, et reployé contre le plastron ; sa partie basilaire est complétement solidifiée en dessous, mais dans la moitié terminale il n'est garni seulement que de plaques cornéo-calcaires isolées, qui paraissent représenter les six derniers anneaux. Chez la femelle il paraît n'exister de filets ovifères que d'un seul côté de l'abdomen.

De même que chez les autres Crustacés Anomoures, les vulves ne sont pas situées sur le plaston sternal, mais occupent l'article basilaire des pates de la troisième paire.

Les branchies sont disposées comme chez les autres animaux de cette tribu.

LITHODE ARCTIQUE. — *Lithodes arctica* (1).

Rostre très-alongé, armé à son extrémité de deux dents courtes et peu divergentes ; deux paires de dents latérales, et deux médianes, une en dessus et une en dessous du rostre, cette dernière très-grande. Carapace armée en dessus de tubercules coniques, peu ou point spiniformes, et d'une bordure de grosses dents coniques et très-acérées, dont quatre dirigées en avant occupent la portion antérieure de chaque côté correspondante à la région hépatique, et les autres occupent les bords latéraux et postérieurs des régions branchiales. Une seule dent conique sur le côté externe du deuxième article des antennes externes. Pates des quatre premières paires hérissées de grosses dents coniques dans toute leur longueur.

Longueur de la carapace, environ 5 pouces ; envergure, environ 2 pieds. Couleur jaune rougeâtre.

De la mer du Nord. (C. M.)

Il existe au Muséum une autre Lithode dont la patrie est inconnue, et qui paraît différer spécifiquement de la précédente, à cause de la longueur et de la divergence des cornes terminales du rostre, et du grand développement des dents coniques du bord et de toute la surface supérieure de la carapace. Nous lui avons donné le nom de *Lithode douteuse ;* mais, n'ayant vu qu'un seul individu en mauvais état de conservation, nous n'osons l'inscrire définitivement au nombre des espèces distinctes dont ce genre se compose. C'est cette espèce dont on voit une figure dans l'ouvrage de Séba (t. III, Pl. 22, fig. 1).

La Lithode figurée par Télésius sous le nom de *Maia camtscha-*

---

(1) *Troldkrabber*, Pontoppiden, Hist. nat. de la Norwège, t. II, Pl. 25. — *Cancer maja*, Lin. Herbst, t. I, p. 219, Pl. 15. —*Parthenope maia*, et *Inachus maia*, Fabricius, Supplém. p. 354 et 358. — *Lithodes maia*, Leach, Malac. Brit. Pl. 24. — *Lithodes arctica*, Lamarck, Hist. des anim. sans vert. t. V, p. 240.—Desmarest, Consid. sur les Crustacés, p. 160, Pl. 25. — Guérin, Iconogr. Pl. 12, fig. 1.

tica (1) paraît se rapprocher de l'espèce précédente, mais s'en distingue, ainsi que de la Lithode arctique, par la forme du rostre qui est beaucoup plus court que l'épine située au-dessous de sa base.

Genre LOMIE. — *Lomis.*

Le petit Crustacé dont j'ai cru devoir former ce genre nouveau a été confondu jusqu'ici avec les Porcellanes, auxquelles il ressemble en effet beaucoup par sa forme générale, mais dont il diffère par plusieurs caractères très-importans, tels que la conformation de la queue, des antennes, etc. La *carapace* est déprimée, rétrécie antérieurement et tronquée en arrière; elle ne dépasse pas le milieu de la base des pates de la troisième paire, et le reste de la face dorsale du corps est occupé par la base de l'abdomen. Le *front* est tronqué et armé d'une petite dent médiane; il n'y a point de fosses orbitaires, et les *pédoncules oculaires* ont la forme de deux gros articles triangulaires qui se touchent par leur bord interne et portent les yeux à leur angle externe. Les *antennes internes* sont médiocres; leurs trois premiers articles sont cylindriques, et elles se terminent par deux petits filets. Les *antennes externes* sont insérées en dehors des yeux et à peu près sur la même ligne; elles sont grandes et terminées par une grosse tige multi-articulée garnie de longs poils à son bord inférieur. Les *pates-mâchoires* externes sont pédiformes; leur troisième article ne présente pas de dilatation notable, et les trois articles suivans sont très-gros. Le *sternum* est large, et le dernier anneau thoracique n'est pas soudé au précédent. Les *pates* de la première paire sont très-grandes, très-larges et extrêmement déprimées; le carpe est aussi grand que le bras et à peu près quadrilatère; la pince est grosse, courte et

(1) Mémoires de l'Académie des sciences de Saint-Pétersbourg, t. V (pour 1812), p. 339, Pl. 5 et 6.

presque horizontale. Les pates des trois paires suivantes courtes, grosses et terminées par un article presque conique; celles de la cinquième paire sont très-grêles, et reployées au-dessus des autres dans la cavité branchiale. L'*abdomen* est très-large, mais lamelleux, reployé en dessous contre le sternum comme chez les Porcellanes, et ne présente aucun vertige d'appendices appartenant au pénultième anneau.

Nous ne savons rien sur les mœurs de ces petits Crustacés, dont nous ne connaissons, du reste, qu'une seule espèce.

LOMIE HÉRISSÉE. — *L. hirta* (1).

Corps couvert en dessus de poils très-courts et très-serrés. Mains presque aussi larges que la carapace.

Paraît habiter les mers de l'Australasie. (C. M.)

TRIBU DES PACTOLIENS.

C'est avec beaucoup d'incertitude que nous plaçons ici un Crustacé fort singulier, décrit par M. Leach, sous le nom de Pactole. Cet animal ressemble, par la conformation de la carapace, de la bouche et de l'abdomen, à un Brachyure de la famille des Oxyrhinques, mais présente dans la structure de ses pates des anomalies qui ne permettent de la confondre avec aucun des Décapodes précédemment décrits. En effet, les pates antérieures sont adactyles, tandis que celles des deux dernières paires sont terminées par une pince didactyle. Voici la description que M. Desmarest en a donnée, d'après M. Leach:

(1) *Porcellana hirta*, Lamarck, Hist. des anim. sans vert. t. V, p. 229. — Desmarest, Consid. sur les Crust. p. 295.

Genre PACTOLE. — *Pactolus* (1).

Antennes externes ayant leur premier article long et cylindrique. *Pieds* médiocrement longs et assez épais ; les deux antérieurs plus courts que les autres, non terminés par une main, mais pourvus d'un simple ongle crochu ; ceux de la seconde paire semblables ; pieds de la troisième paire inconnus ; ceux de la quatrième et de la cinquième paires didactyles. *Carapace* triangulaire, alongée, assez renflée de chaque côté en arrière, non épineuse en dessus, et terminée en avant par un rostre fort long, aigu, mince et entier, semblable à celui des Leptopodies. *Abdomen* de la femelle composé de cinq articles, dont le premier étroit, les trois suivans transverses, linéaires, et le cinquième très-grand, presque arrondi. *Yeux* très-gros, situés derrière les antennes, toujours saillans hors de leur fossette ; une seule pointe derrière chaque orbite.

Pactole de Bosc. — *Pactolus Boscii* (2).

« Long d'un pouce 8 lignes, dont la moitié à peu près appartient au rostre, qui porte de petites épines dirigées obliquement sur les côtés ; carapace lisse, brunâtre ; pieds variés de roux et de blanchâtre.

» Patrie inconnue ».

---

(1) Leach, Zool. Miscel. t. II. — Latreille, Desmarest, etc.
(2) Leach, Zoolog. Miscel. v. 2, tab. 68. — Desmarest, Considérations sur les Crustacés, p. 162 Pl. 23, fig. 2.

TRIBU DES RANINIENS.

Les Raniniens se rapprochent beaucoup, par leur forme générale et par la conformation de leurs pates, des Hippiens, et surtout des Albunées. Leur *carapace* (Pl. 21, fig. 1), convexe latéralement, mais presque droite d'avant en arrière, est large et tronquée antérieurement et graduellement rétrécie vers l'arrière. Les pédoncules oculaires sont logés dans des orbites, mais sont coudés et composés de trois pièces mobiles. Les *antennes* internes n'ont pas de fossettes et ne peuvent pas se reployer sous le front; les externes sont fort courtes, et très-grosses à leur base (fig. 2 et 4.) Les *pates-mâchoires* externes sont très-alongées, mais nullement pédiformes, et en arrière de leur insertion, les régions ptérygostomiennes de la carapace se réunissent au plastron sternal, sans laisser d'ouverture pour l'entrée de l'eau dans la cavité branchiale. Le *plastron* sternal est très-large antérieurement, mais devient linéaire entre les pates des trois ou quatre dernières paires (Pl. 21, fig. 2). Les pates antérieures sont très-comprimées, et leur doigt immobile fort peu saillant, de façon que le doigt mobile se reploie contre le bord antérieur de la main, à peu près comme dans les pates subchéliformes. Les pates suivantes sont toutes aplaties, très-larges, et terminées par un grand article lamelleux, semblable à celui des pates natatoires des Brachyures nageurs; celles des deux dernières paires s'insèrent plus ou moins haut au-dessus des précédentes, au-dessus desquelles elles se reploient. Enfin l'abdomen est très-petit, et chez le mâle ne recouvre même pas en entier les appendices fixés près de sa base.

Cette tribu se compose de trois genres reconnaissables aux caractères suivans :

RANINIENS ayant le plastron sternal	linéaire entre la base des pates de la seconde paire. Second article des antennes externes	portant sur le bord externe un grand prolongement auriculiforme.	RANINE.
		point élargi en dehors.	RANILIE.
	très-large entre la base des pates de la seconde paire, qui sont très-éloignées de celles de la troisième paire.		RANINOÏDE.

GENRE RANINE. — *Ranina* (1).

Le genre Ranine, établi par Lamarck aux dépens des Albunées de Fabricius, présente un grand nombre de particularités d'organisation très-remarquables. La *carapace* de ces Crustacés est en forme de triangle renversé et un peu arrondi postérieurement (Pl. 21, fig. 1) ; sa surface est un peu bombée et inégale ; son bord antérieur est très-long, à peu près droit, et armé de fortes dents, dont la médiane constitue un petit rostre ; ses bords latéraux se recourbent régulièrement en dedans, et son bord postérieur est fort étroit. L'anneau ophthalmique est complétement entouré par le front, mais la base des pédoncules oculaires est à découvert ; ces tiges se composent de trois pièces, dont la première est renflée, et la dernière cylindrique, et terminée par une cornée ovalaire ; elles sont fortement coudées et reçues dans un orbite très-profond, dans lequel leur portion terminale ne peut se reployer en arrière, mais avance ou recule dans une position longitudinale. Les *antennes in-*

(1) *Cancer*, Rumph, Linné, Herbst, etc. — *Albunea*, Fabricius. — *Ranina*, Lamarck, Système des anim. sans vert.—Latreille, Desmarest, etc.

ternes (Pl. 21, fig. 3) ne sont pas logées dans une fossette comme chez les Brachyures, et leur premier article est très-grand et très-saillant; les deux suivans sont cylindriques, et elles sont terminées par deux petits filamens multi-articulés très-courts. Les *antennes externes* sont grosses et très-courtes (Pl. 21, fig. 4); elles s'insèrent à peu près sur la même ligne transversale que les internes et leur base est occupée par un grand article dont l'extrémité interne est perforée pour l'insertion de la membrane auditive; le second article est beaucoup plus grand, et présente en dehors un prolongement en forme d'oreille, qui s'avance au-dessus de l'article suivant; celui-ci est cordiforme, et porte une tigelle multi-articulée très-courte. Le *cadre buccal* est étroit, très-long, et ouvert en avant comme chez les Oxystomes. Les *pates-mâchoires externes* la ferment complétement (Pl. 21, fig. 2); à leur base ces organes sont complétement séparés de l'articulation des pates thoraciques antérieures par la réunion des régions ptérygostomiennes de la carapace avec le plastron sternal; leur palpe ne dépasse que de peu leur second article, qui est étroit et très-long; leur troisième article, beaucoup plus large et presque aussi long que le second, se termine antérieurement sur un bord oblique, et présente en dedans une échancrure pour l'insertion de la portion terminale de l'organe, qui est courte, et caché d'ordinaire dans un sillon du bord antérieur de ce troisième article. Le *sternum* est d'une forme très-remarquable : entre la base des pates antérieures il est assez large, et constitue un plastron dont la forme se rapproche de celle d'un trèfle; mais ensuite il devient linéaire, présente dans toute sa longueur une suture médiane, et se recourbe brusquement en haut. Une grande portion de la voûte des flancs reste à découvert; les épimères des anneaux, qui portent les deuxième, troisième et quatrième paire de pates, ne se joignent à la carapace qu'assez loin au-dessus de la base de ces organes; enfin la disposition intérieure du thorax est également remarquable.

Les *pates antérieures* sont très-fortes, mais de longueur

médiocre; la main est très-aplatie, et se termine par une pince tellement infléchie, que le doigt mobile vient s'appliquer contre le bord antérieur de la main, et qu'elle ressemblerait à une pate subchéliforme, si l'angle antérieur et inférieur de la main ne se prolongeait inférieurement de manière à constituer un doigt immobile. Les pates des quatre paires suivantes sont à peu près de même grandeur, et se terminent toutes par un tarse lamelleux; mais la forme de cet article varie, et leur disposition n'est pas la même; celles de la deuxième et de la troisième paire s'insèrent sur le même niveau que les antérieures; mais les quatrièmes sont placées au-dessus des troisièmes, et les dernières sont remontées au-dessus, et même en avant des pénultièmes; aussi, dans leur position ordinaire, ces deux dernières paires sont-elles placées au-dessus des autres. Enfin, le tarse des pates de la seconde et de la troisième paire est à peu près triangulaire; tandis que celui des pates de la quatrième et de la cinquième paire est hastiforme, leur bord antérieur étant arqué en S, et leur bord postérieur, qui est très-courbe, venant se joindre au bord antérieur à l'extrémité de l'article. L'abdomen est de grandeur médiocre, mais il est à peine recourbé sous le sternum, et ses quatre premiers anneaux sont dirigés en arrière au-dessus du sternum : on y compte sept articles, dont les dimensions diminuent progressivement. Dans le mâle, les appendices de cette portion du corps ont à peu près la même disposition que chez les Brachyures.

Les *vulves* sont creusées dans l'article basilaire des pates de la troisième paire comme chez les Macroures. Les *branchies* offrent une disposition semblable à celle des Brachyures; mais on remarque dans la conformation de la cavité respiratoire une particularité dont nous ne connaissons pas d'autre exemple. De même que chez les Leucosiens, la carapace se joint au sternum et à la cavité des flancs, sans laisser, au-dessus de la base des pates ou des pates-mâchoires aucun espace pour l'entrée de l'eau nécessaire à la respiration; mais le canal afférent, au lieu d'être pratiqué à côté du canal efférent, sur les côtés de la bouche, est situé en arrière et va déboucher par une ouverture particulière au-dessous de la base de l'abdomen.

RANINE DENTÉE. — *Ranina dentata* (1).

(Planche 21, fig. 1-4.)

Carapace couverte de tubercules peu saillantes, étroites et très-alongées; bord latéro-antérieur concave chez le mâle, arqué en sens contraire chez la femelle, et divisé en sept lobes, dont le médiane ou frontal très-peu saillant, présente au milieu un rostre triangulaire, et de chaque côté une dent saillante; les lobes mitoyens internes sont gros et terminés par une seule dent; les suivans (ou mitoyens externes) sont armés de deux dents, et les lobes externes de trois, qui chez le mâle sont aplatis, triangulaires et assez grands. Immédiatement en arrière de ce lobe interne on remarque sur le bord latéral de la carapace un prolongement à peu près de même forme et également tridenté; dans le reste de son étendue, le bord latéral est très-finement dentelé. Pates antérieures chagrinées; deux grosses épines sur le bord supérieur du carpe et de la main; cinq dents sur le bord inférieur de la main; pince mobile, dentelée en dessus et en dessous.

Ce Crustacé habite les mers de l'Inde, et se trouve aussi à l'Ile-de-France. Suivant Rumph, il viendrait à terre et aurait l'habitude de grimper jusque sur le faîte des maisons. (C. M.)

---

(1) Rumph, Mus. tab. 7, fig. T. U. — *Cancer raninus*, Lin. Mus. Lud. Ulr. 130. — Herbst, t. II, p. 3, Pl. 22, fig. 1. — *Ranina serrata*, Lamarck, Syst. p. 256, et Hist. des anim. sans vert. t. V, p. 225. — *Ranina dentata*, Latreille, Encyclop. t. X, p. 268. — *Ranina serrata*, Desmarest, Consid. sur les Crust. p. 140. — Guérin, Iconogr. Crust. Pl. 14, fig. 3. — Edw. Reg. anim. de Cuvier, 3e. éd. Crust. Pl. 41.

Le Cancer dorsipes (1), figuré par Rumph, et confondu par plusieurs auteurs modernes avec le Raninoïde lisse et avec l'Albunée dentée, paraît appartenir à ce genre ; la forme générale et la disposition des pieds est en effet la même que dans la Ranine dentée ; mais si la figure de Rumph, qui a été reproduite souvent, est exacte, la conformation des antennes pourrait bien être assez différente pour autoriser une distinction générique. Du reste, la Ranine dorsipède se distingue par l'existence de sept grandes dents spiniformes sur le bord antérieur de la carapace, qui est droit.

Le Crustacé fossile désigné par Ranzani sous le nom de Ranina aldrovandi (2) appartient à la tribu des Raniniens, et paraît se rapporter au genre Ranine ; sa carapace est oblongue, tronquée en avant, rebordée latéralement, et garnie de nombreuses stries crénelées transversales.

Genre RANILIE. — *Ranilia.*

Il existe dans la collection du Muséum un Crustacé très-mutilé, qui est voisin des Ranines et des Raninoïdes, mais qui en diffère assez pour nous paraître mériter de devenir le type d'une nouvelle division générique. Sa forme générale est tout-à-fait celle des Ranines, si ce n'est que le bord antérieur de la carapace est très-courbe au lieu d'être à peu près droit. Les *orbites* sont dirigées très-obliquement en bas et en avant, de manière à représenter par leur réunion un V renversé. Les *antennes externes* sont dirigées en avant ;

(1) Rumph. Amboin. Pl. 10, fig. 3. — *Ranina dorsipes*, Latreille, Encyclop. t. X, p. 268 et Pl. 287, fig. 2 (d'après Rumph).

(2) *Sepites saxum os sepiæ imitans effosum in agro Bononiensi* Aldrovande, Mus. metal. p. 451. — Spada. Corporum lapidefactorum agri Veronensis catalogus, tab. 8, fig. 1. — *Remipes sulcatus*, Desmarest, Nouv. Dict. d'hist. nat. 2e. éd. t. VIII, p. 512. — *Ranina Aldrovandi*, Ranzani, Mem. di storia naturale deca prima, p. 73, tab. 5 ; et Opuscoli scientifici di Bologna, t. II, Pl. 14, fig. 3 et 4. — Desmarest, Crust. fossiles, p. 121, Pl. 10, fig. 5-7, Pl. 11, fig. 1.

leur article basilaire est un peu dilaté en dedans, mais ne présente pas en dehors de prolongement auriculiforme, et ne dépasse pas l'insertion de l'article suivant, qui est gros et cylindrique. Les *pates-mâchoires externes* ont à peu près la même forme que chez les Ranines, mais leur troisième article est plus long que le second, et donne insertion au quatrième article, tout près de son extrémité; le plastron sternal présente aussi à sa partie antérieure la même disposition, et devient aussi linéaire entre les pates de la seconde paire, mais entre celles de la troisième et de la quatrième paire il s'élargit de nouveau et y forme un disque hexagonal un peu concave. Les pates sont conformées de la même manière que chez les Ranines, et l'abdomen ne paraît présenter rien de particulier; mais dans l'individu que nous avons observé, les derniers anneaux de cette portion du corps, ainsi que le tarse des pates des quatre dernières paires, manquaient.

RANILIE MURIQUÉE. — *Ranilia muricata.*

Carapace lisse postérieurement, mais présentant dans sa partie antérieure une foule de petites lignes transversales pilifères; rostre mince et arqué; bord anterieur de la carapace armé de chaque côté de quatre dents aiguës, dont les internes constituent les angles internes des orbites, et les troisièmes surmontent l'angle externe de ces cavités, qui se prolongent cependant un peu plus loin au-dessous. Pates antérieures courtes; carpe grand, granuleux, et armé en dessus d'une épine terminale; main muriquée et armée en dessus d'une seule épine aiguë; son bord inférieur droit et sans dentelure. Longueur de la carapace, 16 lignes.

Patrie inconnue. (C. M.)

GENRE RANINOIDE. — *Raninoides.*

Le Crustacé, dont nous formons le genre Raninoïde, a beaucoup d'analogie avec les Ranines, et a été jusqu'ici confondu avec eux, mais il s'en distingue par la conformation des pates postérieures du sternum et de quelques autres parties. La *carapace* est près de deux fois aussi longue que large, et sa face supérieure, parfaitement lisse, est presque horizontale d'avant en arrière, mais courbe transversalement. Le bord fronto-orbitaire est un peu moins large que la portion médiane de la carapace, et fortement denté; un rostre triangulaire recouvre la base des *pédoncules oculaires*, dont la portion terminale est large, grêle et susceptible de se reployer en dehors et arrière dans une orbite profonde. Les *antennes* sont disposées comme chez les Ranines, si ce n'est que l'oreille externe de la grosse pièce basilaire est moins grande; les *pates-mâchoires externes* ont aussi à peu près la même forme, mais leur quatrième article s'insère plus près de l'extrémité de l'article précédent. La portion antérieure du plastron sternal est conformée de la même manière que chez les Ranines, mais au lieu de devenir linéaire entre les pates de la deuxième paire, ce bouclier ventral s'élargit de nouveau entre les pates de la deuxième et troisième paires, qui sont très-éloignées entre elles, et ne devient linéaire qu'au devant des pates de la quatrième paire. La disposition des épimères et des pates des quatre premières paires est la même que dans les Ranines; mais les pates postérieures sont presque filiformes, et s'insèrent en dessus des pates de la troisième paire. *L'abdomen* ne présente rien de remarquable.

Raninoïde lisse. — *R. levis* (1).

Bord latéro-antérieur de la carapace divisé en cinq lobes tronqués par quatre échancrures étroites et très-profondes; le lobe moyen frontal armé de trois dents, dont la médiane constitue un rostre triangulaire; une seule dent à l'angle interne des lobes

---

(1) *Ranina dorsipes*, Lamarck, Coll. du Muséum. — Desmarets, Consid. sur les Crustacés, p. 140, Pl. 19, fig. 2. — *Ranina lævis*, Latreille, Encyclopédie, t. X, p. 268.

mitoyens, et deux à l'extrémité des lobes externes; une forte dent spiniforme sur le bord latéral, près de l'angle orbitaire externe. Pinces de même forme que chez les Ranines; deux épines au bord supérieur du tarse, une au bord supérieur de la main, et plusieurs sur son bord inférieur; doigt mobile à tranchant non dentelé; des dents aiguës sur le bord du doigt immobile. Longueur de la carapace, 14 lignes; longueur totale du corps, 26 lignes.

C'est dans le voisinage de la tribu des Raniniens que nous paraît devoir prendre place le Crustacé décrit, par M. de Fréminville, sous le nom d'Eryon des Antilles (1). Voici la description que ce naturaliste en donne :

« Sa longueur totale est d'un pouce et demi sur environ sept lignes de largeur. Sa carapace, de forme elliptique, est tronquée en avant, et armée dans cette partie de six dents inégales. Elle est sillonnée et rugueuse antérieurement, glabre à sa partie postérieure; la tête se prolonge en avant de la troncation de la carapace; son ouverture buccale est étroite et alongée; les antennes excessivement courtes et peu poilues; il n'y en a que deux (2); les yeux, sessiles et fort peu distincts, sont placés en dehors de ces antennes, et n'apparaissent que comme deux petits tubercules à peine gros comme une tête d'épingle. L'abdomen est alongé, mais de moitié moins long que la carapace; il est composé de six articulations, divisées en cinq lobes. Il se termine par un onglet et quatre appendices membraneux et ciliés, qui composent la queue, et sont ordinairement repliés en dessous, quand l'animal ne s'en sert pas pour nager. En avant et sous la carapace sont deux bras longs et forts, absolument conformés comme ceux des Ecrevisses, et terminés de même par une

---

(1) *Eryon caribensis*, Fréminville, Annales des scien. nat. 1re. série, t. XXV, p. 275, Pl. 8, B.

(2) Il est probable que les antennes internes ont échappé à l'observateur.

pince dont les mâchoires sont fortement dentelées. A l'abdomen sont attachées quatre paires de pates (1) tout-à-fait analogues à celles des Albunées; elles sont aplaties, ciliées, et terminées par un ongle tranchant en forme de faucille ou de croissant. La seconde paire de pates, beaucoup plus courte que les autres, est insérée au-dessus (2).»

FAMILLE DES PTÉRYGURES.

Les Décapodes, dont cette famille se compose, ont été jusqu'ici rangés parmi les Macroures, à raison de l'existence d'appendices latéraux à l'extrémité de leur abdomen; mais ils ne présentent jamais, comme les Macroures proprement dits, un abdomen très-développé, et conformé de manière à devenir l'organe principal de la locomotion. Tantôt les appendices du pénultième segment abdominal sont très-courts, nullement lamelleux, et propres seulement à accrocher l'animal dans la coquille qu'il habite (3); tantôt ils sont folliacés et assez grands, mais ne se réunissent pas avec le dernier segment de l'abdomen, de façon à constituer une nageoire caudale en éventail (4); d'autres fois, cependant, ils affectent cette disposition, mais alors l'abdomen est très-mince et reployé sous le thorax, comme chez les Brachyures (5). Les appendices des au-

(1) L'auteur se trompe évidemment, car c'est au thorax que les pates doivent s'insérer.

(2) Ces pates paraissent être celles de la dernière paire, qui sont remontées au-dessus des autres.

(3) Pl. 22, fig. 9, 10 et 11.

(4) Pl. 21, fig. 15 *i*, et fig. 13.

(5) Pl. 22, fig. 5 et 7.

tres anneaux de l'abdomen sont très-imparfaits, et sont ordinairement filiformes chez la femelle ; le mâle en manque quelquefois complétement, et en général n'en présente que deux paires ; du reste, ces organes n'ont jamais la forme de fausses pates natatoires, comme nous le verrons toujours chez les Macroures. Quant à la conformation générale du corps, la disposition des appendices de la tête et la forme des pates, nous ne pouvons dire presque rien de général ; il est seulement à noter que le dernier anneau thoracique n'est jamais soudé aux précédens, et que les pates y attenantes sont petites, reployées au-dessus des autres, et terminées par une pince plus ou moins bien formée.

Nous diviserons cette famille en trois tribus, comme nous l'avons déjà montré dans le tableau placé à la page 167.

TRIBU DES HIPPIENS.

La tribu des Hippiens (ou Hippides, Latreille (1) se compose d'un petit nombre de Crustacés anomoures, qui paraissent conformés essentiellement pour fouir dans le sable, et qui présentent tous des formes assez bizarres. Leur *carapace*, moins large que longue, et très-convexe transversalement, présente toujours de chaque côté un grand prolongement lamelleux qui recouvre plus ou moins la base des pates ; postérieurement elle est tronquée, et semble se continuer avec la portion antérieure de l'abdomen, qui est très-large et lamelleuse latéralement (Pl. 21, fig. 9 et 14). L'une des paires d'*antennes*, soit l'interne, soit l'ex-

(1) Latreille, Règne anim. de Cuvier, t. IV, p. etc.

terne, est toujours très-longue. Les *pates-mâchoires* externes ne présentent pas une conformation semblable à celle qui se voit chez la plupart des Crustacés dont nous nous sommes occupés jusqu'ici; elles n'ont ni fouet ni palpe, et leurs trois derniers articles sont très-développés (Pl. 21, fig. 10 et 15, *c*). Le *sternum* est linéaire, et les pates imparfaitement extensibles; celles de la première paire sont monodactyles ou subchéliformes, et celles des deux ou trois paires suivantes sont terminées par un article lamelleux propre à fouir. Les pates postérieures sont filiformes, semi-membraneuses, recourbées en avant, et cachées, entre les parties latérales de la carapace et la base des pates précédentes. Le pénultième anneau de l'abdomen porte toujours une paire de fausses pates, terminées par deux lames plus ou moins ovalaires ciliées; mais ces appendices sont recourbés en avant, et ne s'appliquent pas contre le septième segment de manière à former avec lui une nageoire caudale en éventail, comme nous le verrons chez les Macroures (Pl. 21, fig. 2 et 15). Les vulves se voient sur le premier article des pates de la troisième paire (Pl 21, fig. 18). Enfin les Branchies sont disposées sur une seule ligne et insérées par un pédoncule qui naît vers le tiers inférieur de leur face interne.

On divise cette tribu en trois genres, dont voici les caractères les plus saillans :

			Genres.
TRIBU DES HIPPIENS.	Antennes externes larges, courtes, et terminées par un filet multi-articulé rudimentaire.	Pates antérieures subchéliformes.	REMIPÈDE.
		Pates antérieures cylindriques, monodactyles, et nullement subchéliformes.	ALBUNÉE.
	Antennes externes très-grandes, et terminées par un filet multi-articulé, gros et très-long.		HIPPE.

GENRE ALBUNÉE. — *Albunea* (1).

Les Albunées sont de tous les Hippiens ceux qui ont le plus d'analogie avec les Ranines, tant par leur forme générale que par la disposition de leurs pates (Pl. 21, fig. 9). Leur *carapace* droite d'avant en arrière, et bombée transversalement, ne se prolonge que peu au-dessus de la base des pates; antérieurement elle est terminée par un bord presque droit qui en occupe toute la largeur; postérieurement elle est ovalaire, et fortement échancrée pour l'insertion de l'abdomen. Une petite pointe médiane représente le rostre. Les *pédoncules oculaires* sont larges et lamelleuses; tandis que les yeux, situés sur leur bord externe, sont extrêmement petits. Les *antennes internes* (fig. 11) sont extrêmement grandes; leur portion basilaire est coudée, et elles se terminent par un seul filet multi-articulé, plus long que le corps, un peu aplati et cilié sur les bords. Les *antennes externes* (fig. 12), insérées à peu près sur la même ligne que les internes, sont grosses, courtes, et terminées par une tigelle composée seulement de sept à huit petits articles (fig. 12). Les *pates-mâchoires externes* sont plus ou moins pédiformes; leurs second et troisième articles

(1) *Cancer*, Lin. Herbst, etc. — *Albunea*, Fabricius, Latreille, Desmarest, etc.

sont presque cylindriques, et la portion terminale formée par les trois derniers articles est quelquefois aussi longue et presque aussi grosse que la portion basilaire. Les *pates* sont courtes ; celles de la première paire se terminent par une grande main plutôt subchéliforme que chéliforme, le doigt mobile se rabattant sur son bord antérieur, dont l'angle inférieur s'avance à peine, et par conséquent ne constitue réellement pas un doigt immobile. Les pates des trois paires suivantes sont à peu près de même forme, et se terminent par un article falciforme. Les pates postérieures sont presque filiformes. Le premier anneau de l'abdomen est petit, et reçu dans une échancrure de la carapace; le second est au contraire très-grand, et présente de chaque côté un grand prolongement lamelleux, qui chevauche un peu sur la carapace; le troisième et le quatrième segment abdominaux diminuent progressivement de largeur et de longueur, mais sont à peu près de même forme que le second; tandis que le cinquième, le sixième et le septième sont très-étroits, et ne présentent pas de prolongement latéral; le sixième porte une paire de fausses pates natatoires terminées par deux lames ovalaires, et le septième a la forme d'une lame presque circulaire (fig. 13).

1. ALBUNÉE SYMNISTE. — *Albunea symnista* (1).

Une échancrure très-profonde et semi-circulaire au bord antérieur de la carapace, au-dessus de l'insertion des pédoncules oculaires; la portion moyenne de ce bord armée de dents très-aiguës, et deux autres dents spiniformes à son angle externe; pédoncules oculaires beaucoup plus longs que larges; tarse des pates de la troisième paire plus large que celui des pates précédentes.

---

(1) *Cancer dorsipes*, Herbst, v. 2, p 5, Pl 22, fig. 2. — *Albunea symnista*, Fabr. Suppl. p. 397. — Latreille. — Lamarck, Hist. des anim. sans vert. t. V, p. 224. — — Desmarest, Consid. sur les Crust. p. 173, Pl. 29, fig. 5. — Guérin, Iconog. Crust. Pl. 15, fig. 1. — Edw. Règne anim. de Cuvier, 3e. édit. Crust. Pl. 42, fig. 3.

De longs poils sur les bords de la carapace et des pates. Longueur (de la carapace), 10 lignes.

Habite les mers d'Asie. (C. M.)

2. Albunée écussonnée. — *Albunea scutellata* (1).
(Planche 21, fig. 9-13.)

Carapace à peine échancrée, et sans dentelures ni épines notables à son bord antérieur; pédoncules oculaires beaucoup plus larges que longues, et tronquées antérieurement. Longueur (de la carapace), 7 lignes. (C. M.)

Genre REMIPÈDE. — *Remipes* (2).

Les Remipèdes ont la *carapace* assez régulièrement ovalaire, bombée, et moins d'une fois et un quart aussi longue que large (Pl. 21, fig. 14). Le *front* est assez large et tronqué. Les *orbites* sont semi-circulaires, et leur angle externe est beaucoup plus saillant que le front. L'anneau ophthalmique est recouvert en dessus par le front, mais n'est pas entouré par la carapace; les pédoncules oculaires se composent de deux portions mobiles : l'une basilaire, grosse et courte; l'autre terminale, cylindrique, grêle, portant à son extrémité une très-petite cornée imparfaitement rétractile; les *yeux*, en effet, peuvent à peine se reployer en arrière comme chez la plupart des Décapodes, mais avancent et reculent un peu par les mouvemens de la portion basilaire de leur pédoncule. Les *antennes internes* s'insèrent au-dessous de la base des pédoncules oculaires, et sont très-grandes; leur portion basilaire se compose de trois articles à peu près de même grosseur, et leur

(1) Desmarest, Considér. sur les Crustacés, p. 173.

(2) *Squilla*, Pétiver. — *Cancer*, Herbst. — *Hippa*, Fabricius. — *Remipes*, Latreille, Desmarest, etc.— Latr. Règne anim. de Cuvier, 1re. éd. t. III, p. 28.—Lamarck, Hist. des anim. sans vert. t. V, p. 225.

portion terminale de deux longs filets multi-articulés, gros, et dirigés en avant (*b*, fig. 14). Les *antennes externes* s'insèrent en dehors des internes presque sur la même ligne et sous le bord latéro-antérieur de la carapace : elles sont courtes, mais très-larges ; leur premier article est beaucoup plus large que long ; le second et le troisième sont à peu près de mêmes dimensions, et les suivans diminuent rapidement de volume. Le *cadre buccal* n'est pas fermé antérieurement. Les *pates-mâchoires* externes sont larges et courtes ; leur premier article est presque globuleux, et ne porte ni palpes ni fouet ; le second article, qui chez les Brachyures est si grand, est ici rudimentaire, et c'est le troisième, qui, devenu très-grand et presque ovalaire, constitue à lui seul l'espèce d'opercule formé d'ordinaire par les deuxième et troisième articles réunis ; les trois derniers articles forment une espèce de grande griffe, qui se rabat contre le bord antérieur du troisième article (*c*, fig. 15). Les pates-mâchoires de la seconde paire manquent également de fouet, mais ont un palpe flabelliforme ; il en est encore de même des pates-mâchoires antérieures ; leur palpe est lamelleux, dilaté antérieurement et disposé à peu près comme chez les Oxystomes. Les *mâchoires* de la seconde paire ne présentent rien de bien remarquable ; celles de la première paire sont très-petites, et refoulées en avant, entre la mandibule et la lèvre supérieure, qui est très-grande et fort saillante. Enfin la mandibule, qui est fortement dentelée, porte un palpe composé de deux petits articles lamelleux, séparés du corps de la mandibule par un grand sillon membraneux. Le *sternum* est linéaire. Les *pates* antérieures sont longues ; leurs deuxième et troisième articles sont élargis, mais les trois derniers sont cylindriques, et le dernier, qui est presque aussi long que le précédent, est un peu aplati, pointu, et incapable de se reployer contre le précédent. Les pates des deux paires suivantes sont grosses et terminées par une grande lame hastiforme ; celles de la quatrième paire se tiennent par un petit article presque conique. Enfin celles de la cinquième paire, grêles, longues et membraneuses, sont reployées sous les prolongemens latéraux de la carapace. Le dernier anneau thoracique, qui porte ces appendices, est complet en dessus, mobile, et pas recouvert par la carapace, de manière qu'on pourrait facilement le prendre pour le premier segment de l'abdomen. Celui-ci est très-grand, et présente de chaque côté un prolongement lamelleux ovalaire qui chevauche sur la carapace; son bord postérieur est échancré pour loger le second anneau abdominal, qui est ovalaire; le troisième et le quatrième segment diminuent progressivement de volume; le cinquième et le sixième sont également petits, mais sont soudés entre eux; enfin le septième segment a la forme d'une grande lame triangulaire, dont la longueur excède celle de tout le reste de l'abdomen (fig. 15). Les trois premiers anneaux portent, chez la femelle, des filets ovifères simples; le quatrième et le cinquième anneau sont dépourvus d'appendices, tandis que le sixième anneau porte une paire de fausses pates natatoires très-grandes, terminées par deux lames ovalaires relevées, qui sont d'ordinaire reployées en avant (*d*, fig. 14).

Remipède tortue. — *R*, *testudinarius* (1).
(Pl. 21, fig. 14-20.)

Carapace couverte de petites stries transversales crénelées, courtes et arquées. Front échancré au milieu, et moins saillant que les angles orbitaires externes; bords latéraux de la carapace minces et surmontés d'un sillon garni de petits bouquets de poils très-courts, de manière à paraître dentelé. La longueur des pates antérieures varie suivant les sexes. Longueur de la carapace, environ 15 lignes.

Habite les côtes de la Nouvelle-Hollande. (C. M.)

---

(1) *Squilla barbadensis ovalis*, Pétiver, Pætrigraphia americana, tab. 2, fig. 9. — *Hippa adactyla*, Fabricius, Supplém. p. 370. — *Cancer emeritus*, Herbst, 82, p. 8, Pl. 12, fig. 4. — Latreille,

Genre HIPPE. — *Hippa.*

Le genre Hippe, établi par Fabricius, mais avec des limites beaucoup plus étendues que celles admises aujourd'hui, ne comprend, dans l'état actuel de la science, que les Hippiens, dont les antennes externes sont terminées par un long et gros filet multi-articulé. Le corps de ces Crustacés est de forme ovalaire ou plutôt ellipsoïde, étant un peu moins large en avant qu'en arrière. La *carapace*, tronquée postérieurement, est très-convexe transversalement, et présente vers le milieu un sillon transversal, courbe, qui indique la ténuité postérieure de la région stomacale; son bord latéro-antérieur est concave, et son bord latéro-postérieur très-convexe. Le *rostre* est petit et triangulaire; de chaque côté de sa base est une échancrure qui laisse à découvert l'insertion des pédoncules oculaires et des antennes internes, et qui est bornée en dehors par une dent saillante qui s'avance au-dessus du bord interne des grandes antennes. L'*anneau ophthalmique*, recouvert dans sa partie moyenne par le rostre, est en forme de fer à cheval, et ses deux extrémités se voient à découvert; les *pédoncules oculaires*, insérés à son extrémité, se composent de trois pinces, dont les deux basilaires, très-courtes, se reploient sous la carapace en forme de V, et dont la dernière, grêle, cylindrique et très-longue, s'avance entre les antennes internes et externes, et se termine par un petit renflement pyriforme que porte la cornée. Les *antennes internes* sont de grandeur médiocre, et leur article basilaire, cylindrique et un peu recourbé en dedans, n'est guère plus gros que le suivant, qui porte du côté externe une forte dent dirigée en avant; le troisième article est court, et donne insertion à deux ti-

Genera, Crust. et Insect. v. 1, p. 45, Règne animal, 1re. éd. t. III p. 28, Pl. 12, fig. 2. — Encyclop. t. X, p. 281, Pl. 308, fig. 3. — Desmarest, Considérations sur les Crustacés, p. 175, Pl. 29, fig. 1. — Guérin, Iconog. Crust. Pl. 15, fig. 3. — Edw. Reg. anim. de Cuv. 3e. édit. Crust. Pl. 42, fig. 1.

gelles multi-articulées, plus longues que la portion basilaire de l'interne, dont la supérieure dépasse l'inférieure. Les *antennes externes* sont fort grandes, mais échappent facilement à l'attention, car elles sont d'ordinaire reployées en arrière et cachées presque en entier entre la bouche et les pates-mâchoires externes. Le premier article de leur pédoncule est petit et peu apparent ; le second est grand, et armé en avant de deux dents spiniformes, dont l'externe est de beaucoup la plus forte ; les deux articles suivans sont petits, et forment par leur réunion une masse globuleuse, d'où naît un dernier article pédonculaire, cylindrique, qui porte à son tour le filet multi-articulé terminal ; celui-ci est très-gros, à peu près de la longueur de la carapace, et garni en dehors d'une double rangée de longs poils. Les *pates-mâchoires externes* sont grandes et operculiformes, mais leurs deux premiers articles sont très-petits, et c'est le troisième seulement qui présente cette disposition ; les trois derniers articles forment un long appendice mince et lamelleux, qui s'insère dans une échancrure de l'angle externe de l'article précédent, et se reploie sous son bord interne, mais ne constitue pas une griffe, comme chez les Remipèdes. Le palpe des deux paires de pates-mâchoires suivantes se termine par un élargissement lamelleux.

Les pates sont courtes et cachées sous la carapace ; celles de la première paire, grosses, et appliquées d'ordinaire contre la bouche, se terminent par une lame ciliée, presque ovalaire. Le tarse des deux paires de pates suivantes est lamelleux et hastiforme, et celui des pates de la quatrième paire est gros, conique et très-court. Les pates postérieures, longues, membraneuses et très-grêles, sont reployées comme d'ordinaire entre la partie latérale de la carapace et la base des pates précédentes. Le dernier anneau thoracique n'est pas libre et à découvert comme chez les Remipèdes ; mais le premier article de l'abdomen est à peu près de même forme, et les anneaux suivans présentent aussi la disposition que nous avons déjà remarquée chez ces Crustacés.

HIPPE ÉMÉRITE. — *Hippa emerita* (1).

Carapace garnie de petites lignes rugueuses, transversales, qui y donnent une apparence squammeuse; un sillon transversal droit devant le front, et un autre moins marqué de chaque côté à moitié distance entre le premier et le sillon post-stomacal. Article terminal des pates antérieures ovalaire et arrondi au bout. Épine externe du grand article basilaire des antennes externes dépassant de beaucoup la portion globuleuse formée par le quatrième article pédonculaire de ces organes. Longueur, 1 pouce à 15 lig.

Habite les côtes du Brésil, (C. M.)

HIPPE ASIATIQUE. — *Hippa asiatica* (2).

Article terminal des pates antérieures terminé presque en pointe; portion globuleuse du pédoncule des antennes externes très-grosse et presque aussi saillante que l'épine externe des deux articles basilaires de ces appendices; du reste semblable à l'espèce précédente, dont elle n'est peut-être qu'une variété. Taille, 2 pouces un quart.

Habite les mers d'Asie. (C. M.)

TRIBU DES PAGURIENS.

Cette tribu, qui correspond au genre Pagure, tel que Fabricius l'avait établi, se compose d'un grand nombre de Crustacés, dont la plupart sont remarqua-

(1) *Cancer emeritus*, Lin.—*Hippa emerita*, Fabricius, Supplém. Ent. syst. p. 370. — Latreille, Hist. nat. des Crustacés, t. VI, p. 176, Pl. 52, fig. 1. — Lamarck, Hist. des an. sans vert. t. V, p. 222.— Desmarets, Consid. sur les Crust. p. 174, Pl. 29, fig. 2. — Edw. Règne anim. de Cuvier, 3e. édit. Crust. Pl. 42, fig. 2. — *Hippa talpoida*? Say, Acad. de Philad. t. I, p. 160.

(2) *Cancer testudinarius*, Herbst, v. 2, p. 8, Pl. 22, fig. 3, peut-être cette figure devrait-elle se rapporter à l'espèce précédente.

bles par l'état de mollesse plus ou moins complète de leur abdomen, par le défaut de symétrie dans les appendices de cette partie du corps, par la brièveté des pates des deux paires postérieures, et par plusieurs autres caractères. Chez la plupart des Paguriens, l'abdomen est menu, presque entièrement membraneux et contourné sur lui-même, et, pour le protéger, l'animal se loge dans l'intérieur de quelque coquille qu'il traîne toujours avec lui, et dans laquelle il s'accroche à l'aide de ses pates postérieures.

La carapace de ces Crustacés est divisée en plusieurs portions par des lignes plus ou moins membraneuses (1); un de ces sillons, dirigé transversalement, le sépare en deux moitiés dont l'antérieure constitue la région stomacale, et se confond presque avec les régions hépatiques, qui sont très-petites, et en occupent les angles postérieurs; la moitié postérieure est divisée longitudinalement en trois portions, dont la médiane constitue les régions cordiale et intestinale, et les deux latérales, les régions branchiales; enfin celles-ci sont séparées par une ligne semblable des parties latérales de la carapace, qui descendent vers la base des pates. L'anneau ophthalmique est quelquefois caché en dessus par un prolongement rostriforme de la carapace, mais est toujours libre, et porte en dessus deux petits prolongemens en forme d'écailles; les pédoncules oculaires, dirigés en avant, ne sont pas rétractiles, et s'insèrent directement au-dessus des *antennes internes*. Ces derniers organes présentent des dimensions très-variables, mais toujours leur article basilaire est petit ou alongé, et ils se tiennent

(1) Pl. 22, fig. 9, 11 et 12.

par deux filets multi-articulés, courts ou de longueur médiocre. Les *antennes externes* s'insèrent en dehors des internes, sur les côtes des pédoncules oculaires; leur deuxième article porte en dessus une pièce spiniforme qui est ordinairement mobile, et qui paraît être l'analogue du palpe. Les *pates-mâchoires* externes sont pédiformes. Le *sternum* est presque linéaire en avant, et ne s'élargit qu'un peu postérieurement; en général, les deux derniers anneaux du thorax sont tout-à-fait libres et mobiles; le dernier dépasse même la carapace, et est complété en dessus par une pièce cornée tergale. Les pates antérieures sont grandes et presque toujours de dimensions inégales; elles se terminent par une grosse main dont les pinces sont courtes et très-fortes. Les pates des deux paires suivantes sont très-grandes; celles de la quatrième paire sont au contraire courtes, relevées au dessus des autres, et terminées par une main presque toujours didactyle; celles de la cinquième paire sont également courtes, relevées sur les côtés du corps et terminées par une pince plus ou moins bien formée. Les cinq premiers anneaux de l'abdomen sont représentés par des plaques cornées plus ou moins grandes, dont la première est d'ordinaire presque confondue avec le dernier anneau thoracique; quelquefois ce premier segment abdominal porte, dans les deux sexes, une paire d'appendices rudimentaires appliquée contre la base des pates postérieures; mais en général il en est complétement dépourvu; quelquefois le second segment porte aussi chez le mâle une paire de fausses pates, mais en général il ne donne insertion qu'à un seul appendice placé du côté gauche; les trois segmens suivans sont toujours dépourvus d'appendices du côté droit, et quelquefois n'en présentent pas même du côté gauche chez le mâle; d'ordinaire ils portent chacun une fausse pate, composée d'une pièce basilaire cylindrique et d'une ou deux lames terminales; ces appendices, dont le nombre est par conséquent en général de quatre, sont toujours petits chez le mâle, et assez grands chez les femelles, où ils servent à fixer les œufs. Enfin à l'extrémité de l'abdomen se trouvent deux plaques cornées qui représentent les sixième et septième segmens, et une paire d'appendices presque toujours non symétriques et terminés par deux branches, gros et courts, qui est fixé à la plaque tenant lieu du sixième anneau abdominal (1).

Cette tribu a été divisée en quatre genres, qui sont parfaitement naturels, et qui peuvent être caractérisés de la manière suivante :

			Genres.
TRIBU DES PAGURIENS.	Antennes internes courtes, ne dépassant que de peu le pédoncule des antennes externes, et terminées par deux tigelles très-courtes. (Abdomen presque entièrement membraneux.)	Abdomen contourné sur lui-même, et portant à son extrémité une paire d'appendices non symétriques.	PAGURE.
		Abdomen non contourné, et portant à son extrémité une paire d'appendices symétriques.	CANCELLE.
	Antennes internes très-longues; leur deuxième article dépassant de beaucoup le pédoncule des antennes internes, et terminé par deux tigelles, dont l'une assez longue.	Abdomen contourné sur lui-même, et presque entièrement membraneux en dessus.	CÉNOBITE.
		Abdomen non contourné sur lui même, et couvert en dessus de grandes plaques cornées qui chevauchent l'une sur l'autre.	BIRGUS.

(1) Pl. 22, fig. 10.

Genre PAGURE. — *Pagurus* (1).

Les Pagures proprement dits (Pl. 22, fig. 9) se ressemblent beaucoup entre eux, tant par le port que par les détails de leur organisation, et par leurs mœurs. La portion céphalo-thoracique de leur corps est moins longue que la portion abdominale; leur *carapace* est presque aussi large en avant qu'en arrière, et ne se prolonge latéralement que peu ou point au-dessus de la base des pattes; en arrière elle est fortement échancrée au milieu, et en avant elle est tronquée ou armée seulement d'un petit rostre rudimentaire. La portion basilaire des pédoncules oculaires est à découvert. Les *antennes internes* sont placées directement au-dessus de ces pédoncules; leur premier article est renflé et presque globulaire; les deux suivans sont minces et cylindriques, et ne dépassent que de peu soit la partie pédonculaire des antennes externes, soit les yeux; enfin les tigelles terminales de ces organes sont très-courtes, et ont la même forme que chez les Brachyures. Les *antennes externes* sont insérées sur la même ligne que les pédoncules oculaires, et portent en dessus une grosse épine mobile qui représente le palpe; le dernier article de leur pédoncule est grêle et cylindrique; enfin, elles se tiennent par un filet multi-articulé en général très-long. Les *pates-mâchoires externes* sont de grandeur médiocre; leur tige est pédiforme, et leur palpe très-développé. Les *pates* antérieures sont en général très-inégales, et l'une des mains est très-renflée. Les pates de la quatrième paire sont très-courtes, et leur pénultième article, garni en dessus d'une plaque ovalaire verruqueuse, est en général très-large, et prolongé en dessus de l'article suivant, de manière à constituer avec celui-ci une pince didactyle. Les pates de la cinquième paire sont plus longues, plus grêles et

(1) *Cancer*, Lin. Herbst, etc. — *Pagurus*, Fabr. Latr. Leach, Desm. etc.

plus recourbées en haut ; elles présentent aussi vers le bout une plaque granuleuse, et se terminent par une pince didactyle plus ou moins bien formée. L'*abdomen* est grand et membraneux; les plaques qui en garnissent la face dorsale sont en général à peu près symétriques, mais très-minces et très-éloignées entre elles. Quelquefois il existe à la base de l'abdomen une paire de fausses pates rudimentaires chez la femelle, et deux paires d'appendices plus développés chez le mâle ; mais en général le premier segment n'en porte pas, et le second, de même que les trois segmens suivans, n'en portent qu'un seul placé du côté gauche, et fixé au bord de la plaque dorsale; du reste, ces appendices sont toujours petits, et terminés par une, deux ou même trois lamelles ciliées sur les bords, qui, chez la femelle, acquièrent des dimensions assez considérables, et servent à l'insertion des œufs. Les appendices du pénultième anneau de l'abdomen se composent chacun d'un article basilaire, court et gros, portant deux autres pièces, courtes et crochues, insérées l'une à son bord inférieur, l'autre à son extrémité, et garnies chacune en dessus d'une plaque verruqueuse, semblable à celle que nous avons déjà vue sur les pates postérieures; ces deux fausses pates caudales n'ont pas exactement la même forme, et sont de grandeur très-inégale, celle du côté droit étant beaucoup plus petite que l'autre (**Pl. 22**, fig. **10**).

§ *Espèces dont l'anneau ophthalmique n'est pas armé en dessus d'une pièce médiane rostriforme.*

A. *Pédoncules oculaires gros et plus courts que la portion basilaire des antennes externes.*

a. *Palpe spiniforme des antennes externes dépassant l'extrémité des pédoncules oculaires.*

1. Pagure Bernard. — *Pagurus Bernardus* (1).

Bord antérieur de la carapace assez profondément échancré au-dessus de la base des pédoncules oculaires, et présentant sur la ligne médiane un angle saillant qui simule un petit rostre obtus. Pédoncules oculaires gros, courts, de même longueur que la portion du front qui recouvre leur base, et renflés au bout, un espace vide entre les deux articles basilaires de ces pédoncules, qui sont armés d'une dent large, aplatie et presque ovalaire, ou plutôt lancéolée. Troisième article des antennes internes dépassant à peine la portion basilaire des antennes externes; celles-ci ayant leur second article armé à son angle externe d'une dent très-aiguë, et portant sur le milieu de son bord supérieur le palpe spiniforme qui est très-long (au moins aussi long que l'article terminal des pédoncules oculaires), grêle dès sa base, et recourbé en dessous, puis en avant, un peu en forme de S. Pates anté-

(1) *Cancellus*, Swammerdam, Biblia nat. tab. XI. — *Bernard l'hermite*? Réaumur, Académie de Vienne, 1710, p. 464, Pl. 10, fig. 19 et 20. — *Cancer Bernhardus*, Lin. Syst. nat.; et Mus. Lud. Ulr., p. 454, etc. — Herbst, t. II, p. 14, Pl. 22, fig. 6. — *Astacus Bernhardus*, Degéer, Mém. sur les Insectes, t. VII, p. 405, Pl. 23, fig. 3-12. — *Pagurus Bernhardus*, Fabricius, Supplém. p. 411. — Olivier, Encyclop. t. VIII, p. 641. — Latr. Hist. des Crust. t. VI, p. 160. — Lamarck, Hist. nat. des anim. sans vertèbres, t. V, p. 220. — *Pagurus streblonyx*, Leach, Malac. Brit. Pl. 26, fig. 1-4. — Latreille, Encyclop. Pl. 309, fig. 3-6 (d'après Leach). — *Pagurus Bernhardus*, Desmarets, Consid. sur les Crust. 173, Pl. 30, fig. 2. —Edwards, Obs. sur les Pagures, Ann. des sc. nat. 2e. série, t. VI, p. 266, et Reg. anim. de Cuvier, 3e. éd. Crust. Pl. 44, fig. 2.

rieures grosses et hérissées de tubercules isolés, inégaux et plus ou moins spiniformes, celle de droite beaucoup plus grosse que celle de gauche ; le carpe presque aussi long que la portion palmaire de la main, qui est renflée en dessus ; grosses pinces très obtuses et sans ongle terminal distinct. Les pates des deuxième et troisième paires épineuses et tuberculeuses en dessus ; *leur dernier article très-gros, comprimé, tordu sur lui-même, et s'élargissant un peu vers l'extrémité, qui ensuite se rétrécit brusquement en pointe.* Les pates de la troisième paire séparées à leur base par un petit plastron sternal presque carré. Mains des pates postérieures très-courtes, et terminées par une pince très-aplatie et excessivement courte. Abdomen ne présentant dans sa partie membraneuse que des plaques latérales. Chez la femelle, quatre fausses pates ovifères, formées par un article basilaire cylindrique et allongé, et deux branches terminales lamelleuses. La quatrième fausse pate est beaucoup plus petite que les autres, et sa branche externe est rudimentaire. Chez le mâle, trois fausses pates composées également d'un article cylindrique et de deux pinces terminales, dont une lamelleuse et assez grande ; l'autre rudimentaire ; point d'appendices semblables à droite ; une échancrure semi-lunaire au bord postérieur de la lame terminale de l'abdomen. Taille ordinaire d'environ 5 pouces, mais pouvant devenir plus grande.

Habite nos côtés de l'ouest, la Manche, et plus au nord jusqu'en Islande. (C. M.)

2. Pagure de Prideaux. — *Pagurus Pridauxii* (1).

Cette espèce ne diffère que fort peu de la précédente, dont elle ne se distingue guère que parce que la main est plus alongée et

(1) Leach, Malac, Brit. Pl. 26, fig. 5, 6. — Latreille, Encyclop. Pl. 309 fig. 1 (d'après Leach). — *P. solitarius*, Risso, Hist. nat. de l'Eur. mérid. t. V, p. 40. — *P. Pridauxii*, Desmarets, Consid. sur les Crustacés, p. 178. — Edwards, Ann. des sc. nat. 2e. série, t. VI, p. 268. — *P. solitarius*, Roux, op. cit. Pl. 36.

moins épineuse; *les tarses des pates de la troisième et de la quatrième paire sont plus grêles, cannelés latéralement, pas sensiblement tordus, et s'amincissent très-graduellement vers le bout*, et le pénultième article de ces membres est à peine dentelé sur son bord supérieur. L'abdomen (du mâle, sinon des deux sexes) est garni en dessus de cinq grandes bandes cornées transversales. Longueur, environ 3 pouces.

Habite les côtes de la Manche et de la Méditerranée. (C. M.)

3. Pagure anguleux. — *Pagurus angulatus* (1).

Cette espèce, qui ressemble extrêmement au Pagure Bernard, s'en distingue par la forme des *mains*, *dont la face externe présente trois grosses crêtes longitudinales* (*une médiane et deux marginales*), *hérissées de tubercules et séparées par des gouttières profondes et presque lisses*. Les tarses des pates des deuxième et troisième paires s'amincissent graduellement et ne sont pas tordus sur eux-mêmes, et le *pénultième est fortement dentelé sur le bord*. Enfin l'abdomen du mâle est pourvu de quatre fausses pates semblables à celles du P. Bernard.

Habite la Méditerranée. (C. M.)

Le Pagure craintif (2) de Roux ne paraît être qu'une variété de l'espèce précédente ; on le trouve dans les mêmes mers.

4. Pagure de Gaudichaud. — *Pagurus Gaudichaudi* (3).

Conformation des yeux et des antennes à peu près le même que chez le P. Bernard. *Pates antérieures très-grosses, poilues, et hérissées en dessus d'une multitude de grosses épines acérées*, noires à la pointe et isolées; carpe, main et doigts longs. Pates des deux

(1) Risso, Crustacés de Nice, Pl. 1, fig. 8. —Desmarets, Consid. sur les Crustacés, p. 173. — Roux, Crust. de la Médit. Pl. 41. — Edw. loc. cit.

(2) *Pagurus meticulosus*, Roux, Crust. de la Méditerranée, Pl. 42.

(3) Edwards, Ann. des sc. nat. 2e. série, t. VI, p. 269.

paires suivantes épineuses sur le bord supérieur, un peu comprimées et terminées par un tarse gros et cylindrique. Main des pates postérieures très-courte; abdomen du mâle garni de plaques cornées disposées par paires éloignées de la ligne médiane, et ne portant qu'une seule fausse pate filiforme, fixée à la dernière de ces plaques du côté gauche. Par son aspect cette espèce ressemble beaucoup au Pagure rusé. Longueur, 5 pouces.

Habite la côte de Valparaiso. (C. M.)

5. Pagure a crêtes. — *Pagurus cristatus* (1).

Dent médiane du bord antérieur de la carapace un peu plus saillante que chez le P. Bernard, et pédoncules oculaires moins gros. Pates antérieures granuleuses ou légèrement épineuses; *bords supérieur et inférieur du carpe minces et en forme de crête dentelée.* Mains un peu comprimées et garnies d'une ou deux crêtes longitudinales, minces, saillantes, plus ou moins dentelées, et disposées d'une manière un peu différente des deux côtés du corps et dans les deux sexes. Pates suivantes minces, comprimées et dentelées finement sur leur bord supérieur; tarse long, courbe et comprimé, mais pas tordu. Trois fausses pates petites et à deux lamelles terminales, fixées à l'abdomen; à peine quelques poils sur les pates. Longueur, 18 lignes.

Trouvée à la Nouvelle-Zélande, par MM. Quoy et Gaimard. (C. M.)

a a. Palpe spiniforme des antennes externes dépassé par les pédoncules oculaires.

6. Pagure strié. — *Pagurus striatus* (2).

Angle médian du bord antérieur de la carapace à peine marqué. Pédoncules oculaires gros, sans renflement notable au

(1) Edwards, loc. cit. p. 269.

(2) *Cancer arrosor,* Herbst, t. II, p. 170, Pl. 43, fig. 1.—*P. strigosus*, Bosc, Hist. des Crustacés, t. II, p. 77. — *Pagurus stria-*

milieu, et beaucoup plus longs que la portion échancrée du front qui recouvre leur base; leur pièce basilaire terminée en dedans par un bord droit assez éloigné de celui du côté opposé, et se prolongeant sous la forme d'une dent courte, large, plate, et épineuse sur le bord externe qui est courbe. Troisième article des antennes internes dépassant de beaucoup la portion basilaire des antennes externes. Palpe spiniforme de celle-ci gros à sa base, presque de la longueur de l'article terminal du pédoncule oculaire, et très-épineux en dessus. Pates antérieures très-grosses, surtout du côté gauche, et *couvertes presque partout de lignes transversales, courbes, tuberculeuses, et garnies de petits poils assez serrés;* sur la partie supérieure du membre, plusieurs des tubercules de ces lignes squammiformes acquièrent des dimensions assez grandes pour devenir de grosses épines pointues; le carpe est court; la portion palmaire de la main longue et les pinces très-courtes, très-obtuses, et terminées par un ongle noirâtre bien distinct. Les pates de la deuxième et de la troisième paire sont presque cylindriques, et armées de petites crêtes squammiformes comme les antérieures. La portion du sternum qui les sépare à leur base est presque linéaire. La main des pates postérieures est très-longue, et les doigts sont presque cylindriques et assez longs. Enfin l'abdomen du mâle présente dans sa portion membraneuse cinq plaques cornées, transversales, dont la première est fort petite, et dont les quatre dernières portent chacune à gauche une fausse pate terminée par une seule lame ovalaire. Les trois premières fausses pates ovifères de la femelle terminées par trois grandes lamelles ciliées.

Pince terminale de l'abdomen divisée postérieurement en deux

---

tus, Latr. Hist. nat. des Crust. t. VI, p. 163. — Olivier, Encyc. t. VIII, p. 643. — *P. incisus*, Lamarck, Hist. nat. des anim. sans vertèbres, t. V, p. 220. — Latreille, Encyclop. Pl. 310. — *P. striatus*, Risso, Crust. de Nice, p. 54. — Desmarest, Consid. sur les Crust. p. 178. — Roux, Crust. de la Méditerranée, Pl. 10. — Edw. loc. cit. p. 270.

Le Pagure figuré par M. Savigny dans le grand ouvrage sur l'Egypte (Crust. Pl. 9, fig. 1), me paraît être un jeune individu de cette espèce.

lobes inégaux et arrondis. Couleur, rouge mêlé de jaune. Longueur du corps, 7 à 8 pouces.

Habite la Méditerranée.

7. Pagure rusé. — *Pagurus callidus* (1).

Espèce très-voisine du P. strié, dont elle se distingue par les nombreuses *dents spiniformes, dont toute la face supérieure des mains est hérissée.* Les pates suivantes présentent aussi, au lieu de crêtes tuberculeuses squammiformes, de petites rangées d'épines pourvues chacune d'une touffe de poils. Les fausses pates abdominales du mâle présentent une seconde lamelle terminale rudimentaire, et sont portées sur quatre grandes plaques transversales. Un peu moins grande que l'espèce précédente.

Habite la Méditerranée. (C. M.)

8. Pagure peint. — *Pagurus pictus*

Angle médian du bord antérieur de la carapace arrondi, mais assez saillant. Pédoncules oculaires presque aussi longs que le pédoncule des antennes externes, dépassant à peine le palpe spiniforme de ces appendices, et à peu près de la longueur du bord antérieur du test. Cornée des yeux à peine echancrée au bord supérieur. *Pates antérieures longues, minces, d'inégale grandeur, et un peu poilues; une rangée de dents aiguës sur le bord supérieur du carpe, mains un peu courbées en dedans.* Pates suivantes grêles, peu poilues, et armées sur le bord inférieur du tarse d'une rangée de grosses épines. Abdomen de la femelle présentant sur sa face inférieure, près de la base, deux renflemens pyramidaux, mous, et garni sur le côté de trois appendices ovifères, dont les trois premiers grands et terminés par deux lames; appendices abdominaux du mâle petits et simples. Longueur, 1 pouce; couleur, jaune rougeâtre, avec des taches rouges linéaires et longitudinales.

Habite les côtes de la Provence. (C. M.)

---

(1) Roux, Crust. de la Médit. Pl. 15. — Edw. loc. cit. p. 271.

9. PAGURE TIMIDE. — *Pagurus timidus* (1).

Cette petite espèce paraît être très-voisine de la précédente, mais s'en distingue par la forme des pates antérieures ; la main est très-courte, et le carpe présente au-dessous un prolongement en forme de grande dent ; les pates suivantes sont grêles, et leur dernier article est moins long que le précédent. Longueur, environ un pouce.

Habite la Méditerranée.

10. PAGURE TENAILLE. — *Pagurus forceps* (2).

Dent rostriforme, large et avancée ; pédoncules oculaires presque aussi longs que la portion basilaire des antennes externes. Pates antérieures très-inégales et finement granulées ; celle du côté droit très-grande, ayant le carpe beaucoup plus grand que la main, et armée de deux fortes crêtes, l'une supérieure, l'autre inférieure, enfin ayant la main comprimée et les pinces pointues ; celle du côté gauche terminée par une main dont la portion palmaire est extrêmement courte, et dont les *doigts sont grêles, longs et pointus ;* le *doigt mobile presque filiforme et droit, ou même recourbé en* S. Pates suivantes comprimées, grêles et non poilues. Fausses pates abdominales du mâle petites et simples. Longueur, 10 lignes. Couleur, rougeâtre violacé, avec les pates annelées.

Habite les côtes du Chili. (C. M.)

(1) Roux, Crust. de la Méditerranée, Pl. 24, fig. 6-9.
(2) Edwards, loc. cit. p. 272, Pl. 13, fig. 5.

B. *Pédoncules oculaires dépassant la portion basilaire des antennes externes.*

b. Point de prolongement rostriforme sur le bord antérieur de la carapace.

21. Pagure difforme. — *P. deformis* (1).

Pédoncules oculaires très-gros et courts, quoiqu'un peu plus longs que la portion basilaire des antennes externes ; beaucoup moins longs que le bord antérieur de la carapace ; *cornée grande et occupant la moitié de la longueur de l'article terminal des pédoncules oculaires.* Pates antérieures courtes et grosses, surtout celles du côté gauche, lisses en dehors et épineuses en dessus ; une crête dentelée sur le bord supérieur du doigt mobile de celle du côté gauche. Pates suivantes lisses et peu poilues ; celles du côté gauche garnies en dehors d'une crête saillante qui s'étend sur les deux derniers articles, et qui sur la troisième pate est très-forte, et finement dentelée ; rien de semblable du côté opposé. Abdomen garni de quatre grandes plaques transversales, portant chacun une fausse pate ovifère, dont les trois premières sont grandes, et terminées par trois lames alongées et ciliées chez la femelle. Chez le mâle tous ces appendices sont petits, et terminés par une seule lame. Longueur, 5 pouces.

Habite les côtes de l'Ile-de-France et des îles Séchelles. (C.M.)

12. Pagure pointillé. — *P. punctulatus* (1).

Pédoncules oculaires gros, cylindriques et assez longs, mais ne dépassant que de fort peu le pédoncule des antennes externes, moins longs que le pédoncule des antennes internes, et beaucoup moins long que le bord antérieur de la carapace ; *cornée petite*

(1) Edwards, op. cit. p. 272, Pl. 13, fig. 14.

(2) Olivier, Encyclop. Méth. t. VIII, p. 641. — Desmarest, op. cit. p. 178, —Quoy et Gaimard, Voy. de *l'Uranie*, p. 520, Pl. 73, fig. 2. — Edwards, op. cit. p. 273.

n'occupant pas le quart de la longueur du pédoncule, et échancré comme d'ordinaire pour recevoir un prolongement de la portion opaque du pédoncule. Palpes spiniformes des antennes externes petites. *Pates antérieures renflées très-inégales (la gauche fort grosse), et couvertes de grosses épines acérées, garnies à leur base de faisceaux de poils longs et roides.* Les pates des deux paires suivantes presque cylindriques, et garnies d'une multitude de faisceaux de poils roides, à la base de chacun desquels on voit deux épines acérées plus ou moins longues. Abdomen garni de quatre larges plaques transversales et de quatre fausses pates qui, chez le mâle, sont simples et très-petites, et qui, chez la femelle, sont, à l'exception de la dernière, grosses et pourvues de trois lames très-développées. Couleur, générale rouge orangé, avec des taches ocellées, blanches, bordées de brun ou de noir, qui sur les mains sont, pour la plupart, situées sur les épines; poils roux et très-roides; chez la femelle les plaques abdominales sont colorées comme le reste du corps. Quelquefois ces taches disparaissent presque entièrement.

Habite l'Océan Indien. (C. M.)

13. Pagure moucheté. — *Pagurus guttatus* (2).

Pédoncules oculaires médiocres, beaucoup moins longs que le bord antérieur de la carapace, mais dépassant le pédoncule des antennes internes; *cornée petite, et n'occupant qu'environ le cinquième de la longueur du pédoncule.* Palpe spiniforme des antennes externes très-petit. Portion antérieure de la carapace très-déprimée, polie, et marquée de plusieurs sillons linéaires, dont les médianes circonscrivent une espèce d'écusson, mieux marqué que dans le P. pointillé, mais de même forme. *Pates antérieures petites (la gauche un peu plus grosse que la droite), poilues, et un peu épineuses sur le bord supérieur. Les pates des deux paires*

(1) *Pagurus guttatus*, Olivier, Encyclop. t. VIII, p. 640. — Quoy et Gaimard, Voyage de *l'Uranie*, Pl. 79, fig. 3. — Dict. classique d'hist. nat. Pl. 64, fig. 2. — Edwards, op. cit p. 273.

suivantes courtes, grosses, cylindriques, peu poilues, et à peine épineuses, si ce n'est au bord externe de leur troisième article. Sternum chez la femelle très-large, surtout entre les pates de la troisième et quatrième paires, où sa largeur égale la longueur du bord antérieur de la carapace. Abdomen garni de grandes plaques transversales, qui en avant se touchent presque. Fausses pates ovifères de la femelle grandes et à trois lames terminales ; enfin un appendice mou, en forme de corne, et de grandeur très-variable à la partie latérale et inférieure de l'abdomen de la femelle, un peu en arrière de la troisième fausse pate. Couleur du corps, blanc jaunâtre ; pates rouges avec des points jaunes, et sur la face supérieure du quatrième article de celles des trois premières paires, une grande tache circulaire qui paraît être bleuâtre dans le vivant, mais devient blanchâtre après la mort. Longueur, environ 3 pouces.

Le Pagure sanguinolent (1) de MM. Quoy et Gaimard, déposé par ces naturalistes dans la collection du Muséum, ne me paraît être qu'une simple variété de l'espèce précédente. Il est cependant à noter que la forme des lobes de la région génitale, qui embrassent l'extrémité postérieure de l'espèce d'écusson représenté par la région stomacale, est un peu différente. Ici ils sont beaucoup moins larges, et leur bord extérieur, au lieu d'être échancré vers le milieu, est régulièrement courbe. Du reste il ne paraît différer aussi en rien du *Pagurus hungarus*, figuré par Herbst, Pl. 23, fig. 6 (2).

14. Pagure voisin. — *Pagurus affinis* (3).

Espèce très-voisine du P. pointillé, mais ayant les *pédoncules oculaires extrêmement longs* (environ une fois et demie aussi longs que le bord antérieur de la carapace ; le palpe spiniforme

---

(1) Voyage de *l'Uranie*, Pl, 70, fig. 2.

(2) Dans le texte de Herbst cette figure est citée à tort sous le no. 7. *Voyez* t. II, p. 26.

(3) Edw. loc. cit. p. 274.

des antennes externes rudimentaire (ne dépassant pas le pénultième article pédonculaire); les pates de la deuxième et troisième paires à peine poilues, si ce n'est sur le dernier article, et l'abdomen du mâle armé d'un prolongement mou, en forme de corne, un peu en arrière et au-dessous de la troisième fausse pate. Longueur, 3 pouces environ.

Habite les côtes de Ceylan. (C. M.)

15. Pagure sétifère. — *Pagurus setifer* (1).

Cette espèce ne diffère que fort peu du Pagure moucheté, mais s'en distingue, ainsi que des espèces précédentes, par *la forme de la pate gauche de la troisième paire*, qui présente trois crêtes longitudinales, séparées par des sillons profonds, et dont les deux externes sont marginales et sétifères. Les pates sont couvertes d'une grande quantité de longs poils fauves. L'abdomen de la femelle est conformé de la même manière que chez le P. déprimé. Longueur, 3 pouces. Couleur, rouge mêlé de jaune.

Habite la Nouvelle-Hollande. (C. M.)

16. Pagure granuleux. — *Pagurus granulatus* (2).

Pédoncules oculaires longs et grêles, plus longs que le bord antérieur de la carapace, et dépassant de beaucoup le pédoncule des antennes externes, mais dépassés par le troisième article des antennes externes; *cornée très-petite et n'occupant qu'environ un sixième de la longueur de l'article terminal du pédoncule.* Carapace garnie de petites touffes de poils; *pates antérieures très-grosses, celle de droite un peu plus grande que l'autre, et toutes deux armées en dessus d'une rangée de fortes épines, et couverte dans tout le reste de leur étendue de tubercules, dont la base est*

(1) Edwards, loc. cit. p. 274.

(2) Olivier, Encyclop. t. VIII, p. 640. — Lamarck, Hist. des anim. sans vertèbres, t. V, p. 220. — Edwards, op. cit. p. 275.

entourée en avant d'une rangée de poils très-courts et très-serrés qui décrivent des demi-cercles, et par leur réunion simulent la disposition d'écailles; sur la main ces tubercules sont formés d'un groupe de granulations plus ou moins grosses et nombreuses; les pates des deux paires suivantes sont grosses, presque cylindriques, et couvertes de crêtes poilues, squammiformes, disposées à peu près de même qu'aux pates antérieures. La pince des pates des deux dernières paires est bien formée. Sternum assez large entre les pates de la troisième paire. Abdomen garni de quatre plaques transversales, portant chacune une fausse pate, qui, chez le mâle, se termine par une longue lame ciliée, et qui, chez la femelle, se termine (à l'exception du dernier) par trois lames ayant à peu près la même largeur. Longueur, 7 à 8 pouces.

Habite les Antilles. (C. M.)

b. Bord antérieur de la carapace armé sur la ligne médiane d'une dent rostrale, plus ou moins saillante.

c. Point d'appendices pairs sur la partie antérieure de l'abdomen.

17. PAGURUS OCULÉ. — *Pagurus oculatus* (1).

Dent rostriforme à peine marquée. Pédoncules oculaires moins longs que la portion pédonculaire des antennes internes, mais plus longs que le bord antérieur de la carapace; *leurs écailles basilaires, petites, courbées, presque ovalaires et rapprochées. Pates antérieures presque symétriques et médiocres; la main épineuse et garnie de quelques poils;* les doigts gros, presque cylindriques, et terminés par un ongle noir; pates de la deuxième et de la troisième paire presque cylindriques, garnies de quelques faisceaux de poils courts et rares, et terminées par un tarse styliforme beaucoup plus court que le pénultième article. Point d'appendices

(1) *Cancer oculatus*, Fabricius, Ent. Syst. 2, p. 471. — *Pagurus oculatus*, Fabr. Supplém. p. 413. — Latreille, Hist. des Crust. t. VI, p. 162. — Edwards, op. cit. p. 276.

pairs à la base de l'abdomen du mâle; quatre fausses pates petites et à une seule lamelle terminale. Lame terminale de l'abdomen arrondie au bout. Longueur, 2 pouces. Couleur, rougeâtre; des lignes longitudinales jaunes et rouges sur les tarses.

Trouvée à Noirmoutiers (C. M.).

18. Pagure cuirassier. — *Pagurus clibanarius* (1).

Dent rostriforme, triangulaire, extrêmement petite, et séparée du front par un sillon. Pédoncules oculaires très-grêles, plus longs que le bord antérieur de la carapace, mais en général dépassés par le troisième article des antennes internes; *la dent squammiforme de leur base petite, pointue, en contact avec son congénère, et tronquée en dehors;* cornée transparente très-petite, et sans échancrure notable à son bord supérieur. Palpes squammiformes; les antennes externes médiocres; l'article basilaire de ces organes dépassant bien notablement l'angle externe de la carapace. *Pates antérieures médiocres, renflées, très-épineuses, et légèrement poilues en dessus;* les suivantes garnies de faisceaux de poils roides et bruns. Tarse court. Fausses pates abdominales du mâle assez grandes, et portant deux lames terminales ciliées. Longueur, 4 pouces. Couleur, rouge brun, avec des lignes longitudinales pâles sur les pates, qui dans le jeune âge sont bordées de lignes d'un rouge foncé.

Cette espèce, qui habite les mers d'Asie, est très-voisine de la précédente. (C. M.)

19. Pagure mains-épaisses. — *Pagurus crassimanus* (2).

Petite espèce très-voisine de la précédente, dont elle ne se distingue guère que par les pates plus grosses et couvertes de longs

(1) *Cancer clibanarius*, Herbst, t. II, p. 20, Pl. 23, fig. 1. — Latreille, Hist. des Crust. et des Insectes, t. VI, p. 167. — Olivier, Encyclop. t. VIII, p. 646. — Quoy et Gaimard, Voy. de l'Uranie, Pl. 78, fig. 1. — Edwards, loc. cit. p. 276.

(2) Edwards, loc. cit. p. 277.

poils ; les mains sont extrêmement courtes, presque globuleuses et tuberculeuses en dessus aussi bien qu'en dessous ; les pédoncules oculaires sont un peu plus gros et légèrement courbés en dehors. Couleur, rouge lie de vin ; longueur, environ 2 pouces.

Habite la mer du Sud. (C. M.)

20. PAGURE MISANTHROPE. — *Pagurus misanthropus* (1).

Espèce très-voisine des précédentes ; les pédoncules oculaires sont très-grêles, allongés, et terminés par une petite cornée sans échancrure notable ; il paraît y avoir une dent rostriforme rudimentaire ; les pates antérieures sont médiocres et poilues, et ne paraissent offrir ni épines, ni tubercules Les caractères assignés à cette espèce par Roux sont tirés de la disposition des couleurs ; un grand nombre de taches bleu-ciel sur un fond verdâtre. Longueur, environ 18 lignes.

Habite la Méditerranée.

21. PAGURE DÉCORÉ. — *Pagurus ornatus* (2).

Espèce très-voisine de la précédente dont elle ne paraît différer que par ses pédoncules oculaires plus gros, par ses pates antérieures plus grosses et à peine poilues, les pates des deux paires suivantes plus longues, et par ses couleurs ; les mains sont marquées de points rouges sur un fond vert et blanc, et les pates suivantes présentent des lignes rouges sur un fond vert. Longueur, environ 1 pouce.

Habite la Méditerranée.

---

(1) *Pagurus tubularis*, Risso, Crust. de Nic. p. 56. — *P. misanthropus*, Risso, Hist. nat. de l'Eur. mérid. t. V, p. 41. — Roux, Crust. de la Méditerranée, Pl. 14, fig. 1.

MM. Risso et Roux rapportent à cette espèce le *Pagurus tubularis* de Fabricius (Supplém. p. 413). — Le Pagure figuré par M. Savigny dans le grand ouvrage sur l'Egypte (Crust. Pl. 9, fig. 2), paraît aussi se rapporter à cette espèce ; il est cependant à noter que la disposition de l'abdomen semble anomale.

(2) Roux, Crust. de la Médit. Pl. 43. — Edw. loc. cit. p. 277.

22. Pagure tuberculeux. — *Pagurus tuberculosus* (1).

Espèce extrêmement voisine de la précédente, mais qui s'en distingue par ses *pates antérieures, granuleuses seulement*; les pates suivantes sont à peine poilues. Longueur, environ 3 pouces. Couleur, rougeâtre rayée de jaune.

Habite les Antilles. (C. M.)

Je suis porté à croire que le *Pagurus scopetarius* figuré par Herbst, Pl. 23, fig. 3, est un jeune de cette espèce.

23. Pagure fluteur. — *Pagurus tibicen* (2).

Dent rostriforme à peine saillante, rudimentaire. Pédoncules oculaires de la longueur du bord antérieur de la carapace, et dépassant le troisième article des antennes internes; leurs écailles basilaires petites, triangulaires et rapprochées. Palpe spiniforme des antennes externes extrêmement petit. *Pates entièrement lisses*; celles de la première paire extrêmement inégales; la main gauche très-grosse et renflée; pinces obtuses et sans ongle terminal; tarse des pates de la deuxième et de la troisième paire court. Abdomen du mâle garni de quatre fausses pates à deux lamelles terminales. Fausses pates ovifères de la femelle grandes et à deux lames étroites. Dernier article de l'abdomen presque symétrique. Longueur, 18 lignes. Couleur, jaune rougeâtre, avec de grandes taches blanches à l'extrémité des pates.

Habite la mer du Sud. (C. M.).

24. Pagure élégant. — *Pagurus elegans* (3).

Petite espèce extrêmement voisine de la précédente, mais qui

---

(1) Edwards, loc. cit. p. 278, Pl. 13, fig. 1.

(2) Herbst, t. I, Pl. 23, fig. 6. — Latr. Hist. nat. des Crust t. VI, p. 169. — Olivier, Encyclop. t. VIII, p. 646. — Edwards loc. cit. p. 278.

(3) Quoy et Gaimard, Collect. du Muséum. — Edwards, loc. cit p. 278, Pl. 13, fig. 2.

s'en distingue par l'existence de *petits tubercules arrondis sur les pinces* et la partie voisine de la main. Longueur, 10 lignes; pinces jaunes; pates des deux paires suivantes annelées de rouge et de blanc; corps et pédoncules oculaires blanchâtres.

Trouvée par MM. Quoy et Gaimard, à la Nouvelle-Irlande. (C. M.)

25. Pagure chilien. — *Pagurus chilensis* (1).
(Planche 22, fig. 9.)

Espèce très-voisine de la précédente, mais ayant les pédoncules oculaires beaucoup plus longs que le bord antérieur de la carapace.

Habite la côte du Chili. (C. M.)

26. Pagure sillonné. — *Pagurus sulcatus* (2).

Petite espèce, qui ne diffère guère du P. tibicen que par la forme de la troisième pate droite, dont le pénultième article, au lieu d'être arrondi, est comprimé, et présente en dehors, au-dessous de son bord supérieur, un large sillon longitudinal.

Longueur, 10 lignes. Couleur, blanchâtre.

Habite les Antilles. (C. M.)

27. Pagure vieillard. — *Pagurus aniculus* (3).

Dent rostriforme, grande et triangulaire, mais peu avancée. Pédoncules oculaires très-rétrécis vers le milieu, et de même longueur que le bord antérieur de la carapace et la portion basi-

---

(1) Edwards, loc. cit. p. 279.

(2) Edwards, loc. cit. p. 279.

(3) Fabricius, Suppl. p. 411. — Olivier, Encyclop. t. VIII, p. 640. — Latreille, Hist. nat. des Crust. t. VI, p. 163, Encyc. Pl. 312, fig. 2. — Quoy et Gaimard, Voy. de l'Uranie, p. 531, Pl. 79, fig. 1. — Edw. loc. cit.

aire des antennes internes; leurs écailles basilaires très-larges, triangulaires, et rapprochées entre elles. Palpe spiniforme des antennes externes très-petit. Pates antérieures courtes, grosses, presque de même grosseur, et marquées de stries transversales qui en occupent toute la largeur, sont très-éloignées entre elles, et garnies vers le haut de petites épines noires et de poils; doigts très-courts, et terminés par un ongle noir très-gros. Pates des deux paires suivantes courtes, grosses, arrondies, un peu comprimées, et garnies de lignes transversales comme les précédentes; tarses extrêmement courts. Abdomen de la femelle garni en dessus de grandes plaques cornées, transversales, lobées sur leur bord postérieur; trois premières fausses pates ovifères, grandes, terminées par deux articles ciliés, et portant près de leur base une énorme lame foliacée, qui, en se réunissant avec un grand repli tégumentaire et lamelleux placé obliquement sur la face inférieure du ventre, forment une poche ovifère très-vaste; la quatrième fausse pate presque rudimentaire.

Taille, environ 2 pouces. Couleur, jaunâtre lavé de rouge; poils jaunes.

Habite l'Ile-de-France. (C. M.)

C'est la même espèce qui a été décrite une seconde fois par Olivier, sous le nom de *Pagurus ursus* (1).

c. c. *Abdomen portant sous sa base une ou deux paires d'appendices.*

28. Pagure tacheté. *Pagurus maculatus* (2).

Dent rostriforme, mince et alongée. Pédoncules oculaires un peu rétrécis vers le milieu, plus longs que le bord antérieur de la

(1) Encyc. t. VIII, p. 640. — Desmarest, op. cit. p. 179

(2) *Pagurus oculatus*, Risso, Crust. de Nice, p. 59. — Desmarest, Consid. sur les Crust. p. 179. — *P. maculatus*, Risso, Hist. de l'Eur. mérid. t. V, p. 39. — Roux, Crust. de la Méditerranée, Pl. 24, fig. 1-4. — *Pagurus oculatus*, Herbst, t. II, p. 24, Pl 23, fig. 4.

carapace, et dépassant un peu la portion basilaire des antennes internes. Antennes externes de longueur médiocre. *Pates antérieures courtes, épaisses et finement granulées;* main renflée à sa base, mais devenant presque triangulaire vers le haut, garnie en dessus d'une petite crête épineuse, et portant une seconde crête à son bord inférieur; doigts gros, triangulaires, pointus, et se touchant par un bord droit; pates des deux paires suivantes très-comprimées et dentelées sur leur bord supérieur; leur dernier article presque lamelleux, falciforme, et de longueur médiocre; pénultième article des pates de la quatrième paire ne se prolongeant pas notablement au-dessus du tarse, qui est conique et peu mobile. Abdomen du mâle portant à sa partie antérieure et inférieure une paire d'appendices courts, gros et lamelleux, qui sont appliqués contre les orifices génitaux, et qui sont suivis d'une seconde paire d'appendices également symétriques, mais grêles et filiformes; trois fausses pates, terminées par une lamelle simple, fixées sur le côté gauche de l'abdomen comme d'ordinaire. Abdomen de la femelle portant à sa base une paire de fausses pates rudimentaires, appliquées contre la base des pates thoraciques de la première paire, et suivies de quatre appendices ovifères, dont les trois premiers, fixés à des lames longitudinales, étroites, se terminent par deux lamelles, et sont recouvertes par un grand repli latéro-inférieur de la peau de l'abdomen, qui constitue une lame concave, ciliée sur le bord, et dirigée en avant pour loger les œufs; le quatrième filet ne paraît pas donner attache à des œufs, et est simple.

Habite la Méditerranée. (C. M.)

— *Pagurus maculatus*, Risso. — Roux, Crustacés de la Méditerranée, Pl. 24, fig. 1-5. —Edwards, loc. cit. p. 281.

Nous sommes portés à croire que le *Pagurus eremita* de Fabricius (Supplém. p. 413) pourrait bien appartenir à cette espèce. Le Pagure figuré par Baster (Opus. subsus. Pl. 10, fig. 3) semble aussi s'en rapprocher plus que de tout autre.

29. PAGURE CONAGRE. — *Pagurus gonagrus* (1).

Dent rostriforme, mince, pointue et assez avancée. Pédoncules oculaires grêles, et plus longs que le pédoncule des antennes internes et le bord antérieur de la carapace ; leurs écailles basilaires aiguës, et écartées entre elles. *Pates antérieures médiocres, un peu épineuses sur le bord supérieur, et couvertes en dessus de poils longs, serrés et flexibles;* mains courtes et renflées; *pinces fortes, et se touchant par une surface presque plane et très-large.* Pates de la deuxième et de la troisième paire médiocres, comprimées, et poilues sur les bords. Celles de la quatrième paire terminées par un article court, styliforme, et nullement subchéliforme. Abdomen du mâle portant à sa base deux paires d'appendices disposés comme chez le Pagure tacheté, et suivi de trois appendices impairs très-petits; dernière pièce de l'abdomen profondément échancrée au bout. Abdomen de la femelle garni en dessous d'un grand prolongement cutané, falciforme, oblique, de trois fausses pates ovifères, dont les deux premières portent trois lamelles étroites, et d'une paire de fausses pates rudimentaires et symétriques, accolées contre la base des pates thoraciques de la cinquième paire.

Longueur, 2 pouces. Habite les mers de la Chine. (C. M.)

30. PAGURE POILU. — *Pagurus pilosus* (2).

Dent rostriforme large, et à peine saillante. Pédoncules oculaires cylindriques, moins saillans que la portion basilaire des antennes internes, beaucoup moins longue que le bord antérieur de la carapace, et armés en dessus d'une rangée longitudinale de petits points; leurs écailles basilaires petites, pointues, et écartées l'une de l'autre. Filet terminal des antennes externes gros et court. *Pates antérieures très-inégales, et armées de granulations*

(1) Edwards, loc. cit. p. 281.
(2) Edwards, loc. cit. p. 282, Pl. 14, fig. 1.

spiniformes et d'épines, et couvertes en dehors de longs poils flexibles et serrés, qui cachent tout-à-fait la surface de la main; pate gauche la plus forte; sa main renflée, et ses pinces très-comprimées. Les pates suivantes garnies également de poils longs et très-serrés. Plaques abdominales du mâle très-petites, et divisées sur la ligne médiane par un espace membraneux; deux paires d'appendices abdominaux disposés comme chez le Pagure tacheté et le Pagure frontal, suivis de trois fausses pates, terminés par une seule lame très-grande et très-alongée. Chez la femelle, ces appendices ont deux grandes lamelles terminales. Longueur, 3 pouces.

Habite la Nouvelle-Zélande. (C. M.)

31. Pagure frontal. — *Pagurus frontalis* (1).

Dent rostriforme grande, triangulaire, et assez saillante. Front profondément échancré de chaque côté de cette dent, et fortement sillonné près de son bord. Pédoncules oculaires cylindriques, de la longueur du bord antérieur de la carapace, et dépassant de beaucoup le troisième article des antennes internes; les dents squammiformes de leur base petites, bombées, pointues et très-rapprochées. Pates antérieures inégales, renflées, très-finement granulées et un peu épineuses supérieurement. Pates de la deuxième et de la troisième paire lisses, et portant sur leur bord supérieur et sur le tarse quelques pointes spiniformes noires. Pates de la quatrième paire à peine subchéliformes; la paire de pates postérieures extrêmement courte. Abdomen de la femelle garni d'un grand repli cutané subcorniforme, faisant office de poche ovifère et de filets ovifères à deux lames terminales. Le mâle pourvu de deux paires d'appendices abdominaux symétriques, suivis du côté gauche de trois fausses pates très-petites, et à une seule lame terminale. Longueur, environ 4 pouces. Couleur rougeâtre, livide; quelques poils jaunâtres sur la main et les côtés de la carapace.

Rapporté de la Nouvelle-Hollande par MM. Quoy et Gaimard. (C. M.)

---

(1) Edwards, loc. cit. p. 283, Pl. 13, fig. 3.

32. Pagure de Gama. — *Pagurus Gamianus* (1).

Dent rostriforme large, triangulaire, mais peu saillante; front profondément échancré de chaque côté de sa base. Pédoncules oculaires très-grêles, à peu près de même longueur que le pédoncule des antennes, mais beaucoup moins longs que le bord antérieur de la carapace; filet terminal des antennes externes très-court. *Pates antérieures presque égales, épaisses, médiocrement poilues et épineuses.* Pates suivantes lisses en dehors, poilues sur les bords, et un peu épineuses sur leur face interne; tarses gros et de longueur médiocre. Appendices abdominaux du mâle comme dans les espèces précédentes. Abdomen de la femelle garni de deux plaques longitudinales, étroites et très-poilues, qui portent les deux premiers appendices ovifères, du reste disposés comme chez le Pagure gonagre. Longueur, 2 pouces.

Trouvé au cap de Bonne-Espérance par M. Reynaud. (C. M.)

§§ *Espèces ayant l'anneau ophthalmique armé en dessus d'une dent rostriforme mobile, qui s'avance entre les pédoncules oculaires, et qui est dentelé sur les bords.*

33. Pagure soldat. — *Pagurus miles* (2).

Pédoncules oculaires médiocres, ne dépassant pas notablement le pénultième article pédonculaire des antennes internes et externes; leurs écailles basilaires larges, plates, et appliquées contre le prolongement rostriforme. Pates antérieures très-inégales; celle du côté gauche très-forte, et *toute couverte en dessus d'épines plus ou moins acérées.* Les pates suivantes granuleuses et

(1) Edwards, loc. cit. p. 283.

(2) *Cancer miles*, Fab. Ent. Syst. 2, p. 470. — *Cancer Diogenes*, Herbst, t. II, p. 17, Pl. 22, fig. 5. — *Pagurus miles*, Fabricius, Supplém. p. 412. — Latr. Hist. nat. des Crust. t. VI, p. 165. — Edwards, loc. cit. p. 284, Pl. 14, fig. 2.

épineuses en dessus; leur tarse très-long, à bord tranchant, sillonné en dehors, et armé en dessus d'épines. Abdomen du mâle portant quatre fausses pates assez grandes, terminées par une longue lamelle simple. Longueur, environ 3 pouces. Couleur, jaunâtre.

Habite les côtes de l'Inde. (C. M.)

34. Pagure sentinelle. — *Pagurus custos* (1).

Espèce très-voisine de la précédente, dont elle ne diffère que parce que la grosse main est finement granulée en dessus, et n'est armée d'épines que sur le bord supérieur. Le tarse des deux paires de pates suivantes est également dépourvu d'épines. (Dans les individus que j'ai eu l'occasion d'examiner, l'abdomen était tellement déformé par la dessiccation, qu'il était impossible d'en reconnaître le mode de conformation.) Longueur, 2 pouces.

Habite les côtes de l'Inde. (C. M.)

35. Pagure diaphane. — *Pagurus diaphanus* (2).

Espèce très-voisine du Pagure soldat, mais dont la *grosse main est lisse en dessus*, comprimée et articulée obliquement, de manière à former avec le carpe un angle dont le sommet est dirigé en dessus; le carpe fortement dilaté en dedans. Le tarse des pates des deux paires suivantes est lisse en dessus. Enfin il existe chez le mâle deux fausses pates abdominales filiformes à droite, et quatre à gauche.

Habite l'Océan. (C. M.)

On trouve dans divers ouvrages la description de plusieurs espèces de Pagures que nous n'avons pas eu l'occasion d'observer

(1) *Pagurus custos*, Fabricius, Suppl. p. 412. — Latreille, Hist. nat. des Crust. t. VI, p. 165. —Olivier, Encyclop. t. VIII, p. 644. — Edw. loc. cit. p. 284.

(2) *Pagurus diaphanus*, Fabricius, Supplém. p. 412. — *Cancer miles*, Herbst, t. 2, p. 19, Pl. 22, fig. 7. — *P. diaphanus*, Latr. Hist. nat. des Crust. t. VI, p. 165. — Edw. loc. cit. p. 284.

et qui nous paraissent même ne pas être assez bien connues pour être déterminables, telles sont :

Le *Pagurus hungarus* de Fabricius (Suppl. p. 412), figuré par Herbst (op. cit. t. II, p. 26, Pl. 23, fig. 3); espèce qui, suivant Fabricius, habite la mer des Indes, et suivant Herbst se trouve sur la côte de Naples.

Le *Cancer dubius* de Herbst (t. III, p. 22, Pl. 60, fig. 5).

Le *Cancer tampanistus* du même auteur (t. II, p. 25, Pl. 23, fig. 5).

Le *Pagurus pedunculatus* (Herbst, t. III, p. 25, Pl. 61, fig. 2), qui est remarquable par la grosseur des pédoncules oculaires, et dont les mains paraissent être surmontées d'une crête dentelée.

Le *Pagurus araneiformis* de Fabricius (Suppl. p. 414); espèce qui habite les côtes d'Écosse.

Le *Pagurus alatus* de Fabricius (Suppl. p. 413), qui habite les côtes de l'Islande, et qui a les mains lisses et garnies de trois crêtes; peut-être devra-t-elle être rapprochée du P. anguleux décrit ci-dessus.

Le *Pagurus villatus* de Bosc (Hist. des Crust. t. II, p. 8, Pl. 12); espèce dont les mains sont tuberculeuses, et qui se trouve en abondance sur les côtes de la Caroline.

Le *Pagurus pollicaris* (Say, Journ. de l'Acad. de Philad. t. I, p. 162), dont les mains sont granulées et garnies en dessus d'une crête saillante et denticulée; il se trouve sur les côtes de l'Amérique septentrionale.

Le *Pagurus longicarpus* du même auteur (op. cit. p. 163); espèce qui habite les mêmes localités, et qui est remarquable par la forme alongée et presque linéaire des mains et du carpe, dont la surface supérieure est granulée.

Le *Cancer megistus* de Herbst (t. III, p. 23, Pl. 61, fig. 1, *Pagurus megistus*, Oliv. Encyclop.), paraît être une espèce imaginaire dont la portion intérieure du corps appartiendrait à un Pagure voisin du P. pointillé, et dont la nageoire caudale, disposée en éventail, serait prise à quelque Macroure (une Langouste, par exemple).

Enfin, nous ajouterons aussi que le Crustacé fossile décrit par

M. Desmarest sous le nom de *Pagurus faujasii* (Crust. foss. p. 127, Pl. XI, fig. 2), ne nous paraît pas se rapporter à ce genre, mais avoir beaucoup d'analogie avec les Callianasses.

GENRE CÉNOBITES — *Cenobita* (1)

Latreille a donné ce nom à une division très-naturelle de la tribu des Paguriens, qui établit le passage entre les Pagures proprement dits et les Birgus, et qui s'en distingue en ce que l'abdomen est conformé comme celui des Pagures, et les antennes comme celles des Birgus. La forme de la *carapace* est également caractéristique, car ce bouclier, beaucoup plus solide que chez les Pagures, est rétréci et comprimé en avant, et présente, dans sa moitié postérieure, un bord saillant qui sépare sa face supérieure de la portion latérale, laquelle descend verticalement vers les pates (Pl. 22, fig. 11). Les *pédoncules oculaires* sont assez courts, mais grands et comprimés au point d'être presque lamellaires; la cornée en occupe la portion terminale et externe. Les *antennes internes*, insérées un peu en arrière des externes, sont extrêmement grandes (fig. 12); leur premier article, gros à sa base et cylindrique dans ses deux tiers externes, dépasse les yeux et porte un second article encore plus long; le troisième article est un peu plus long que le second, et porte deux filets terminaux, dont l'un est court et sétiforme, l'autre gros, assez long et obtus. Les *antennes externes* sont très-fortement comprimées; leur pédoncule est long, mais n'atteint pas l'extrémité du deuxième article des antennes internes, et leur palpe n'est représenté que par un petit tubercule rudimentaire. Les *pates-mâchoires externes* sont pédiformes, courtes, presque cylindriques et dépourvues de dents

(1) *Cancer?*, Herbst, etc. — *Pagurus*, Fabr. etc. — *Cenobita*, Latreille, Règne anim. de Cuvier, 2e. édit. t. IV, p. 77.

vers leur base. Les *pates* antérieures sont grosses, inégales, et terminées par une main courte et comprimée en dedans (fig. 11 et 13). Les pates de la deuxième et de la troisième paire sont grandes, et ne présentent rien de remarquable ; celles de la quatrième paire sont presque rudimentaires, et leur dernier article a la forme d'un petit tubercule à peine mobile. Les pates de la cinquième paire sont conformées comme chez les Pagures, si ce n'est que chez le mâle leur article basilaire présente un prolongement tubulaire plus ou moins long, à l'extrémité duquel se trouve l'orifice de l'appareil de la génération. L'*abdomen* est membraneux et contourné sur lui-même, comme chez les Pagures, mais moins long. Chez la femelle, il porte du côté gauche trois fausses pates ovifères assez grandes, et fixées à des plaques dorsales ; plus loin, en arrière, on voit une quatrième plaque cornée qui ne porte pas d'appendice. Enfin, à l'extrémité de l'abdomen, se trouve un segment dorsal, corné, portant à son bord postérieur une lame médiane, et de chaque côté un appendice, dont celui du côté droit est de beaucoup le plus petit ; la forme de ces appendices est la même que chez les Pagures. Chez le mâle, tous ces appendices abdominaux, à l'exception de la paire terminale, manquent complétement ; mais on retrouve encore les plaques cornées dorsales, qui indiquent la division de l'abdomen en anneaux.

Ce genre est propre aux mers des pays chauds.

§ *Espèces ayant les pédondules oculaires, presque cylindriques, arrondis sur le bord supérieur, et terminés par une cornée hémisphérique qui dépasse le prolongement de l'article pédonculaire reçu dans l'échancrure de son bord supérieur.*

1. Cénobite cuirassée. — *Cenobita clypeata* (1).

Région stomacale bombée et piquetée ; bord latéral des régions

(1) *Cancer clypeatus*, Herbst, p. 22, Pl. 23, fig. 2. — *Pagurus clypeatus*, Fabr. Suppl. p. 413.

branchiales concave dans sa moitié antérieure. Pédoncules oculaires plus longs que le bord antérieur de la carapace, aussi larges que hauts, et ne se touchant que vers le bout; leur écaille basilaire très-petite. Pates garnies de quelques tubercules peu saillans, et de lignes transversales pilifères; surface externe de la grosse main très-bombée et en général presque lisse; tarses gros, de longueur médiocre, et garnis seulement de faisceaux de poils extrêmement courts; celui de la troisième pate gauche environ quatre fois aussi long que large, et présentant inférieurement un bord obtus. Article basilaire des pates postérieures se prolongeant en un tubercule saillant qui s'avance sur le sternum jusqu'auprès de la base des pates antérieures. Longueur, 4 à 5 pouces. Couleur, rougeâtre violacé.

Habite les mers d'Asie. (C. M.)

2. Cénobite Diogène. — *Cenobita Diogenes* (1).
(Planche 22, fig. 11 à 13.)

Région stomacale à peine bombée. Pédoncules oculaires seulement de la longueur du bord antérieur de la carapace, et presque triangulaires; leur écaille basilaire médiocre et ovalaire. Tarses très-courts. Une crête tranchante et très-saillante sur le bord inférieur des deux derniers articles de la troisième pate gauche. Du reste ne différant presque pas de la Cénobite cuirassée. Longueur, environ 3 pouces.

Habite les Antilles. (C. M.)

Latreille, Hist. des Crust. t. VI, p. 166. — *Cenobita clypeata*, Latreille, Encyclop. Pl. 311, fig. 1; Reg. anim. de Cuvier, 2ᵉ. éd. t. IV, p. 77.

(1) Catesby, Carol. v. II, Pl 33, fig. 1 et 2. — *Pagurus Diogenes*, Latreille, Encyclop. Pl. 284, fig. 2 et 3 (d'après Catesby).

§§ *Espèces dont les pédoncules oculaires sont très-comprimées, terminées supérieurement par un bord assez aigu, et portent une cornée presque triangulaire qui ne dépasse pas sensiblement le prolongement de l'article pédonculaire reçu dans l'échancrure de son bord supérieur.*

3. Cénobite rugueuse. — *Cenobita rugosa.*

Région stomacale presque plate; *bord labial des régions branchiales très-saillant et légèrement courbé. Pédoncules oculaires presque deux fois aussi longs que hauts*, leur écaille basilaire médiocre et pointue. Pates granuleuses et légèrement muriquées; la grosse main médiocre et garnie en dessus d'une rangée de petites crêtes obliques et parallèles. Tarses courts et triangulaires. Bord supérieur et externe des deux derniers articles de la troisième pate gauche élevé en une crête obtuse. Du reste très-voisine des espèces précédentes. Longueur, environ 3 pouces.

Habite l'océan Indien. (C. M.)

Il existe dans la collection du Muséum un Cénobite qui ne paraît pas différer spécifiquement du précédent, et qui est noté comme ayant été apporté de Messine; mais jusqu'ici l'existence des Crustacés de ce genre dans la Méditerranée n'a pas été signalée, et il serait possible qu'il y eût ici quelque erreur d'étiquette.

4. Cénobite comprimée. — *Cenobita compressa* (1).

Région stomacale médiocrement bombée et finement granulée; *bords latéraux des régions branchiales convexes et extrêmement saillans.* Pates des trois premières paires très-finement granulées, et un peu épineuses vers le bout. Tarses triangulaires. (C. M.)

(1) Guérin, Collection du Muséum.

5. Cénobite épineuse. — *Cenobita spinosa.*

Région stomacale très-bombée ; *bord latéral des régions branchiales convexe antérieurement , mais fort peu saillant postérieurement.* Pédoncules oculaires moins d'une fois et demie aussi longs que hauts, très-comprimés ; cornée transparente fort petite ; écailles basilaires assez grandes et pointues. Pates couvertes de petites crêtes dentelées, transversales vers leur base, et de petites épines courtes, dont le nombre et la longueur augmentent vers l'extrémité de ces membres ; grosse main médiocrement bombée. Tarses très-alongés et presque cylindriques. Longueur, environ 4 pouces. Couleur, brun-rouge très-intense.

Habite les mers d'Asie. (C. M.)

6. Cénobite perlée. — *Cenobita perlata.*

Région stomacale peu bombée et verruqueuse; bords latéraux des régions branchiales saillans (mais beaucoup moins que chez le C. comprimé), et un peu concaves antérieurement. Pédoncules oculaires à peu près comme dans l'espèce précédente. *Pates des trois premières paires couvertes de petits tubercules perlés* et presque dénués de poils. Tarses très-courts , presque triangulaires et à peine épineux.

Habite la mer du Sud. (C. M.)

Genre CANCELLE. — *Cancellus* (1).

Cette petite division générique ne s'éloigne que fort peu des Pagures proprement dits , et ne nous est encore qu'imparfaitement connue, car nous n'avons pas observé la femelle de l'unique espèce d'après laquelle nous l'établissons, mais les particularités d'organisation que nous a offertes le mâle, ne nous ont pas permis de rapporter ce Crustacé à

(1) Edw. Ann. des sc. nat.

aucun des genres déjà établis. L'abdomen, au lieu d'être contourné sur lui-même, et de se terminer par une espèce de queue difforme, est parfaitement symétrique; les appendices du pénultième anneau abdominal ont la même forme que chez les Pagures, mais sont semblables des deux côtés, et il n'existe, du reste, aucun autre appendice adhérant à l'abdomen entre ce segment et le thorax.

CANCELLE TYPE. — *C. typus* (1).

Dent rostriforme, large, triangulaire, mais peu saillante; front profondément échancré de chaque côté de sa base. Portion antérieure de la carapace bombée et sans sillons notables. Pédoncules oculaires grêles, dépassant le pédoncule des antennes externes dans près de la moitié de leur longueur, mais cependant plus courts que le bord antérieur de la carapace; cornée transparente très-petite et sans échancrure à son bord supérieur. Antennes externes extrêmement courtes, guère plus de deux fois aussi longues que les pédoncules oculaires. Pates antérieures égales, et déprimées supérieurement; une crête dentelée sur le bord supérieur de la main, qui se réunit à une élévation longitudinale arrondie de la face externe de la main, de façon à former sur le carpe une pyramide à trois faces; face externe de la main un peu verruqueuse; pinces très-courtes. Pates de la seconde paire beaucoup plus grosses et plus longues que celles de la troisième paire, et garnies d'une crête qui s'étend du milieu du troisième article jusqu'à leur extrémité, en décrivant une courbure régulière dont la convexité est en dehors; l'extrémité supérieure de cette crête s'élève comme celle des pates antérieures, en pyramide, et correspond exactement à l'extrémité des pédoncules oculaires, lorsque les pates sont dirigées en avant. Tarses très-courts et assez gros. Pates de la troisième paire très-comprimées. Article basilaire des pates postérieures grand et squammiforme. Abdomen du mâle court, large,

(1 Edw. Ann. des sc. nat. 2e. série, Zool. t. VI, Pl. 14, fig. 3.

garni en dessus de lames transversales très-étroites qui ne portent pas d'appendices, et terminé par une paire d'appendices conformées comme chez les autres Paguriens, mais symétriques, et par une lame médiane également symétrique.

Le Pagure canaliculé figuré par Herbst (1) paraît être très-voisin de cette espèce.

Genre BIRGUS. — *Birgus* (2).

Les Birgus semblent établir le passage entre les Pagures (ou plutôt les Cénobites) et les Lithodes. Leur *carapace*, terminée antérieurement par un rostre horizontal et saillant, est divisée en deux portions, comme chez les Cénobites; la portion antérieure formée par la région stomacale est étroite, mais la postérieure est très-large et ovalaire, les régions branchiales étant très-développées, et formant de chaque côté une espèce de bouclier semi-circulaire qui s'avance au-dessus de la base des pates. Les *pédoncules oculaires* sont gros, arrondis et de longueur médiocre. Les *antennes internes* ont la même conformation que chez les Cénobites, si ce n'est que leur article basilaire est encore plus alongé. La disposition des antennes externes et des pates-mâchoires externes est aussi tout-à-fait la même que chez ces derniers Paguriens. Les *pates* antérieures sont grosses, arrondies et de longueur médiocre; celles des deux paires suivantes sont terminées par un gros article cylindrique, et celles de la quatrième paire, plus courtes que les précédentes, mais pas relevées au-dessus d'elles, sont pourvues d'une main chéliforme, dont les deux doigts sont longs

---

(1) *Cancer canaliculatus*, Herbst, Pl. 60, fig. 6. — Olivier, Encyclop. t. VIII, p. 647.

(2) *Cancer*, Rumph, Linné, Herbst, etc. — *Pagurus*, Fabricius, Latreille, Olivier, Lamarck, etc. — *Birgus*, Leach, Latreille, Desmarest.

et cylindriques; enfin, les pates postérieures, très-courtes et cylindriques, sont relevées sous les parties latérales de la carapace, et terminées par une pince rudimentaire très-obtuse. L'abdomen est très-large, et recouvert en dessus par une petite bande cornée suivie de quatre grandes plaques cornéo-calcaires qui en occupent toute la largeur, et chevauchent les unes sur les autres, comme chez les Macroures. De chaque côté de ces grands segmens on voit une ou deux petites pièces cornées qui semblent être la représentation de la pièce épimérienne des quatre anneaux abdominaux correspondans. Chez la femelle les trois premiers de ces segmens, c'est-à-dire les deuxième, troisième et quatrième anneaux, portent chacun au côté gauche une grande fausse pate formée par une petite pièce basilaire et deux grands appendices étroits et ciliés; du côté droit ces membres manquent, et chez le mâle on n'en voit aucune trace. Toute la face inférieure de l'abdomen est membraneuse, seulement, vers sa partie postérieure, on voit une petite plaque quadrilatère qui donne attache à une seconde plaque saillante, et porte de chaque côté une fausse pate abdominale rudimentaire, composée d'une pièce basilaire, et de deux tubercules mobiles qui rappellent la disposition des appendices du sixième anneau abdominal des Pagures, mais qui est symétrique des deux côtés du corps. Enfin, la plaque terminale dont nous venons de parler est arrondie au bout; il recouvre l'anus, et représente le septième anneau abdominal.

L'appareil respiratoire des Birgus présente des particularités de structure très-remarquables. Les branchies sont au nombre de quatorze de chaque côté du corps, et sont fixées par un pédoncule situé vers le milieu de leur face interne. La cavité respiratoire est très-grande, et les branchies n'en remplissent pas la dixième partie; sa voûte est tapissée inférieurement par une membrane mince et épidermique; mais bientôt celle-ci disparaît et laisse à nu le derme qui se continue avec la membrane dont la carapace est tapissée, et qui est couverte d'une multitude de végétations vasculaires.

BIRGUS LARRON. — *Birgus latro* (1).

Rostre simple et à peu près de la longueur des pédoncules oculaires. Carapace marquée d'un assez grand nombre de petites crêtes, précédées d'une dépression, placées transversalement, et garnies chacune d'une rangée de poils très-courts. Pates garnies de lignes semblables, si ce n'est que souvent, au lieu de poils, elles portent des épines. Pinces et tarses armés d'un grand nombre d'épines courtes, d'apparence cornée. Couleur, rouge lacqueux mêlé de jaune. Longueur de la carapace, environ 6 pouces.

Habite les mers d'Asie. (C. M.)

Le BIRGUS A LARGE QUEUE (2), de Latreille, ne paraît être que le jeune de l'espèce précédente.

TRIBU DES PORCELLANIENS.

Cette petite tribu se compose principalement de Crustacés qui ont tout-à-fait le port des Brachyures, mais qui se distinguent de tous les Décapodes dont nous avons parlé jusqu'ici par leur nageoire caudale, en éventail, plus ou moins semblable à celle des Macroures. Nous ne connaissons qu'un seul genre ayant ce mode de conformation, celui des Porcellanes; mais nous avons

---

(1) *Cancer crementatus*, Rumph, Mus. Pl. 4. — Seba, t. III, Pl 21, fig. 1 et 2. — *Cancer (astacus) latro*, Herbst, t. II, p. 34, Pl. 24. — *Pagurus latro*, Fabricius, Suppl. p. 411. — Bosc, t. II, p. 76. — Latreille, Hist. nat. des Crust. t. VI, p. 164. — Olivier, Encyc. t. VII, p. 639, atlas, Pl. 282. — Lamarck, Hist. des anim. sans vert. t. V, p 221. — *Birgus latro*, Leach. Trans. of the Linn. Soc. vol. XI. — Desmarest, Consid. sur les Crust. p. 180, Pl. 30, fig. 3. — Quoy et Gaimard, Voyage de l'Uranie, Pl. 80.

(2) *Birgus laticauda*, Latreille, Règne anim. de Cuvier, 2e. éd. t. IV, Pl. 12, fig. 2. — Desm. Consid. p. 180.

cru devoir ranger dans la même division les Æglées, qui établissent le passage entre ces Crustacés et les Galathées, et qui jusqu'ici ont été rapprochés de ces dernières, ainsi que les Mégalops, qui, du reste, ne sont peut-être que des jeunes de quelque genre de la famille précédente, dont le développement n'est pas terminé. Pour distinguer entre eux ces trois genres, il suffit de se rappeler que, chez les Porcellanes et les Æglées, les pattes de la cinquième paire sont filiformes et reployées au-dessus des autres, tandis que chez les Mégalops elles sont conformées comme celles-ci, et que les Æglées ont le corps alongé et l'abdomen très-gros, tandis que les porcellanes ont le corps à peu près circulaire et l'abdomen fort mince

Provisoirement nous rangeons encore dans cette tribu les Monolépis de M. Say, que nous n'avons pas eu l'occasion d'observer, mais que nous croyons devoir considérer comme de jeunes crustacés, dont les vrais caractères ne sont pas connus.

Genre PORCELLANE. — *Porcellana* (1).

Le genre Porcellane, établi par Lamarck, a été divisé par M. Leach, mais sans raison suffisante, en deux groupes, dont l'un conserve son nom primitif, et l'autre a reçu le nom de *Pisidie*. M. Desmarest, tout en adoptant cette classification, a cependant fait voir qu'elle reposait sur des caractères inexacts, et ne devait pas être conservée; aussi est-elle aujourd'hui abandonnée.

Les Porcellanes, comme nous l'avons déjà dit, ressem-

---

(1) *Cancer*, Pennant, Herbst, etc. — *Porcellana*, Lamarck, Syst. des anim. sans vert. p. 153. — Latreille, Leach, Desmarest, etc.

blent beaucoup, par leur forme générale, aux Brachyures (Pl. 22, fig. 5). Leur *carapace* est ordinairement aussi large que longue, sub-orbiculaire et déprimée en dessus. Le *front* s'avance au-dessus de l'insertion des antennes internes, et peut même les recouvrir complétement lorsqu'elles se reploient, sans qu'il y ait cependant de fossettes antennaires. Les *yeux* sont petits et logés dans une sorte d'*orbite* dont la paroi supérieure est bien formée, mais dont les limites ne sont déterminées en dedans et en dehors que par les antennes, et dont le bord inférieur est très-court et à peine saillant; ce dernier bord se prolonge au dehors, et il existe entre l'espèce de crête ainsi formée et le bord de la carapace, un sillon profond, d'où naît l'*antenne externe*; ces appendices s'insèrent, par conséquent, en dehors des yeux; leur portion basilaire se compose de trois articles cylindriques, dont le deuxième est le plus grand, et leur tigelle terminale est très-longue. Le *cadre buccal* est quadrilatère, mais beaucoup trop petit pour recevoir les *pates-mâchoires* externes, qui, en se reployant, viennent s'appliquer contre le bord inférieur du front. Ces derniers appendices sont très-grands (fig. 6); leur deuxième article présente du côté interne une grande dilatation lamelleuse à bords arrondis, et son angle antérieur et externe se prolonge de manière à former une dent plus ou moins grosse; le troisième article est beaucoup plus petit, et à peu près triangulaire; les suivans diminuent successivement de grandeur, et sont garnis en dedans de poils très-longs; enfin il existe, comme d'ordinaire, une tige externe ou palpe, terminée par un petit filet multi-articulé, mais il n'y a pas de fouet. Le plastron sternal est très-large et presque circulaire. Les *pates* antérieures sont très-grandes et plus ou moins aplaties; le bras est très-court, et ne dépasse que de peu la carapace; mais le carpe est très-long, et présente en général un prolongement lamelleux qui s'avance au-dessus du bord supérieur de la main lorsque celle-ci se reploie. Les pinces sont fortes et peu ou point dentées. Les pates des trois paires suivantes sont à peu près cylindriques, et terminées par un tarse conique; enfin, celles de la dernière sont très-grêles, reployées au-dessus de la base des autres et terminées par une petite pince didactyle. L'*abdomen* (fig. 7) est large, mais lamelleux, et reployé en dessous contre le sternum; il se compose de sept anneaux distincts, et se termine par une grande nageoire à cinq lames en éventail, formée par le dernier segment et par les appendices de l'anneau précédent; la pièce basilaire de ces appendices est très-courte, et porte deux grandes lames ovalaires à peu près de même grandeur, ciliées sur les bords et divisées en arrière. La pièce médiane de cette nageoire ne dépasse pas les appendices latéraux, et présente des sillons qui semblent indiquer qu'elle est formée par la soudure du septième anneau de l'abdomen, avec une paire d'appendices lamelleux appartenant à ce même segment. Le dessous de l'abdomen est plus ou moins membraneux, et présente chez le mâle une seule paire d'appendices fixés au deuxième anneau, et composés chacun d'une petite tige cylindrique terminée par une lamelle ovalaire. Chez la femelle on y trouve deux ou trois paires de fausses pates ovifères fixées aux deux ou trois anneaux qui précèdent le pénultième, et composées chacune d'une tige multi-articulée. Enfin, les *branchies* sont au nombre de quatorze de chaque côté, et sont disposées par faisceaux de deux au-dessus de la pate-mâchoire externe et de la pate antérieure, et de trois au-dessus des pates des trois paires suivantes; il n'y en a qu'une seule au-dessus de la pate postérieure.

Ces Crustacés sont assez communs sur nos côtes; on les trouve d'ordinaire sous les pierres.

§ A. *Espèces dont le front est entier et ne présente pas de dents latérales.*

a. Front triangulaire.

1. PORCELLANE VIOLACÉE. — *P. violacea* (1).

Carapace presqu'entièrement lisse, et présentant de chaque côté un petit rebord arrondi. *Front* très-incliné, à bords obtus et sans sillon médian, *bord orbitaire supérieur droit*; pédoncules oculaires comprimés et dilatés antérieurement. Antennes externes très-longues. Pates antérieures grandes et finement ponctuées; le carpe très-long, et *terminé antérieurement par un bord droit, mince, très-avancé et non dentelé.* Mains grosses, s'élargissant graduellement, et présentant à la partie externe de leur face supérieure un large sillon longitudinal. Doigts obtus, noirs, presque droits et sans dentelures; les pates des trois paires suivantes courtes et très-larges. Tarses gros et extrêmement courts. Longueur, environ 1 pouce.

Habite les côtes du Chili. (C. M.)

2. PORCELLANE RIDÉE. — *P. striata.*

Carapace de même forme que chez la précédente, mais finement granulée, présentant sur les régions branchiales des stries obliques, et garnie latéralement d'un rebord très-mince. *Front* très-incliné, et présentant en dessus un sillon médian peu profond. *Bord supérieur des orbites concave;* pédoncules oculaires de forme ordinaire. Pates de même forme que dans l'espèce précédente; *une seule dent obtuse et à peine marquée à l'extrémité du bord postérieur du carpe.* Couleur, rougeâtre.

Habite la même localité que la précédente. (C. M.)

---

(1) Guérin, Collection du Muséum.

3. Porcellane alongée. — *P. elongata.*

Carapace beaucoup plus alongée que dans les espèces précédentes, et légèrement granuleuse; région stomacale garnie de deux petites bosses, et séparée du reste de la carapace par un sillon bien distinct; bords latéraux de la carapace minces et tranchans. *Front triangulaire* peu incliné, très-avancé, et présentant un sillon médian profond. Orbites comme dans l'espèce précédente. Pates antérieures à peu près de même forme, mais ayant le *bord postérieur du carpe armé de deux ou trois dents spiniformes*, une dent très-obtuse à la base de son bord antérieur. Du reste très-semblable aux précédentes. Longueur, environ 8 lignes; couleur, jaune rougeâtre.

Habite la Nouvelle-Zélande. (C. M.)

4. Porcellane de Lamarck. — *P. Lamarckii* (1).

Carapace à peu près de même forme que chez la précédente, mais plus rétrécie antérieurement, sans bordure latérale notable, et ne présentant qu'un sillon peu distinct derrière la région stomacale, une petite crête transversale au lieu de bosses à la partie antérieure de cette région. Front triangulaire, avancé, peu incliné, creusé d'un sillon médian et de deux petits sillons obliques qui se terminent à l'angle orbitaire interne; bord supérieur des orbites concave et relevé. *Bord antérieur du carpe armé de trois dents pointues;* une petite crête denticulée au-dessus de son bord postérieur; mains de même forme que les précédentes, et légèrement squammeuses. Pates suivantes plus grêles que chez les précédentes; taille, environ 6 lignes; couleur, rougeâtre, avec des points blancs et rouges.

Habite la Nouvelle-Irlande. (C. M.)

5. Porcellane dentelée. — *P. dentata,*

Carapace comme dans l'espèce précédente. *Front triangulaire*,

---

(1) *Pisidia Lamarckii,* Leach, Dict. des sc. nat. t. XVIII, p. 54.

médiocrement saillant, creusé d'un sillon médian, mais sans sillons latéraux bien marqués. *Bord antérieur du carpe armé de quatre à cinq larges dents aplaties;* son bord postérieur dentelé en scie. Longueur, environ 8 lignes.

Habite les côtes de Java. (C. M.)

6. PORCELLANE RUGUEUSE. — *P. rugosa.*

Carapace à peu près de même forme que dans l'espèce précédente, mais *couverte, ainsi que les pates, de petites crêtes transversales pilifères. Front large, horizontal, avancé, plutôt triangulaire que droit, mais presque aussi saillant latéralement qu'au milieu*, et creusé d'un sillon médian; une épine très-petite sur le bord latéral de la carapace, à quelque distance derrière l'angle orbitaire externe. Carpe médiocre, armé antérieurement de cinq ou six grandes dents aplaties, et en arrière de deux ou trois épines. Longueur, environ 4 lignes; couleur, brun rougeâtre; poils courts et serrés.

Origine inconnue. (C. M.)

La PORCELLANE figurée par M. Savigny dans son grand ouvrage sur l'Égypte (Crust. Pl. 7, fig. 2), est très-voisine de cette espèce, mais ne présente pas d'épines sur le bord postérieur du carpe.

7. PORCELLANE ASIATIQUE. — *P. asiatica* (1).

Cette espèce paraît être très-voisine de la P. rugueuse. D'après les descriptions qui en ont été données par M. Gray, on voit qu'elle s'en distingue par les dentelures du carpe qui sont au nombre de trois, écartées entre elles, alongées et denticulées.

On la dit commune à l'Ile-de-France.

---

(1) *Pisidia asiatica* Leach, Dict. des sc. na., t. XVIII, p. 54. —Desmarest, Consid. sur les Crust. p. 198.— *Porcellana asiaticus*, Gray, Zool miscel. p. 15.

8. Porcelane tachetée. — *P. maculata.*

Carapace lisse, bombée, étroite et très-alongée. *Front presque horizontal, très-avancé, et dilaté de chaque côté.* Une épine sur le bord latéral de la carapace, à quelque distance en arrière de l'angle orbitaire externe. *Carpe étroit, et armé en avant de deux ou trois épines.* Pates suivantes cylindriques. Couleur blanchâtre, avec des taches circulaires d'un rouge foncé. Longueur, environ 6 lignes.

Habite la Nouvelle-Irlande. (C. M.)

9. Porcellane polie. — *P. polita* (1).

Nous ne connaissons cette espèce que par la courte description que M. Gray en a donnée. Il y assigne les caractères suivans : carapace lisse, de couleur brun pourpre, pointillé; front triangulaire avancé et à bords un peu concaves; carpe aplati en dessus, armé sur le bord antérieur de trois longues dents denticulées, et sur le bord postérieur de quelques épines. Longueur de la carapace, 7 lignes; largeur, 7 1/2.

aa. Front droit ou légèrement arrondi.

10. Porcellane sculptée. — *P. sculpta.*

Carapace lisse, bombée et presque circulaire. *Front avancé, peu incliné et terminé, par un bord transversal presque droit. Pates antérieures courtes et bosselées.* Carpe guère plus long que large, sculpté en dessus, et armé en dedans de deux grosses dents aplaties; mains courtes, épaisses, et garnies en dessous de plusieurs crêtes longitudinales tuberculeuses; pinces pointues. Pates suivantes grêles et légèrement poilues. Couleur, rougeâtre, avec de grandes taches blanches. Longueur, environ 3 lignes.

Habite les côtes de Java. (C. M.)

---

(1) Gray, Zool. misc. p. 14.

11. Porcellane pois. — *P. pisum.*

Carapace lisse, très-bombée et circulaire. Front à peu près comme dans l'espèce précédente; *pates antérieures médiocres et lisses;* carpe court et bombé; son bord antérieur mince avancé, et armé de trois dents aplaties; mains courtes, renflées, et présentant au dehors quelques sillons longitudinaux peu marqués. Longueur, 3 lignes; couleur, jaunâtre.

Habite les mers de la Chine. (C. M.)

12. Porcellane verdatre. — *P. viridis* (1).

Cette Porcellane, avec laquelle Latreille a confondu l'espèce précédente, paraît se rapprocher davantage de notre P. sculptée, dont elle se distingue du reste par le nombre des dentelures du carpe. Voici la description que M. Gray en a donnée. Couleur, verdâtre, avec des rides transversales rapprochées et garnies de poils courts et raides; pates bordées de poils. Carpe et pinces un peu convexes et minces; le bord antérieur du carpe est armé de quatre dents triangulaires, courtes et denticulées; une série d'épines sur son bord externe. Front arrondi, avec un sillon médian.

§ 2. *Espèces dont le front est divisé en trois ou en cinq dents ou lobes.*

b. Mains très-larges et aplaties. Pinces triangulaires.

13. Porcellane a crêtes. — *P. cristata.*

Carapace lisse, large, déclive antérieurement, et garnie latéralement d'un rebord arrondi. Front trilobé; le lobe moyen arrondi, et plus grand que les latéraux, qui sont petits; bord supé-

---

(1) *Pisidia viridis*, Leach, Dict. des sc. nat. t. XVIII, p. 53.— *Porcellana viridis*, Gray, Zool. misc. p. 15.

rieur de l'orbite droit. Carpe très-large, dilaté en arrière aussi bien qu'en avant; son bord antérieur avancé, et armé d'un prolongement dentiforme peu saillant, son bord postérieur épais et relevé. Mains de même forme que chez la P. violacée. Pates des trois paires suivantes courtes, grosses, et surmontées d'une *crête mince et élevée*; tarse gros et extrêmement court. Longueur, 9 lignes.

Origine inconnue. (C. M.)

La Porcellane ponctuée (1) de M. Guérin, paraît être très-voisine de l'espèce précédente, mais ne pas avoir de crêtes sur les pates.

14. Porcellane poilue. — *P. pilosa.*

Carapace alongée et très-inclinée. Front divisé en trois lobes, dont le médian est triangulaire et avancé, et les latéraux sont petits et arrondis. Pates très-poilues. Carpe médiocre, bombé, et armé vers la base de son bord antérieur d'un lobe denticulé; quelques épines au devant de ce lobe. Mains courtes et larges. Pates suivantes presque cylindriques. Longueur, 6 lignes; couleur, brunâtre.

Habite les environs de Charlestown, aux Etats-Unis. (C. M.)

15. Porcellane a pates aplaties. — *P. platycheles* (2).

Carapace légèrement bombée et velue sur les côtés. Front avancé, et divisé en trois dents triangulaires et aplaties, dont la

---

(1) *Porcellana punctata*, Guérin, Iconogr. Crust. Pl. 18, fig. 1.

(2) *Cancer platycheles*, Pennant, Brit. Zool. t. IV, Pl 6, fig. 12. — Baster, Opus. subs. t. II, Pl. 4, fig. 3. — Herbst, t. I, Pl. 2, fig. 26. — Olivier, Encyc. t. 6, p. 155. — *Porcellana platycheles*, Lamarck, Syst. des anim. sans vert. p. 153, et Hist. des anim. sans vert. t. V, p. 230. — Latreille, Hist. des Crust. t. VI, p. 75, etc. — Leach, Dict. des sciences nat. t. XVIII, p. 55. — Desmarest, Consid. sur les Crust. p. 195, Pl. 34, fig. 1.

médiane est de beaucoup la plus saillante, et ne présente pas de sillon médian notable. Pates antérieures grandes; le carpe arrondi et armé vers la base de son bord antérieur d'un lobe denticulé. Mains larges, aplaties, et garnies de long poils; leur portion palmaire triangulaire, et presque aussi large que longue, bord des pinces droit et granulé. Pates suivantes grêles et poilues. Longueur, environ 7 lignes; couleur, brunâtre.

Très-commune sur nos côtes. (C. M.)

16. Porcellane front épineux. — *P. spinifrons.*

Carapace granuleuse et bosselée; front peu avancé, et armé de cinq dents, dont la médiane est triangulaire, et les deux mitoyennes situées au-dessus des autres. Carpe aplati, inégal, rebordé postérieurement, et présentant sur son bord antérieur une grande dent basilaire à bord plus ou moins granulé, qui occupe la moitié de sa longueur, et qui est suivie d'une échancrure profonde; main courte et lisse. Longueur, environ 9 lignes; couleur, jaunâtre, avec des lignes rouges, représentant une espèce de réseau.

Habite les côtes du Chili. (C. M.)

17. Porcellane front-lobé. — *P. lobifrons.*

Carapace élargie et un peu ridée postérieurement; front horizontal, mince, avancé, et profondément divisé en trois lobes arrondis, ayant à peu près la même grandeur. Pates antérieures très-grandes; le carpe long, et très-dilaté antérieurement vers sa base; son bord antérieur mince et irrégulièrement denticulé, le postérieur épais et dentellé vers le haut; mains très-alongées. Pates suivantes courtes et grosses. Longueur, environ 10 lignes.

Habite les côtes du Chili. (C. M.)

18. Pocellane tuberculeuse. — *P. tuberculosa.*

Carapace à peu près de même forme que chez la Porcellane à pates aplaties, mais couverte de petites rides transversales pilifères, et présentant sur les côtés quelques petits tubercules. Front profondément divisé en trois lobes, dont le médian, large et arrondi, est creusé d'un sillon médian profond, et les latéraux sont étroits, obtus, et dirigés obliquement en dehors. Pates antérieures à peu près de même forme que chez la précédente, mais couvertes d'un duvet serré. Carpe armé sur son bord antérieur de plusieurs dents, dont deux assez grandes, et présentant en dessus trois séries longitudinales de tubercules, séparés par deux sillons, la série médiane est la plus nombreuse et la plus élevée; quelques tubercules semblables sur la face supérieure de la main. Longueur, environ 8 lignes.

Habite les côtes du Chili. (C. M.)

19. PORCELLANE VOISINE. — *P. affinis* (1).

Cette espèce paraît être très-voisine de la précédente, mais s'en distingue par la forme du front. Voici les caractères que M. Gray lui a assignés. Carapace brunâtre, lisse; front à peine avancé, et divisé en trois lobes, dont le médian est large et à bords lisses; carpe convexe, plus long que large, ayant le bord antérieur uni et un peu avancé, et le côté postérieur garni d'un rebord subsquammeux.

Origine inconnue.

bb. Mains longues, étroites et épaisses; pinces grêles.

20. PORCELLANE LONGICORNE. — *P. longicornis* (2).

Carapace bombée, presque circulaire, assez lisse, et présentant latéralement un petit bord mince. Front divisé en trois lobes,

---

(1) Gray, Zool. miscel. p. 15.

(2) *Cancer longicornis*, Pennant, British Zoology, v. IV, Pl. 1. fig. 3. — Olivi. Zool. adriat. p. 44. — Herbst, v. II, Pl. 47, fig. 3. — Latreille. Encyclop. Pl. 275, fig. 3 (d'après Pennant). — *Pisidia longicornis*, Leach. — Desmarest, Consid. sur les Crust. p. 198.

Nous ne voyons aucune raison suffisante pour séparer de cette espèce le *Cancer hexapus* de Herbst (t. II, Pl. 47, fig. 4), qui dont le médian est creusé d'un sillon si profond, qu'il paraît bidenté; les lobes latéraux triangulaires et presque aussi saillans que le médian. Pates antérieures longues; le carpe arrondi, et présentant en dedans un bord droit ou sinueux. Mains étroites dans le jeune âge, et présentant alors des arêtes longitudinales qui s'effacent peu à peu; chez l'adulte elles sont très-inégales, et l'une d'elles devient très-renflée. Pinces grêles et recourbées en dedans; elles se touchent d'abord par toute leur longueur, mais par les progrès de l'âge elles se recourbent, de manière à laisser entre elles un vide bien notable. Pates suivantes grêles et à peine poilues. Longueur, environ 3 lignes.

Très-commune sur nos côtes. (C. M.)

Say a décrit deux espèces de Porcellanes (1) qui habitent l'Amérique septentrionale, mais il a omis de mentionner plusieurs des caractères les plus importans pour la détermination des espèces de ce genre; aussi, en attendant qu'on les ait examinés de nouveau, nous paraît-il difficile de les distinguer.

Genre ÆGLÉE. — *Æglea* (2).

Nous croyons devoir rapprocher des Porcellanes plutôt que des Galathées les petits Crustacés dont M. Leach a formé le genre Æglée; jusqu'ici on les a placés à côté de ces dernières, mais la conformation de leur abdomen nous paraît indiquer que leur place naturelle est dans la section des Anomoures.

---

nous paraît être un individu femelle; ni la *Pisidia linneana* de M. Leach (Dict. des sc. nat. t. XXXVIII, p. 54.—Desm. op. cit. p. 197. — *Porcellana Leachii*, Gray. loc. cit.), que nous croyons être le mâle adulte, tandis que la description donnée par MM. Leach et Desmarest de leur *P. longicornis* ne s'accorde qu'avec le jeune âge de ce Crustacé.

(1) *Porcellana sociata*, Journ. of the Acad. of sc. of Philad. vol. I, p. 56. — *Porcellana galathina*, Say, loc. cit. p. 458.

(2) *Galathea*, Latreille. — *Æglea*, Leach, Dict. des sc. nat. — Desmarest, op. cit.

La *carapace* des Æglées est déprimée, et beaucoup plus longue que large; elle est divisée en deux portions par un sillon qui sépare la région stomacale des régions cordiale et branchiales : ces dernières sont dilatées et terminées en dehors par un bord tranchant. Le *front* est armé d'un rostre, à la base duquel on voit de chaque côté une échancrure qui représente l'orbite. Les *pédoncules oculaires* sont très-courts et dirigés en avant. Les *antennes internes* s'insèrent au-dessous des pédoncules oculaires, et leur tige, très-courte, se replie entre ces organes et la base du rostre; leur article basilaire est globuleux. Les *antennes externes* s'insèrent sur la même ligne que les internes, dans l'angle latéral de la carapace; leur pédoncule se compose de quatre articles, dont les trois premiers sont extrêmement petits, et le quatrième est cylindrique et plus alongé. Le *cadre buccal* est plus large en avant qu'en arrière, et n'est pas séparé de l'épistome. Les *pates-mâchoires* externes sont pédiformes; leurs deuxième et troisième articles ne sont guère plus gros que les trois derniers, et sont dépassés par le palpe. Le *plastron sternal* est triangulaire et très-large à sa base, qui est située entre les pates de la quatrième paire; le dernier segment du thorax est très-mobile et assez développé. Les *pates* antérieures sont de longueur médiocre, mais grosses et renflées; elles sont dirigées en avant, et non pas en dehors comme chez les Porcellanes, et se reploient en dessous; la pince est forte et légèrement creusée en cuillère au bout. Les pates des trois paires suivantes sont grêles et médiocres; leur tarse est styliforme et assez alongé. Les pates postérieures sont grêles, cylindriques, presque filiformes, terminées par une pince rudimentaire, et reployées au-dessus de la base des autres, ou même dans la cavité branchiale. L'*abdomen* est moins long que la carapace, et habituellement recourbé en dessous contre le thorax; il est même impossible de le redresser complétement; enfin il est très-large et garni de sept segmens crustacés en dessus, mais complétement membraneux en dessous; la nageoire qui le termine est très-large, mais sa pièce médiane (formée par le septième anneau abdominal) est petite et ne forme pas éventail avec les pièces latérales qui en sont très-écartées, et sont portées sur un article basilaire très-long. Chez le mâle, les cinq premiers anneaux de l'abdomen sont complétement dépourvus d'appendices; mais chez la femelle il existe quatre paires de fausses pates ovifères, simples, presque membraneuses, et terminées chacune par une petite lame ovalaire.

On ne connaît qu'une seule espèce de ce genre.

ÆGLÉE LISSE. — *Æglea lævis* (1).

Carapace finement piquetée; rostre légèrement incurvé et pointu; bords latéraux de la carapace armés de trois petites dents, dont une située à son angle interne, la seconde vers le milieu de la région stomacale, et la troisième derrière le sillon qui sépare cette région de la région branchiale. Pates antérieures plus fortes chez le mâle que chez la femelle; bras prismatique et denté sur les trois bords; carpe et main armés en dessus de plusieurs petites dents. Anneaux de l'abdomen divisés en trois lobes par deux sillons longitudinaux. Longueur, environ 2 pouces.

Habite les côtes du Chili. (C. M.)

GENRE MÉGALOPE. — *Megalops* (2).

Les petits Crustacés qu'on a désignés sous le nom générique de Mégalope ont beaucoup d'analogie avec les Galathéides, aussi bien qu'avec les Porcellaniens, et si ce sont réellement des animaux déjà parvenus à leur entier développement, ils devront établir le passage entre les Décapodes Anomoures et Macroures, car leur abdomen, quoiqu'il ne présente

(1) *Galathea lævis*, Latreille, Encyclop. Pl. 308, fig. 2. — *Æglea lævis*, Leach, Dict. des sc. nat. t. XVIII, p. 49 — Desmarest, Consid. sur les Crust. p. 187, Pl. 33, fig. 2. — Edwards, Atlas du règne anim. Crust. Pl. 47, fig. 3.

(2) *Cancer*, Muller, Montagu, etc. — *Megalops*, Leach, Desmarest, Latreille, etc.

pas à son extrémité cinq lames réunies en éventail comme chez ces derniers, est très-développé et sert à la natation; mais nous sommes porté à croire que ce sont seulement des jeunes de quelque Anomoure de la première famille, et que .orsqu'on les aura mieux étudiés on les rayera de la liste des genres dont se compose l'ordre des Décapodes, ou du moins on leur assignera une place et des caractèrres différens.

L'aspect général des Mégalopes est tout-à-fait celui propre aux jeunes Décapodes, et ils ont beaucoup d'analogie avec les jeunes Dromies. Leur *carapace* est courte, large, un peu déprimée, et terminée antérieurement par un petit rostre très-large à sa base. Les *yeux* sont extrêmement gros et saillans. Les *antennes externes* sont très-courtes, conformées comme chez les Brachyures, et reployées sous le rostre; celles de la seconde paire sont courtes et insérées en dehors des précédentes. Les *pates-mâchoires externes* ont leurs deuxième et troisième articles très-larges, et constituant un opercule au devant de la bouche, tandis que les articles suivans sont très-étroits. Le *plastron sternal* est très-large, et creusé d'un sillon pour recevoir l'abdomen lorsque celui-ci se reploie en dessous. Les *pates* sont courtes; celles de la première paire se terminent par une main didactyle légèrement renflée; les autres sont monodactyles, et ne présentent rien de particulier. L'*abdomen* a la même forme générale que chez les Macroures, mais est beaucoup plus étroit que le thorax, et peut se reployer en dessous et se loger dans un sillon du plastron sternal; il est garni en dessous d'une double série de fausses pates natatoires semblables à celles des Macroures, et se termine par une nageoire caudale, conformée à peu près de la même manière que chez ces Crustacés, mais composée seulement de trois lames, savoir : une pièce médiane formée par le septième segment de l'abdomen, et deux pièces latérales fixées au segment précédent. Enfin, il est aussi à noter que chez ces Crustacés les *branchies* sont disposées comme chez les Brachyures : on n'en voit pas sur les deux derniers anneaux du thorax.

Les Mégalopes se rencontrent principalement en haute mer, et paraissent se trouver ordinairement en compagnie avec de jeunes Crustacés appartenant aux genres Lupée, Thalamite et Grapse. On en a décrit trois espèces.

1. Mégalope de Montagu. — *M. Montaguii* (1).

« Rostre entier terminé par une seule épine dirigée en avant ; carapace inerme postérieurement ; hanches des huit premières pates pourvues en dessous d'une petite épine recourbée. » Longueur, 3 lignes.

Trouvée sur les côtes d'Angleterre.

2. Mégalope armée. — *M. armata* (2).

« Rostre entier terminé par une seule pointe en avant ; carapace pourvue postérieurement dans son milieu d'une carène qui se prolonge en une pointe droite aiguë, s'étendant jusqu'au commencement du quatrième article de l'abdomen ; hanches des quatre premiers pieds seulement pourvues d'une petite épine recourbée. »

Même longueur que la précédente et trouvée sur la même côte.

3. Mégalope mutique. — *M. mutica* (3).

Rostre replié en dessous et canaliculé ; carapace tronquée et inerme postérieurement ; point d'épines sur les hanches des pates ; ongles épineux en dessous. Longueur, 5 à 6 lignes.

Trouvée près de l'embouchure de la Loire.

Le *Cancer færoensis* de Müller (4) appartient à ce genre.

---

(1) *Cancer rhomboidalis*, Montagu. Trans. of the Lin. soc. vol. 7, Pl. 6, fig. 1. — *Megalops Montagu*, Leach, Malac. Pod. Brit. Pl 16, fig. 1 6. — Desm. Consid sur les Crust. p. 201.

(2) Leach, Malac. Pl. 16, fig. 7-9. — Desmarest, loc. cit.

(3) Desmarest, op. cit. p. 201, Pl. 34, fig. 2. — Guérin, Icon. Crust. Pl 18, fig. 3.

(4) Fauna danica, t. III, p. 56, Pl. 114, fig. 1-3.

GENRE MONOLEPIS. — *Monolepis* (1).

Je suis porté à croire que le genre Monolepis de Say ne devra pas être conservé, et n'a été fondé que sur de jeunes Crustacés dont le développement n'était pas encore terminé; mais, ne les ayant pas observés par moi-même, je ne puis me former une opinion arrêtée à cet égard. Quoi qu'il en soit, les Monolepis paraissent avoir la plus grande analogie avec les Mégalopes, et surtout avec les jeunes Dromies; ils se distinguent des premiers par leurs pates postérieures petites, reployées au-dessus des angles postérieurs du test, et terminées par des soies très-longues. La *carapace* de ces petits Crustacés est convexe, oblongue d'avant en arrière, un peu rétrécie en avant, et terminée par un petit rostre. Les *yeux* sont très-grands, et sont éloignés entre eux. Les *antennes internes* sont épaisses et cachées sous les côtés du rostre; leur article basilaire est arrondi, et leur extrémité bifide. Les *antennes externes* sont insérées entre les pédoncules oculaires et les angles du cadre buccal; elles sont coudées entre le troisième et le quatrième article. Les *pates-mâchoires externes* sont inermes, et se composent d'articles subégaux, dont le dernier est brusquement rétréci. Les *pates* sont de longueur médiocre; celles de la première paire sont didactyles, et celles des trois paires suivantes monodactyles; celles de la cinquième paire sont très-petites, terminées par des soies alongées, et reployées au-dessus des angles postérieurs de la carapace. L'*abdomen* est semi-cylindrique, reçu dans une fosse profonde du plastron sternal, et terminé par une nageoire composée de trois lames, comme celle des Mégalopes; on y trouve aussi des fausses pates natatoires assez grandes, dont la lame terminale interne est très-petite. Enfin

(1) Say, Journ. of the Acad. of Philadelphia, vol. I, p. 155. — Desm. Consid. sur les Crust. p. 199. — Latreille, Reg. anim. de Cuv. 2e. édit. t. IV, p. 85.

la lame placée de chaque côté du dernier segment abdominal est petite, subovale, ciliée, et portée sur un petit pédoncule.

Say décrit deux espèces appartenant à ce genre.

1. Monolepis inerme. — *M. inermis* (1).

Carapace inégale, armée d'une dent de chaque côté des yeux; un tubercule tronqué au bout et de la longueur du pédoncule oculaire situé derrière chaque œil sur le bord inférieur du corps. Pates antérieures assez petites; mains renflées. Tarses simples, de la longueur de l'article précédent. Longueur, environ 3 lignes.

Habite les côtes du Maryland.

2. Monolepis spinitarse. — *M. spinitarsus* (2).

Carapace assez saillante entre les yeux; tubercules latéraux à peine marqués; tarses armés en dessous de sept épines raides et acérées.

Habite les côtes de la Caroline du sud.

---

(1) Say, loc. cit. p. 157.
(2) Say, loc. cit. p. 158.

SECTION
DES DÉCAPODES MACROURES.

Cette division de l'ordre des Décapodes a pour type l'Ecrevisse, et comprend tous les Crustacés à branchies thoraciques internes les mieux organisés pour la nage. On les reconnaît facilement au grand développement de leur abdomen et à la grande nageoire en forme d'éventail qui termine postérieurement leur corps.

La *carapace* des Macroures est presque toujours beaucoup plus longue que large, et en général ne se prolonge que peu ou point latéralement au-dessus de la base des pates (1); d'ordinaire il n'y a point de ligne de démarcation entre les pièces supérieures et latérales de ce bouclier, et les régions branchiales se réunissent presque sur la ligne médiane du dos, mais restent séparées de la région stomacale par un sillon. En général, le front est armé d'un rostre que recouvre l'anneau ophthalmique, mais qui ne se réunit pas en dessous à l'anneau antennulaire, de manière à entourer la base des pédoncules oculaires, comme nous l'avons vu chez les Brachyures. Les divers anneaux du thorax sont en général tous soudés entre eux; quelquefois cependant le dernier segment reste mobile. Le *sternum* est très-étroit en avant, et chez la plupart

(1) Pl. 23, fig. 1; Pl. 24, fig. 1, 6, 11, 15; Pl. 25, fig. 1, 8, etc.

de ces animaux est presque linéaire dans toute sa longueur, et ne constitue pas un plastron ventral; quelquefois cependant il s'élargit beaucoup vers la partie postérieure du thorax, et prend la forme d'un bouclier horizontal. Les flancs sont à peu près verticaux, et les cloisons apodémiennes se réunissent de manière à former un canal sternal médian qui loge le système nerveux, l'artère sternale, etc. (1).

Les *antennes* sont très-développées, et se trouvent en général à peu près sur la même ligne; celles de la première paire (les antennes internes) ne se reploient jamais dans une fossette, comme chez les Brachyures et la plupart des Anomoures; leur pédoncule est alongé, et elles portent en général deux ou quelquefois même trois filets terminaux grêles, sétacés et très-longs. Les antennes externes présentent presque toujours au-dessus de leur base un appendice qui représente le palpe de ces membres et qui est analogue à l'épine mobile que nous avons vue chez les Pagures; seulement cet appendice constitue ordinairement une grande lame horizontale.

Le *cadre buccal* est en général à peu prés carré, et n'est pas distinctement séparé de l'épistome. Les *pates-mâchoires externes* ne sont presque jamais operculiformes, comme chez les Brachyures; leurs second et troisième articles ne sont que peu ou point élargis, et les trois derniers articles sont très-développés; aussi ces organes ressemblent-ils à de petites pates ordinaires qui seraient reployées contre la bouche; quelquefois même ils servent à la locomotion, et ressemblent exactement aux pates thoraciques; en

(1) Pl. 23, fig. 3.

général ils sont dépourvus d'appendice flabelliforme. Les *mandibules* sont en général robustes, mais manquent quelquefois d'appendice palpiforme. Les *pates thoraciques* sont en général longues et grêles. Celles de la première paire, ou des deux premières paires, se terminent le plus souvent par une pince didactyle, et il arrive quelquefois que celles de la cinquième paire sont plus ou moins rudimentaires et non ambulatoires. L'*abdomen* est presque toujours beaucoup plus grand que le thorax, et présente une épaisseur considérable; les sept anneaux qui le composent sont tous mobiles; les cinq premiers portent d'ordinaire chacun une paire de fausses pates natatoires composées d'un article basilaire gros et cylindrique, et en général de deux lames terminales, longues et ciliées sur les bords. Les appendices du sixième anneau sont beaucoup plus grands, et dirigés en dehors, tandis que les précédens sont dirigés en bas; leur article basilaire est court, mais porte deux lames très-grandes, qui constituent, avec la pièce médiane formée par le septième anneau, une grande nageoire caudale à cinq feuillets disposés en éventail (1).

L'organisation intérieure des Macroures diffère également de celle des Brachyures et même des Anomoures. Leur *système nerveux* se compose de ganglions dont la concentration est bien moindre; les centres nerveux du thorax sont souvent tous distincts, et il existe une série de six ganglions dans l'abdomen. La disposition du *système circulatoire*, et surtout des sinus veineux, présente des particularités que nous

---

(1) Pl. 23, fig. 1, etc.

La conformation des pates varie : les fausses pates abdominales sont moins développées que dans les familles suivantes, et ne présentent souvent qu'une seule lame terminale foliacée (1).

Enfin nous ajouterons aussi que, dans ce groupe, la centralisation des ganglions nerveux du thorax paraît être portée plus loin que dans aucun autre Crustacé Macroure.

On peut diviser les Macroures cuirassés en cinq tribus naturelles caractérisées de la manière suivante :

MACROURES CUIRASSÉS ayant	les pates de la cinquième paire très-grêles, non ambulatoires, et reployées au-dessus de la base des pates précédentes.			GALATHEIDES.
	les pates de la cinquième paire semblables aux précédentes, et point reployées au-dessus de celles-ci.	les pates des trois premières paires terminées par une pince didactyle.		ERYONS.
		Toutes les pates monodactyles; celles de la première quelquefois imparfaitement subchéliformes.	Antennes externes très larges et foliacées.	SCYLLARIDES.
			Antennes externes cylindriques et de forme ordinaire.	LANGOUSTIENS.

TRIBU DES GALATHÉIDES.

Ce petit groupe établit à plusieurs égards le passage entre les Décapodes Anomoures et Macroures, et se rapproche surtout des Porcellanes, dont il se distingue cependant par le grand développement qu'offre l'abdomen.

(1) Pl. 23, fig. 2, *d*, fig. 5, etc.

La *carapace* de ces Crustacés est déprimée et assez large, mais cependant plus longue que large; elle se termine antérieurement par un rostre plus ou moins saillant qui recouvre la base des pédoncules oculaires, et elle présente sur sa surface supérieure plusieurs sillons, dont un, plus profond que les autres, limite en arrière la région stomacale. Les *antennes* s'insèrent sur la même ligne transversale; les internes se trouvent sous les pédoncules oculaires et sont peu alongées; elles se terminent par deux petits filets multi-articulés très-courts. Les antennes externes ne présentent à leur base aucune trace d'appendices palpiformes; leur pédoncule est cylindrique, et leur filet terminal long et grêle. Les *pates-mâchoires externes* sont toujours pédiformes, mais leur conformation varie un peu. Le *plastron sternal* s'élargit beaucoup vers sa partie postérieure, et le dernier anneau thoracique en reste ordinairement distinct. Les *pates* antérieures sont grandes et terminées par une pince bien conformée; les pates des trois paires suivantes sont assez fortes et se terminent sur un tarse conique; enfin celles de la cinquième paire sont extrêmement grêles, et reployées au-dessus des autres dans la cavité branchiale; elles ne servent pas à la locomotion, et se terminent par une main rudimentaire. L'*abdomen* est aussi large et plus long que le thorax; il est bombé en dessus et armé de chaque côté d'une série de quatre ou cinq grosses dents formées par l'angle latéral de l'arceau supérieur des divers anneaux dont il se compose; il se termine, comme chez la plupart des Macroures, par une large nageoire lamelleuse disposée en éventail. Le nombre de fausses pates suspendues sous l'abdomen varie; chez le mâle on en trouve cinq paires, dont les deux premières sont grêles et alongées, et les trois dernières terminées par une lame ovalaire ciliée sur les bords ; chez la femelle le premier anneau de l'abdomen est dépourvu d'appendices, et les quatre segmens suivans portent chacun une paire de fausses pates composées de trois articles placés bout à bout et garnis de poils auxquels s'attachent les œufs.

Cette tribu correspond au genre Galathée de Fabricius, et a été divisée par Leach en quatre genres, savoir : les Galathées proprement dites, les Munidées, les Grimothées et les Æglées. Trois de ces groupes génériques nous paraissent devoir être conservés ; mais, ainsi que l'a déjà fait remarquer M. Desmarest, le genre Munidée ne présente pas des caractères distinctifs suffisans pour pouvoir être adopté dans une classification naturelle. Quant au genre Æglée, nous avons déjà vu qu'il se rapproche des Porcellanes plus que des Galathées proprement dites, et prend place dans la section des Anomoures. Nous ne conserverons donc, dans la tribu des Galathéides, que :

1°. Les Galathées proprement dites, dont les pates-mâchoires externes ne sont pas lamelleuses ou foliacées vers le bout ;

2°. Et les Grimothées, dont les deux derniers articles des pates-mâchoires externes sont élargies et foliacées.

GENRE GALATHÉE. — *Galathea* (1).

Les Galathées se nourrissent au premier abord par la conformation de leur *carapace*, dont toute la surface est couverte de sillons transversaux garnis de petits poils disposés en brosse. Les régions hépatiques sont en général bien distinctes des branchiales, et occupent avec la région stomacale près de la moitié de l'espace de la carapace. Le *rostre* est saillant et épineux; les yeux sont gros et dirigés en dessous; il n'existe aucun vestige d'orbite. On remarque une épine au-dessus de l'insertion des antennes externes, et deux autres sur la partie antérieure de la région stomacale. L'article basilaire des *antennes internes* est cylindrique et armé à son extrémité antérieure de plusieurs fortes épines; les deux articles suivans sont grêles et à peu près de même longueur que le premier. Le pédoncule des *antennes externes* se compose de trois petits articles cylindriques, dont le dernier est beaucoup plus court que les autres. Les *pates-mâchoires externes* sont médiocres, et leurs deux derniers articles ne sont ni foliacés, ni même élargis. Les pates antérieures sont longues et déprimées. L'*abdomen* ne présente rien de remarquable.

§ *Espèces dont les pates-mâchoires externes présentent, sur le bord interne de leur deuxième article, une rangée de dents.*

* *Le troisième article des pates-mâchoires externes moins long que le second.*

1. GALATHÉE STRIÉE. — *Galathea strigosa* (2).

Rostre triangulaire et armé de sept fortes dents spiniformes très-avancées. Bords latéraux de la carapace armés de fortes dents spi-

(1) *Cancer*, Lin., Degéer, Herbst, etc. — *Galathea*, Fabricius, Suppl. p. 414. — Latreille, Règne anim., etc. — *Galathea* et *Munidea*, Leach et Desmarest.

(2) *Petite Ecrevisse de mer?* Rondelet, Poissons, t. II, p. 390.

miformes. Trois longues épines à l'extrémité antérieure du premier article des antennes externes; une grosse épine au-dessus du tubercule auditif, deux plus petites sur le premier article des antennes externes, et une sur le second article de ces organes. Pates-mâchoires externes courtes, dépassant à peine le rostre lorsqu'elles sont étendues; leur troisième article beaucoup plus court que le second, et armé au-dessous de deux fortes épines. Pates antérieures longues, déprimées et très-épineuses; la main fort large bordée d'épines, et garnie en dessus de petits sillons pilifères qui ressemblent à des écailles imbriquées; pinces courtes, larges et terminées en cuillère. Pates des deuxième et trosième paire de la même longueur. Abdomen sillonné en travers, mais sans épine; son septième segment peu élargi et beaucoup plus étroit en arrière qu'en avant. Couleur rougeâtre, avec quelques lignes bleues sur la carapace. Longueur, environ 5 pouces.

Habite la Méditerranée et l'Océan. (C. M.)

2. Galathée rugueuse. — *Galathea rugosa* (1).

Rostre formé par une longue épine styliforme, à la base de laquelle naît de chaque côté une épine semblable, mais moins longue. Article basilaire des antennes internes plus alongé que

---

— *Astacus similis pediculo marino*, Aldrovandi, Crust. p. 123. — *Cancer strigosus*, Lin. Syst. nat. — Herbst, t. II, p. 50, Pl. 26, fig. 2. — Rœmer, Genera Insect. Pl. 32, fig. 1. — Pennant, Brit. Zool. t. I, Pl. 14, fig. 26. — *Ecrevisse striée*, Degéer, Mém. pour servir à l'hist. des Insectes; t. VII, Pl. 23, fig. 1. — *Galathea strigosa*, Fabr. Suppl. p. 414. — Latr. Hist. des Crust. t. VI, p. 198; et Encycl. Pl. 294, fig. 2, et Pl. 326, fig. 1. — Lamarck, Hist. des an. sans vert. t. V, p. 214. — *Galathea spinigera*, Leach, Malac. Pod. Brit. Pl. 28, B, et Dict. des Sc. nat. t. XVIII, p. 51.—*G. strigosa*, Desmarets, Consid. sur les Crust. p. 189, Pl. 33, fig. 1. — Roux, Crust. de la Médit. Pl. 16.— Guérin, Iconog. Crust. Pl. 17, fig. 3. — Edw. Règne anim. de Cuvier, 3e. édit. Crust. Pl. 47, fig. 1.

(1) *Lion*, Rondelet, Poissons, t. II, p 390. — Aldrovande, Crust. p. 123. — *Cancer Bamffius*, Pennant, Brit. Zool. t. IV, Pl. 13, fig. 25. — Herbst, t. II, p. 58, Pl. 27, fig. 3. — *Galathea rugosa*,

dans l'espèce précédente. Pates-mâchoires conformées de la même manière, si ce n'est que le troisième article est un peu plus long et ne présente en dessous qu'une seule grosse épine. Pates antérieures extrêmement longues, grêles et cylindriques; pinces très-longues, faibles et cylindriques. Pates de la deuxième paire plus longues que celles de la troisième paire. Quelques épines sur le bord antérieur des deuxièmes et des troisièmes anneaux de l'abdomen. Septième segment (ou lame médiane de la nageoire caudale) extrêmement large et peu ou point rétréci en arrière. Couleur rougeâtre; poils jaunes. Longueur, environ 3 pouces.

Habite nos côtes. (C. M.)

** *Le troisième article des pates-mâchoires externes beaucoup plus long que le second.*

2. Galathée porte-écaille. — *Galathea squammifera* (1).

Rostre court, large et armé de neuf dents spiniformes. Dents des bords latéraux de la carapace fortes. Premier article des antennes internes court et élargi en dehors. Pates-mâchoires externes longues, dépassant de beaucoup le rostre lorsqu'elles sont étendues; une rangée d'épines sur le bord inférieur de leur troisième article. Pates antérieures larges, aplaties, épineuses sur les

---

Fabr. Suppl. p. 415. — Latreille, Hist. nat. des Crust. t. VI, p. 198; etc. — *Galathea longipeda*, Lamarck, Syst. des anim. sans vert. p. 158 — *G. rugosa*, ejusdem, Hist. des anim. sans vert. t. V, p. 214. — *G. Bamffia*, Leach, Edinb. Encycl t. VII, p. 398. — *Munida rugosa*, ejusdem, Malac. Pod. Brit. tab. 29; et Dict. des sc. nat. t. VIII, p. 52. — Desmarest, Consid. sur les Crust. p. 191.

(1) *Galathea strigosa?* Bosc, t. II, Pl. 12, fig. 2 — Latreille, Hist. nat. des Crust. t. VI, Pl. 53, fig. 2. — *Galathea Fabricii*, Leach, Encycl. Brit Suppl. Pl. 21. — *Galathea squamifera*, Leach, Malac. Pod. Brit. Pl. 28, A; et Dict. des sc. nat. t. XVIII, p. 51. — Latreille, Encyclop. Pl. 321, fig. 1-8 (d'après Leach).

bords et garnies en dessus de tubercules squammiformes. Longueur, environ 2 pouces. Couleur, brun verdâtre.

Habite nos côtes. (C. M.)

§ 2. *Espèces dont les pates-mâchoires externes ne présentent pas de dentelure sur le bord interne de leur deuxième article.*

3. Galathée monodonte. — *Galathea monodon.*

Rostre formé par une longue dent spiniforme et droite, à la base de laquelle se trouvent deux petites épines très-courtes. Bords latéraux de la carapace à peine dentés et peu distincts. Pates antérieures médiocres et grêles, dentées en dessus et en dessous. Pinces étroites. Longueur, environ 3 pouces.

Habite les côtes du Chili.

Fabricius a décrit, sous le nom de *Galathea amplectens* (1), un Crustacé qui habite les côtes du Brésil et qui paraît être phosphorique; mais nous doutons que ce soit une véritable Galathée, car il a la carapace lisse. A ce caractère Fabricius ajoute seulement que le rostre est court et échancré, et les pieds intermédiaires très-longs.

Ainsi que l'a très-bien établi M. Desmarest, le genre Calypso de M. Risso (1) doit être considéré comme un genre factice, qui paraît avoir été établi sur une mauvaise figure de Rondelet appartenant probablement à la Galathée striée.

(1) *G. amplectens*, Fabr. Suppl. p. 415. — *G. phosphorica*, Latr. Hist. des Crust. t. VI, p. 199.

(2) *Calypso periculosa*, Risso, Crustacés de Nice, p. 74. Pl. 3, fig. 1. — *Janira periculosa*, ejusdem op. cit. p. 175. — Voyez Desmarets, Consid. note de la page 191.

Genre GRIMOTHÉE. — *Grimothea* (1).

Les Grimothées ne diffèrent que fort peu des Galathées et pourraient bien ne pas en être séparées ; leur forme générale est essentiellement la même, seulement l'article basilaire de leurs antennes internes est claviforme et à peine denté à son extrémité, et les pates-mâchoires externes sont très-longues et ont leurs trois derniers articles élargis et foliacés.

Grimothée sociale. — *G. gregaria* (2).

Rostre effilé, triangulaire, et armé à sa base de deux petites dents latérales. Yeux gros. Pates extérieures grêles, comprimées, tuberculeuses et terminées par des pinces grêles et un peu incurées. Septième segment de l'abdomen dépassant de beaucoup les quatre lames latérales de la nageoire caudale. Couleur rougeâtre.

Le Crustacé figuré par M. Guérin sous le nom de Grimothée sociale (3), diffère de l'espèce précédente par la forme de la nageoire caudale, dont la lame médiane est moins grande que les lames latérales; nous proposerons de le nommer *Grimothea Duperreii*, en l'honneur du navigateur dont le voyage nous en a procuré la connaissance.

---

(1) *Galathea*, Fabricius.— *Grimothea*, Leach, Dict des sc. nat. t. XVIII, p. 50 — Desmarest, op. cit.

(2) *Galathea gregaria*, Fabr. Suppl p. 415. — *Grimothea gregaria*, Leach, Dict. des sc. nat t. XVIII, p. 50 — Desmarest, Consid. sur les Crust. p. 188. — Edw. Règne anim. de Cuvier, 3e édit. Crust. Pl. 47, fig. 2.

(3) Voyage de *la Coquille*, Crust. Pl. 3, fig. 1.

TRIBU DES ÉRYONS.

On a trouvé à l'état fossile un Crustacé très-singulier qui ne peut rentrer dans aucune des tribus naturelles formées par les espèces actuelles, mais qui, à plusieurs égards, se rapproche des Scyllariens, et semble devoir prendre place auprès de ces animaux. Ce fossile, dont M. Desmarest a formé le genre ÉRYON (1), se fait remarquer par sa carapace très-élargie, presque carrée, plus longue que l'abdomen, et fortement dentée en avant. Les antennes internes sont petites et terminées par deux filets multi-articulés, grêles et filiformes, les externes sont courtes, et leur pédoncule est cylindrique et recouvert, suivant M. Desmarest, par une écaille assez large, ovoïde et fortement échancrée. Le cadre buccal paraît être étroit. Les pates de la première paire sont aussi longues que la carapace, de grosseur médiocre, et terminées par une pince à doigts grêles et arqués. Les pates des deux paires suivantes sont plus grêles, beaucoup plus courtes, et également terminées en pince; celles des deux dernières paires paraissent être monodactyles. Enfin l'abdomen est aplati, et terminé par une nageoire caudale, dont la lame médiane est pointue et les quatre lames latérales moins longues que la médiane et hastiformes.

M. Desmarest a donné à ce Crustacé fossile le nom spécifique d'ERYON DE CUVIER (2). On le trouve dans

(1) Crustacés fossiles, p. 128, etc.

(2) *Locusta marina*, Baïer Oryctographia norica, Suppl. tab. 8, fig. 1, 2. — *Astacus fluviatilis lapideus*, etc., Richter. Muséum

le calcaire de Pappenheim, de Solenhofen et d'Aichstedt.

Le Crustacé fossile figuré par Schlotheim sous le nom de *Macrourites propinquus* (1), paraît appartenir au même genre que le précédent, dont il se distingue par la forme circulaire de la carapace.

TRIBU DES SCYLLARIENS.

Le genre Scyllare, de Fabricius, qui constitue cette tribu, est un des groupes les plus remarquables de la section des Décapodes Macroures, et se distingue au premier abord par la conformation singulière des antennes externes.

La *carapace* (2) de ces Crustacés est très-large et peu élevée; son bord antérieur est à peu près droit, et présente un prolongement horizontal qui s'avance entre la base des antennes externes et recouvre l'insertion de celles de la première paire. Les *yeux* sont logés dans des orbites bien formées et assez éloignées de la ligne médiane. Les *antennes* s'insèrent sur la même ligne au-dessous des yeux; celles de la première paire (3) sont grêles et ne présentent rien de remarquable; leur premier article est presque cylindrique et beaucoup plus gros que les deux suivans; enfin elles se ter-

Richterianum, tab. 13, M. n°. 32. — *Brachyurus thorace lateribus inciso*, Walch et Knorr, Monum. des catast. du globe, t. I, Pl. 141, etc. — *Macrourites arctiformis*, Schlotheim, Petrefactenkunde, p. 34, Pl. 3, fig. 1. — *Eryon Cuvieri*, Desmarest, Crust. fossiles, p. 129, Pl. 10, fig. 4; Consid. sur les Crust. p. 209, Pl. 34, fig. 3.

(1) Schlotheim, op. cit. p. 35, Pl. 3, fig. 2.

(2) Pl. 24, fig. 6 et 10, *a*.

(3) Pl. 24, fig. 10, *d*.

minent par deux filets multi-articulés très-courts. Les antennes externes sont foliacées et extrêmement larges ; la pièce que porte le tubercule auditif est confondue avec l'épistome et est suivie de quatre articles, dont le deuxième et le quatrième sont lamelleux et extrêmement grands (1).

Le cadre buccal est petit, et les pates-mâchoires sont médiocres et presque pédiformes (2). Le *plastron sternal* est très-large et composé d'une seule pièce. Les pates des quatre premières paires sont terminées par un tarse styliforme ; il en est de même pour les pates postérieures chez le mâle ; mais chez la femelle ces dernières se terminent par une petite pince incomplète.

L'*abdomen* est très-large, et se termine par une grande nageoire en éventail composée de la manière ordinaire, mais dont les feuillets sont mous et flexibles dans les trois quarts postérieurs de leur longueur. Le premier anneau abdominal manque d'appendices, mais les quatre segmens suivans portent chacun une paire de fausses pates, dont la forme varie suivant les sexes. Chez le mâle, celles de la première paire sont grandes et portent deux larges lames foliacées; mais les suivantes n'en portent qu'une seule, dont la grandeur diminue rapidement, au point d'être rudimentaire au cinquième anneau. Chez la femelle tous ces appendices sont beaucoup plus développés, et servent à suspendre les œufs.

Les *branchies* sont composées de filamens disposés en brosses, et sont rangées par faisceaux, entre les-

(1) Pl. 24, fig. 10, *b*, *c*.
(2) Pl. 24, fig. 7.

quels s'élèvent de grandes lames flabelliformes appartenant aux pates thoraciques. On compte vingt-une branchies de chaque côté du corps, savoir : deux au-dessus des pates-mâchoires de la seconde paire, trois au-dessus des pates-mâchoires externes, trois au-dessus des pates antérieures, quatre au-dessus de chacune des trois pates suivantes, et une au-dessus de la pate postérieure.

Cette tribu a été divisée en trois genres, qui peuvent être conservés, mais auxquels il est nécessaire d'assigner de nouveaux caractères. On peut les distinguer de la manière suivante :

SCYLLARIENS dont la carapace	est plus longue que large, et les orbites situées a peu de distance des angles antérieurs de ce bouclier.		SCYLLARE.
	est beaucoup plus large que longue, et dont les orbites	sont situées très-loin des angles antérieurs de la carapace.	IBACUS.
		occupent l'angle antérieur et extérieur de la carapace.	THÈNE.

GENRE SCYLLARE. — *Scyllarus* (1).

Les Scyllares proprement dits diffèrent des autres Crustacés de la même tribu par la forme générale de leur corps, qui est beaucoup plus alongé que chez ceux-ci, et ne diminue que fort peu de largeur même vers la queue. La *carapace* (Pl. 24, fig. 6) est beaucoup plus longue que large. Les bords latéraux sont parallèles. Les *orbites* sont situées très-loin de la ligne médiane, tout près de l'angle externe

(1) *Cancer*, Lin. Herbst, etc. — *Scyllarus*, Fabr. Latr. Lamarck, Leach, Desm. etc.

de la carapace, mais ne l'atteignent jamais; ils sont circulaires et dirigés en haut. Le *sternum* est de grandeur médiocre, et ne se rétrécit que peu ou point entre les pates postérieures. Enfin les ouvertures de l'appareil de la génération du mâle sont circulaires et de médiocre grandeur. L'*abdomen* est très-épais, et plus long que toute la portion antérieure du corps, y compris les antennes.

§ *Espèces dont le prolongement rostriforme de la carapace est très-large, mais peu saillant, et terminé antérieurement par un bord droit.*

1. Scyllare ours. — *S. arctus* (1).

Carapace garnie de tubercules squammiformes, et armée sur la ligne médiane d'une série d'épines, dont les trois plus longues occupent la région stomacale; une crête oblique qui naît de l'angle orbitaire interne, gagne la région branchiale, et porte trois grosses épines, dont deux situées au-dessus de l'orbite. Antennes externes grandes et fortement dentées; leur antépénultième article presque triangulaire, armé de deux grosses dents sur son bord externe, et garni en dessus d'une crête qui se termine à l'angle antérieur en s'y portant très-obliquement; le dernier article armé de six grosses dents sur le bord antérieur. Abdomen sculpté en dessus, et présentant sur le bord postérieur de chaque anneau une échancrure médiane assez profonde. Pates grêles. Longueur, environ 3 pouces; couleur brune, avec des lignes transversales rouges sur l'abdomen.

Habite la Méditerranée. (C. M.)

(1) *Cigale de mer*, Rondelet. — *Cancer (astacus) ursus minor*, Herbst, t. II, p. 83, Pl. 30, fig. 2. — *C arctus*, Roemer, Gen. Insect Pl. 32, fig. 3. — Linné, Fauna Suecica, et Syst. nat. — *Scyllarus arctus*, Fabr. Suppl. p. 399. — Latreille, Hist. nat. des Crust. t. VI, p. 180; Encycl. Pl. 287, fig. 5; etc. — Lamarck, Hist. des anim. sans vert. t. V, p. 212. — Desmarets, Consid. p. 182. — Risso, Crust. de Nice, p. 61, et Hist. nat. de l'Eur. mérid. t. V, p. 43. — Roux, Crust. de la Méditerranée; Pl. 11. — Edw. Règne anim. de Cuvier, 3e. édit. Crust. Pl. 45, fig. 1.

2. SCYLLARE RUGUEUX. — *S. rugosus* (1).

Espèce très-voisine de la précédente, mais dont la carapace est armée de dents très-grosses, et surmontée d'une crête doublement dentelée, qui en occupe les deux tiers postérieurs. Quatre dents sur le bord externe du pénultième article des antennes externes (celle qui occupe l'angle antérieur non comprise), et une crête très-saillante et presque droite sur sa face supérieure. Abdomen profondément sillonné en travers, et surmonté d'une crête médiane obtuse, qui forme sur le troisième anneau une gibbosité très-marquée. Longueur, 2 pouces.

Habite la côte de Pondichéry. (C. M.)

§§ *Espèces dont le prolongement rostral de la carapace est très-saillant, presque carré, et terminé en avant par une ou deux cornes plus ou moins marquées.*

3. SCYLLARE SCULPTÉ. — *S. sculptus* (2).

Carapace couverte de tubercules squammiformes, portant des petites rangées de poils très-courts et armée de plusieurs épines acérées, dont trois occupent la ligne médiane de la région stomacale et deux la région cordiale; cinq sont placés sur le bord orbitaire supérieur, savoir : trois beaucoup plus grosses que les autres, suivies de deux plus petites, et on en compte une quinzaine sur le bord latéral de la carapace. Rostre armé de deux petites cornes presque droites. Antennes externes très-grandes; leur antépénultième armée de très-grosses épines acérées, et le dernier présentant un grand nombre de dentelures triangulaires peu saillantes. Abdomen sculpté en dessus, et présentant dans les sillons dont il est orné des rangées de petits poils. Longueur, environ 6 pouces. (C. M.)

(1) Latreille, Collection du Muséum.

(2) Lamarck, Coll. du Mus. — Latreille, Encyc., Pl

4. SCYLLARE LARGE. — *S. latus* (1)

Carapace et abdon en couverts de gros tubercules déprimés et hérissés de poils très-courts. Une élévation conique sur le milieu de la région stomacale, et un peu en avant deux tubercules pointus très-rapprochés l'un de l'autre; quelques pointes disposées en série longitudinale sur les régions branchiales; bords supérieurs des orbites et bords labiaux de la carapace armés de dents triangulaires et pointues (surtout chez le mâle). Antennes externes très-grandes; leur antépénultième article, aussi long que large, armé de deux très-grosses dents pointues sur son bord interne, ou d'une dent moins forte vers le tiers interne de son bord antérieur, d'une dent recourbée en haut et très-forte à son angle antérieur et externe, qui est très-avancé, et de plusieurs dents inégales sur son bord externe; l'article suivant également plus long que large, et inséré en dedans de deux grosses dents pointues. Des tubercules très-gros et pointus sur le plastron sternal à la base de chaque pate. Longueur, environ 1 pied; couleur, brun foncé.

Habite la Méditerranée et les îles Canaries.

5. SCYLLARE SQUAMMEUX. — *S. squammosus* (2).

Espèce très-voisine de la précédente, mais dont les tubercules sont plus élargis, et sont seulement bordés par de petits faisceaux de poils courts et raides, de manière à ressembler un peu à des écailles, et il n'y a pas de pointes sur la région stomacale.

(1) *Orchetta* ou *squille large*, Rondelet, Hist. des Poissons, t. II, p. 391. — Aldrovande, Cru t. p 146. — Gesner, t. III, p. 1097. —*Scyllarus latus*, Latr Hist. nat. des Crust. t. VI, p. 181: Encyc. Pl. 313; etc. — Lamarck, Hist. nat. des anim. sans vert. t. V, p. 212. — Desmarets, Consid. sur les Crust. p. 182. — Savigny, Egypte, Crust. Pl. 8, fig. 1. — Guérin, Iconog. Crust. Pl. 17, fig 1.

(2) Le Crustacé figuré par Bosc sous le nom de Scyllare oriental (t. II, Pl. 10, fig. 1), me paraît appartenir à cette espèce.

Le troisième et le quatrième article des pates, au lieu de présenter une simple crête en dessus comme d'ordinaire, sont creusés de sillons longitudinaux et paraissent comme sculptés; enfin les tubercules du sternum sont à peine saillans. Longueur, environ 15 pouces; couleur rougeâtre.

Habite l'Ile-de-France.

6. Scyllare équinoxial. — *S. æquinoxialis* (1).
(Planche 24, fig. 6.)

Cette espèce est très-voisine du S. large, mais les tubercules, dont tout le dessus du corps est recouvert, sont à peine poilus; il n'ya point de dents coniques sur la région stomacale, et les bords latéraux de la carapace ne sont garnis que de dents très-obtuses. Les antennes externes sont beaucoup plus courtes; leurs pénultième et antipénultième articles sont beaucoup plus larges que longs, et ne sont armés que de dents peu saillantes. Longueur, environ 1 pied; couleur jaunâtre mêlé de rouge.

Habite les Antilles.

Genre THÈNE. — *Thenus* (2).

Dans cette petite division le corps est très-déprimé et se rétrécit beaucoup d'avant en arrière. Les pédoncules oculaires sont très-longs; les yeux dépassent la carapace latéralement, et les orbites, dirigées en dehors, occupent l'angle externe de ce bouclier. Il est aussi à noter que le sternum est beaucoup plus large que chez les Scyllares proprement dits,

---

(1) Brown civil and natural history of Jamaica, tab. 41, fig. 1. — *Langostino*, Parra, op. cit. Pl. 54, fig. 1. — *Scyllarus æquinoxialis*, Fabr Suppl p. 399. — Bosc, Hist des Crust. t. II, p 19. — Latr. Hist. des Crust t. VI, p. 182. C'est à tort que dans l'article Scyllaride de l'Encyclopédie Latreille rapporte cette espèce au *S. latus*.

(2) *Scyllarus*, Fabricius, Latr. etc. — *Thenus?*, Leach.

et que l'abdomen présente à peu près la même longueur proportionnelle que chez ces Crustacés.

On ne connaît encore qu'une seule espèce de ce genre.

LE THÈNE ORIENTAL. — *T. orientalis* (1).

Carapace très-déprimée et verruqueuse ; une petite crête obtuse garnie de trois dents sur la ligne médiane ; rostre armé de deux grosses cornes divergentes. Une épine à l'angle interne de l'orbite, deux sur son bord supérieur, et une à son angle postérieur ; une autre dent sur la face supérieure de la carapace, un peu en arrière de l'orbite, et une scissure profonde et large sur son bord externe, un peu plus loin en arrière. Une forte épine sur le milieu du bord postérieur de l'arceau supérieur du cinquième anneau de l'abdomen. Longueur, environ 8 pouces.

Habite l'Océan indien. (C. M.)

GENRE IBACUS — *Ibacus* (2).

Le genre Ibacus, établi par Leach, ne diffère que fort peu de celui des Scyllares, mais nous paraît mériter d'être conservé à cause de la forme singulière de la carapace et de quelques autres caractères.

Chez ces Scyllariens la *carapace* (Pl. 24, fig. 10) est beaucoup plus large que longue, et présente de chaque côté un prolongement lamelleux qui recouvre la majeure portion des pates, à peu près comme nous l'avons déjà vu parmi les Décapodes Brachyures, dans les genres Calappe, Cryptopodes, etc. Ces prolongemens sont plus grands en avant qu'en arrière, d'où il résulte que la carapace se rétré-

(1) Rumph. Mus. Pl. 2, fig. D. — *Cancer* (*astacus*) *arctus*, Herbst, t. II, p. 80, Pl. 30, fig. 1. — *Scyllarus orientalis*, Fabr. Suppl. p. 399. — Latreille, Hist. nat. des Crust. t VI, p. 181 ; Encycl. Pl. 314 ; etc. — Desmarest, Consid. p. 182. Pl. 31, fig. 1.

(2) *Scyllarus*, Fabricius, Latreille, etc. — *Ibachus*, Leach, Desmarest.

cit postérieurement. On remarque aussi chez ces animaux une large et profonde fissure, qui de chaque côté divise ces prolongemens clypéiformes en deux portions inégales. Les orbites, au lieu d'être placées tout près de l'angle externe de la carapace, en sont très-éloignées. Enfin, l'abdomen est très-court, et se rétrécit brusquement d'avant en arrière.

1. Ibacus de Péron. — *Ibacus Peronii* (1).

Orbites situées beaucoup plus près de la ligne médiane que des angles externes de la carapace, qui sont recourbés en avant et dépassent beaucoup le niveau du front. Carapace très-déprimée, piquetée plutôt que verruqueuse, et présentant trois crêtes longitudinales, dont la médiane est garnie de quelques tubercules mousses, et les latérales sont situées sur la même ligne longitudinale que les orbites; bords latéraux de la carapace très obliques et armés de sept dents, dont une seule située au devant de la grande échancrure latérale, et formant l'angle antérieur. Antennes externes beaucoup plus larges que longues; leur premier article très-petit et dépassant à peine le rostre, le second faiblement denté, et le quatrième armé seulement de trois ou quatre dents très-larges et peu saillantes. Pates-mâchoires externes armées d'épines sur le bord externe du quatrième article. Abdomen piqueté et surmonté d'une crête médiane obtuse. Longueur, environ 5 pouces.

Habite les mers de l'Australasie. (C. M.)

2. Ibacus antartique. — *I. antarticus* (2).

Orbites situées plus près de l'angle de la carapace que de la ligne médiane. Carapace bombée, peu rétrécie en arrière, cou-

(1) *Scyllarus incisus*, Péron, Collect. du Muséum. — Latreille, Encycl. Pl. 320, fig. 1. — Lamarck, Hist. des anim. sans vert. t. V, p. 213. — *Ibacus Peronii*, Leach, Zool. Miscel. t. II, Pl. 119. — Desmarest, Consid. sur les Crust. p. 183, Pl. 31, fig. 2.

(2) Rumph, Mus. Pl. 2, fig. C. — *C. ursus*, Seba, t. III, Pl. 20,

verte de gros tubercules squammifères et de poils; deux dents au devant de la grande échancrure latérale, la première qui forme l'angle externe beaucoup moins saillant que le front ou même que les orbites. Antennes externes beaucoup plus longues que larges; leur premier article très-grand et beaucoup plus saillant que le rostre; le second armé de dix grosses dents acérées, dont sept sur le bord externe, deux entre l'angle antérieur et l'articulation du troisième article, et une sur le bord interne; enfin le quatrième article armé sur le bord de sept grosses dents triangulaires très-saillantes. Point d'épines sur le bord externe des pates-mâchoires externes. Abdomen verruqueux et poilu comme la carapace. Tarses très-longs, grêles et courts, surtout chez le mâle; un sillon longitudinal très-profond sous le bord supérieur du troisième article des pates, et une épine très-forte au-dessous de l'articulation du premier et du deuxième article des pates postérieures. Longueur, 7 à 8 pouces.

Habite les mers d'Asie. (C. M.)

3. Ibacus de Parra. — *I. Parrœ* (1).

Espèce extrêmement voisine de la précédente, mais qui s'en distingue par l'*absence de l'épine située à la base des pates postérieures* et du sillon du troisième article des pates; les tarses sont aussi beaucoup moins alongés, et la carapace moins poilue. Même taille que la précédente.

Habite les Antilles. (C. M.)

---

fig. 3. — *Cancer ursus major*, Herbst, t. II, p. 82, Pl. 30, fig. 2.— *Scyllarus antarticus*, Fabr. Suppl. p 399.— Latreille, Hist. nat. des Crust. t. VI, p. 181. — Lamarck, Hist. des anim, sans vert. t. V, p. 212.

(1) *Langostino*, Parra, Descrip. de differ. piezas de Hist. nat. Pl. 54, fig. 2.

M. Desmarest a décrit, sous le nom de Scyllare de Mantell (1), un Crustacé fossile dont on ne connaît pas les antennes ; mais dont l'organisation de la carapace et de la base des pates offre une ressemblance frappante avec celle des Scyllariens vivans. Jusqu'ici on n'en a pas publié de figure, et on ne le connaît que par la description suivante : « La carapace est grossièrement chagrinée, et ses régions bien marquées ; deux sillons obliques très-enfoncés viennent de chaque côté, depuis l'angle antérieur latéral, où se voit la fossette de l'œil, jusque vers le milieu du test. La région cordiale lui est liée en arrière, et fait une saillie remarquable. Une profonde excavation sépare de chaque côté ces régions de la branchiale. Les bords latéraux paraissent irrégulièrement rugueux. » Ce fossile a été trouvé sur les côtes d'Angleterre ; mais on ignore le terrain d'où il provient.

TRIBU DES LANGOUSTIENS.

Cette tribu, caractérisée par l'existence d'antennes de forme ordinaire, et l'absence de pinces didactyles, ne se compose que d'un seul genre.

Genre LANGOUSTE. — *Palinurus* (2).

Les Langoustes ont le corps presque cylindrique. Leur *carapace* (Pl. 23, fig. 1) est presque droite d'avant en arrière, très-convexe transversalement, et présente vers le tiers antérieur un sillon transversal profond, qui de chaque côté se dirige en avant et sépare la région stomacale des régions cordiales et des branchiales, les seules que l'on puisse bien distinguer. Le bord antérieur de la carapace est armé de deux grosses cornes qui s'avancent au-dessus des yeux et de la base des antennes ; on remarque aussi de chaque côté, au-dessous

(1) *Scyllarus Mantelli*, Desmarest, Crustacés fossiles, p. 130.
(2) Fabricius, Latreille, Lamarck, Leach, Desmarest, etc.

des yeux et près de la base des antennes externes, une dent plus ou moins forte, et presque toujours il existe aussi un grand nombre d'autres épines disposées sur la surface de ce bouclier céphalo-thoracique. L'anneau ophthalmique est libre et à découvert; les yeux sont gros, courts et arrondis. L'anneau antennulaire est très-développé et s'avance entre les antennes externes, au-dessous et en avant de l'anneau ophthalmique; tantôt il est triangulaire et beaucoup plus long que large, d'autres fois presque carré. Les *antennes internes*, qui naissent de la partie inférieure de son bord antérieur, sont très-longues; leur premier article est tout-à-fait cylindrique, comme les deux suivans; enfin elles se terminent par deux filets multi-articulés, dont la longueur varie. Les *antennes externes* sont très-grosses et très-longues; l'article basilaire, dans lequel est logé l'appareil auditif, est très-grand, et se soude à son congénère de manière à former au devant de la bouche un épistome très-grand; les trois articles suivans sont gros, mobiles et épineux; ils constituent la portion basilaire de l'antenne, et sont suivis par une tige multi-articulée très-grosse et très-longue. Les *pates-mâchoires* externes sont petites et pédiformes; leur bord intérieur n'est que peu ou point denté, très-obtus et garni de faisceaux de poils; leur palpe est fort petit, ou manque même complétement; mais ils donnent insertion à un grand article flabelliforme. Les pates-mâchoires de la seconde paire sont petites, et varient quant à la forme de leur palpe; celles de la première paire portent un palpe très-grand, qui complète en avant le canal branchial efférent, et se termine tantôt par un appendice styliforme, tantôt par une lame ovalaire en forme de spatule. Les *mandibules* sont très-grosses et garnies d'un bord tranchant; leur tige palpiforme est très-grêle. Le *plastron sternal* (Pl. 23, fig. 2, G) est grand, et se compose de cinq segmens soudés entre eux; il est très-étroit entre les pates de la première paire, mais s'élargit d'avant en arrière, et présente au niveau des pates de l'avant-dernière paire une largeur très-considérable. Les *pates* sont toutes monodactyles; celles de la première paire, en général plus courtes, et un peu plus grosses que les autres, se terminent par un doigt gros et court, qui n'est que fort peu mobile; quelquefois on voit au-dessous de sa base une épine, qui est un vestige de pouce; mais ces organes ne sont jamais même subchéliformes. Les pates de la troisième paire sont en général les plus longues. L'*abdomen* est très-gros et très-long; son premier anneau ne porte pas d'appendices, mais les quatre suivans donnent insertion chacun à une paire de fausses pates, composées, chez le mâle, d'un petit article basilaire et d'une grande lame terminale ovalaire, tandis que chez la femelle il existe deux lames semblables, ou bien une seule lame et une tigelle bi-articulée et garnie de poils. La nageoire caudale, formée par le septième anneau de l'abdomen et par les appendices de l'anneau précédent, est très-grande, et chacune des lames dont elle se compose reste flexible et semi-cornée dans les deux tiers postérieurs, tandis qu'en avant elle est crustacée comme le reste du squelette tégumentaire.

Les *branchies* sont composées de filamens cylindriques, courts et serrés en manière de brosse. On en compte dix-huit de chaque côté, savoir : deux au-dessus de la seconde pate-mâchoire, trois au-dessus de la pate-mâchoire externe, trois au-dessus de la pate antérieure, quatre au-dessus de chacune des trois pates suivantes, et une au-dessus de la cinquième pate. Un large appendice flabelliforme s'élève entre chacun de ces faisceaux de branchies.

Ce genre se compose de Crustacés de grande taille, qui sont remarquables par la dureté de leur test, et qui sont répandus dans toutes les mers. Ils habitent principalement les côtes rocailleuses, et ils se divisent en deux groupes naturels, dont on pourrait former des divisions génériques, savoir :

1°. Les *Langoustes ordinaires*, qui se reconnaissent facilement à l'existence d'une petite dent rostrale médiane sur le bord frontal de la carapace et à plusieurs autres caractères;

2°. Les *Langoustes longicornes*, qui ne présentent pas de dent médiane semblable, et qui sont remarquables par la longueur des filets terminaux des antennes internes.

Sous-genre des Langoustes ordinaires.

Les Langoustes ordinaires présentent sur le milieu du front une petite dent rostriforme plus ou moins saillante; l'anneau antennulaire est très-étroit, de façon que les antennes externes se touchent presqu'à leur base, et recouvrent les antennes internes; enfin celles-ci se terminent par deux tigelles multi-articulées très-courtes.

1. Langouste commune. — *P. vulgaris* (1).

Cornes latérales du front lisses en dessus et armées en dessous de plusieurs dentelures aiguës; carapace extrêmement épineuse; les dents sous-orbitaires du bord de la carapace très-grandes. Abdomen presque entièrement lisse, et présentant sur les quatre an-

---

(1) Καράβος, Aristote. — *Locusta*, Suétone (*voyez* Cuvier, Dissertation critique sur les espèces d'Ecrevisses connues des anciens). — *Locusta* (Belon, Poissons, p 354 et 356, fig. 1. — Rondelet, Poissons, t. II, p. 385. — Aldrovande, De Cru t. p 102. — *Astacus elephas*? Fabricius, Entom. syst. t. II, p. 479. — Herbst, t. II, Pl. — *Cancer homarus*, Pennant, Brit, Zool. t. IV, Pl. 11, fig. 22. — *Astacus homarus*, Olivier, Encycl. méthod. t. VI, p. 343. — *Palinurus quadricornis*, Fabr. Suppl. p. 401. — Latreille, Hist. des Crust. t. VI, p. 193, Pl. 52, fig. 3 (sous le nom de Langouste ordinaire). — *Palinurus locusta*, Olivier, Encyc. t. VIII, p. 672. — *Palinurus vulgaris*, Latr. Annales du Muséum, t. III, p. 391; et Règne anim. de Cuvier, t. IV, p. 8. — Lamarck, Hist. des anim. sans vert. t. V, p. 220. — Leach, Malac. Pod. Brit. Pl. 30. — Desmarets, Consid. sur les Crust. p. 185, Pl. 2, fig. 1. — Risso, Crustacés de Nice, p 64, et Hist. nat. de l'Europe méridionale, t. V, p. 45. — Edwards, Atlas du Règn. anim. de Cuvier, Crust. Pl. 46, fig. 1.

Cette espèce a été confondue par Linné et plusieurs autres naturalistes avec le *Palinurus guttatus*. Fabricius nous paraît aussi l'avoir confondue avec le *P. longimanus*, du moins quant à l'habitat.

neaux qui suivent le premier, un sillon transversal profond et pilifère, interrompu sur la ligne médiane ; les cornes latérales formées par les angles de ces anneaux, armées sur leur bord postérieur de trois ou quatre dents situées près de leur base ; les deux derniers anneaux de l'abdomen épineux. Antennes internes très-grêles et de longueur médiocre. Pates antérieures courtes et armées d'une dent à l'extrémité du bord inférieur du pénultième article. Un vestige de doigt immobile aux pates postérieures chez la femelle. Fausses pates abdominales de la première paire portant, chez la femelle, deux grandes lames ovalaires, tandis que les suivantes ne présentent qu'une seule de ces lames et un appendice grêle et bi-articulé.

Cette espèce est commune sur les parties rocailleuses de nos côtes méridionales et occidentales, et sa chair est très-estimée ; elle atteint jusqu'à 18 pouces de long, et pèse quelquefois 12 ou 15 livres ; sa couleur ordinaire est brune-violacée, tachetée de jaune ; mais il paraît qu'elle prend quelquefois une teinte verdâtre. (C. M.)

Le *Palinurus Rissonii* de M. Desmarest (1), rapporté à tort par M. Risso au *Palinurus fasciatus*, est de couleur verte, avec des taches blanches et rougeâtres sur la carapace, et des lignes blanches sur l'abdomen. Dans son dernier ouvrage, M. Risso considère ce Crustacé comme une simple variété de la Langouste commune (2).

2. Langouste de Lalande. — *P. Lalandii* (3).

Cornes latérales du front lisses en dessus et en dessous, et beaucoup moins avancées que la petite corne médiane, au-dessous de la base de laquelle on voit deux petites épines. Carapace armée d'épines et couverte de gros tubercules ovalaires déprimés et

---

(1) *Palinurus fasciatus*, Risso, Crust. de Nice, p. 65.—*Palinurus Rissonii*, Desmarest, Consid. sur les Crust. p. 185.

(2) Risso, Hist. nat. de l'Europe mérid. t. V, p. 45.

(3) Lamarck, Collection du Muséum.

séparés à leur base par des poils courts et serrés. *Abdomen entièrement couvert de tubercules aplatis, squammiformes*, et garnis sur leur bord postérieur d'une rangée de poils très-courts; une seule dent sur le bord postérieur des cornes latérales de l'abdomen. Antennes internes courtes. Pates antérieures très-grosses, courtes et armées en-dessous de deux dents coniques très-fortes, dont une placée sur le deuxième article, et l'autre sur le bord inférieur du bras ou troisième article ; pates suivantes, granuleuses en-dessus. Couleur brun-rouge, irrégulièrement tacheté de jaune. Longueur (du corps), environ 15 pouces.

Habite les côtes du cap de Bonne-Espérance. (C. M.)

3. Langouste frontale. — *P. frontalis.*

Espèce extrêmement voisine de la précédente, dont elle ne diffère guère qu'en ce que la carapace est armée d'épines plus grosses et plus nombreuses, et ne présente pas de tubercules ovalaires déprimés, et en ce que l'abdomen n'est *sculpté que vers le milieu de chaque anneau ; en avant et en arrière ces segmens étant tout-à-fait lisses*. Longueur, environ 1 pied ; couleur jaunâtre maculé de brun-rouge.

Habite le Chili. (C. M.)

4. Langouste longue-main. — *P. longimanus* (1).

Cornes latérales du front armées de deux ou trois dents sur leur bord supérieur, et de plusieurs petites dentelures entre leur base et l'épine rostriforme médiane du front. Une seule grosse dent de chaque côté du bord antérieur de la carapace ; sept rangées d'épines plus ou moins fortes sur sa portion antérieure, mais fort peu d'épines sur la partie postérieure de ce bouclier, dont toute la surface est sculptée par de petits sillons semi-circulaires qui sont garnis de poils et simulent des écailles

(1) *Camaron de lo alto*, Parra, Descripcion de differentes piezas de hist. natural, Pl. 55, fig. 1.

imbriquées. Pates de la première paire très-grosses et très-longues (près d'une fois et demie aussi longues que celles de la deuxième paire) ; leur pénultième article dentelé en dessus, comprimé en dessous, et terminé par une grosse dent qui représente un doigt immobile rudimentaire ; le tarse crochu. Les pates suivantes grêles, diminuant successivement de longueur, et terminées par un article stylifère à peine poilu. Abdomen présentant sur chaque anneau quatre ou cinq sillons transversaux. Longueur, environ 8 pouces.

Habite les Antilles. (C. M.)

Sous-genre des Langoustes longicornes.

Dans cette division naturelle du genre Langouste il n'existe sur le bord antérieur de la carapace aucun vestige de rostre médian ; l'anneau antennulaire est très-large et presque carré, de manière à écarter beaucoup entre elles les antennes externes et à laisser à découvert les antennes internes ; enfin ces derniers organes se terminent par deux tigelles multi-articulées très-longues.

§. *Espèces dont l'abdomen n'est pas sillonné.*

5. Langouste fasciée. — *P. fasciatus* (1).

Anneau antennulaire armé en dessus de deux dents coniques et assez grosses situées près de son bord antérieur. Carapace armée d'un petit nombre d'épines, et légèrement granuleuse, ou seulement piquetée dans sa moitié postérieure ; la dent latérale du bord antérieur de la carapace petite ; point d'épines sur la ligne

(1) *Palinurus fasciatus*, Fabr. Suppl. p. 401. — *C. polyphagus*, Herbst, Pl. 32. — *Palinurus fasciatus* et *P. polyphagus*, Bosc, Hist. des Crust. t. II, p. 93. — Latr. Hist. des Crust. et des Ins. t. VI, p. 193 ; et Nouv. Dict. d'hist. nat. t. XVII, p. 295. — *P. polyphagus*, Olivier, Encycl. t. VIII, p. 671.

médiane de la région stomacale; la dent médiane du bord antérieur de l'épistome très-grande. Appendice terminal des pates-mâchoires internes ovalaire. Abdomen lisse, finement piqueté et sans sillons transversaux; deux ou trois petites dents vers la partie supérieure du bord postérieur des cornes latérales des quatre anneaux abdominaux qui suivent le premier. Pates grêles. Couleur verdâtre, avec des taches blanches sinueuses sur le thorax, une bande blanche près du bord postérieur de chaque anneau abdominal, et plusieurs lignes longitudinales blanchâtres sur les pates. Longueur, environ 1 pied.

Habite l'Océan Indien. (C. M.)

La description que Lamarck donne de son *Palinurus tœniatus* (2) convient à cette espèce plus qu'à toute autre; mais elle est tout à fait insuffisante pour arriver à une détermination certaine, et il n'existe, dans la collection du Muséum, aucune Langouste désignée sous ce nom.

6. Langouste ornée. — *P. ornatus* (1).

Anneau antennulaire armé en dessus de quatre épines en un carré, au milieu duquel on distingue des vestiges de deux autres épines rudimentaires. *Carapace très-épineuse, pas tuberculeuse*, mais sans épines médianes près de la base des cornes frontales, et n'ayant latéralement que des dents très-petites sur son bord antérieur. Abdomen lisse, finement piqueté, et sans sillons transversaux; plusieurs petites dents à la partie postérieure de la base des cornes latérales des deuxième, troisième, quatrième et cinquième anneaux abdominaux. Couleur verte, avec des petites taches blanchâtres irrégulières sur le thorax, des marbrures sur

(1) Fabricius, Suppl. p. 400. — *C. homarus*, Herbst, Pl. 31, fig. 1 — *Palinurus ornatus*, Bosc, loc. cit. —Latr. Hist. des Crust. t. VI, p. 192; Nouv. Dict. d'hist. nat. t. XVII, p. 295; Encyc. Pl. 316. — Olivier, Encycl. t. VIII, p. 672. — Lamarck, Hist. des anim. sans vert. t. V, p. 210. — Desmarest, Consid. sur les Crust. p. 185.

l'abdomen, et des anneaux alternatifs de vert et de jaune sur les pates. Longueur, 15 à 18 pouces.

Habite les mers de l'Inde et de l'Ile-de-France. (C. M.)

7. LANGOUSTE SILLONNÉE. — *P. sulcatus* (1).

Anneau antennulaire armé en dessus de six épines, dont quatre assez grandes disposées en carré, et deux petites mitoyennes situées plus près de la ligne médiane, et à égale distance des antérieures et des postérieures. Carapace tuberculeuse et épineuse. *Abdomen lisse*. Un petit lobe denticulé, situé vers la base du bord postérieur des cornes latérales de l'abdomen. Pates de la troisième paire très-longues. Carapace et pates de couleur verte, marbrée de jaune; abdomen jaune, lavé de rouge en dessus, vert, avec des taches jaunes sur les côtés. Longueur, environ 1 pied.

Habite les côtes de l'Inde. (C. M.)

Cette Langouste pourrait bien n'être qu'une variété de l'espèce précédente.

§ 2. *Espèces dont l'abdomen est sillonné en travers.*

8. LANGOUSTE MOUCHETÉE. — *P. guttatus* (2).
(Pl. 23, fig. 1.)

Anneau antennulaire armé de deux dents coniques très-grandes, précédées quelquefois de deux épines rudimentaires. Carapace très-épineuse; deux épines sur la ligne médiane de la région stomacale, près de la base des cornes rostrales, et de chaque côté de ces dernières, sur le bord antérieur de la carapace, deux dents

(1) Lamarck, Collection du Muséum.

(2) *Squilla Crangon americana altera*, Seba, t. III, p. 54, Pl. 21, fig. 5. — *C. homarus*? Lin. Mus. Lud. Ulr. p. 157. — *Palinurus guttatus*, Latreille, Ann. du Mus. t. III, p. 393; Encycl. Pl. 315; Nouv. Dict. d'hist. nat t. XVII, p. 295. — Olivier, Encyc. t. VIII, p. 672. — Lamarck, Hist. nat. des anim. sans vert. t. V, p. 210. — Desmarets, Consid. sur les Crust. p. 185.

presque aussi grosses qu'elle. Bord antérieur de l'épistome armé de trois dents coniques presque égales, séparées par une série de dentelures. Pédoncule des antennes externes très-épineux en dessous. Pates de la seconde paire un peu plus longues que les autres. Abdomen lisse et présentant vers le milieu de chaque anneau un sillon transversal pilifère, qui n'est pas interrompu sur la ligne médiane aux trois premiers segmens. Une seule dent en arrière de la base des cornes latérales de l'abdomen. Couleur verte, avec une multitude de taches circulaires jaunâtres; avant-dernier article des pates strié longitudinalement de vert et de jaune. Longueur, 7 à 8 pouces.

Habite les Antilles. (C. M.)

9. Langouste épineuse. — *P. spinosus.*

Espèce très-voisine de la L. mouchetée, mais dont l'*anneau antennulaire est armé de quatre grosses dents coniques, éloignées entre elles et disposées en carré.* Carapace très-épineuse, mais sans épine sur la ligne médiane de la région stomacale. Abdomen comme dans l'espèce précédente, si ce n'est que le bord postérieur des cornes latérales est armé de trois ou quatre dentelures. Couleur, vert à peine maculé de jaune sur le thorax et sur les pates, mais finement piqueté de blanc jaunâtre sur l'abdomen. Pates vertes, sans taches ni raies en dessus. Longueur, environ 6 pouces.

Habite? (C. M.)

10. Langouste américaine. — *P. Americanus* (1).

Espèce très-voisine de la précédente, mais ayant la carapace moins épineuse en arrière, et le bord postérieur des cornes latérales des segmens abdominaux armé d'une seule dent. *Article basilaire des antennes internes très-long*, atteignant le milieu du dernier article pédonculaire des antennes externes. Couleur

(1) Lamarck, Collection du Muséum.

verte, mêlée de jaune; une ou deux bandes jaunes et quatre taches jaunes plus ou moins distinctement oculées sur chacun des anneaux de l'abdomen. Longueur, 15 à 18 pouces.

Habite les Antilles. (C. M.)

11. Langouste penicillée. — *P. penicillatus* (1).

Anneau antennulaire armé de quatre dents coniques très-grosses, divergentes et réunies à leur base en faisceau. Carapace très-épineuse, et garnie d'un grand nombre de tubercules pilifères, quelques épines médianes sur la région stomacale; dents latérales du bord antérieur de la carapace, comme dans la L. mouchetée. Pédoncules des antennes externes à peine épineux en dessous. Abdomen piqueté et conformé du reste comme comme celui de la L. mouchetée. Couleur verdâtre, passant çà et là au brun rouge et maculée de jaune; les taches jaunes de l'abdomen petites, extrêmement nombreuses et très-rapprochées; celles des pates formant des bandes longitudinales. Longueur, environ 18 pouces.

Habite l'Océan indien. (C. M.)

Le *Palinurus versicolor* de Latreille (2) nous paraît être un jeune de l'espèce précédente; cet auteur y rapporte, mais peut-être sans des raisons suffisantes, le *Squilla versicolor*, de Clusius (3).

Quant au *Palinurus versicolor* de Lamarck (4), nous ne savons à quelle espèce le rapporter, car il ne le caractérise que d'après sa couleur; la carapace, dit-il, est verte, avec des taches blan-

---

(1) *Astacus penicillatus*, Olivier, Encycl. t. VI, p. 343. — *Palinurus gigas*, Bosc, Hist. des Crust. t. II, p. 93. — Latr. Hist. des Crust. et des Ins. t. VI, p. 193. — *Palinurus penicillatus*, Olivier, Encyc. t. VIII, p. 674. — Latr. Nouv. Dict. d'hist. nat. t. XVII, p. 395. — Desmarest Consid. sur les Crust. p. 186.

(2) Annales du Muséum, t. III, p. 394, et Nouv. Dict. d'hist. nat. t. XVII.

(3) Curæ posteriores, p. 48.

(4) Hist. des anim. sans vert. t. V, p. 210.

ches, et armée de granulations subépineuses. L'abdomen est lisse, et sans taches ni sillons; et les pates sont striées longitudinalement.

12. Langouste dasype. — *P. dasypus* (1).

Anneau antennulaire armé de quatre grandes dents égales, éloignées entre elles et disposées en carré, et de quatre épines très-petites disposées de même au milieu de l'espace occupé par les précédentes. Carapace couverte de tubercules verruqueux, dont quelques-uns ovalaires, et n'ayant guère d'épines que sur la région stomacale. *Abdomen lisse, et présentant sur chaque anneau un seul sillon transversal qui s'efface presque sur la ligne médiane.* Cornes latérales des anneaux abdominaux présentant un petit lobe denticulé vers la base de leur bord postérieur. Pates de la troisième paire très-longues. Couleur générale verte, avec des taches blanches irrégulières sur le thorax, et une multitude de petits points blancs sur l'abdomen. Pates entièrement vertes. Longueur, environ 14 pouces.

Habite les mers de l'Inde. (C. M.)

13. Langouste argus. — *P. argus* (2).

Anneau antennulaire armé de quatre petites dents coniques assez rapprochées de la ligne médiane, mais dont les deux antérieures sont très-éloignées des deux postérieures. Cornes rostrales extrêmement longues; carapace très-épineuse; les épines latérales de son bord antérieur médiocres; une série de petites épines rudimentaires sur la ligne médiane de la région stomacale. Abdomen lisse, et présentant sur chaque anneau un sillon pilifère inter-

(1) Latreille, Collection du Muséum. — *Locusta marina*? Rhumph, Pl. 1, fig. A.

(2) Latreille, Ann. du Muséum, t. III, p. 593; et Nouv. Dict. d'hist nat. t. XVII, p. 295. — Olivier, Encycl. t. VIII, p 663. — Lamarck, Hist. des an. sans vert. t. V, p. 210. — Desmarest, Consid. sur les Crust. p. 185.

rompu sur la ligne médiane. Pates de la deuxième paire un peu plus longues que celles de la troisième paire. Couleur verdâtre tirant sur le violet, maculé irrégulièrement de jaune sur le thorax, fascié de jaune sur les pates, et présentant sur l'abdomen une bande jaunâtre transversale près du bord postérieur de chaque anneau, et quelques taches circulaires, dont deux situées sur le deuxième anneau et deux sur le sixième, sont très-grandes et entourées d'une bordure verte foncée.

Habite les Antilles. (C. M.)

Il nous paraît difficile de décider à quelle espèce appartient la Langouste a queue lisse (1), dont Latreille et M. Desmarest parlent, comme ayant été trouvée sur les côtes du Brésil, par Lalande. Voici tout ce que ces auteurs en disent: « Carapace épineuse avec six pointes aiguës en avant, dont quatre disposées en carré au milieu, et une sur chaque orbite. Segmens de l'abdomen, lisses, avec les bords latéraux de chacun crénelés en arrière et unis en avant. Couleur rougeâtre, parsemée de petites taches blanchâtres; pates rayées longitudinalement de rouge pâle. »

La Langouste bordée, de MM. Quoy et Gaimard (2), appartient à ce sous-genre, et paraît se rapprocher beaucoup de la Langouste dasype, mais n'a pas été observée avec assez de détail pour être déterminable. Dans la description que ces naturalistes en ont donnée, on ne trouve guère d'indication que sur la disposition de ses couleurs.

Il existe, dans la collection du Muséum, une pate de Langouste

(1) *Palinurus lævicauda*, Latreille, Nouv. Dict. d'hist. nat. t. XVII, p. 295. — Desmarest, Consid. sur les Crust. p. 185. — Ces auteurs rapportent à cette espèce la Langouste figurée d'une manière extrêmement grossière par Pison, sous le nom de *Potiquiquya* (Hist. nat. Brasil.).

(2) *Palinurus marginatus*, Quoy et Gaimard, Voyage de *l'Uranie*, partie zoologique, p. 537, Pl. 81, et atlas du Dict. classique d'hist. nat. Pl. 65.

provenant de l'Ile-de-France, et paraissant appartenir à la troisième paire, qui est très-remarquable par sa grande taille, et qui doit faire présumer l'existence de quelqu'espèce gigantesque, dont les naturalistes n'ont pas connaissance. Elle a, en effet, plus de 2 pieds de long.

On a trouvé, dans le calcaire marneux du Monte-Bolca, un grand Crustacé fossile qui appartient évidemment à ce genre, et qui est à peu près de la taille de la Langouste commune; mais qui n'a pas été rencontré en assez bon état de conservation pour qu'il soit possible d'y assigner des caractères précis (1).

M. Desmarest rapporte aussi à ce genre deux autres espèces de Crustacés fossiles; mais nous ne partageons pas l'opinion de ce zoologiste relativement aux affinités naturelles de ces animaux. Le *Palinurus Reglianus* (1) nous paraît avoir plus d'analogie avec les Néphrops qu'avec tout autre Macroure. Et le *Palinurus Suerii*(2), quoiqu'appartenant bien certainement à cette famille, ne nous semble pas devoir être considéré comme une véritable Langouste, car la disposition des régions de la carapace est très-différente. Le dessus du test, au lieu d'être divisé seulement en deux portions par un sillon profond, situé en avant des régions branchiales, il est divisé en trois bandes, dont la postérieure est formée par les régions branchiales, l'antérieure par la région stomacale, et la moyenne par les régions hépatiques ou génitales très-développées. Il y a aussi, entre cette dernière portion de la carapace et les régions branchiales, une espèce d'écusson triangulaire qui représente la région cordiale. Quant à la disposition du rostre, on ne peut pas l'observer, et il nous semble probable que, lorsque ce fossile sera mieux connu, on en formera un genre particulier. Il se trouve dans le Muschelkalk.

Nous croyons devoir ranger aussi dans la famille des Macroures

(1) *Voyez* Desmarest, Crust. fossiles, p. 131.

(2) Desmarest, Crust. fossiles, p. 132, Pl. 11, fig. 3.

(3) Desmarest op. cit. p. 132, Pl. 10, fig. 8 et 9.—Meyer, Nova acta Physico-medica acad. Cæsar. Leopoldino-Carolinæ natur. curios. Bonnæ, 1833, t. XVI, pt. 2, p. 517, Pl. 38.

cuirassés le *Macrourites pseudoscyllarus*, de Schothein (1), Crustacé fossile, dont la structure paraît avoir été très-singulière. La carapace est courte, épineuse, et terminée en avant par un petit rostre aplati ; les antennes sont grêles et à pédoncule alongé. Les pates de la première paire sont très-grosses et épineuses dans les deux tiers de leur longueur, mais paraissent terminées par une petite main didactyle presque filiforme. Les pates suivantes sont courtes, grêles et monodactyles. Enfin l'abdomen est grand, et conforme à peu près comme chez les Langoustes. Un des Macroures fossiles, figurés par Baier (2), se rapproche beaucoup du précédent.

FAMILLE DES THALASSINIENS
OU DES MACROURES FOUISSEURS.

Les Crustacés, dont cette petite famille se compose, se ressemblent par leur *facies*, et sont remarquables par l'allongement extrême de l'abdomen et le peu de consistance des tégumens (3). La *carapace* est petite et très-comprimée latéralement ; en général, elle se termine en avant par un rostre très-court, mais quelquefois en manque complétement ; les *yeux* sont ordinairement petits ; les *antennes* internes se terminent par deux filets multi-articulés ; les externes s'insèrent en dehors et un peu au-dessous des premières, et leur pédoncule, grêle, cylindrique et dépourvu de lame spinimiforme, ne porte tout au plus qu'une épine mobile très-petite, qui représente cet appendice. La disposition des parties de la bouche varie. Le *sternum* est

(1) Schlotheim, Petrifactenkunde, Pl. 12, fig. 5.
(2) Oryctographia norica, Pl. 8, fig. 7.
(3) Pl. 25 *bis*, fig. 5, 1 et fig. 8.

presque linéaire dans toute sa longueur, et ne constitue pas de plastron. Les *pates* antérieures sont grandes, plus ou moins complétement didactyles et triangulaires entre elles ; celles des paires suivantes se relèvent de chaque côté du thorax. L'*abdomen*, comme nous l'avons déjà dit, est très-long, et en général fort étroit ; il est plutôt déprimé verticalement que comprimé latéralement, et les bords latéraux de l'arceau dorsal de ses divers anneaux ne se prolongent que fort peu, et n'encaissent pas la base des fausses pates, comme nous le verrons chez les Salicoques ; enfin, il ne diminue que fort peu de grosseur vers sa partie postérieure. Quant à la structure de ses appendices, elle varie. La disposition de l'*appareil respiratoire* varie également ; tantôt il n'existe, comme c'est l'ordinaire chez les Décapodes, que des branchies thoraciques renfermées sous la carapace dans des cavités spéciales : d'autres fois, au contraire, il existe, outre ces branchies thoraciques, des appendices branchiaux accessoires suspendus sous l'abdomen et fixés aux fausses pates (1). Cette différence importante nous conduit à diviser la famille des Thalassiniens en deux tribus : les Cryptobranchides et les Gastrobranchides.

TRIBU DES CRYPTOBRANCHIDES.

Ce groupe comprend tous les Thalassiniens dépourvus d'appendices respiratoires suspendus sous l'abdomen. Leurs branchies sont en général composées de cylindres, réunis en manière de brosse. Les espèces dont on connaît les mœurs habitent dans le sable, où elles s'enfouissent profondément.

---

(1) Pl. 25 *bis*, fig. 8 et 13.

Cette tribu renferme cinq genres, reconnaissables aux caractères suivans ·

Genres.

THALASSINIENS ayant les

- filamens terminaux des antennes internes très-courts (moins longs que le dernier article du pédoncule) . . . . GLAUCOTHOÉ.
- filamens terminaux des antennes internes longs (bcaucoup plus longs que le pédoncule).
  - Lames latérales de la nageoire caudale foliacées et très-larges.
    - Pates de la seconde paire didactyles.
      - Pates de la troisième paire très-élargies vers le bout. CALLIANASSE.
      - Pates de la troisième paire grêles et non élargies vers le bout. AXIE.
    - Pates de la seconde paire monodactyles . . . . GÉBIE.
  - Lames latérales de la nageoire caudale très-étroites, presque linéaires . . . . THALASSINE.

Genre GLAUCOTHOÉ. — *Glaucothoe* (1).

Le genre Glaucothoé établit le passage entre les Paguriens et les Callianasses. Sa carapace est presque ovoïde et ne présente pas de prolongement rostriforme. Les *yeux* sont saillans, grands et à peu près pyriformes. Les *antennes internes* sont courtes, cylindriques et coudées comme chez les Pagures; le troisième article de leur pédoncule est le plus long de tous, et porte à son extrémité deux petits appendices multi-articulés, très-courts, assez gros, dont l'un est garni de beaucoup de longs poils. Les *antennes externes* s'insèrent plus bas que les précédentes; leur pédoncule est coudé, et présente en dessus une petite écaille, vestige d'un palpe. Les *pates-mâchoires* externes sont pédiformes. Le dernier anneau thoracique n'est pas soudé aux précédens. Les *pates antérieures* sont terminées par une grosse main didactyle bien formée, et sont de grandeurs très-différentes. Les pates de la deuxième et de la troisième paire sont grêles et très-longues; celles des deux dernières paires sont, au contraire, courtes et relevées contre les côtés du corps, comme chez les Pagures; celles de la quatrième paire sont aplaties, assez larges, et imparfaitement didactyles; le doigt immobile de leur main n'étant formé que par un tubercule peu saillant; enfin les pates postérieures, encore plus petites que ces dernières, sont terminées par une petite main didactyle assez bien formée. L'*abdomen* est étroit, alongé et parfaitement symétrique; le premier anneau est beaucoup plus étroit que les suivans, et ne porte pas d'appendices; les quatre segmens suivans, au contraire, donnent attache chacun à une paire de fausses pates natatoires assez grandes, formées par un article basilaire, cylindrique et deux lames terminales, dont l'une très-petite et obtuse,

(1) Edwards, Annales des Sciences naturelles, 1re. série, t. XIX, p. 334. — Latreille, Cours d'Entomologie, p. 373.

l'autre grande, pointue au bout, et bordée de longs poils ciliés. Enfin, la nageoire caudale est de grandeur médiocre; la lame médiane, formée par le septième segment abdominal, est arrondie et ciliée, et les lames externes sont beaucoup plus grandes que les mitoyennes.

On ne connaît qu'une seule espèce de ce genre : le

GLAUCOTHOÉ DE PÉRON. — *G. Peronii* (1).

Tégumens peu solides, carapace lisse; longueur, environ 8 lignes.

Paraît habiter les mers d'Asie. (C. M.)

Il paraîtrait que le genre PROPHYLACE de Latreille (2) se rapproche beaucoup du précédent, et ne devrait peut-être pas en être distingué; ce célèbre naturaliste l'a placé parmi les Pagures, mais semble n'en avoir parlé que d'après des notes incomplètes, car, après la publication de notre genre Glaucothoé, il a été incertain s'il fallait ou non réunir ces deux divisions génériques en une seule.

GENRE CALLIANASSE. — *Callianassa* (3).

Les Callianasses sont des Crustacés, dont les tégumens de toutes les parties du corps, à l'exception des pates antérieures, sont d'une mollesse remarquable. La carapace de ces Macroures est très-petite, et n'occupe guère plus du tiers

(1) Edwards, Ann. des sc. nat. 2e. série, t. XIX, Pl.

(2) Règne 'anim. de Cuvier, t. IV, p. 78; et Cours d'Entomologie, p. 373.

— *Voyez* Ann. des Sc. nat., 1e. série, t. XIX, p. 337; et Cours d'Entomologie, p. 373.

(3) *Cancer*, Montagu, Transactions of the Linnean Society, vol. IX. — *Callianassa*, Leach, Edinb. Encyclop.; et Malac. Pod. Brit. — Desmarest, Consid. sur les Crust. p. 205. — Latr. Règne anim. de Cuv. t. IV, p. 87; et Cours d'Entomol. p. 378. — Otto, Mém. des Curieux de la nat. de Bonn, t XIV.

de la longueur totale du corps (Pl. 25 bis, fig. 1); elle est arrondie en dessus, et elle est dépourvue de rostre. Les *pédoncules oculaires* sont remarquables par leur forme : au lieu d'être cylindriques, comme d'ordinaire, ils sont presque lamelleux, et portent, vers le tiers antérieur de leur face supérieure, une petite cornée transparente, circulaire et presque plate. Le pédoncule des *antennes intérieures* est gros, cylindrique, et presque de même longueur que les filets terminaux de ces organes. Les *antennes externes* ne présentent aucun vestige d'écaille mobile à leur base. Les *pates-mâchoires* externes sont operculiformes (fig. 2); leurs deuxième et troisième articles sont très-larges, et constituent, par leur réunion, un grand disque ovalaire, à l'extrémité antérieure duquel se trouve une petite tige formée par les trois derniers articles; enfin ces organes manquent de palpe. Les *pates antérieures* sont grandes, presque lamelleuses; celle du côté droit est extrêmement grande; ses trois premiers articles sont peu élargis, mais le carpe et la main sont très-développés, et offrent à peu près les mêmes dimensions et la même forme; ils sont tous deux très-comprimés, et unis entre eux par un bord droit, de manière à paraître appartenir tous les deux à la main (Pl. 25 *bis*, fig. 1). Les pates de la seconde paire sont petites, et se terminent par une petite main didactyle lamelleuse; celles de la troisième paire sont monodactyles, mais très-élargies vers le bout; leur pénultième article surtout est presque ovalaire, et constitue une sorte de bêche, à l'aide de laquelle ces Crustacés creusent le sable et s'y enfoncent. Les pates de la quatrième paire sont aplaties, mais ne présentent rien de remarquable, et celles de la cinquième paire sont grêles et terminées par une main didactyle rudimentaire. L'*abdomen* est très-grand et un peu déprimé; il s'élargit beaucoup vers son tiers antérieur, et ne descend pas latéralement de manière à encaisser la base des fausses pates. La nageoire caudale est très-large; sa lame médiane est presque carrée, et les quatre lames latérales sont triangulaires et presque aussi larges que la pièce médiane,

Le *pédoncule* des fausses pates (fig. 3) est court, mais les deux lames terminales de chacun de ces organes sont extrêmement grandes. Enfin les *branchies* sont sublamelleuses, et on en compte dix de chaque côté.

1. CALLIANASSE SOUTERRAINE, — *C. subterranea* (1).

Doigt mobile de la grosse pince gros, obtus, et à peine denté en dessous; carpe et mains lisses. Lame médiane de la nageoire caudale très-large, mais beaucoup plus courte que les pièces latérales. Longueur, environ deux pouces.

Habite les côtes de l'Angleterre, de la France et de l'Italie. Se tient enfoncé dans le sable à quelque distance du rivage. Couleur, blanc tirant un peu sur le bleu ou sur le rose, avec une tache assez intense dans la portion du corps qui correspond au foie et à l'intestin. Téguments d'une grande mollesse. (C. M.)

La *Callianassa laticauda* de M. Otto (2) ne diffère pas spécifiquement de la précédente, elle ne nous paraît en avoir été séparée qu'à cause de la forme inexacte donnée par Leach aux pates-mâchoires externes de sa *C. subterranea*.

Le *Cancer candidus* d'Olivi (3) me paraît être une Callianasse, et pourrait bien être la même espèce que la précédente, mais la figure et la description qu'il en a donnée sont trop incomplètes pour qu'il me soit possible de résoudre la question.

---

(1) *Cancer subterranea*, Montagu, Trans. of the Linn. Soc. vol. IX, Pl. 3. fig. 1 et 2. — *Callianassa subterranea*, Leach, Malac. Pod. Brit. Pl. 32. — Desmarest, Consid. sur les Crust. p. 205, Pl. 36, fig. 2 —Latreille, Règne anim. de Cuvier, t. IV, page 87.— Guérin, Iconog. Crust. Pl. 19, fig. 4. — Edw. Atlas du Règne an. de Cuvier, Crust. Pl. 48, fig. 3.

(2) Mém. de l'Acad. des curieux de la nature de Bonn, t. XIV, Pl. 21, fig. 3.

(3) Zoologia adriatica, Pl. 3, fig. 3.

2. Callianasse a crochet. — *C. uncinata.*

(Pl. 25 *bis*, fig. 1.)

Doigt mobile de la grosse pince très-aigu, recourbé en bas comme un crochet, et armé en dessous d'une forte dent; une grande échancrure entre sa base et celle du doigt immobile, qui est court et pointu. La lame médiane de l'abdomen presqu'aussi longue que les lames latérales. Longueur, environ 5 pouces.

Habite les côtes du Chili. (C. M.)

La Callianassa major de Say (1) paraît se distinguer des deux espèces précédentes par l'existence de granulations sur le carpe, et sur l'article précédent de la grosse pate antérieure, ainsi que par la forme de la main, etc. Elle atteint plus de 4 pouces de long.

Habite les côtes des Florides.

La *Callianassa tyrrhena* de M. Risso (2) paraît devoir être considérée comme une Pontonie.

Enfin le Crustacé fossile, qui se trouve dans la formation crayeuse de Maestricht, et qui a été désigné par M. Desmarest sous le nom de *Pagurus Faujasii* (3), appartient au genre Callianasse.

Genre AXIE. — *Axia* (4).

Les Axies ressemblent beaucoup aux Callianasses et aux Gébies, par la forme générale de leur corps, et surtout de leur *carapace*, qui est très-comprimée, et terminée antérieurement par un petit rostre triangulaire. Les pédoncules

(1) Crust. of the United States, Journ. of the Acad. of Philadelphia, vol. I, p. 239.

(2) Hist. nat. de l'Eur. mérid, t. V, p. 54.

(3) *Bernard l'hermite*, Faujas, Hist. de la montagne Saint-Pierre, p. 179, Pl. 32 fig. 5, 6. — *Pagurus Faujasii*, Desmarest, Crust. fossiles, p. 127, Pl. 11, fig. 2.

(4) Leach, Trans of the Lin. Soc. vol. XI, et Malac. Pod. Brit. —Latreille, Règne anim. t. IV, p. 87. — Desmarest, Consid. sur les Crust. p. 205.

oculaires sont très-petits, cylindriques, terminés par une cornée hémisphérique. Les filamens terminaux des antennes internes sont presque de la longueur de la carapace. Le pédoncule des antennes externes présente en dessus une petite épine mobile qui représente le grand palpe lamelleux, que nous rencontrerons chez les Salicoques. Les *pates-mâchoires externes* sont grêles et pédiformes. Les *pates antérieures* sont comprimées, et terminées par une pince bien formée; le carpe est petit. Les pates de la seconde paire sont presque lamelleux, et sont également didactyles; celles des trois paires suivantes sont au contraire monodactyles. L'*abdomen* est un peu renflé vers le milieu, et se termine par une grande nageoire, dont les cinq lames sont à peu près de même longueur. Enfin, le premier anneau de l'abdomen porte une paire de fausses pates rudimentaires, et les quatre anneaux suivans sont pourvus chacun d'une paire de fausses pates natatoires très-développées, composées chacune d'un pédoncule court et gros, qui, à son extrémité, porte en dedans un petit appendice styliforme, et en dehors deux grandes lames ovalaires, très-larges, et ciliées sur les bords.

AXIE STIRHYNQUE. — *A. Stirynchus* (1).

Une petite crête médiane, et de chaque côté une petite crête oblique, s'étendant du rostre sur la partie antérieure de la région stomacale. Doigt mobile des pinces antérieures cannelé. Une touffe de poils de chaque côté, sur les troisième, quatrième et cinquième anneaux de l'abdomen. Lame médiane de la nageoire caudale creusée d'un petit sillon médian, bordé de chaque côté par quelques pointes; une ligne de petites pointes sur les lames mitoyennes. Longueur, environ 3 pouces.

Habite nos côtes. (C. M.)

(1) Leach, Trans. of the Lin. Soc. vol. XI, p. 343, et Malac. Brit. tab. 33.—Desm. Consid. sur les Crust. p. 207, Pl. 36, fig. 1. —Latreille, Règne anim. t. IV, p. 88. — Guérin, Iconog. Crust.

Pl. 18, fig 5. — Edw. Atlas du Règne anim. de Cuvier, Crust. Pl 48, fig. 2.

Genre GÉBIE. — *Gebia* (1).

Les Gébies établissent le passage entre les Thalassines et les Axies ; elles ressemblent à ces dernières par la forme générale du corps et la disposition de la nageoire caudale, et se rapprochent des premières par la conformation de leurs pates. La *carapace* se termine antérieurement par un rostre triangulaire, et assez large pour recouvrir presque entièrement les yeux ; de chaque côté de sa base est une dent qui se continue avec une crête, laquelle forme le bord latéral de la face supérieure de la région stomacale. Les *antennes internes* sont très-courtes, mais cependant leurs filets terminaux sont plus longs que leur pédoncule. Les *antennes externes* sont très-grêles, et ne présentent à leur base aucun vestige d'écaille mobile. Les *pates-mâchoires externes* sont pédiformes. Les *pates antérieures* sont étroites, et terminées par une main alongée et imparfaitement subchéliforme ; leur doigt mobile est très-grand, et, en se reployant en bas, sa base s'applique contre le bord antérieur de la main, dont l'angle inférieur se prolonge de manière à constituer une dent tenant lieu de doigt immobile. Les pates suivantes sont comprimées et monodactyles ; celles de la deuxième paire ont leur pénultième article grand, élargi et cilié en dessous ; celles des paires suivantes sont plus grêles. L'*abdomen* est long et beaucoup plus étroit à sa base que vers son milieu ; il est déprimé, et se termine par une grande nageoire, dont les quatre lames latérales sont foliacées et très-larges. Enfin, le premier anneau de l'abdo-

(1) *Cancer*, Montagu, Trans. Lin. soc. vol. IX. — *Gebios* et *Thalassina*, Risso, Crust. de Nice. — *Gebia* et *Upogebia*, Leach, Edinb. Encycl. t. VII, etc. — *Thalassina*, Latreille, Règne anim. 1re. éd. t. III. — *Gebia*, Desmarest, Consid. p. 203. — Say, Acad. de Philad. t. I. — Latreille, Règne anim. 2e. édit. t. IV, p. 86.

men porte une paire d'appendices filiformes très-petits, et les quatre segmens suivans donnent naissance à trois paires de fausses pates natatoires, composées d'un pédoncule gros et court, et de deux lames ovalaires à bords fortement ciliés, dont l'extérieure est très-grande et l'autre petite.

Les *branchies* sont en brosse, et fixées sur deux rangs, savoir, une au-dessus de la deuxième pate, et deux au-dessus des quatre pates antérieures et des pates-mâchoires externes.

1. Gébie riveraine. — *G. littoralis* (1).

Région stomacale et rostre granuleux et poilus; une dent aiguë de chaque côté de la base du rostre, et un sillon au-dessus du bord latéral de la région stomacale; un petit sillon médian près de l'extrémité du rostre, qui est échancré au milieu. Pates antérieures très-velues; mains grosses, renflées, moins de deux fois aussi longues que larges, et garnies en dessus d'une ou deux petites crêtes plus ou moins dentelées. Deux crêtes longitudinales sur chacune des pièces latérales de la nageoire caudale; sa lame médiane large et obscurément bilobée au bout. Longueur, environ 2 pouces. Couleur, vert glauque.

Habite la Méditerranée. (C. M.)

2. Gébie étoilée. — *G. stellata* (2).

Cette espèce paraît être très-voisine de la précédente; mais, à en juger par la figure que Leach en a donnée, elle n'aurait que peu ou pas de poils sur la région stomacale. Voici, du reste, tout ce qui en a été dit : « abdomen totalement crustacé, terminé par des lames foliacées extérieures arrondies, et une intermédiaire

(1) *Thalassina littoralis*, Risso, Crust. de Nice, p. 76, Pl. 3, fig. 2. — *Gebia littoralis*, Desm. Consid. sur les Crust. p. 204. — *Gebios littoralis*, Risso, Hist. nat. de l'Eur. mérid. t. V, p. 51.

(2) *C. astacus stallatus*, Montagu, Trans. Lin. soc. t. 9, p. 89, Pl. 3, fig. 5. — *Gebia stelata*. Leach, Malac. Pod. Brit. Pl. 31. — Desm. op. cit. p. 204, Pl. 35, fig. 2.

un peu rétrécie au bout ; serres pourvues de lignes de points élevées et velues. Longueur, 1 pouce et demi.

Des côtes d'Angleterre. »

3. Gébie deltura. — *G. deltura* (1).

Cette espèce ne paraît différer que fort peu de la précédente. MM. Leach et Desmarest lui ont assigné les caractères suivans : abdomen ayant sa partie supérieure membraneuse terminée par des lames extérieures, arrondies et presque dilatées au bout, et par une lame intermédiaire deltoïde, tronquée, mais couverte de petites lignes de poils. Longueur, 2 pouces et demi.

Des côtes de l'Angleterre.

La Gebia affinis de M. Say (2) ne paraît guère différer du *G. littoralis* que par l'alongement des mains ; elle habite les côtes de l'Amérique.

MM. Risso et Desmarest ont décrit sous le nom de Gébie de Davis (3) un petit Macroure des côtes de Nice, qui paraît appartenir plutôt au genre Thalassine, car ses « pieds de la deuxième paire sont terminés, comme les premières, par de longues pinces courbées, dont le doigt inférieur est à peine ébauché. »

C'est à ce genre qu'appartient le Crustacé figuré par Aldrovande sous le nom de *crustaceum quod medium videtur inter crangonem squillam et cancellum*, *sive Bernardum eremitam* (4). Mais il serait difficile de le déterminer spécifiquement.

Le Crustacé figuré par M. Savigny (5), et rapporté, mais avec un point de doute à la Gébie étoilée par M. Audouin, diffère essentiellement des Gébies proprement dites par la forme des pates de

(1) Leach, Malac. Pod. Brit. Pl. 31. — Desm. loc. cit.

(2) Journ. of the Acad. of Philadelphia, vol. I, p. 241.

(3) *Gebia Daviana*, Risso, Journ. de Physique, 1822. — Desm. Consid sur les Crust. p. 204. — *Gebios Davyannus*, Hist. nat. de l'Eur. mérid. t. V, p. 52.

(4) De Crustatis, p. 150.

(5) Descript. de l'Egypte, Crust. Pl. 9, fig. 3.

la première paire, qui se terminent par des pinces didactyles, dont les deux doigts sont d'égale longueur. Il faudra probablement en former un genre particulier.

Genre THALASSINE. — *Thalassina* (1).

Le genre Thalassine établi par Latreille ne se compose encore que d'une seule espèce remarquable par la forme de l'abdomen, qui rappelle un peu celle du corps d'une Scolopendre. La *carapace* de ce Crustacé est courte, étroite et très-élevée; la région stomacale est petite et limitée en arrière par un sillon profond; les régions cordiale et intestinale sont également séparées des régions branchiales, et représentent par leur réunion un triangle dont le sommet est dirigé en arrière; le front est armé d'un petit rostre triangulaire. Les *yeux* sont petits et cylindriques. Les *antennes internes* s'insèrent au-dessous de ces organes; leur pédoncule est de grandeur médiocre, et leurs filamens terminaux grêles et inégaux; le plus long a environ trois fois la longueur du pédoncule. Les *antennes externes* sont très-petites; leur pédoncule est cylindrique, et dépasse à peine le rostre, et ne présente en dessus aucun vestige d'appendices. Les *pates-mâchoires* externes sont médiocres et pédiformes; leur deuxième article est armé de dents spiniformes sur sa face interne, et est à peu près de même forme que les suivans. Les *pates* de la première paire sont étroites et médiocrement alongées, mais assez robustes; elles sont très-inégales entre elles; la main qui les termine présente à son angle antérieur et inférieur une dent plus ou moins forte qui représente un doigt immobile, contre laquelle se replie la base du doigt mobile, lequel est très-grand. Les pates de la seconde paire sont très-comprimées et assez larges; leur pé-

(1) *Cancer*, Herbst. — *Thalassina*, Latreille, Genera, t. I; Règne anim. de Cuvier, t. IV, etc. — Lamarck, Hist. des anim. sans vert. t. V. — Leach, Zool. Miscel. — Desmarest, Consid. sur les Crust.

nultième article surtout est grand et cilié en dessous. Les pates suivantes ont à peu près la même forme, mais sont plus étroites et de moins en moins comprimées. *L'abdomen* est très-long, étroit, demi-cylindrique, et à peu près de même grosseur dans toute sa longueur. Sa nageoire terminale est petite ; les deux paires de lames latérales formées par les membres du sixième anneau étant presque linéaires. Enfin, les fausses pates fixées aux quatre anneaux mitoyens de l'abdomen sont très-grêles, et se composent d'un pédoncule cylindrique et alongé, portant deux filamens multi-articulés, plus ou moins ciliés.

THALASSINE SCORPIONIDE. — *T. scorpionides* (1).

Carapace garnie de petits faisceaux de poils très-courts, armée d'une petite dent en dehors de la base des pédoncules oculaires, de deux lignes de dentelures disposées en > sur les régions branchiales, et d'une forte dent médiane, située sur le bord postérieur et reçue dans une dépression du premier anneau de l'abdomen. Pates antérieures presque cylindriques ; une rangée de dentelures sur le bord supérieur du carpe et de la main ; quatre autres rangées semblables, mais moins fortes, sur la face externe et le bord inférieur de celle-ci. Bords latéraux de l'abdomen un peu renflés et garnis de longs poils. Longueur, environ 6 pouces. Couleur, brunâtre.

Habite les côtes du Chili. (C. M.)

---

(1) *Cancer anomalus*, Herbst. t. III, Pl. 62. — *Thalassina scorpionides*, Latreille, Genera Crust. et Ins. t. I, p. 52 : Encycl. Pl. 317, fig. 1. — Lamarck, Hist. des anim. sans vert. t. V, p. 217. — Leach, Zool. Misc. t. III, Pl. 130 — Desmarest, Consid. sur les Crust. p 203, Pl. 35, fig. 1. — Guérin, Encyc. t. X. p. 613, et Iconogr. Crust. Pl. 18, fig. 4. — Edwards, Atlas du Règne anim. de Cuvier, Crustacés, Pl. 48, fig. .1

TRIBU DES GASTEROBRANCHIDES.

Cette petite division de la famille des Thalassiniens est très-remarquable, car elle établit le passage entre les Callianasses et les Squilles. Par la forme générale du corps (1), les Crustacés que nous y rangeons ne diffèrent en effet que fort peu des premiers, et la conformation de leurs branchies thoraciques ne permet pas de les séparer des Décapodes macroures, ni de les éloigner des Thalassiniens ; mais on leur trouve des appendices respiratoires fixés aux fausses pates abdominales, et ayant la plus grande analogie avec les branchies rameuses des Stomapodes (2).

Le type de ce groupe est un petit Crustacé auquel nous avons donné le nom générique de Callianide ; mais nous rangerons dans la même division le genre Isée de M. Guérin, car nous croyons y reconnaître un mode d'organisation analogue. Si les caractères que M. Guérin y assigne étaient exacts, il serait difficile de placer ici ce genre nouveau, et il faudrait le rapprocher des Paguriens ; mais il nous paraît bien probable qu'il y a eu quelque erreur d'observation, et que dans la réalité les Isées et les Callianides ne diffèrent que fort peu.

Ces Crustacés (3) ont tous le thorax très-petit, ovalaire et comprimé latéralement ; leur abdomen, au contraire, est extrêmement long et grêle. La disposition des yeux et des antennes est à peu près la même que chez les Callianasses. Les pates-mâchoires externes

(1) Pl. 25 *bis*, fig. 8.
(2) Pl. 25 *bis*, fig. 14.
(3) Pl. 25 *bis*, fig. 8.

sont pédiformes et portent en dehors un palpe grêle et multi-articulé. Les pates des deux premières paires sont didactyles; celles de la paire antérieure sont longues, très-inégales et terminées par une grosse main comprimée; les secondes sont petites et très-minces. Les pates de la troisième paire sont élargies vers le bout à peu près comme chez les Callianasses, et terminées par un tarse très-court, formant, avec un tubercule de l'article précédent, une pince imparfaite. Les pates de la quatrième paire sont grêles et monodactyles; enfin celles de la cinquième paire sont rejetées en arrière, et de petites dimensions. De même que chez les Thalassiniens de la tribu précédente, l'abdomen est très-long, assez mou, et composé d'anneaux à peu près égaux, dont l'arceau dorsal ne se prolonge pas inférieurement, de manière à encaisser la base des fausses pates. La nageoire caudale qui le termine n'offre rien de remarquable; mais les fausses pates, insérées à sa face inférieure, sont garnies d'une multitude de filamens rameux, qui offrent une structure très-analogue à celle des branchies, et qui, bien certainement, doivent être destinés à concourir au travail de la respiration (1).

Ainsi que nous l'avons déjà dit, cette tribu comprend deux genres, dont l'un nous paraît être trop imparfaitement connu pour pouvoir être convenablement caractérisé.

---

(1) Pl. 25 *bis*, fig. 13 et 14.

Genre CALLIANIDE. — *Callianidea.*

Les Crustacés, d'après lesquels nous avons établi ce genre, ressemblent beaucoup aux Callianasses par leur forme générale; leur corps est très-mince, grêle et fort alongé (Pl. 25 *bis*, fig. 8). La *carapace* n'a guère plus du tiers de la longueur de l'abdomen, et ne recouvre pas le dernier anneau thoracique; elle est comprimée et assez élevée; enfin son bord inférieur s'applique exactement contre la base des pates des quatre premières paires. Il n'y a point de rostre, et le bord antérieur de la carapace est échancré de chaque côté de la ligne médiane pour recevoir la base des *yeux*, dont les pédoncules sont très-courts, et conformés de la même manière que chez les Callianasses; c'est-à-dire portant la cornée transparente, non pas à leur extrémité comme d'ordinaire, mais sur leur face supérieure. Les quatre *antennes* sont grêles, et s'insèrent à peu près sur la même ligne transversale; celles de la première paire se terminent par deux filets à peu près égaux en longueur; mais dont l'un est plus gros et légèrement renflé vers le bout (*fig.* 9). Les appendices de la bouche sont petits, et occupent peu de place; les *mandibules* diffèrent à peine de celles des Callianasses; l'appendice valvulaire des *mâchoires* de la seconde paire est très-petit; enfin les *pates-mâchoires* (*fig.* 10) externes sont grêles et pédiformes; leur second article est garni en dedans d'une rangée de tubercules dentiformes, recouverts par des poils, et leurs trois derniers articles sont très-alongés. Le *sternum* est linéaire dans toute son étendue. Les *pates* de la première paire sont longues, et l'une d'elles est très-grosse; la main qui termine celle-ci est très-grande, et à peu près de même forme que chez les Callianasses, si ce n'est que le carpe est plus petit. Les pates des deux paires suivantes sont petites et aplaties; celles de la quatrième paire sont presque cylindriques, et leur article basilaire est très-élargi. Les pates de la cinquième paire sont presque aussi grandes que ces dernières, et se terminent par une pince imparfaite et rudimentaire (*fig.* 11). L'*abdomen*, composé comme d'ordinaire de sept segmens, est à peu près de même largeur partout, et porte en dessous cinq paires de fausses pates; celles de la première paire sont réduites à une simple lame étroite, légèrement ciliée au bout; mais celles des quatre paires suivantes offrent un mode de conformation très-remarquable. On y distingue un pédoncule et trois lames terminales (Pl. 27 *bis*, fig. 13), dont deux très-grandes et une très-petite sur le bord de l'une des précédentes; enfin tout autour du bord de ces grandes lames se trouve une espèce de frange touffue, composée d'une rangée de cylindres, dont chacun donne naissance à deux filamens plus petits, lesquels se bifurquent à leur tour (fig. 14), à peu près de la même manière que se divisent les filamens branchiaux des Squilles. Les cinq lames dont se compose la nageoire caudale sont larges et arrondies. Enfin les *branchies* thoraciques sont renfermées comme d'ordinaire sous la carapace, et sont composées chacune de cylindres rangés parallèlement sur une tige, à peu près comme chez les Homards, seulement ces organes et ces filamens sont peu nombreux, et les branchies elles-mêmes sont très-petites. On n'en compte qu'une dizaine de chaque côté du corps.

CALLIANIDE TYPE. — *C. typa.*

(Pl. 25 *bis*, fig. 8-14.)

Antennes externes médiocres, leur pédoncule coudé, et ayant son troisième article plus long que le second ou le quatrième. Petite pate antérieure très-alongée, et ciliée sur les bords supérieur et inférieur. La grosse main beaucoup plus grande que le thorax, bombée en dehors et ciliée sur ses deux bords; sa pince garnie de dents tuberculeuses. Pates de la seconde paire garnies de poils très-longs sur son bord inférieur. Dernier segment de l'abdomen (ou lame médiane de la nageoire caudale), arrondi au bout; lames latérales ovalaires. Longueur, environ 20 lignes.

Trouvé snr les côtes de la Nouvelle-Irlande, par MM. Quoy et Gaimard. (C. M.)

Genre CALLIANISE. — *Callianisea* (1).

Ce genre a évidemment beaucoup d'analogie avec les Crustacés dont nous venons de nous occuper. La forme générale du corps est la même, et les fausses pates abdominales portent également des appendices rameux disposés en manière de grappes, qui nous paraissent devoir être des organes respiratoires accessoires. Il est vrai que M. Guérin assigne pour caractère à ces animaux de n'avoir qu'un seul rang de ces fausses pates, ce qui les rapprocherait des Paguriens ; mais l'individu qu'il a examiné était, comme il nous l'apprend lui-même, dans un très-mauvais état de conservation ; et il nous paraît bien probable que l'absence de ces organes, du côté opposé de l'abdomen, était purement accidentelle. Cela nous semble d'autant plus présumable, que les trois fausses pates, observées par ce naturaliste, ne se trouvent pas sur des anneaux qui se suivent, et que la première est située à gauche et les deux autres à droite. Nous serions même porté à regarder ces Macroures comme ne devant pas être séparés génériquement de nos Iséides, si M. Guérin ne mentionnait plusieurs particularités de structure qui, en les supposant bien observées, établiraient des différences importantes entre ces animaux. Le nombre des anneaux de l'abdomen, le grand développement du segment du thorax, et l'état rudimentaire des pates de la cinquième paire, par exemple. Du reste, pour mettre nos lecteurs à même de juger le mieux possible de ce genre, nous reproduirons textuellement la description que M. Guérin en a donnée.

---

(1) *Isea*, Guérin, Annales de la société entomologique de France, t. I, p. 295. Le nom d'*Isea* ayant été employé antérieurement pour désigner l'une des divisions génériques de la famille des Crevettines, ne peut être conservé ici ; nous proposons d'y substituer le nom de Callianise, dont la racine principale indique l'analogie générale qui existe entre ces Crustacés et les Callianasses.

« Le corps de cet animal est de consistance demi-membraneuse, alongé et comprimé sur les côtés ; sa carapace est très-petite, et couvre à peine la base des quatre premières paires de pieds. On voit, à la suite de cette carapace, un segment thoracique entièrement découvert, qui donne attache à la cinquième paire de pates, et qui ne diffère presque point des segmens suivans appartenant à la queue. Le bord antérieur de la carapace est échancré pour recevoir les yeux et les antennes internes ; ces yeux sont portés sur des pédoncules très-courts ; ils sont peu apparens et presque contigus à leur insertion. Les antennes internes sont insérées un peu plus haut que les externes ; leur pédoncule est d'une longueur égale au tiers de celle de la carapace, composé de trois articles, dont le premier plus court et les deux suivans égaux. Le troisième article donne insertion à deux filets, égaux en longueur, multi-articulés, placés au-dessus l'un de l'autre, et dont le supérieur est renflé vers son extrémité, et terminé ensuite en pointe ; ces deux filets ont presque trois fois la longueur du pédoncule ; ils sont garnis d'assez longs poils. Les antennes externes présentent aussi un pédoncule de trois articles, mais il est plus long que celui des précédentes. Leur premier article est plus épais que les suivans, dirigé en dedans comme dans les Pagures ; le second est le plus long de tous, il atteint l'extrémité du pédoncule des antennes internes ; le troisième est de moitié moins long que le précédent, et terminé par un long filet multi-articulé, ayant au moins la moitié de la longueur du corps de l'animal. Les deuxième et troisième pieds-mâchoires diffèrent un peu de ceux des Pagures, et présentent plus d'affinité avec ceux des Gébies. Le premier article des pieds-mâchoires de la seconde paire est très-court, ainsi que le second ; le troisième est alongé, aplati fortement, cilié en dedans ; le quatrième est court, triangulaire, et forme l'angle droit avec le précédent ; le cinquième est un peu plus grand, également aplati, et le dernier est conique et plus court ; ils sont tous garnis de longs poils. Le palpe flagelliforme est inséré sur le côté externe du premier article ; il est court, à peu près organisé comme chez les Gébies ; il atteint à peine la longueur des deux premiers articles des pieds-mâchoires, et se termine par un flagre multi-articulé et garni de longs poils ; tandis que, chez les Pagures, ce palpe est au moins deux fois plus grand que le pied-mâchoire. Les pieds-mâchoires externes sont beaucoup plus grands, pédiformes ; leur premier article est court, presque carré ; les deux suivans sont presque égaux, et forment ensemble la moitié de la longueur de cet organe ; le second de ces articles est courbé et garni en dedans de petites dents ; les trois articles suivans sont presque égaux, et le dernier est terminé un peu en pointe. Tous ces articles sont garnis de très-longs poils. Le palpe est inséré sur le côté externe du premier article ; il est à peine de la longueur des deux suivans, et il est entièrement semblable à celui des pieds-mâchoires précédens. Les pieds ambulatoires de la quatrième paire manquant à notre individu, nous ne pouvons connaître leur proportion relativement aux autres ; cependant la hanche qui reste étant presque de même force que celle des pieds précédens, nous montre qu'ils doivent être à peu près de la même grandeur ; et, en adoptant cette induction, il en résulte que les pieds de notre Crustacé vont en diminuant insensiblement depuis les premiers jusqu'aux quatrièmes, et que les derniers pieds sont démesurément les plus petits. Les premiers et les seconds sont terminés en pince ; les premiers sont au moins deux fois aussi longs que la carapace, grêles, composés d'articles presque égaux, à main peu renflée, plus longue que les doigts ou pinces qui la terminent. Les seconds pieds sont un peu plus courts, très-aplatis, relevés et appliqués contre les côtés du céphalothorax. Leurs premier et second articles sont très-courts ; le troisième le plus grand ; le quatrième de moitié plus court, un peu renflé à l'extrémité ; la main beaucoup plus courte que les doigts, élargie au poignet, avec le doigt mobile un peu plus long que celui qui lui est opposé. Les pates de la troisième paire sont encore un peu plus courtes, composées de même jusqu'au poignet ; mais celui-ci est arrondi, large, point dilaté inférieurement, en forme de doigt, et terminé par un article courbé et plus court. Ces trois paires de pates sont garnies de longs cils ; elles ont leur insertion recouverte par les côtés de la carapace ; tandis que les deux paires suivantes prennent attache sur un segment postérieur, qui semble divisé en deux et qui dépend du thorax. Les pates de la quatrième paire sont pendantes : cependant leurs hanches semblent indiquer, comme nous l'avons déjà dit, qu'elles ne différaient pas des précédentes. Enfin, celles de la cinquième paire sont excessivement petites ; leurs deux premiers articles sont très-courts, le troisième est le plus grand de tous ; les trois suivans sont presque égaux en longueur, mais le quatrième est un peu renflé. Ces pates sont garnies de longs poils, et leur longueur est à peu près égale au tiers de celle de la carapace. L'abdomen est composé de cinq segmens égaux (1), plus longs que larges, comprimés sur les côtés, d'une consistance semi-membraneuse comme chez les Callianasses.

(1) Nous soupçonnons que le mauvais état de conservation du Crustacé examiné par M. Guérin, ne lui a pas permis d'arriver à des notions exactes, relativement à la structure de la partie moyenne du corps. Le nombre d'anneaux abdominaux qu'il indique serait tout-à-fait anormal, et nous sommes porté à croire que le segment, considéré par cet entomologiste comme faisant partie du thorax et donnant insertion aux pates de la cinquième paire, appartient réellement à l'abdomen ; les appendices qui s'y insèrent nous semblent aussi être des fausses pates analogues à celles que nous avons trouvées chez nos Callianides plutôt que des pates ambulatoires, et nous croyons que non-seulement les quatrièmes pates thoraciques manquaient, mais aussi les cinquièmes ; une circonstance qui vient à l'appui de cette opinion, c'est que dans la figure dont le mémoire de M. Guérin est accompagné, on voit, dans l'espace considérable compris entre la base de la troisième pate, et la hanche considérée par lui comme appartenant à la quatrième pate, un tubercule qui peut bien être le point d'insertion d'une pate perdue. Si ces suppositions, que nous présentons avec réserve, sont exactes, les principales différences, qui séparent les deux genres de cette tribu disparaîtront.

Nous avons observé au bord postérieur gauche du premier, et à la même place, mais à droite, dans le second et le quatrième, un appendice ovifère, composé d'une tige courte, garnie d'un grand nombre de ramuscules en forme de grappe (1). Le troisième segment ne nous a pas présenté d'organe semblable ; mais il est probable qu'il était tombé, car il est impossible qu'il soit venu à manquer dans cette place, et qu'il se retrouve à l'anneau qui suit. Ces appendices placés ainsi, l'un à gauche et les autres à droite, et n'étant pas par paires, mais uniques aux anneaux où on les observe, présentent un fait très-extraordinaire qu'on ne peut comparer qu'à ce que l'on voit chez les Pagures. Le dernier segment, ou la lame impaire de la nageoire terminale, est arrondie postérieurement en forme de demi-ovale ; il y a de chaque côté deux lames ovales, à peine plus longues, et insérées sur un article commun très-court. »

Callianise alongée. — *C. elongata* (2).

« Cette espèce est longue d'environ trois centimètres ; sa couleur nous est inconnue ; mais dans l'alcool elle est brunâtre, avec quelques portions transparentes. Sa carapace forme un peu plus du cinquième de la longueur totale de l'animal. »

Trouvée aux îles Mariannes.

---

(1) Il paraîtrait, d'après cette phrase et d'après la figure déjà citée, que les ramuscules s'insèrent directement au pédoncule des fausses pates, et ne naissent pas, comme chez les Callianides, des bords de deux lames terminales suspendues à ces pédoncules, différence importante à signaler.

(2) *Isea elongata*, Guérin, Ann. de la Soc. Entomol. t. I, p. 300, Pl. 10, A, fig. 1-7.

FAMILLE DES ASTACIENS.

Le petit groupe formé par les Astaciens établit le passage entre les Macroures cuirassés et les Salicoques, mais diffère assez des uns et des autres pour mériter d'en être séparé. Par la forme générale du corps et par le mode d'organisation des antennes, ces Crustacés se rapprochent extrêmement des Salicoques, mais ils n'ont pas, comme eux, les branchies composées de lames empilées les unes sur les autres ; ces organes sont formés d'un assemblage de petits cylindres plus ou moins longs et disposés en brosse, comme nous l'avons déjà vu chez la plupart des Macroures cuirassés. Ils ressemblent aussi à ces derniers par la dureté de leur squelette tégumentaire, mais leur sternum ne s'élargit pas en un plastron, et les ganglions nerveux, correspondant aux derniers anneaux thoraciques, sont éloignés entre eux et réunis par des doubles cordons assez longs.

Le corps des Astaciens est alongé et un peu comprimé (1) ; l'abdomen est très-grand, mais cependant moins développé proportionnellement au thorax que chez les Salicoques. La *carapace* se termine antérieurement par un rostre médiocre qui recouvre la base des pédoncules occulaires. Les *antennes* sont insérées à peu près sur la même ligne transversale ; celles de la première paire sont de longueur médiocre ; leur pédoncule est étroit, et leurs filets terminaux au nombre de deux. Les antennes externes ou de la deuxième

(1) Pl. 24, fig. 1.

paire sont beaucoup plus longues, et leur pédoncule est garni en dessus d'une lame mobile, qui est l'analogue de l'appendice spiniforme, que nous avons déjà vu chez les Pagures; ainsi que d'une lame semblable, mais beaucoup plus grande, qui se trouve chez les Salicoques, ici cet appendice est hastiforme, et ne recouvre jamais en entier le dernier article pédonculaire situé au-dessous, quelquefois même il est presque rudimentaire. L'*appareil buccal* ne présente rien de bien remarquable; les *pates-mâchoires* externes (1) sont alongées, mais reployées sur la bouche; leur deuxième article est beaucoup plus grand que les suivans, et elles ne servent en rien à la locomotion. Les *pates* de la première paire sont fort grandes et terminées par une grosse pince didactyle. Les pates des quatre dernières paires sont de longueur médiocre, et à peu près de même forme, si ce n'est que celles de la deuxième et troisième paire sont pourvues d'une petite pince didactyle, et que les quatre derniers sont monodactyles (2). L'*abdomen* conserve à peu près la même longueur dans toute son étendue, et présente de chaque côté un prolongement lamelleux qui descend de manière à encaisser plus ou moins complétement la base des fausses pates. Son dernier segment est très-large, et forme, avec les deux lames de chacun des appendices du sixième anneau, une grande nageoire caudale, dont toutes les pièces ont à peu près la même longueur. Il est aussi à noter que la lame externe de cette nageoire présente, vers son tiers postérieur, une articulation transversale. Les fausses pates natatoires

(1) Pl. 24, fig. 3.
(2) Pl. 24, fig. 2.

sont alongées ; chez le mâle, celles de la première paire sont styliformes, à peu près comme chez les Brachyures, tandis que les autres se terminent par deux grandes lames foliacées à bords ciliés (1) ; chez les femelles toutes présentent cette disposition.

Les *branchies* des Astaciens sont très-nombreuses ; on en compte une vingtaine de chaque côté. Ainsi que nous l'avons déjà dit, ils sont recouverts de cylindres, fixés parallèlement entre eux par une de leurs extrémités, et ils sont disposés sur trois rangs, de manière à former des faisceaux verticaux séparés par des *appendices flabelliformes*, fixés à la base des pates (2). Ces derniers appendices sont très-grands, et ne manquent qu'aux pates postérieures.

Cette petite famille correspond au genre *Astacus* de Fabricius. Leach y a établi une première division en fondant son genre Nephrops, et il me paraît convenable de pousser ces distinctions plus loin, et de séparer entre eux les Écrevisses proprement dites et les Homards. Nous y admettrons par conséquent trois genres reconnaissables aux caractères suivans :

FAMILLE DES ASTACIENS.	Rostre déprimé et armé tout au plus d'une dent de chaque côté. Dernier anneau thoracique mobile.		ÉCREVISSES.
	Rostre étroit et armé de plusieurs dents de chaque côté.	Yeux sphériques. Dernier anneau du thorax soudé aux précédens.	HOMARDS.
		Yeux reniformes. Dernier anneau du thorax conservant un peu de mobilité.	NEPHROPS.

(1) P. 24, fig. 4.
(2) Pl. 10, fig. 1.

Genre ÉCREVISSE. — *Astacus* (1).

Les Écrevisses proprement dites sont des Astaciens d'eau douce qui sont faciles à distinguer des espèces marines dont se composent les genres Homard et Nephrops. Leur rostre est aplati, très-large à sa base, et plus ou moins triangulaire (2). L'appendice, dont le pédoncule de leurs antennes externes est garni, est lamelleux, et assez grand pour recouvrir la majeure partie des deux derniers articles pédonculaires situés au-dessous. Le cinquième anneau du thorax, au lieu d'être soudé aux précédens, y est simplement articulé (3). Leur carpe est court et renflé, et ne forme pas d'angle avec le bras. La lame médiane de la nageoire caudale présente de chaque côté une dent vers son tiers postérieur, et est très-arrondie au bout. Les branchies, au lieu d'être conformées de manière à représenter des brosses, sont garnies de cylindres si longs et si grêles, qu'elles ressemblent davantage à des panaches. Enfin il existe aussi des différences très-grandes dans la conformation des organes internes de la génération et de la digestion chez ces Crustacés, comparés aux autres Astaciens.

Ainsi, chez les Écrevisses, la portion duodénale de l'intestin présente à sa face interne un grand nombre de petites villosités, et n'est pas nettement séparée du rectum, qui est lisse à l'intérieur, tandis que chez les Homards le duodénum est lisse en dedans, le rectum est plissé à l'intérieur, et il existe entre ces deux parties du tube digestif une espèce de valvule circulaire; l'appendice coecal postérieur de l'intestin qui se voit à l'extrémité du duodénum des Homards manque chez les Ecrevisses (4); le foie se compose de petits tubes cæcaux

(1) *Cancer*, Lin. Herbst, etc. — *Astacus*, Fabricius, Latreille, Leach, Lamarck, Desmarest, etc.

(2) Pl. 24, fig. 2.

(3) *Voyez* Pl. 23, fig. 3, *e*.

(4) Pl. 4, fig. 2.

bien plus alongés, et ses lobes antérieurs sont moins développés; le testicule est très-petit, et se compose de trois lobes, d'où naissent deux vaisseaux efférens très-longs et tortueux(1), tandis que chez les Homards ces organes sécréteurs sont très-alongés, s'étendent depuis la tête jusque dans l'abdomen et ne présentent pas de lobe médian, mais une simple commissure, et ne donnent naissance qu'à des canaux efférens très-courts.

Les Ecrevisses habitent les rivières et les ruisseaux, et se tiennent ordinairement sous des pierres ou dans des trous situés dans les berges. Elles sont très-voraces, et se nourrissent de charognes aussi bien que de Mollusques, de petits Poissons et de larves d'Insectes. Notre Ecrevisse commune change de tégumens vers la fin du printemps, et à chaque mue grandit beaucoup, quelquefois d'environ un cinquième de son volume. Quelque temps avant cette époque on trouve dans l'estomac de ces animaux de petites masses calcaires semblables à des disques, qu'on appelle des *yeux d'Écrevisses*, et qu'on employait autrefois en médecine. La durée de la vie paraît être de plus de vingt ans, et leur croissance ne s'arrête jamais complétement.

1. Écrevisse commune. — *Astacus fluviatilis* (2).

Rostre de la longueur du pédoncule des antennes externes, armé de chaque côté d'une dent plus ou moins forte, située vers

---

(1) Pl. 14, fig. 12.

(2) *Cancer fluviatilis*, Rondelet, Poissons, t. II, p. 210. — *Astacus fluviatilis*, Gesner, Aquatil, p. 104. — Aldrovande, Crust. p. 129 et 130. — Jonston, Exsan. tab. 3 et 4, fig. 1. — Roesel, Ins. t. III, tab. 54 et 61. — Baster, Opus. subs. t. II, Pl. 1. — Sulzer, tab. 23, fig. 151. — *Craw fish*, Pennant, Brit. Zool. t. IV, Pl. 15, fig. 27. — *Cancer astacus*, Linné, Syst. nat t. II, p. 1051; Fauna suecica, p. 2034. — Degéer, Mém. pour servir à l'hist. des Insectes, t. VII, Pl. 20, fig. 1. — Villars, Linnæi Entomologia, t. IV, p. 153. — Fourcroy, Entom. Parisienne, t. II, p. 540. — *Astacus fluviatilis*, Fabr. Suppl. p. 406. — Olivier, Encycl. t. VI, p. 342. — Bosc, t. II, p. 62.

son tiers interne, et garni d'une légère élévation médiane; une dent de chaque côté de la région sternale, près de la base du rostre, et une épine à la partie antérieure de la région branchiale; carapace finement granulée. Pates antérieures renflées, et toutes couvertes de petits tubercules; bord interne du carpe simplement denticulé. Épistome fortement rétréci entre la base des antennes externes, et se développant ensuite, mais sans sillon transversal bien distinct.

Il existe deux variétés de cette Ecrevisse : dans l'une, le rostre se rétrécit graduellement dès sa base, et ses dents latérales sont situées près de son extrémité; dans l'autre, les bords latéraux du rostre sont parallèles dans leur moitié postérieure, et les dents latérales sont plus fortes et plus éloignées de son extrémité.

Habite les ruisseaux dans toutes les parties de l'Europe. (C. M.)

2. Écrevisse de Barton. — *A Bartonii* (1).

Rostre plus long, moins triangulaire et plus concave que dans l'espèce précédente, armé de chaque côté d'une épine située vers son tiers antérieur; carapace épineuse de chaque côté au-dessous de la région stomacale. Pates antérieures médiocres et à peine granuleuses, si ce n'est sur le bord supérieur de la main et du doigt mobile, où se voit une *double rangée de petits tubercules;* une ou deux dents assez grosses sur le bord interne du carpe; bord antérieur du bras épineux. Épistome à peu près de

---

Latreille, Hist. nat. des Crust. t. VI, p. 235; Encycl. Pl. 286, p. 1, 2, 3, et Pl. 28, fig. 8; Règne anim. de Cuvier, t. IV, p. 90. — Lamarck, Hist. des anim. sans vert. t. V, p. 216. — Desmarest, Consid. sur les Crust. p. 211. — Guérin, Iconogr. Crust. Pl. 19, fig. 2.

(1) *Astacus Bartonii*, Fabricius, Supplém. p. 407. — Latr. Hist. nat. des Crust. t. VI, p. 240. — Bosc, Hist. des Crust. t. II, p. 62, Pl. 11, fig. 1. — *Astacus affinis*, Say, Crust. of the United States Journ. of the Acad. of sc. of Philadelphia, vol. I, p. 168. — Desm. Consid. sur les Crust. p. 212. — Latreille, Règne anim. de Cuvier, t. IV. p. 91. — *Astacus Bartonii*, Harlam, Medical and physical researches, p. 230, fig. 2.

même forme que dans l'espèce précédente, mais divisé par un sillon transversal profond. Longueur, environ 3 pouces.

Habite la rivière Delaware et autres parties de l'Amérique septentrionale. (C. M.)

3. ÉCREVISSE VOISINE. — *A. affinis* (1).

Rostre très-court, presque aussi large que long, triangulaire, et à peine denté latéralement; carapace à peine granuleuse sur les côtés de la région stomacale. Pates antérieures fortes. Carpe offrant une dépression profonde en dessus; une grosse dent en dedans, et quelques tubercules en dessous. Mains arrondies en dessous, ponctuées et tuberculeuses près de leur bord supérieur; doigts assez longs et forts. Épistome court, élargi, et sans étranglement ni sillon transversal. Longueur, 3 ou 4 pouces.

Habite les ruisseaux de l'Amérique du nord.

L'*Astacus Blandingii* de M. Harlam (2) paraît être très-voisine de l'*Astacus Bartonii*, mais en diffère par le rostre plus long, plus triangulaire et à peine denté latéralement, et par la forme des mains.

4. ÉCREVISSE AUSTRALASIENNE. — *A. australasiensis*.
(Planche 24, fig. 1-5.)

Carapace entièrement lisse. Rostre moins long que le pédoncule des antennes externes, se rétrécissant graduellement dès sa base, et armé de deux petites dents latérales près de sa pointe. Mains comprimées, lisses, et garnies sur leur bord supérieur d'une crête mince plus ou moins denticulée. Deux épines aiguës sur le bord interne du carpe. Point d'épines au devant de la région stomacale. Épistome très-grand, triangulaire et sans sillon transversal (Pl. 24, fig. 2). Longueur, environ 2 pouces.

Habite la Nouvelle-Hollande. (C. M.)

---

(1) *Astacus Bartonii*, Say, op. cit. p. 167. — *Astacus affinis*, Harlam, op. cit. fig. 3.

(2) Op. cit. p. 229, fig. 1.

5. Écrevisse chilienne. — *A. chilensis.*

Espèce très-voisine de la précédente, mais ayant le rostre plus court; le carpe dépourvu de dents ou de tubercules; les mains renflées, arrondies en dessus et en dessous, peu tuberculeuses sur le bord supérieur, et à peine piquetées. Épistome de même forme que chez l'Ecrevisse commune, mais offrant un sillon transversal dans sa partie étranglée. Longueur, environ 3 pouces.

Habite les côtes du Chili. (C. M.)

On trouve dans les carrières des environs de Pappenheim des empreintes d'une petite espèce de Crustacé macroure qui ressemble beaucoup à une Ecrevisse, et qui doit être, provisoirement au moins, rapportée à ce genre; on en voit une figure dans l'ouvrage de Knorr (1), et une seconde dans celui de M. Desmarest (2), et nous proposerons de le dédier au premier de ces naturalistes, en y donnant le nom d'*Astacus Knorrii.* (C. M.)

Genre HOMARD. — *Homarus* (3).

Nous croyons devoir séparer génériquement des Ecrevisses les Homards, qui ne se trouvent que dans la mer, et qui se distinguent par leur *rostre* grêle et armé de chaque côté de trois ou quatre épines, par la petitesse de l'appendice lamelleux des antennes externes qui ressemble à une dent mobile, et ne recouvre qu'imparfaitement le pénultième article pédonculaire de ces organes par la soudure intime du dernier anneau du thorax avec les précédens, par la conformation des branchies qui ressemblent à autant de brosses, et qui sont au nombre de vingt de chaque côté du corps, ainsi que par plusieurs autres particularités indiquées ci-dessus (4). Il est

(1) Monum. du déluge, Pl. 5, n°. 8-5.

(2) Crustacés fossiles, p. 135, Pl. 11- fig. 5.

(3) *Astacus*, Fabricius, Latreille, Lamarck, Leach, Desmarest, etc.

(4) Page 329.

aussi à noter que les yeux sont globuleux ; les mains extrêmement grandes, comprimées et ovalaires, et que le carpe est alongé et un peu déjeté en dehors. Enfin la lame médiane de la nageoire caudale est à peine arrondie au bout, et ses épines latérales en occupent les angles postérieurs.

1. Homard commun. — *H. vulgaris* (1).

Rostre dépassant le pédoncule des antennes externes, recourbé vers le bout, et armé de chaque côté de 3 grosses dents coniques très-rapprochées ; *point de dents sur sa face inférieure ;* une forte épine de chaque côté de sa base. Mains grandes, ovalaires, très-comprimées en dehors, et légèrement renflées le long de leur bord externe ; quatre ou cinq dents coniques, et mousses sur leur bord supérieur, et point de dent près de l'extrémité postérieure de leur bord externe ; doigts très-aplatis, et alongés des deux côtés ; carpe garni en dessus de 5 tubercules, et en dessous d'un sixième. Couleur, brun bleuâtre ; atteint un pied de long, et se tient près des côtes, au milieu des rochers. (C. M.)

2. Homard américain. — *H. americanus* (2).

Rostre long, droit, granuleux ou légèrement épineux en dessus, portant de chaque côté 2 ou 3 grosses dents coniques, très-éloignées entre elles, *et armé en dessous de 2 dents coniques situées près de sa pointe.* Mains énormes, larges, renflées et de grandeur

(1) *Astacus marinus*, Belon, De Aquatilibus, p. 356. —*Astacus verus*, Aldrovande, de Crust. p. 112 et 121. — *Cancer grammarus*, Lin. Fauna suec. p. 2033; Syst. nat.—Herbst, t. II, p. 42, Pl. 25. —*Astacus marinus*, Fabr. Supplém. p. 406.—Pennant, Brit. Zool. t. IV, Pl. 10, fig. 21. — Olivier, Encyclop. p. 342. — Latreille, Hist. nat. des Crust. t. VI, p. 233 ; Encycl. Pl. 287, fig. 1 (d'après Pennant) ; Règne anim. de Cuvier, t. IV, p. 89, etc. — Bosc, t. II, p. 62, Pl. 11, fig. 1. — Lamarck, Hist, des anim. sans vert. t. V, p. 216.—Desm. Consid. sur les Crust. p. 211, Pl. 41, fig. 1

(2) *Astacus marinus americanus*, Seba, t. III, Pl. 17, fig. 3. — *Astacus marinus*, Latreille, Encycl. Pl. 291, fig. 1. — Say, Journ. of the Acad. of Philadelphia, vol. I, p. 146.

très-inégale ; l'une un peu comprimée en dehors, à pinces allongées et comprimées, et armée de 4 tubercules sur le bord supérieur, de 1 sur sa face interne, près des précédens, et d'un sixième sur sa face supérieure, près de l'extrémité postérieure de son bord externe ; l'autre main, arrondie de toutes parts, extrêmement épaisse, à doigts très-courts et très-gros, et armée d'une dent de plus sur le bord supérieur, et d'une de plus sur la face interne. Carpe comme dans l'espèce précédente. Longueur (du corps), près de deux pieds. (C. M.)

3. HOMARD DU CAP. — *H. capensis* (1).

Corps grêle. *Rostre aplati, beaucoup plus court que le pédoncule des antennes externes, et finement denticulé sur les bords.* Carpe granuleux ; mains alongées, très-comprimées, garnies sur le bord supérieur d'une crête finement denticulée, et couverte de poils en dessus. Longueur, environ 5 pouces (C. M.).

L'*Astacus scaber* de Fabricius (2) nous paraît être le même que le précédent ; seulement cet auteur se serait trompé dans le nombre des pinces, comme il l'a fait aussi pour le Nephrops.

L'*Astacus cærulescens*, l'*Astacus fulvus* et l'*Astacus fulgens* (3) du même auteur nous sont inconnus, et sont considérés par Latreille comme des espèces douteuses.

GENRE NEPHROPS. — *Nehprops* (4).

Les Nephrops ont le *corps* beaucoup plus alongé que les Écrevisses ; leur *rostre* grêle et assez long est armé de dents

---

(1) Herbst, t. II, p. 49, Pl. 26, fig. 1. — Latreille, Hist. nat. des Crust. t. VI, p. 240.

(2) Supplém. p. 407. — Bosc, t. II, p. 62.

(3) Fabr. Supplém. p. 40.8 — Latr. Hist. nat des Crust. t. VI, p. 242.

(4) *Astacus*, Fabricius, Pennant, Latreille, Lamarck, etc. — *Nephrops*, Leach, Malac. Brit. — Desmarest, Consid. sur les Crust.

latérales comme celui des Homards. Les *yeux* sont gros et reniformes. L'appendice lamelleux des antennes externes est large et assez long pour dépasser le pédoncule situé au-dessous. Les appendices de la bouche ne présentent rien de particulier. Les pates de la première paire sont longues et prismatiques ; celles des deux paires suivantes ont la main comprimée. L'abdomen n'offre rien de remarquable. Enfin les branchies sont disposées comme chez les Homards.

NEPHROPS NORWEGIEN. — *N. norwegicus* (1).

Carapace pubescente, armée de quelques pointes sur la région stomacale et de trois lignes granuleuses sur la moitié postérieure; rostre de la longueur du pédoncule des antennes externes, offrant en dessus 2 petites crêtes longitudinales, et de chaque côté 3 dents. Angle externe du premier article des antennes externes prolongé en forme de 9. Mains garnies de 4 crêtes, grosses, hérissées chacune de 1 ou 2 rangées de tubercules dentiformes, savoir : une sur le bord supérieur, une sur le bord inférieur, une autre au milieu de sa face externe, et une autre en dedans. Abdomen ayant l'apparence d'être sculpté, offrant en dessus des sillons transversaux et obliques, de formes diverses, remplis d'un duvet serré. Longueur, environ 6 ou 7 pouces.

Habite les mers du Nord et l'Adriatique. (C. M.)

---

(1) *Astacus mediæ magnitudinis prior*, Aldrovande, op. cit. p. 113. — Seba, Mus. t. III, Pl. 21, fig. 3. — Pontoppidan, Hist. de Norwége, t. II, Pl. 25. — *Cancer norwegicus*, Lin. Fauna Suec. no. 2039; Mus. Lud. Ulr. p. 456, Mus. Adol. Frid. 1, p. 88. — Herbst, t. II, p. 52, Pl. 26, fig. 3. — *Astacus norwegicus*, Fabricius, Entom. Sept. p. 418. — Pennant, Brit. Zool. t. IV. — Degéer. Mem. Ins. t. VII, p. 398, Pl. 24, fig. 1. — Oliv. Encyc. t. VI, p. 347. — Latreille, Hist. des Crust. t. VI, p. 241 ; Encyc. Pl. 294, fig. 1 ; Règne anim. de Cuvier, t. IV, p. 189 ; etc. — Bosc, Hist. des Crust. t. II, p. 62. — Lamarck, Hist. des anim. sans vert. t. V, p. 216.— *Nephrops norwegicus*, Leach, Malac. Pod. Brit. Pl. 36. — Desmarest, Consid. sur les Crust. p. 213, Pl. 37, fig. 1. — Guérin, Iconog. Crust Pl. 19, fig. 1.

Ainsi que nous l'avons déjà dit, le Crustacé fossile, figuré par M. Desmarest sous le nom de Langouste de Regley (1), nous paraît avoir plus d'analogie avec les Nephrops qu'avec aucun autre genre de Macroures, mais devra probablement constituer un genre particulier ; du reste, on ne connaît pas encore la conformation des pates ni des antennes de cet animal, et par conséquent on ne peut encore se prononcer définitivement à ce sujet.

L'Astacus Leachii, de M. Mantell (2), est un Crustacé fossile qui paraît bien appartenir à la famille des Astaciens, mais qui diffère considérablement des espèces dont se composent les trois genres dont nous venons de parler. Malheureusement il n'est encore qu'imparfaitement connu. Ses pinces sont remarquables par leur longueur et leur armature. On le trouve dans la formation crayeuse du sud d'Angleterre.

Le genre Coleia, établi récemment par M. Broderip, d'après un Crustacé fossile du Lias, n'est aussi qu'imparfaitement connu, mais nous paraît devoir être intermédiaire entre les Astaciens et les Salicoques. Voici les caractères que ce naturaliste y assigne :

« Base des antennes internes ne dépassant pas l'épine antérieure du thorax, et terminée par deux filets annelés. Antennes externes pourvues d'une grande écaille rude, et armées d'épines sur le côté externe de leur article pédonculaire ; leur filet terminal grand, mais de longueur indéterminée. Yeux pédonculés, dirigés en dehors, et ressemblant, par leur forme et leur position, à ceux des Langoustes. Pates de la première paire longues et grêles ; le cubitus (Carpe ?), garni de petites épines ou dentelures sur le bord interne, et terminé en dehors par trois fortes épines, mais alongé et mince ; pinces légèrement incurvées, filiformes,

(1) *Palinurus Regleyanus*, Desmarest, Crust. fossiles, p. 132, Pl, 11, fig. 3.

(2) Geology of Sussex, p. 221, Pl. 29, fig. 1, 4 et 5 ; Pl. 30, fig. 1 et 2 ; Pl. 31,

lisses et pointues. Thorax (carapace), mince, divisé transversalement par deux sillons qui séparent les différentes régions, tuberculeux, épineux sur les côtés, présentant antérieurement trois échancrures, dont la médiane est la plus grande, et ayant chacun de ses quatre angles prolongés en une forte épine. »

L'espèce unique, qui a servi à l'établissement de ce genre, a reçu le nom de *Coleia antiqua* (1), et a été trouvé à l'état fossile dans le Lias de Lyme Regis en Angleterre.

FAMILLE DES SALICOQUES.

La famille des Salicoques est extrêmement nombreuse, et se compose de Décapodes Macroures, dont le corps est en général comprimé latéralement (2) ; l'abdomen très-grand, et les tégumens simplement cornés. De même que chez les Astaciens, la base des *antennes externes* est garnie en dessus d'un appendice lamelleux ; mais ici cette lame est beaucoup plus grande, et recouvre presque toujours en entier, et en général dépasse de beaucoup le pédoncule situé au-dessous (3). Les *pates* sont en général grêles et très-longues, et les fausses pates natatoires sont encaissées à leur base par des prolongemens lamelleux du segment dorsal des anneaux correspondans de l'abdomen qui descendent très-bas. La nageoire caudale est grande et bien formée. Enfin, les *branchies* sont toujours composées de lamelles horizontales, et sont en général peu nombreuses.

(1) Broderip, Proceedings of the Geological Society, 1835, t. II, p. 201.

(2) Pl. 25, fig. 1, 8, 10, 13 : Pl. 25, fig. 4 et 6.

(3) Pl. 25, fig. 14.

Nous diviserons cette famille en quatre tribus, reconnaissables aux caractères suivants.

TRIBU DES CRANGONIENS.

Antennes internes insérées sur la même ligne que les externes; pates de la première paire terminées par une main subchéliforme.

TRIBU DES ALPHÉENS.

Antennes insérées sur deux rangs; les internes au-dessus des externes. Rostre très-petit et aplati. Pates robustes, et ne présentant presque jamais de vestiges d'appendice flabelliforme ni de palpe; celles de l'une des trois premières paires très-fortes; celles des trois dernières paires toujours monodactyles.

TRIBU DÈS PALÉMONIENS.

Antennes insérées sur deux rangs. Rostre grand, lamelleux, comprimé et dentelé. Pates robustes, sans appendices à leur base; celles des deux premières paires en général didactyles, mais grêles, et celles de trois dernières paires toujours monodactyles.

TRIBU DE PENÉENS.

Antennes insérées sur deux rangs. Rostre en général petit ou nul. Pates grêles et portant presque toujours à leur base un appendice lamelleux plus ou moins développé; celles de la troisième paire souvent didactyles. Abdomen extrêmement long et comprimé.

TRIBU DES CRANGONIENS.

Cette division ne comprend qu'un seul genre, mais les Crustacés dont elle se compose diffèrent trop des autres Salicoques pour être compris dans les tribus naturelles formées par ces dernières. Elle correspond au genre Crangon de Fabricius, qui a été subdivisé sans nécessité par Leach et par M. Risso en Crangons proprement dits, Égeons et Pontophiles.

Genre CRANGON. — *Crangon.*

Le genre Crangon, établi par Fabricius, comprend les Salicoques, dont les pates antérieures sont terminées par une main monodactyle et subchéliforme (Pl. 25, fig. 14).

La *carapace* de ces Crustacés est beaucoup plus déprimée que chez les autres Salicoques, et ne présente en avant qu'un rudiment de rostre. Les *yeux* sont courts, gros et libres. Les *antennes* sont insérées presque sur la même ligne transversale; celles de la première paire sont dilatées à leur base, au côté externe de laquelle se voit une écaille assez grande; leur pédoncule est court, et elles se terminent par deux filets multi-articulés. Les antennes externes insérées en dehors, et un peu au-dessous des précédentes, n'offrent rien de remarquable. Les *mandibules* sont grêles et dépourvues de palpe (1). Les *pates-mâchoires* externes, pédiformes et de longueur médiocre, se terminent par un article aplati et obtus; elles portent en dedans un palpe court, terminé par un petit appendice flagriforme dirigé en dedans. Le sternum est très-large en arrière. Les *pates* de la première sont fortes, et se terminent par une main aplatie, sur le bord antérieur de laquelle se replie une griffe mobile; il est aussi à noter que l'angle interne de cette main, qui correspond à la pointe de la griffe, est armé d'une dent représentant un doigt immobile rudimentaire. Les *pates* des deux paires suivantes sont extrêmement grêles; les secondes se terminent en général par une pince didactyle très-petite, et les troisièmes sont monodactyles, comme celles de la quatrième et de la cinquième paires, mais ces quatre pates postérieures sont

(1) Pl. 25, fig. 15.

beaucoup plus fortes. L'abdomen est très-grand, et ne présente dans sa conformation rien de remarquable. Enfin les branchies ne sont qu'au nombre de sept de chaque côté du thorax.

§ 1. *Espèces ayant les pates de la seconde paire presque aussi longues que celles de la troisième paire.*

1. Crangon commun. — *C. vulgaris* (1).

Carapace et abdomen presque entièrement lisses (seulement 1 petite épine médiane sur la région stomacale, et 1 latérale au-dessus de chaque région branchiale). Filets terminaux des antennes internes plus de deux fois aussi longs que leur pédoncule. Appendice lamelleux des antennes externes grand et alongé (environ deux fois aussi long que le pédoncule des antennes internes). Dernier article des pates-mâchoires externes long et étroit. Pates des deux dernières paires de grosseur médiocre. Une forte épine insérée sur le sternum, entre les pates de la deuxième paire, et dirigée en avant. Abdomen lisse et sans carène. Lame médiane de la nageoire caudale pointue et sans sillon en dessus. Longueur, environ 2 pouces. Très-commun sur nos côtes, où on le connaît sous le nom de *crevette*; couleur, gris-verdâtre, ponctué de brun; ne devient pas rouge par la cuisson comme la plupart des Salicoques (C. M.).

(1) *Cancer crangon*, Seba, t. III, Pl. 21, fig. 8. — *Garnaat*, Baster, Opus. subs. 11, Pl. 3, fig. 1, 4. — Roesel, Insectes, t. III, Pl. 21, fig. 8. — *Squilla cinerea*, Klein, Remarques sur les Crustacés, fig. B et C. — *Astacus crangon*, Herbst, t. II, p. 57, Pl. 29, fig. 3 et 4. — Pennant, Brit. Zool. t. IV, Pl. 15, fig. 30. — Olivier, Encyc. t. VI, p. 348, Pl. 294, fig. 4 à 7. — Muller, Zool. Dan. t. III, p. 57, Pl. 14, fig. 4 à 10. — *Crangon vulgaris*, Fabricius, Suppl. p. 410. — Latr. Hist. nat. des Crust t. VI, p. 267, Pl. 55, fig. 1, 2. — Lamarck, Syst. p. 159, et Hist. des anim. sans vert. t. V, p. 202. — Leach, Encyc. d'Edimb. Supt. VII, Pl. 221; et Malac. Brit. Pl. 37, B. — Desmarest, Consid. sur les Crust. p. 218, Pl. 38 fig. 1.

2. CRANGON FASCIÉ. — *C. fasciatus* (1).

Petite espèce extrêmement voisine du Crangon commun, mais ayant le pédoncule des antennes internes beaucoup plus court, les épines latérales de la carapace à peine marquées, et point d'épine sternale entre la base des pates de la deuxième paire. Abdomen un peu gibbeux et rétréci brusquement vers le tiers postérieur. Longueur, environ 1 pouce. Une bande transversale brune sur le quatrième anneau de l'abdomen.

Habite la Méditerranée. (C. M.)

Le CRANGON A SEPT ÉPINES de M. Say (2) ne paraît différer que fort peu du Crangon commun; la description qui en a été donnée est applicable en tous points à ce dernier, et à moins de renseignemens ultérieurs serait difficile à distinguer; il me paraît cependant probable qu'il n'appartient pas à la même espèce.

3. CRANGON BORÉAL. — *C. boreas* (3).

Carapace rugueuse, armée sur la ligne médiane d'une crête tridentée, et d'une série de dentelures sur chacune des régions branchiales. Abdomen sculpté, et surmonté d'une crête médiane sillonnée longitudinalement. Article des pates-mâchoires externes ovalaire. Appendice lamelleux des antennes externes court et très-large. Pates des deux dernières paires très-grosses. Une crête

---

(1) Risso, Crust. de Nice. p. 82, Pl. 3, fig. 5 (figure très-mauvaise), et Hist. nat. de l'Eur. mérid. t. V, p. 64. — Roux, Mémoire sur les Salicoques, p. 33.

(2) *Crangon septemspinosus*, Say, Journ. of the Acad. of sc. of the Philadelphia, vol. I, p. 246.

(3) *Cancer boreas*, Phipps, Voyage au pôle boréal, p. 194, Pl. 11, fig. 1.—*C. boreas?* Muller Fauna danica, t. IV, p. 14, Pl. 132, fig. 1. —*Cancer homaroides*, Othon, Fabricius, Fauna Groenlendica, p. 241. — *Astacus boreas*, Olivier, Encyc. t. VI, p. 346. — *Crangon boreas*, Fabricius, Suppl. p. 410. — Latreille, Hist. nat. des Crust. t. VI, p. 267. — Lamarck, Hist. des anim. sans vert. t. V, p. 201. — Sabine, Append. au Voyage du capit. Parry, p. 57.

dentelée, très-forte, sur la région médiane du sternum. Lame médiane de la nageoire caudale obtuse, creusée en dessus d'un sillon longitudinal, et armée de sept épines, dont quatre latérales et trois terminales. Longueur, environ 5 pouces.

Habite les mers polaires. (C. M.)

§ 2. *Espèces ayant les pates de la seconde paire beaucoup plus courtes que celles de la troisième paire.*

4. Crangon cuirassé. — *Crangon cataphractus* (1).

Carapace armée de 5 ou de 7 rangées de dents; abdomen sculpté et surmonté d'une crête sillonnée longitudinalement chez le mâle; lisse, et garnie seulement de crêtes sur sa partie postérieure chez la femelle. Antennes internes très-courtes, ne dépassant guère les pates-mâchoires externes. Appendice lamelleux des antennes externes extrêmement court chez le mâle (dépassant à peine le pédoncule des antennes internes). Pates de la seconde paire très-courtes, mais terminées par une patite main très-bien formée. Longueur, environ 2 pouces.

Habite la Méditerranée. (C. M.)

5. Crangon a sept carènes. — *C. septemcarinatus* (2).

Carapace garnie de sept crêtes longitudinales dentelées. Abdomen caréné en dessus. Appendice lamelleux des antennes externes grand, et à peu près deux fois aussi long que le pédoncule des

---

(1) *Cancer cataphractus*, Olivi, Zool. adriat. tab. 3, fig. 1. — *Egeon loricatus*, Risso, Crustacés de Nice, p. 100, et Hist. nat. de l'Eur. mérid t. V, Pl. 1, fig. 3. — *Pontophilus spinosus*, Leach, Trans. of the Lin. Soc. vol. XI, p. 346, et Malac. Pod. Brit. tab. 37. — *Crangon spinosus*, Lamarck, Hist. des anim. sans vert. t. V, p 202. — *Egeon loricatus*, Desmarest, Consid. p. 219. — Roux, Salicoques, p. 34.

(2) Sabine, Appendice to capt. Parry's Voyage, p. 58, tab. 2, fig. 11-13.

antennes externes. *Pates de la seconde paire excessivement courtes et monodactyles.* Longueur, environ 3 pouces.

Habite les mers polaires.

M. Risso a donné le nom de *Crangon rufopunctatus* (1) à une petite Salicoque de la Méditerranée, qu'il regarde comme étant une espèce particulière de Crangon. Mais sa description est trop incomplète pour ne pas laisser des doutes à cet égard.

Nous ne savons presque rien du Crangon marginatus de Fabricius (2).

Le Crangon de Magneville, *Crangon Magnevillii* de M. Eudes Delonchamps (3), est un Crustacé fossile qui n'est encore qu'imparfaitement connu ; mais qui, d'après la conformation de ses pates paraît appartenir au genre Crangon, ou, du moins, n'en diffère que peu.

Il a été trouvé à Vaucelles, dans le calcaire jurassique de Caen, et se fait remarquer par la grandeur des pates de la seconde paire, qui sont plus longues que toutes les suivantes.

Un autre fossile (4), trouvé dans le calcaire à Polypiers de Ranville, et considéré, par M. Delonchamps, comme appartenant à la même espèce que le précédent, nous paraît devoir en être distingué à raison de la forme de la main subchéliforme, et de quelqu'autres caractères importans.

Le genre Mésapus, de M. Raffinesque, paraît avoir de l'analogie avec les Crangons ; mais a été caractérisé d'une

---

(1) Crust. de Nice, p. 83, et Hist. de l'Eur. mérid t. V, p. 65.

(2) Voici tout ce que cet auteur en dit :

« C. Rostro brevi, compresso, subulato, abdominis margine basi argenteo. Habitat in Isle de France. Dom. Daldorff. Statura et magnitudo omnino Crangon vulgaris at distinctus margine abdominis ultra dimidium argenteo. » Fabricius, Supplém. Ent. Syst. p. 410.

(3) Mémoire pour servir à l'histoire naturelle des Crustacés fossiles, par M. Eudes Delonchamps. Mémoires de la Société linnéenne de Normandie, t. 5, p. 42, pl. 2, fig. 1.

(4) Loc. cit., 1, fig. 2 et 3.

manière trop imparfaite pour pouvoir encore prendre place dans une méthode naturelle. Voici tout ce que nous en savons : « Écaille de la base des antennes externes, épineuse. Première paire de pieds chéliforme ; la seconde et la troisième pincifères. »

« *Mesapus fasciatus*, glabre. Rostre tronqué, entier ; épaules biépineuses ; dos épineux ; bras égaux ; queue à deux bandes noires transversales, et terminées par deux appendices membraneux. »

TRIBU DES ALPHÉENS (1).

Les Salicoques que nous réunissons dans cette division ont les formes plus trapues que celles qui vont suivre, mais ne sont pas déprimées comme les Crangons (2). Leur rostre est très-court, et n'a jamais la forme d'une grande lame placée de champ, comme chez les Palémoniens. Les *antennes internes* sont placées au-dessus des externes, et sont en général très-courtes ; enfin l'une des paires de pates est très-grosse, et en général terminée par une forte main didactyle. Il est aussi à noter que presque toujours les deux paires de pates antérieures sont didactyles, et que celles de la troisième paire ne le sont jamais ; enfin celles des trois dernières paires sont assez robustes, et servent pour la marche aussi bien que pour la nage.

Les caractères indiqués dans le tableau suivant feront distinguer entre eux les divers genres qui font partie de cette tribu.

---

(1) Voyez Raffinesque, Précis de découvertes somologiques et Desmarest, Consid. sur les Crust., page 215, note

(2) Pl. 24, fig. 11 et 15, et Pl. 25 *bis*, fig. 4.

TRIBU DES ALPHÉENS.

Genres.

- Carapace se prolongeant en forme de voûte au-dessus des yeux . . . . ALPHÉE.
- Yeux saillans au devant du bord de la carapaee.
  - Pates-mâchoires internes grêles et pédiformes.
    - Mains conformées de la manière ordinaire. Filets terminaux des antennes externes au nombre de
      - trois . . . . ATHANASE.
      - deux : pates de la 2e. paire
        - didactyles. . . PONTONIE
        - monodactyles. AUTOMNÉE.
    - Mains de la 1re. paire conformées d'une manière anomale.
      - Non symétriques : l'une monodactyle, l'autre didactyle. NIKA.
      - Symétriques ; carpe lunulé, et portant à son angle inférieur les mains. Pates de la 3e. paire
        - très-grosses ; mains de la seconde paire semblables aux premières ATYE.
        - grêles ; mains de la seconde paire de forme ordinaire. CRIDINE.
  - Pates-mâchoires externes larges et foliacées . . . . HYMÉNOSOME

Genre ATYE. — *Atya* (1).

Les Crustacés, dont Leach a formé le genre Atye, sont très-remarquables par la grosseur des pates des trois dernières paires, et la conformation singulière de celles des deux paires antérieures. Leur forme générale (Pl. 24, fig. 15) est à peu près la même que celle des Écrevisses (aux pinces près); la *carapace* est un peu comprimée et armée d'un petit rostre horionztal; les *yeux* sont très-courts, mais ne sont pas recouverts par la carapace, comme cela a lieu dans le genre Alphée. Les *antennes internes* portent une écaille très-petite au côté externe de leur premier article, qui est court et concave en dessus; les deux articles suivans sont courts et cylindriques; enfin les deux filets multi-articulés, qui terminent ces organes, sont cylindriques et très-courts. Les *antennes externes* sont insérées au-dessous des précédentes; l'appendice lamelleux, qui en recouvre la base, est ovalaire et de grandeur médiocre, mais dépasse le pédoncule; enfin le filet terminal est gros et court. Les *mandibules* sont fortement dentées et dépourvues d'appendices palpiformes (fig. 17). Les *pates-mâchoires externes* sont petites, grêles, et recouvertes par les *pates* thoraciques des deux premières paires, qui sont également très-courtes, et terminées par une petite main ovalaire didactyle, qui est fendue dans toute sa longueur, et articulée avec le carpe par le milieu de son bord inférieur (fig. 18). Les pates de la troisième paire sont grandes et extrêmement grosses jusqu'au bout; le tarse qui les termine est fort, mais excessivement court, et logé entre deux épines de l'article précédent. Les pates des deux paires suivantes ont la même forme, mais sont plus cour-

---

(1) *Atys*, Leach, Trans. of the Lin. Soc. vol. 11. — *Atya*, ejusdem, Zool. Miscel. t. III. — Latreille, Règne anim. de Cuvier, t. IV. p. 93. — Desmarest, Considérations sur les Crust. p. 214. — Roux, etc.

tes et moins grosses. Toutes, à l'exception de celles de la cinquième paire, portent au côté externe de leur article basilaire un petit appendice flabelliforme, plus ou moins rudimentaire. L'abdomen est gros, un peu comprimé et trapu ; les fausses pates situées au-dessous, se terminent par des lames ovalaires assez larges (fig 19), et les lames externes de la nageoire caudale présentent vers leur milieu une jointure, dont le bord supérieur se termine en dehors par une petite épine, à peu près comme chez les Astaciens. Enfin les *branchies* sont, de chaque côté, au nombre de huit, dont les deux premières rudimentaires.

On ne sait rien sur les mœurs de ces Crustacés, dont on ne connaît encore qu'une seule espèce.

Atye épineuse. — *A. scabra* (1).
(Planche 24, fig. 15-19.)

Rostre triangulaire, armé de trois petites crêtes parallèles, dont la médiane la plus longue ; région stomacale un peu rugueuse. Pates des deux premières paires ne dépassant pas le pédoncule des antennes externes, et terminées par deux faisceaux de poils. Celles des trois dernières paires hérissées de petites pointes. Deux séries de petites épines sur la lame médiane de la nageoire caudale. Longueur, environ 4 pouces.

Habite les côtes du Mexique (C. M.)

Genre HYMÉNOCÈRE. — *Hymenocera* (2).

Nous ne connaissons les Hyménocères de Latreille que d'après la courte description que ce savant en a donnée. Le

(1) *Atya scabra*, Leach, Trans. of the Linn. Soc. v. XI, p. 345. — *Atya scabra*, ejusdem, Zool. Miscel. v. III, Pl. 131.—Desmarest, Consid. sur les Crust. p. 217, Pl. 37, fig. 2. — Roux, Salicoques, p. 27.

(2) Latreille, Règne anim. de Cuvier, t. IV. p. 95, etc. — Desmarest, Consid. sur les Crust. p. 227. — Roux, Salicoques, p. 27.

caractère le plus remarquable de ce genre est tiré de la conformation des pieds ; ceux de la première paire sont terminés par un long crochet, bifide au bout, et à divisions très-courtes ; les deux suivans sont fort grands ; leurs mains et leur doigt mobile sont dilatés, membraneux et comme foliacés ; les pieds des trois dernières paires sont monodactyles. Les pates-mâchoires externes sont foliacées, et recouvrent la bouche. Enfin les antennes supérieures se terminent par deux filamens, dont le supérieur est membraneux, dilaté et foliacé.

L'espèce unique, d'après laquelle Latreille a établi ce genre, avait été trouvée dans les mers d'Asie, et faisait partie de la collection du Muséum ; mais elle paraît avoir été perdue depuis plusieurs années, car je ne l'y ai jamais vue.

Genre ALPHÉE. — *Alpheus* (1).

Le genre Alphée, établi par Fabricius, mais assez mal connu jusqu'ici, est très-remarquable par la manière dont le bord antérieur de la *carapace* s'avance au-dessus des yeux, en formant au-dessus de chacun de ces organes un petit bouclier voûté (2). Le *rostre* est très-petit et manque quelquefois ; la carapace ne présente du reste rien de particulier. Les *antennes supérieures* sont petites ; leur premier article est court, et armé en dehors d'une lame ordinairement spiniforme ; les deux articles suivans sont cylindriques, et les filets terminaux sont au nombre de deux, dont le supérieur plus gros et plus court que l'inférieur, et présentant des traces d'une division en deux filamens vers le bout. Les *antennes inférieures* s'insèrent en dehors et en dessous des précédentes ; leur palpe lamelleux est de grandeur médiocre ou

---

(1) *Astacus*, Fabricius, Entom. Syst. — *Palemon*, Olivier. — *Alpheus*, Fabricius, Suppl. Ent. Syst. — Latreille, Hist. nat. des Crust. ; Nouv. Dict. d'hist. nat. ; Règne anim. etc. — Desmarest, Consid. sur les Crust. etc.

(2) Pl. 24, fig. 11 et 12.

même quelquefois petit et pointu, et leur filet terminal ne présente rien de particulier, si ce n'est qu'il est souvent un peu comprimé Les *mandibules* sont pourvues d'un appendice palpiforme court, large et aplati. La forme des *pates-mâchoires externes* varie un peu; tantôt elles sont grêles et alongées, d'autres fois de longueur médiocre, et terminées par un article élargi et presque foliacé. Les *pates* des deux premières paires sont didactyles; les antérieures sont fortes, et se terminent par une grosse main renflée, dont la forme et les dimensions diffèrent beaucoup des deux côtés du corps; celles de la seconde paire sont, au contraire, grêles et filiformes; leur main est rudimentaire et leur carpe multi-articulé. Les pates des trois dernières paires sont monodactyles et de longueur médiocre. Enfin l'*abdomen* est grand, et ses fausses pates alongées.

Ce genre paraît être propre aux mers des pays chauds; on en trouve quelques espèces dans la Méditerranée, mais la plupart viennent des mers des Antilles ou de l'Océan indien.

Le genre *Cryptophthalmus* de Raffinesque ne peut être distingué des Alphées. (*Voyez* Précis des découv. Somolog.)

§ . *Espèces ayant un rostre pointu.*

A. *Point d'épine au côté externe de l'article basilaire des antennes externes.*

1. Alphée brevirostre. — *A. brevirostris* (1).

Rostre court et se continuant en arrière avec une petite crête simple; *bord antérieur des voûtes orbitaires arrondi et sans épine. Deuxième article des antennes internes plus de 2 fois aussi long*

(1) *Palemon brevirostris*, Olivier, Encycl. t. VIII, p. 664, Pl. 319, fig. 4. — *Asphalius brevirostris*, Roux, Mém. sur les Salicoques, p. 22.

Le genre Asphalius de M Roux, établi seulement d'après la mauvaise figure de l'Encyclopédie que nous venons de citer, ne peut être conservé.

que le premier. Appendice lamelleux des antennes externes se rétrécissant graduellement vers le bout, pointu, et dépassant notablement le pédoncule des antennes supérieures. Pates-mâchoires externes grêles, et dépassant de beaucoup l'appendice lamelleux des antennes externes. Pates antérieures grandes et comprimées. La grosse main, située à gauche, garnie en dessus de deux petites crêtes; sans crêtes sur la face externe, ayant le bord inférieur presque tranchant, et terminé par un doigt immobile, pointu, à la base duquel est une cavité circulaire qui reçoit un tubercule du doigt mobile; ce dernier doigt très-comprimé et très-obtus au bout. Doigts de l'autre main longs, étroits, ponctués, un peu courbes, garnis de poils sur leur bord préhensile, et laissant entre eux un espace vide. Point d'épine sur le bord supérieur du bras, si ce n'est tout à fait à son extrémité. Longueur, environ deux pouces.

Il me paraît probable que cette espèce est la même que celle décrite par Fabricius sous le nom d'*Alpheus avarus* (1).

Habite les côtes de la Nouvelle-Hollande. (C. M.)

2. Alphée rouge. — *A. ruber* (2).

Espèce très-voisine de la précédente, mais ayant le corps très-svelte; la grosse main garnie de quatre crêtes longitudinales, obtuses, dont 2 sur son bord supérieur, et 2 sur sa face externe; son bord inférieur obtus; le doigt mobile beaucoup plus court que le doigt immobile; une épine sur le bord supérieur des deux bras, à quelque distance de sa terminaison. Longueur, 15 lignes.

Habite la Méditerranée. (C. M.)

---

(1) Fabricius, Suppl. Entom. Syst. p. 404. — Latreille, Hist. des Crust. et des Insectes, t. VI, p. 244. — Lamarck, Hist. des anim. sans vert. t. V, p. 204.

(2) Cette espèce me paraît être la même que le *Cryptophthalmus ruber* de Raffinesque (op. cit. et Desm. op. cit. p. 215). Peut-être faudrait-il y rapporter aussi le *Cancer glaber* d'Olivi (Zool. adriat. Pl. 3, fig. 4), qui du reste ressemble aussi beaucoup à la Pontonie thyrhénienne.

3. Alphée d'Edwards. — *A. Edwardsii* (1).

Espèce très-voisine de la précédente, mais sans crête sur la région stomacale; *bord antérieur des voûtes orbitaires armé d'une épine*, de façon que le front présente trois dents à peu près égales : *deuxième article des antennes supérieures environ une fois et demie aussi long que le premier;* appendice lamelleux des antennes externes un peu dilaté en dedans vers le bout, et ne dépassant pas le pédoncule des antennes supérieures. Pates-mâchoires très-étroites vers le bout, et ne dépassant pas le pédoncule des antennes. Pates antérieures à peu près de même forme que dans l'espèce précédente, mais plus renflées, et ayant les pinces plus difformes; celle d'un côté grêle et alongée. Longueur, environ 18 lignes; couleur rougeâtre.

Habite la Méditerranée.

4. Alphée dentipède. — *A. dentipes* (2).

Espèce très-voisine de la précédente, ayant de même les voûtes sus-orbitaires prolongées en pointes; mais ayant les deux pates antérieures presque de même grosseur, et les pinces de la moins grande grosses à leur base, mais extrêmement rétrécies vers le bout. Troisième article des pates de la deuxième, troisième et quatrième paire, armé d'une dent pointue vers son tiers externe.

Habite la Méditerranée.

5. Alphée ventrue. — *A. ventrosus*.

Corps très-court, gros et trapu; rostre aplati et triangulaire; *une très-petite épine de chaque côté de sa base sur le bord antérieur*

---

(1) *Athanasus Edwardsii*, Audouin, Planches de la Description de l'Egypte, par M. Savigny, Crust. Pl. 10, fig. 1.

(2) Guérin, Expéd. scientifique de Morée, par M. Bory de Saint-Vincent, partie zoologique, p. 39, Pl. 27, fig. 3.

des voûtes orbitaires, deuxième article des antennes supérieures guères plus long que le premier. Pates-mâchoires externes larges et obtuses au bout, courtes, mais cependant dépassant le pédoncule des antennes. Pates antérieures très-fortes, à peu près de même forme, mais de grosseur inégale ; mains renflées, arrondies, et ne présentant ni sillons ni nodosités. Doigt mobile de la grosse main court, presque droit et arrondi. Longueur, 2 pouces.

Habite les côtes de l'Ile-de-France. (C. M.)

L'ALPHÉE DE LOTTIN (1) dont il a été publié une bonne figure, mais dont la description n'a pas encore paru, paraît être très-voisine de l'espèce précédente.

6. ALPHÉE BIDENTÉ. — *A. bidens* (1).
(Planche 24, fig. 11 et 12.)

Rostre assez grand, se continuant en arrière, avec une crête médiocre qui occupe plus de la moitié de la longueur de la carapace, et qui est divisée en deux moitiés par une échancrure ; de chaque côté de celle-ci *une petite crête terminée par une dent située au-dessus de la base des yeux*. Point d'épine sur le bord antérieur des voûtes orbitaires. *Second article des antennes supérieures gros, plus court que le premier et guères plus long que le troisième;* une petite épine à la face inférieure de l'article basilaire des antennes externes. Pates-mâchoires externes larges et aplaties vers le bout, ne dépassant pas le pédoncule des antennes. Pates antérieures très-grosses et très-renflées ; bras de la grosse pate très-court et armé de deux épines au bout; mains arrondies en dessus et poilues; doigt mobile arqué. Longueur, 3 pouces.

Habite les mers d'Asie. (C. M.)

L'ALPHÉE RAPACE de Fabricius (2) paraît être assez semblable à

(1) *Alphœus Lothinii*, Guérin, Voyage de *la Coquille*, Crust. Pl. 3, fig. 3.

(2) *Palemon bidens*, Olivier, Encycl. t. VIII, p. 663.

(3) *Alpheus rapax*, Fabricius, Suppl. p. 405.

l'espèce précédente, mais s'en distingue par sa petite pince, dont les doigts laissent entre eux un espace vide.

7. ALPHÉE GOUTTEUSE. — *A. chiragricus.*

Rostre court et point de crête ni de dents à la base des voûtes orbitaires, ni d'épines à leur bord antérieur. *Antennes supérieures comme dans l'A. bidentée.* Pates-mâchoires externes étroites et courtes. Pates de la première paire arrondies; bras très-courts et sans épines; la main de droite bosselée en dessus et en dessous, grosse et ayant la pince un peu comprimée; la petite main bosselée, et ayant le *doigt mobile difforme et contourné sur lui-même.* Longueur, environ 3 pouces.

Habite les mers d'Asie. (C. M.)

8. ALPHÉE A BRASSELETS. — *A. armillatus.*

Espèce très-voisine de la précédente, dont elle se distingue par la forme de la petite main, qui est cylindrique, pointue, et n'a pas le doigt mobile contourné ni difforme. La forme de la grosse main est aussi un peu différente; on y remarque une forte dépression circulaire plus régulière que dans l'espèce précédente. Longueur, 1 pouce.

Habite les Antilles.

B. *Une grande épine fixée sur le bord externe de l'article basilaire des antennes externes et dirigée en avant.*

9. ALPHÉE VELUE. — *A. villosus* (1).

Corps couvert d'un duvet assez serré; une petite crête médiane armée d'une épine médiane à la base du rostre, qui est un peu infléchi; une épine rudimentaire sur le bord antérieur des voûtes orbitaires. Second article des antennes internes ayant une fois et demie la longueur du premier article. Appendice lamelleux des

(1) *Palemon villosus*, Olivier, Encycl. t. VIII, p. 664.

antennes externes très-étroit et dépassant à peine le pédoncule de ces organes; épine latérale de l'article basilaire très-longue. Pates-mâchoires externes grandes, fortes, larges vers le bout, et garnies de gros faisceaux de poils longs et raides. Pates antérieures renflées, très-inégales; la grosse main à droite, granuleuse et très-poilue en dessus, un peu contournée sur elle-même, creusée d'un sillon longitudinal profond dans la moitié antérieure de la face extérieure, et terminée par un doigt immobile obtus et très-court; le pouce également obtus et très-courbe. Pates très-petites, mais cylindriques et alongées. Longueur, environ 2 pouces.

Habite les côtes de la Nouvelle-Hollande.

Le Palemon diversimane d'Olivier (1) ne me paraît pas devoir être distingué spécifiquement de l'Alphée velu; il n'en diffère guère que par des poils un peu plus abondans et plus raides.

10. Alphée front épineux. — *A. spinifrons.*

Carapace bombée; front incliné et armé de trois épines coniques assez grosses, et de même longueur, dont la médiane formée par le rostre, et les latérales par un prolongement des voûtes orbitaires. Antennes internes très-courtes; leur deuxième article court et gros. Appendice lamelleux des antennes externes très-petit, n'atteignant pas à beaucoup près l'extrémité du pédondule situé au-dessous; épine latérale de l'article précédent médiocre. Pates-mâchoires externes longues et grêles vers le bout. *Pates antérieures renflées et lisses*; la grosse main à gauche un peu contournée, sans crêtes ni sillons; bord supérieur du doigt mobile arqué et tranchant; petite main extrêmement courte, mais grosse. Longueur, 18 lignes.

Habite les côtes du Chili. (C. M.)

(1) *Palemon diversimanus*, Olivier, Encycl. t. VII, p. 663.

L'Alphée hétérochyle. — *Alpheus heterochælis* de Say (1), appartient à cette division du genre Alphée, et nous paraît distinct de toutes les espèces précédentes ; mais nous ne savons s'il doit prendre place dans la subdivision A ou dans la subdivision B. Voici les principaux caractères que M. Say lui assigne. Carapace glabre et sans épines. Rostre caréné au milieu, et terminé par une pointe aiguë qui atteint presque l'extrémité du premier article pédonculaire des antennes internes. Voûtes orbitaires, saillantes et arrondies au bout. Pates-mâchoires externes, atteignant l'extrémité du pédoncule des antennes externes, et ayant leur premier article bicanaliculé, et leur pointe aiguë et ciliée. Pates antérieures très-difformes et inégales ; la grosse main presqu'aussi grande que le thorax, comprimée et brusquement rétrécie de chaque côté près de la base des pinces, qui sont très-grosses. Longueur, environ 1 pouce 1/2.

Habite les côtes de la Floride.

L'Alphée minime. — *Alpheus minus* du même auteur, a le front armé de trois dents subégales, comme chez l'Alphée. Front épineux, la carapace glabre, les pates-mâchoires externes obtuses au bout et très-épineuses, et la grosse main obovalaire et point comprimée. Elle n'a qu'un pouce de long, et se trouve parmi les éponges, sur les côtes de l'Amérique septentrionale.

§§ *Espèces dépourvues d'un rostre spiniforme.*

11. Alphée frontal. — *A. frontalis* (2).

Carapace légèrement carénée à sa partie antérieure. *Front très-avancé, presque triangulaire ;* voûtes orbitaires très-saillantes ; second article des antennes internes grêle et alongé. Appendice lamelleux des antennes externes moins long que leur pédoncule ; point d'épine latérale à la base de ces organes. Pates-mâ-

(1) Say, Crustacea of the United States Journ. of the Acad, of Philadelphia, vol. I, p. 243.

(2) Say, loc. cit. p. 245.

choires externes très-courtes, mais assez larges vers le bout. Pates antérieures lisses et très-inégales; la grosse main renflée, la petite plus ou moins comprimée. Longueur, environ 20 lignes.

Trouvée sur les côtes de la Nouvelle-Hollande par MM. Quoy et Gaimard. (C. M.)

12. ALPHÉE ÉMARGINÉE. — *A. emarginatus.*

Front droit tronqué et à peine saillant; voûtes orbitaires également à peine saillantes. Second article des antennes gros et très-court. Appendice lamelleux des antennes externes assez large, mais atteignant à peine l'extrémité du pédoncule situé au-dessous; point d'épine latérale à la base de ces organes. Pates mâchoires externes médiocres et très-étroites vers le bout. Pates antérieures médiocres et peu différentes entre elles; mains lisses et un peu comprimées.

Habite? (C. M.)

Le CRANGON MONOPODE (1) de Bosc est bien certainement un Alphée, mais il est si mal figuré par cet auteur qu'il nous paraît impossible de savoir à quelle espèce il appartient.

L'ALPHÉE TAMULE (2) et l'ALPHÉE DE MALABAR (3), décrites par Fabricius, nous paraissent être également trop imparfaitement connues pour être déterminables.

---

(1) *Crangon monopodium*, Bosc, Hist. nat. des Crust. t. II, p. 96, Pl. 13, fig. 2. — *Alpheus monopodium*, Lamarck, Hist. des anim. sans vert. t. V, p. 204. — Desm. Consid. sur les Crust. p. 223

(2) *Alpheus tamulus*, Fabricius, Suppl. p. 405. — Latreille, Hist. des Crust. t. VI, p. 244.

(3) *Alpheus Malabaricus*, Fabricius, Suppl. p. 405. — Latreille, Hist. des Crust. t. VI, p. 245. — Desm. Consid. sur les Crust. p. 222.

GENRE PONTONIE. — *Pontonia* (1).

Les Macroures, dont Latreille a formé cette division générique, ressemblent aux Alphées par la forme générale de leur corps ; mais n'ont pas les yeux cuirassés comme chez ces animaux, et les grosses pates didactyles qu'on leur remarque sont celles de la seconde paire au lieu d'être celles de la première paire. Par leur organisation ils se rapprochent beaucoup des Palémons.

La *carapace* des Pontonies est courte et renflée ; le *front* est armé d'un rostre court, mais robuste et infléchi ; les *yeux* sont cylindriques, saillans et très-mobiles. Les *antennes internes* sont très-courtes et conformées à peu près comme chez les Palémons ; le premier article de leur pédicule est très-large et lamelleux en dehors ; les deux articles suivans sont petits et cylindriques. Enfin les filets terminaux, au nombre de deux, sont très-courts, et l'un d'entre eux est bifide à l'extrémité. Les *antennes externes* s'insèrent au-dessous et au dehors des précédentes ; leur appendice lamelleux est grand et ovalaire. Les *pates-mâchoires externes* sont petites et très-étroites dans toute leur longueur. Les *pates* des quatre premières paires sont didactyles ; celles de la première paire sont grêles et terminées par une main bien formée, mais très-petite ; les mains de la seconde paire sont au contraire très-grandes et de grosseur très-inégale, chez la femelle surtout ; mais c'est tantôt celle de droite, tantôt celle de gauche, qui l'emporte sur l'autre dans la même espèce. Les pates suivantes sont médiocres, monodactyles, et terminées par un tarse presque rudimentaire. Enfin l'*abdomen* est grand, surtout chez les femelles, et présente une conformation très-analogue à ce

(1) *Cancer*, Forskael, Descript. anim. — *Alpheus*, Risso, Crust. de Nice ; Otto, etc. — *Pontonia*, Latreille, Règne anim. de Cuvier, 2e. édit. t. IV, p. 96.

qui existe chez les Palémons ; il est seulement à noter que la lame médiane de la nageoire caudale ne porte point d'épines sur sa face supérieure. Enfin les *branchies*, bien développées, ne sont qu'au nombre de cinq de chaque côté ; celles fixées au-dessus des appendices de la bouche étant rudimentaires, et les premiers anneaux du thorax n'en portant chacun qu'une seule paire.

§ *Espèces ayant le rostre très-large et déprimé, et les antennes externes insérées presque sur la même ligne que les antennes supérieures.*

2. PONTONIE MACROPHTHALME. — *P. macrophthalma.*

Carapace presque aussi large que longue. Rostre triangulaire ; yeux très-gros et remarquablement saillans ; une petite épine au côté externe de l'article basilaire des antennes externes. Pates-mâchoires externes, extrêmement courtes. Pates de la seconde paire très-grandes, peu dissemblables ; la main presque aussi grande que le corps, claviforme, et terminée par une pince, dont le doigt immobile est pointu et armé d'un gros tubercule, et le doigt mobile gros et presque semi-lunaire. Abdomen étroit. Longueur, environ 10 lignes.

Trouvée dans les mers d'Asie, par M. Dussumier. (C. M.)

§§ *Espèces ayant le rostre étroit très-comprimé latéralement, et infléchi vers la pointe ; et les antennes externes insérées tout-à-fait au-dessous des antennes supérieures.*

2. PONTONIE ARMÉE. — *P. armata.*

Carapace armée d'une petite épine près de la base des antennes externes, et déprimée près de l'insertion des yeux ; rostre ne dépassant pas la moitié de la longueur de l'écaille des antennes externes. Abdomen très-gros. Pates de la seconde paire médiocres, mais peu renflées. Longueur, près de 2 pouces.

Trouvée près des côtes de la Nouvelle-Irlande, par MM. Quoy et Gaimard. (C. M.)

3. Pontonie enflée.

Point d'épine près de la base des antennes externes. Carapace très-renflée ; rostre atteignant presqu'à l'extrémité de l'appendice lamelleux des antennes externes. Mains de la seconde paire, très-grosses et presque cylindriques. Longueur, 1 pouce.

Trouvée à Ceylan, par M. Regnaud, sur les côtes de Vanicoso, par MM. Quoy et Gaimard. (C. M.)

4. Pontonie tyrrhénienne. — *P. tyrrhena* (1).

Espèce très-voisine de la P. armée, mais qui s'en distingue par la grandeur des pates de la seconde paire, qui sont plus longues que le thorax, et très-grosses (la carapace au moins de la longueur du corps). Rostre court, courbe en bas, atteignant à peine le milieu du troisième article des antennes internes, et garni en dessous, près de son extrémité, d'une petite dent peu visible. Longueur, enviro 18 lignes ; couleur rose pâle.

Se trouve dans la Méditerranée, et se loge entre les valves de la pinne-marine, à la manière des Pinnothères. C'est probablement ce Crustacé dont Aristote a voulu parler, quand il dit qu'on trouve une petite Squille aussi bien qu'un petit crabe dans la coquille de ces mollusques.

---

(1) *Cancer custos,* Forskael, Descript. anim. p. 94. — *Astacus tyrrhenus*? Petagna, Ent. Pl. 5, fig. 5. (Cité d'après M. Risso.) — *Alpheus tyrrhenus*, Risso, Crust. de Nice ; Pl. 2, fig. 2, — *Gnatophyllum tyrrhenus*, Desmarest, Consid. sur les Crust. p. 229. — *Alpheus pinnophylax*, Otto, Mém. de l'acad. des cur. de la nat. de Bonn. t. XIV, Pl. 21, fig. et 2. — *Pontonia tyrrhena*, Latreille, Encycl. Pl. 326, fig. 10 (d'après Risso), Règne anim. de Cuvier, 2e. édit. t. IV, p. 96. — *Callianassa thyrrhenus*, Risso, Hist. nat. de l'Europe mérid. t. V, p. 54. — *Pontonia custos,* Guérin, Expéd. de Morée de M. Bory de Saint-Vincent, partie zool. p. 36, Pl. 27, fig. 1. C'est probablement à cette espèce que se rapporte le *Pontonia parasytica* mentionné par Roux dans son Mémoire sur la classification des Salicoques.

Genre AUTONOMÉE. — *Autonomea* (1).

Le genre Autonomée, établi par M. Risso, et adopté par Latreille et par M. Desmarest, paraît avoir beaucoup d'analogie avec les Pontonies, dont il se distingue par l'absence de pinces aux pates de la seconde paire. M. Desmarest, qui a eu l'occasion de l'observer, en donne la description suivante :

« Antennes intermédiaires ou supérieures terminées par deux filets, dont un est beaucoup plus long et plus épais que l'autre ; les externes ou inférieures, plus longues que le corps, sétacées. Pédoncules des premières inarticulés, ayant leur pièce inférieure renflée et armée d'un aiguillon, l'intermédiaire longue et cylindrique, et la dernière courte et arquée. Ceux des secondes bi-articulées, sans écailles, leur deuxième pièce étant velue à son extrémité. Pieds-mâchoires externes, non foliacés. Pieds de la première paire seulement didactyles, très-grands, épais, inégaux ; les autres très-courts, très-minces, et finissant par des crochets simples. Corps alongé, glabre. Carapace un peu renflée, terminée en avant par une pointe aïguë au rostre, qui dépasse à peine les yeux. Ceux-ci globuleux, portés sur des pédoncules très-courts. Les trois lames natatoires intermédiaires de l'extrémité de l'abdomen tronquées au sommet avec une petite pointe de chaque côté ; les deux latérales arrondies et ciliées. »

Autonomée d'Olivi. — *A. Olivii* (2).

« Quinze lignes de longueur : formes générales des Nikas et des Alphées. Carapace glabre, demi-transparente, jaunâtre, légère-

(1) Risso, Crust. de Nice, p. 166. — Desmarest, Consid. sur les Crust. p. 231. — Latreille, Règne anim. de Cuvier, 2e. édit. t. IV, p. 96.

(2) Risso, Crust. de Nice, p. 166. — Desmarest, Consid. sur les Crust. p. 332.

ment variée de teintes rougeâtres. Pates de la première paire d'un assez beau rouge en dessus, et d'un jaune clair en dessous; antennes extérieures blanchâtres. »

Habite l'Adriatique et les environs de Nice.

Les auteurs que nous venons de citer rapportent à cette espèce le *Cancer glaber* d'Olivi (Zool. Adriat. Pl. 3, fig. 4), qui nous paraît être la Pontonie tyrrhénienne.

Genre CARIDINE. — *Caridina.*

Cette petite division générique établit le passage entre les Pontonies et les Atyes, et paraît avoir de l'analogie avec les Hyménocères. La *carapace*(1) ne présente rien de particulier, et se termine par un rostre lamelleux, dont la longueur varie. Les *yeux* sont saillans. Les *antennes internes* sont très-longues, et terminées par deux grands filets multi-articulés, dont l'un est renflé à sa base ; les antennes externes sont conformées comme chez les Palémons. Les pates-mâchoires externes sont longues, grêles et pédiformes. Les *pates* des deux premières paires sont didactyles ; les antérieures sont très-courtes, et présentent une disposition très-remarquable. Le carpe est à peu près triangulaire, et se termine antérieurement par un bord concave, qui reçoit la base de la main fixée à son angle inférieur ; enfin la main est courte, et terminée par deux *doigts* lamelleux profondément creusés en cuiller (2). Les pates de la seconde paire sont plus longues et plus grêles ; le carpe est de forme ordinaire, mais la main est conformée comme celle de la pate précédente. Les pates des trois dernières paires sont grêles, et à peu près de même longueur ; enfin l'*abdomen* est conformé comme chez les Palémons.

(1) Pl. 25 *bis*, fig. 4.
(2) Pl. 25 *bis*, fig. 5.

CARIDINE TYPE. — *C. typus.*
(Pl. 25 *bis*, fig. 4 et 5.)

Rostre aigu, droit, médiocre, n'atteignant pas l'extrémité du deuxième article des antennes internes, et armé en dessous de trois petites dents. Pates antérieures moins longues que les pates-mâchoires extérieures. Extrémité des pinces garnie de beaucoup de poils. Longueur, environ 10 lignes.

Habite? (C. M.)

CARIDINE LONGIROSTRE. — *C. longirostris.*

Rostre très-long, dépassant le pédoncule des antennes externes, un peu relevé vers le bout et armé de plus d'une douzaine de dents, qui en occupent les deux tiers postérieurs, et d'une autre dent près de sa pointe ; une douzaine de dents sur son bord inférieur. Carpe des pates antérieures moins gros que dans l'espèce précédente. Longueur, environ 6 lignes.

Trouvée dans la rivière de la Macta, près d'Oran, par M. Roux. (C. M.)

GENRE NIKA. — *Nika* (1).

Les Nikas sont remaquables par le défaut de symétrie dans la conformation des deux premières paires de pates. Par leur forme générale ils ressemblent aux Palémons, ou plutôt aux Athanases, car leur *rostre* est très-petit. Leurs *antennes* internes sont grêles, et terminées, comme chez ces dernières, par deux filets assez longs. Les *pates-mâchoires* externes sont pédiformes, longues et grosses ; l'article qui les termine est pointu au bout. Les *pates* antérieures

(1) *Nika*, Risso, Crust. de Nice.—Lamarck, Hist. des anim. sans vert. t. V, p. 202. — *Processa*, Leach. Trans. of the Linn. soc.; vol. XI; et Malac. Pod. Brit. — Latreille, Règ. anim. t. IV, Cours d'Entomologie, etc. — Desmarest, Consid. sur les Crustacés.

sont plus fortes que les suivantes, mais de longueur médiocre ; celle du côté droit porte une main didactyle bien formée, tandis que celle du côté opposé est monodactyle, et conformée à la manière des pates ambulatoires. Les pates de la seconde paire sont filiformes, et terminées par une petite pince presque rudimentaire ; leur carpe est multi-articulé, et leur longueur très-différente ; celle de gauche a presque deux fois la longueur des pates antérieures, et celle de droite près de deux fois la longueur de son congénère. Les pates suivantes sont monodactyles, et terminées par un tarse styliforme non épineux ; celles de la quatrième paire sont plus longues que celles de la troisième paire. Quant à l'*abdomen*, sa conformation est la même que chez les Palémons.

NIKA COMESTIBLE. — *N. edulis* (1).

Rostre légèrement infléchi, et à peu près de la longueur des yeux. Une petite dent de chaque côté, sur le bord antérieur de la carapace, en dessous de l'insertion des yeux. Pates-mâchoires antérieures très-grandes, leur antépénultième article dépassant la lame des antennes externes. La pate monodactyle de la première paire moins grosse que la pate didactyle. Lame médiane de la nageoire caudale creusée d'un sillon longitudinal, et garnie en dessus de deux paires de petites épines. Longueur, environ 2 pouces.

Habite la Méditerranée et la Manche. (C. M.)

La NIKA CANALICULÉE (2) est extrêmement voisine de la précé-

---

(1) Risso, Crust. de Nice, p. 85, Pl. 3, fig. 3; et Hist. nat. de l'Eur. mérid., t. V, p. 72. — Lamarck, Hist. des anim. sans vert. t. V, p. 203. — Desmarest, Consid. sur les Crust. p. 230. — *Processa edulis*, Latreille, Règne anim. de Cuvier, 2ᵉ. édit. t. IV, p. 95. — *Nika edulis*, Roux, Salicoques, p. 31, et Crust. de la Méditerranée, Pl. 45.

(2) *Processa canaliculata*, Leach, Malac. Pl. 41. — Latreille, Nouv. Dict. d'hist. nat. ; et Encyclop. Pl. 322, fig. 15-25 (d'après Leach). — *Nika canaliculata*, Desmarest, Consid. p. 231, Pl. 39, fig. 4.

dente. Suivant Leach, elle présente une dent à la base du rostre ; mais, dans la figure qu'il en a donnée, on ne retrouve pas ce caractère, et nous sommes porté à croire que c'est par erreur qu'il a été indiqué.

M. Risso a décrit, sous les noms de NIKA VARIÉE (1), et de NIKA SINUEUSE (2), deux autres Crustacés, qu'il croit appartenir à ce genre et devoir être distingués des précédents ; mais les descriptions qu'il en a données ne sont pas suffisamment détaillées pour que nous puissions nous former une opinion à cet égard.

GENRE ATHANASE. — *Athanas* (3).

Par leur forme générale, les Athanases ressemblent assez à de petites écrevisses ; mais, par leur organisation, elles se rapprochent davantage des Lysmates, dont elles ne diffèrent guère que par la petitesse de leur rostre, la grosseur de leurs pates antérieures et la conformation de leurs mandibules.

La *carapace* de ces petits Crustacés ne s'élève pas en carène à la base du *rostre*, comme chez les Palémoniens, et ce prolongement n'est pas dentelé sur les bords. Les *yeux* sont peu saillans, mais cependant ne sont pas recouverts par la carapace comme chez les Alphées. Les *antennes internes* sont assez grandes, et se terminent par trois filets multi-articulés, disposés comme chez les Palémons. Les *antennes externes* sont également disposées comme chez ces derniers Crustacés. Les *mandibules* sont robustes, et portent un appendice palpiforme, court, mais très-large, et composé de deux articles. Les *pates-mâchoires externes* sont grêles et courtes. Les *pates* de la pre-

(1) *Nika viegata*, Risso, Crust. de Nice, p. 86. — Desmarest, op. cit. p. 231.

(2) *Nika sinuolata*, Risso, Crust. de Nice, p. 87 ; et Hist. nat. de l'Europe mérid., t. V. p. 72.—Desmarest, loc. cit.

(3) *Astacus*, Montagu, *Palemon*, Leach, *Athanas*, Leach. — Latreille ; Desmarest, Roux, etc.

mière paire sont au contraire longues et très-fortes ; elles sont inégales entre elles, et se terminent par une grosse main didactyle, dont les pinces sont courtes et robustes. Les pates de la seconde paire sont filiformes , et ordinairement reployées en deux ; leur carpe est très-alongé et multiarticulé, et elles se terminent par une main didactyle très-petite et très-faible. Les pieds des trois paires suivantes sont monodactyles, et ne présentent rien de remarquable. L'*abdomen* n'est point gibbeux, et les fausses pates, portant chacune deux grandes lames de forme lancéolée. Enfin les lames externes de la nageoire caudale présentent une articulation transversale comme chez les Astaciens.

Athanase luisant. — *Athanas nitescens* (1).

Rostre aigu , moins long que le pédoncule des antennes internes ; une épine de chaque côté de sa base , sur le bord antérieur de la carapace. Mains inégales, renflées, et à doigts courts et obtus. Carpe des deuxièmes pates divisé en cinq ou six articles. Lame médiane de la nageoire caudale portant sur sa face supérieure quatre épines ; bord postérieur des quatre pièces latérales dentelé. Longueur, environ 1 pouce.

Habite les côtes de la France et de l'Angleterre. (C. M.)

Nous somme portés à croire que le Crustacé fossile , figuré par Schlothein sous le nom de *Macrourites modestiformis* (2), est une Salicoque appartenant à cette tribu , ou

(1) *Palemon nitescens*, Leach, Edinb. Encyclop. — *Athanas nitescens*, Ejusd. Malac. Pod. Brit. tab. 44. — Desmarest , Consid. sur les Crust. p. — Brebisson , Cat. des Crust. du Calvados , p. 23. — Latreille , Règne anim. t. IV , p. 99. — Roux, class. des Salicoques, p. 17. — Guérin, Iconographie du règne animal, Crustacés, Pl. 22, fig. 2.

(2) Nachträge zur petrefactenkunde , Pl. 2 , fig. 3.

du moins intermédiaire entre les Alphéens et les Crangonéens. Il paraît se rapprocher de ces derniers par sa carapace rude et inégale, et par la conformation de l'abdomen ; mais, de même que chez les Alphéens, les pates de la première ou de la seconde paire sont très-grandes, de grosseur inégale, et terminées par une pince didactyle bien formée.

TRIBU DES PALÉMONIENS.

La tribu des Palémoniens comprend un assez grand nombre de Salicoques, dont le corps est comprimé latéralement, mais dont l'*abdomen* n'est jamais tranchant en dessus comme chez les Penées. Leur *thorax* est grand, et leur carapace est armée en avant d'un grand *rostre*, qui ressemble assez à une lame de sabre placée de champ, et qui est presque toujours denté en dessus (1). Les *antennes* sont placées comme dans la tribu précédente, mais sont plus longues, et celles de la première paire portent souvent trois filets terminaux. Les *pates* sont toutes grêles, et celles des deux premières paires sont en général didactyles, tandis que celles des trois dernières paires ne le sont jamais. Enfin, l'*abdomen* est grand, mais est loin de présenter les dimensions que nous rencontrons chez la plupart des Penéens.

On peut distinguer entre eux les genres réunis dans cette division à l'aide des caractères suivans :

---

(1) Pl. 25, fig. 8 et 10.

					Genres.
PALÉMONIENS ayant les antennes internes terminées par	deux filets multiarticulés.	Pates-mâchoires externes foliacées			GNATHOPHYLLE.
		Pates-mâchoires externes grêles et pédiformes. Pates antérieures	didactyles. Rostre	immobile.	HIPPOLYTE.
				mobile. . .	RHYNCHOCINÈTE.
			monodactyle.		PANDALE.
	trois filets multiarticulés bien distincts.	Pates de la deuxième paire filiformes et à carpe multiarticulé.			LYSMATE.
		Pates de la deuxième paire plus fortes que les antérieures, et n'ayant pas le carpe divisé.			PALÉMON.

Genre GNATHOPHYLLE. — *Gnathophyllum* (1)

Les Salicoques, désignés par Latreille sous le nom de Gnathophylles, et dont M. Risso a formé ensuite son genre Drimo, ressemblent beaucoup aux Hippolytes, mais s'en distinguent par la forme élargie de leurs pates-mâchoires externes. Leur *rostre* est court, mais comprimé, lamelleux, et dentelé sur le bord supérieur. Deux filets très-courts terminent les *antennes* supérieures, et la lame des antennes inférieures est assez grande et ovalaire. Les *pates-mâchoires externes* sont foliacées et conformées à peu près comme chez les Callianasses ; leurs deuxième et troisième articles sont élargis de façon à former un grand opercule, qui recouvre toute la bouche, et qui porte en avant une petite tige grêle formée des deux derniers articles Les *pates* des deux premières paires sont médiocres, et terminées par une main didactyle ; leur carpe n'est pas annelé. Celles des trois dernières paires sont monodactyles, de longueur médiocre, et terminées par un petit tarse denté. Enfin l'*abdomen* ne présente rien de remarquable.

On ne connaît encore qu'une seule espèce de ce genre.

Gnathophylle élégant. — *G. elegans* (2).

Carapace renflée; rostre oblique et armé en dessus de six à sept dents ; pates de la seconde paire un peu plus longues et plus grosses que celles de la première paire; lames terminales de l'abdomen ovalaires. Longueur, environ 20 lignes.

Habite les côtes de Nice. (C. M.)

---

(1) Latreille, Règne anim. de Cuvier, t. IV, p. 96.—Desmarest, Consid. sur les Crust. p. 228.— *Drimo*, Risso, Hist. nat. de l'Europe mérid., t. V, p. 71.

(2) *Alpheus elegans*, Risso, Crust. de Nice, p. Pl. 2, fig. 4. — *Gnatophyllum elegans*, Latreille, Règne anim. t. IV, p. 96. — Desmarest, Consid. sur les Crust. p. 228. — *Drimo elegans*, Risso, Hist nat. de l'Eur. mérid. t. V, p. 71, Pl. 1, fig. 4.—Roux, Salicoques, p. 28.

Genre HIPPOLYTE. — *Hippolyte* (1).

Le genre Hippolyte, établi par Leach, renferme un grand nombre de petits Crustacés, qui ressemblent aux Palémons par la forme générale de leurs corps, si ce n'est que presque toujours leur abdomen ne peut se redresser complétement, et paraît en quelque sorte bossu (Pl. 25, fig. 8). Ils ont aussi un rostre très-grand, comprimé, et presque toujours fortement denté. Mais leurs *antennes internes* sont petites, et terminées seulement par deux filamens multi-articulés à peu près d'égale longueur, dont un fort grand et fortement cilié. Les *antennes externes* s'insèrent sous les précédentes, et ne présentent rien de remarquable. Les *pates-mâchoires externes* sont grêles et alongées. Les *pates* sont conformées à peu près de la même manière que chez les Lysmates, si ce n'est qu'elles n'offrent pas d'appendice à leur base ; celles de la première paire sont courtes, mais assez grosses ; celles de la seconde paire sont filiformes, et terminées par une main didactyle extrêmement petite, et ont le carpe multi-articulé ; les pates des trois dernières paires sont assez longues, et en général très-épineuses au bout. Enfin les lames terminales des fausses pates natatoires de l'*abdomen* sont lancéolées, dentelées sur les bords, et ciliées tout autour. Dans les espèces dont j'ai examiné l'organisation intérieure, les *branchies* étaient au nombre de sept de chaque côté.

Les Hippolytes sont de petite taille, et sont répandus dans toutes les mers ; on en trouve aussi dans les eaux douces.

---

(1) *Cancer*, Othon Fabricius ; Muller, etc. — *Palemon*, Olivier. — *Hippolyte*, Leach, Desmarest, Latreille, Roux, etc. — *Alpheus*, Lamarck, Risso, Sabine.

§ 1. *Espèces dont le rostre naît du front, et ne se continue pas en arrière, avec une crête élevée occupant la ligne médiane de la carapace.*

1. Hippolyte variable. — *H. varians.*

Rostre dépassant le pédoncule des antennes internes, droit, grêle et armé de deux dents en dessus (une située à sa base et l'autre près de son extrémité) et de deux en dessous (situées un peu en arrière de la dernière dent supérieure); une petite épine de chaque côté de la base du rostre, au-dessus de l'insertion des yeux. Premier article des antennes internes armé en dehors d'une épine de grandeur médiocre. Appendices lamelleux des antennes externes grands, dépassant un peu le rostre, et ovalaires ou plutôt tronqués obliquement de dedans en dehors et d'avant en arrière à leur extrémité. *Pates-mâchoires* externes courtes, ne dépassant que de peu le pédoncule des antennes, et terminées par un article court, aplati, tronqué et épineux en dedans. Pates antérieures très-courtes, ne dépassant guère l'article basilaire des antennes externes; celles de la seconde paire médiocres, moins longues que celles de la troisième paire, et ayant le carpe divisé en trois ou quatre segmens peu distincts. Lame médiane de la nageoire caudale portant sur sa face supérieure deux paires de petites épines. Longueur, 4 ou 5 lignes.

Habite la Manche et les côtes de la Vendée.

2. Hippolyte ventru. — *H. ventricosus.*

Espèce extrêmement voisine de l'H. variable, mais dont le *rostre ne porte en dessus qu'une seule dent* située près de sa base, et dont les prolongemens latéraux des trois premiers anneaux de

(1) *Hippolyte varians*, Leach, Malacost, Pod. Brit. Pl. 38, fig. 6-16. — Desmarets, Consid. sur les Crust. p. 221, Pl. 39, fig. 2.

l'abdomen présentent des dimensions très-considérables. Longueur, environ 4 lignes.

Trouvée par M. Dussumier dans les mers d'Asie. (C. M.)

3. Hippolyte de Prideaux. — *H. Prideauxiana* (1).

Espèce très-voisine de l'Hippolyte variable, mais ayant le *rostre simple*, avec une seule dent en dessous près de son extrémité. Longueur, 6 lignes.

Habite la Manche.

L'Hippolyte varié de M. Risso (2) paraît se rapprocher beaucoup de l'Hippolyte de Prideaux, mais s'en distingue par la grosseur et la forme des pates de la première paire. M. Risso y a observé six aiguillons sur la lame médiane de la nageoire caudale, et assure que cette petite Salicoque a l'habitude de faire entendre un bruit semblable à un petit cri produit par le frottement des doigts de sa première paire de pates; particularité qui lui a valu, sur les côtes de Nice, le nom vulgaire de Grillet.

4. Hippolyte de Moor. — *H. Moorii* (3).

Paraît être extrêmement voisine de l'espèce précédente, mais ayant le *rostre armé en dessous de deux dents;* n'est peut-être qu'une variété de l'*H. Prideauxiana.*

5. Hippolyte verdatre. — *H. viridis* (4).

Corps svelte; *rostre droit*, *dépassant l'appendice lamelleux des antennes externes*, *sans dents en dessus*, *et armé en dessous de trois dents*. Pates-mâchoires externes très-courtes et assez larges vers le

---

(1) Leach, Malac. Pod. Brit. tab. 38, fig. 1, 3-5.— Desmarest, Consid. sur les Crust. p. 221.

(2) *Hippolyte variegatus*, Risso, Hist. nat. de l'Europe mérid. t. V, p. 78, Pl. 3, fig. 13.

(3) Leach, op. cit. tab. 38, fig. 2. — Desmarets, loc. cit.

(4) *Alpheus viridis*, Otto, Mém. de l'Ac. des cur. de la nat. de Bonne, t. XIV, Pl. 20, fig. 4.

bout. Pates antérieures très-courtes et assez grosses. Pates de la deuxième paire grêles et de longueur médiocre ; leur carpe divisé en trois articles. Lame médiane de la nageoire caudale garnie en dessus de deux paires d'épines. Longueur, environ 20 lignes.

Habite la Méditerranée et les côtes de la Vendée. (C. M.)

La Salicoque, désigné par M. Risso sous le nom d'Alphée d'Olivier (1), ne me paraît pas différer de l'espèce précédente ; M. Roux le range cependant dans son genre Pelias.

6. Hippolyte de Brullé. — *H. Brullei* (2).

Rostre presque droit, dépassant la lame des antennes externes, et armé en dsssous de trois ou quatre dents, dont une très-petite située presqu'à son extrémité. Deux épines assez fortes de chaque côté sur la partie antérieure de la carapace. Pates-mâchoires externes, larges et tronquées au bout ; dépassant un peu le pédoncule des antennes externes. Pates antérieures très-courtes et grosses ; celles de la seconde paire un peu plus longues, et ayant le carpe biarticulé. Pieds des trois paires suivantes fortement dentelés tout le long de leur bord interne. Lame médiane de la nageoire caudale armée en dessus de trois paires d'épines, et terminée par quatre épines marginales. Couleur verdâtre.

7. Hippolyte boréal. — *H. borealis* (3).

Espèce très-voisine de l'Hippolyte verdâtre, mais beaucoup plus grande, et qui s'en distingue par la longueur des *pates-mâchoires externes, qui sont grêles et dépassent l'appendice lamelleux des antennes externes;* l'abdomen est gibbeux, et la *lame médiane de la nageoire caudale est armée de huit à dix paires de petites épines.*

Trouvée à Igloolik, par le capitaine Ross.

---

(1) Hist. nat. de l'Eur. mérid. t. V, p. 75, Pl. 4, fig. 17. —Roux, Salicoques, p. 26.

(2) Guérin, Expédit. scientifique de Morée, par M. Bory Saint-Vincent, etc. Zool. p. 41, Pl. 27, fig. 2.

(3) Owen, appendice au voyage du capitaine Ross. Pl. 1, fig. 3.

8. Hippolyte ensifère. — *H. ensiferus.*

Corps grêle et faiblement coudé. Carapace arrondie en dessus. *Rostre très-grand, lamelleux, faiblement arqué, se rétrécissant fort peu vers l'extrémité, dépassant notablement l'écaille des antennes externes, et armé d'une petite épine située au dessus de sa base, et trois ou quatre petites dentelures à son extrémité.* Une petite épine au côté externe de l'article basilaire des antennes internes. Appendice lamelleux des antennes externes tout-à-fait triangulaire (sans dilatation du côté interne). Pates-mâchoires très-courtes, ne dépassant pas le pédoncule des antennes externes, et terminées par un petit article assez large, tronqué et épineux vers le bout. Pates antérieures extrêmement courtes, atteignant à peine la base des antennes; celles de la deuxième paire beaucoup moins longues que celles de la troisième paire, et ayant leur carpe divisé en deux articles bien distincts. Deux paires d'épines sur la face supérieure de la lame médiane de la nageoire caudale. Longueur, 6 lignes.

Trouvée par M. Reynaud, en haute mer, près des Açores. (C. M.)

9. Hippolyte tenuirostre. — *H. tenuirostris.*

Rostre long, mais très-grêle, presque styliforme, droit et armé en dessus d'une épine située sur la partie antérieure de la région stomacale, et en général d'une seconde vers la moitié de la longueur, et en dessous de deux ou trois petites épines. Article basilaire des antennes internes présentant en dehors une dilatation lamelleuse, qui se termine par une grosse épine; appendice lamelleux des antennes externes alongé, mais ovalaire (son bord interne étant arrondi). Pates-mâchoires et nageoires caudales comme dans l'espèce précédente. Longueur, environ 6 lignes.

Trouvée dans les mêmes parages que l'espèce précédente. (C. M.)

10. Hippolyte de Quoy. — *H. Quoyanus.*

Espèce très-voisine de l'H. tenuirostre, mais dont *le rostre est plus large, plus infléchi; armé en dessous de quatre dents assez grosses, et en dessus d'une seule épine vers la moitié de la longueur.* Abdomen très-gibbeux. Longueur, environ 10 lignes.

Habite les côtes de la Nouvelle-Guinée. (C. M.)

§ 2. *Espèces dont le rostre forme une crête élevée sur la partie antérieure de la région stomacale, mais ne se prolonge pas sur la partie postérieure de la carapace.*

11, Hippolyte crassicorne. — *H. Crassicornis.*

Carapace arrondie en dessus. *Rostre très-petit, assez élevé à sa base, mais prenant naissance tout près de l'insertion des yeux, et n'atteignant pas l'extrémité de ces organes, d'abord infléchi, puis droit, bifide au bout, et armé en dessus de deux ou trois dentelures.* Yeux très-grands. Antennes internes remarquablement grosses, leur article basilaire dilaté et lamelleux en dessous: les deux articles suivans épineux, et le filament terminal supérieur extrêmement gros et garni tout autour de longs poils touffus. Appendice lamelleux des antennes externes court et ovalaire. Pates-mâchoires externes longues (dépassant l'appendice lamelleux des antennes externes), et ayant le dernier article grêle et cylindrique. Pates antérieures ne dépassant pas le pédoncule des antennes externes; celles de la deuxième paire de la longueur de celle de la troisième paire, et ayant le carpe divisé en plusieurs segmens. Quatre paires d'épines sur la face supérieure de la lame médiane de la nageoire caudale. Longueur, 4 lignes.

Trouvé dans la rade de Saint-Malo. (C. M.)

12. Hippolyte de Cranch. — *H. Cranchii* (1).

Cette espèce, que nous ne connaissons que par la description et les figures qu'en a données Leach, a le rostre avancé, légèrement infléchi, et armé en dessus de trois dentelures à sa base, et de deux pointes au bout, dont la supérieure est la plus forte. Les pates-mâchoires antérieures sont de longueur médiocre; les pates antérieures très-courtes, et la lame médiane de la nageoire caudale, garnie en dessus de quatre paires d'épines. Longueur, environ 10 lignes.

Habite les côtes de l'Angleterre.

13. Hippolyte de Desmarest. — *H. Desmarestii* (2).

Rostre droit, lancéolé, dépassant les appendices lamelleux des antennes externes, *garni en dessus de vingt-cinq à trente dents, et en dessous de sept à huit.* Pates des deux premières paires très-courtes. Corps hyalin, avec des points verts ou rougeâtres. Longueur, 12 à 15 lignes.

Habite les eaux de plusieurs rivières du département de Maine-et-Loire.

14. Hippollyte polaire. — *H. polaris* (3).

Carapace gibbeuse; *rostre concave, relevé vers le bout, grêle; n'atteignant pas l'extrémité de l'appendice lamelleux des antennes externes, et armé de huit à dix dents en dessus et de deux ou trois en dessous.* Pates-mâchoires externes assez longues, et styliformes vers le bout. Lame médiane de la nageoire caudale garnie de cinq paires de petites épines. Longueur, environ 2 pouces.

Habite les mers Arctiques.

---

(1) Leach, Malac. Pod. Brit. tab. 38, fig. 17-21. — Desmarest, op. cit. p. 222.

(2) Millet, Ann. des sc. nat. 1re, série, t. XXV, p. 461, Pl. B, fig. 1 et 2.

(3) *Alpheus polaris*, Sabine, app. au voyage du capitaine Parry. Pl. 2, fig. 5-7.

15. Hippolyte denté. — *H. serratus.*

Rostre naissant vers le milieu de la région stomacale, dépassant de beaucoup l'appendice lamelleux des antennes externes, et armé, en arrière du front, de deux grosses dents, suivies de deux autres situées près des yeux, se recourbant ensuite un peu, et présentant, près de l'extrémité de son bord supérieur, quatre ou cinq grandes dents pointues. Son bord inférieur, armé de onze dents pointues, remarquablement longues et fortes. Appendice lamelleux des antennes externes se rétrécissant beaucoup vers le bout, et dépassant à peine les pates-mâchoires externes, qui sont très-longues et terminées par un grand article styliforme. Pates antérieures médiocres; celles de la deuxième paire fortes, de la longueur de celles de la troisième paire, et n'ayant pas le carpe distinctement annelé. Abdomen de forme ordinaire; quatre paires d'épines sur le septième anneau ou lame médiane de la nageoire caudale. Longueur, 2 pouces.

Habite la baie de Jarvis. (C. M.)

16. Hippolyte front épineux. — *H. spinifrons.*

Rostre naissant vers le milieu de la région stomacale, court (dépassant à peine le premier article des antennes internes), presque droit, grêle, sans dents en dessous, et armé en dessus de cinq dents; *les épines suborbitaires extrêmement grandes et fortes* (dépassant les yeux et atteignant le tiers antérieur du rostre). Pates-mâchoires externes très-longues, terminées par un article cylindrique qui dépasse notablement la lame des antennes externes. Pates de la première paire médiocres, ne dépassant pas le pédoncule des antennes externes; celles de la deuxième paire, de la longueur de celles de la troisième paire, et ayant le carpe divisé en un grand nombre d'articles. Abdomen point coudé; lame médiane de la nageoire caudale armée de deux paires de fortes épines. Longueur, environ 1 pouce.

Habite les côtes de la Nouvelle-Zélande. (C. M.)

17. Hippolyte queue épineuse. — *H. spinicaudus.*

Corps alongé; *rostre très-long, styliforme, naissant vers le milieu de la région stomacale par une dent, mais du reste ne différant que fort peu de celui de l'H. tenuirostre.* Appendice lamelleux des antennes externes comme chez l'H. variable. Pates-mâchoires externes médiocres et styliformes vers le bout. Pates de la première paire filiformes et longues, mais n'atteignant pas l'extrémité de la lame pédonculaire des antennes externes; celles de la seconde paire à peu près de même longueur, mais plus grosses, et ayant le carpe divisé en trois ou quatre articles. Tarse des pates suivantes à peine épineux. *Lame médiane de la queue armée de six ou sept paires d'épines* (celles qui en occupent le bord postérieur non comprises). Longueur, environ 20 lignes.

Habite les côtes de la Nouvelle-Hollande. (C. M.)

18. Hippolyte de Gaimard. — *H. Gaimardii.*

Rostre droit naissant vers le milieu de la carapace, très-peu élevé, et s'étendant jusqu'à l'extrémité de l'appendice lamelleux des antennes externes, peu élargi en dessous, et armé en dessus de six dents très-espacées, dont trois sur la carapace; trois dents sur son bord inférieur. Appendice lamelleux des antennes externes long et ovalaire, dépassant de beaucoup les pates-mâchoires externes, dont le dernier article est cependant long et styliforme. Pates comme dans l'H. de Sowerby. Troisième anneau de l'abdomen moins fortement denté; quatre paires d'épines sur le septième anneau. Longueur, environ 18 lignes.

Habite les mers d'Islande. (C. M.)

§ 3. *Espèce dont la base du rostre s'élève en crête et se prolonge jusque vers le bord postérieur de la carapace.*

19. Hippolyte bossu. — *H. gibberosus.*

Rostre naissant vers le tiers postérieur de la carapace, très-arqué et armé de quatre ou cinq dents à sa base, puis se recourbant for-

tement en haut, et ne présentant qu'une petite épine vers le niveau de l'extrémité des yeux, et deux ou trois dentelures à sa pointe; son bord inférieur descendant très-bas à sa base, et armé de six ou sept dents, dont les postérieures sont très-fortes. Épine latérale des antennes internes très-grande. Appendice lamelleux des antennes externes presque triangulaire. *Pates-mâchoires externes courtes et tronquées au bout.* Pates antérieures très-petites, et dépassant à peine le pédoncule des antennes externes, celles de la deuxième paire plus longues que celles de la troisième paire, et ayant la partie inférieure du carpe divisée en un grand nombre d'articles. Abdomen à peu près comme chez l'H. de Sowerby. Longueur, environ 18 lignes.

Habite les côtes de la Nouvelle-Hollande. (C. M.)

20. HIPPOLYTE MARBRÉ. — *H. marmoratus* (1).
(Planche 25, fig. 8.)

Forme générale à peu près la même que dans l'espèce précédente; crête basilaire du rostre naissant près du bord postérieur du rostre, qui est très-relevé vers le haut, fort large et atteint l'extrémité de l'appendice des antennes externes; une petite épine en dessus près de son extrémité, et cinq dents très-grandes sur sa partie postérieure; enfin sept grandes dentelures sur son bord inférieur. *Pates-mâchoires externes extrêmement longues*; leur dernier article cylindrique, et dépassant de beaucoup l'appendice lamelleux des antennes externes. Pates antérieures très-grandes, aussi longues que celles de la troisième paire. Carpe des secondes pates divisé en une douzaine d'articles. Abdomen très-gibbeux, armé en dessous d'épines entre l'insertion des fausses pates, qui sont très-courtes. Deux paires d'épines sur la lame médiane de la nageoire caudale. Longueur, environ 3 pouces.

Habite les mers de l'Océanie. (C. M.)

---

(1) *Palemon marmoratus*, Olivier, Encyclop. t. VIII, p. , atlas, Pl. 519, fig. 3. — *Alpheus marmoratus*, Lamarck, Hist. des anim. sans vert. t. V, p. 205.

21. Hippolyte hérissé. — *H. aculeatus* (1).

Carapace très-bombée en dessus; *rostre grêle, ne dépassant que de peu le pédoncule des antennes supérieures*, et se continuant en arrière avec une crête qui est très-élevée, et se prolonge jusque vers le bord postérieur de la carapace; quatre ou cinq grosses dents sur la crête basilaire du rostre; enfin trois ou quatre dents très-petites sur le bord supérieur de sa portion antérieure, et trois sur son bord inférieur. *Pates-mâchoires longues*, dépassant l'appendice lamelleux des antennes externes, larges et tronquées au bout. Pates antérieures grosses et de longueur médiocre. Cinq paires d'épines sur la lame médiane de la nageoire caudale.

Habite les mers polaires.

22. Hippolyte de Sowerby. — *H. Sowerbyi* (2).

Rostre naissant de la partie postérieure de la carapace, sur laquelle il forme une grande carène arquée, très-large dans sa portion antérieure, tronqué au bout, armé en dessus de quatre ou cinq grosses dents situées sur la carapace, et de sept ou huit dents très-petites situées sur sa portion libre, et en dessous de deux dents, dont une presque aussi avancée que la dent terminale, et en étant quelquefois séparée par de petites dentelures. Lame spiniforme du pédoncule des antennes internes très-longue; filets terminaux de ces organes extrêmement courts. Appendice lamelleux des antennes externes grand, ovalaire et dépassant le rostre. *Pates-mâchoires*

---

(1) *Cancer aculeatus*, Othon, Fabricius, Fauna Groenlandica, p. 239. — *Alpheus aculeatus*, Sabine, appendice to Parry's, voyage, tab. 2, fig. 9.

(2) *Cancer spinus*, Sowerby, Brit. miscel. tab. 21. — *Alpheus spinus*, Leach, Trans. of the Linn. soc. vol XI, p. 247, et Edinb. Encyclop. Supplém. t. VII, p. 421. — *Hippolyte Sowerbyi*, Leach, Mala. Pod. Brit. Pl. 39. — Desmarest. Consid. sur les Crust. p. 223, Pl. 39, fig. 1.

externes médiocres, terminées par un article arrondi au haut et atteignant l'extrémité de l'appendice lamelleux des antennes externes. Pates antérieures dépassant à peine le pédoncule de ces antennes ; celles de la deuxième paire plus longues que celles de la troisième paire, et ayant le carpe divisé en sept ou huit articles bien distincts. Abdomen très-gibbeux ; son troisième anneau se prolongeant en une grande dent crochue qui ressemble un peu à un bec de seiche et qui avance au-dessus de l'anneau suivant. Lame médiane de la nageoire caudale garnie en dessus de quatre paires de petites épines. Longueur , environ 2 pouces.

Habite les mers d'Islande et du Groënland.

Le CANCER NAUTILATOR de Herbst (1) appartient à ce genre, et paraît avoir beaucoup d'analogie avec l'Hippolyte boréal, dont il été question ci-dessus (n°...).

Il en est de même des deux Salicoques figurés par Müller, et rapportés avec un point de doute par cet auteur à l'*Astacus carinatus* (2) et à l'*Astacus varius* (3) de Fabricius.

Enfin il est probable que plusieurs des espèces décrites par M. Risso, sous le nom générique d'Alphées, devront y rentrer lorsqu'on les connaîtra mieux ; l'*Alpheus elongatus* (4), l'*Alpheus ensiferus* (5) et l'*Alpheus Cougneti* (6).

Le genre PÉLIAS de Roux (7) paraît être intermédiaire entre les Pontonies et les Hippolytes, mais se rapproche davantage de ces derniers. De même que chez les Hippolytes, les antennes supérieures se terminent par deux filets, et les pates

---

(1) Op. cit. Pl. 43, fig. 4.

(2) Fabricius, Entom. syst. t. II, p. 483. — Müller, Fauna Danica, t. 4, p. 15, Pl. 132, fig. 2.

(3) Fabricius, Entom. syst. t. II, p. 484. — Müller, Fauna Danica, t. 4, p. 15, Pl. 132, fig. 3.

(4) Risso, Hist. nat. de l'Europe mérid. t. V, p. 77.

(5) Risso, op. cit. p. 76.

(6) Risso, loc. cit.

(7) Roux Mém. sur les Salicoques, p. 25.

des deux premières paires sont didactyles ; mais la main des secondes pates n'est guère plus grosse que celle des premières, et le carpe n'est pas multi-articulé. Nous ignorons si ces caractères coïncident avec d'autres particularités d'organisation; M. Roux range dans cette division générique l'*Alpheus amethysta* de M. Risso (1), l'*Alpheus Olivieri* (2), l'*Alpheus scriptus* (3) et l'*Alpheus punctulatus* (4) du même auteur; mais toutes ces Salicoques sont trop imparfaitement connues pour qu'il nous paraisse utile d'en reproduire ici la description.

Genre RHYNCHOCINÈTE. — *Rhynchocinetes* (5).

Ce genre est très-voisin de celui des Hippolytes, mais se distingue de tous les autres Macroures par la conformation singulière du rostre qui, au lieu d'être un simple prolongement du front, est une lame distincte de la carapace, et articulée avec le front, de manière à être très-mobile et à pouvoir s'abaisser au-dessus des antennes, ou s'élever verticalement; du reste, cet appendice ressemble beaucoup par sa forme au rostre des Hippolytes. Il est très-grand, en forme de lame de sabre placée de champ et dentelée sur les deux bords. Les *yeux* sont saillans, et lorsqu'ils se reploient en avant, ils se logent dans une excavation du pédoncule des *antennes supérieures,* dont l'article basilaire est grand et armé en dehors d'une lame spiniforme. Les filets terminaux de ces appendices sont au nombre de deux, et offrent la même conformation que chez les Hippolytes. L'appendice lamelleux des antennes externes est grand et triangulaire. Les *pates-*

(1) Risso, Hist. nat. de l'Eur. mér. t. V, p. 77, Pl. 4, fig. 16. — Roux, op. cit.

(2) *Voyez* ci-dessus, p

(3) Risso, Hist. nat. de l'Europe mér. t. V, p. 78. — Roux, loc. cit.

(4) Risso, Journal de physique, octobre 1822. — Roux, loc. cit.

(5) Edwards, Ann. des sciences natur. 2e série, Zool. t. VII.

mâchoires externes sont pédiformes et alongées ; leur dernier article est grêle, cylindrique et épineux au bout. Les *pates* sont semblables à celles des Hippolytes, si ce n'est qu'on trouve, au côté externe de la base de chacune d'elles, un petit appendice palpiforme rudimentaire, et que le tarse de celles de la seconde paire n'est pas multi-articulé. L'*abdomen* ne présente rien de remarquable. Enfin les branchies sont au nombre de neuf de chaque côté.

RHYNCHOCINÈTE TYPE. — *R. typus* (1).

Front armé de trois épines, dont la médiane, placée au-dessus de la base du rostre, est suivie d'une autre épine médiane. Rostre très-grand, plus long que la lame des antennes externes, armé en dessus de deux épines situées près de la base, et de sept ou huit dentelures situées à son extrémité ; son bord inférieur garni d'une vingtaine de dents très-grandes. Pates-mâchoires externes de la longueur du rostre. Pates antérieures plus grosses que les autres, et dépassant un peu le pédoncule des antennes externes ; pinces courtes et creusées en cuiller ; doigt mobile dentelé. Pates de la deuxième paire de la longueur de celles de la première paire, mais beaucoup plus courtes que celles de la troisième paire. Trois paires de petites épines sur la face supérieure de la lame médiane de la nageoire caudale. Longueur, environ 2 pouces 1/2.

Habite l'océan Indien. (C. M.)

GENRE PANDALE. — *Pandalus* (2).

Les Crustacés, dont Leach a formé le genre Pandale, ressemblent extrêmement aux Palémons par la forme générale de leurs corps ; mais s'en distinguent par la conformation de leurs pates, dont les deux antérieures sont monodac-

(1) Edwards, Ann. des sciences nat. 2e série, t. VII, Pl. 4, C.

(2) *Astacus*, Fabricius, Herbest, etc. — *Pandalus*, Leach, Desmarest, Latreille, Lamarck. — *Pontophilius*, Risso.

tyles. Leur carapace est armée en avant d'un *rostre* très-long, comprimé, relevé vers le bout, et dentelé en dessus et en dessous. Les *yeux* sont gros, courts et libres. Les *antennes* supérieures sont conformées à peu près comme chez les Palémons, si ce n'est qu'ils ne portent que deux filets terminaux. Les *pates-mâchoires* externes sont grêles et pédiformes. Les *pates* sont grêles, celles de la première paire sont les plus courtes et se terminent par un article styliforme; celles de la seconde paire sont filiformes, et se terminent par une *main* didactyle très-petite; leur carpe est multi-articulé. Les pates suivantes ne présentent rien de remarquable. La disposition de l'abdomen est la même que chez les Palémons. Enfin le nombre des branchies (1) est de douze de chaque côté du corps.

PANDALE ANNULICORNE. — *P. annulicornis* (2).

Rostre de la longueur de la carapace, armé en dessus d'une dizaine de dents qui occupent la région stomacale et la moitié postérieure de sa partie libre; une petite dent près de la pointe du rostre, séparée des précédentes par un espace lisse assez long. Bord intérieur du rostre armé de sept à huit dents très-grosses vers sa base, et dont les dernières demeurent vers l'extrémité. Pates assez fortes et de longueur médiocre; celles de la première paire n'atteignant pas l'extrémité de l'appendice lamelleux des antennes externes. Les pates des trois dernières paires armées d'épines. Longueur du corps, environ 2 pouces.

Habite les côtes de l'Angleterre et de l'Islande.

---

(1) Chez le *P. narwal*.

(2) Leach, Malac. Pod. Brit. tab. 40. — Latreille, Encyclop. méthod. Pl. 322, fig. 1 à 4 (d'après Leach). — Lamarck, Hist. des animaux sans vert. t. V, p. 203. — Desmarest, Consid. p. 220, Pl. 38, fig. 2.

PANDALE NARVAL. — *P. narwal* (1).

Rostre beaucoup plus long que la carapace, et finement dentelé en dessus dans toute sa longueur ; les dents de sa base ne se prolongeant que fort peu sur la région stomacale ; son bord inférieur armé de dents très-fines qui disparaissent peu à peu vers sa base. Pates très-longues et très-grêles ; celles de la première paire dépassant de beaucoup l'appendice lamelleux des antennes externes ; celles des deux dernières paires plus grêles que celles de la troisième paire, et sans épines. Longueur du corps, environ 4 pouces.

Habite la Méditerranée. (C. M.)

GENRE LYSMATE. — *Lysmata* (2).

Les Lysmates ressemblent beaucoup aux Palémons et établissent le passage entre ces Crustacés et les Hippolytes ; ils en ont la forme générale, et leur *carapace* est également armée d'un rostre alongé, comprimé et dentelé (Pl. 25, fig. 10). Leurs *antennes internes* se terminent aussi par trois filamens multi-articulés, dont deux fort longs et un très-court. Les *antennes externes* sont insérées sous les premières, et ne présentent rien de remarquable. Les *mandibules* sont dépourvues d'appendice palpiforme (fig. 11). Les *pates-mâchoires* des deux premières paires portent à leur base une vésicule membraneuse formée par l'appendice flabelliforme modifié. Les pates-mâchoires externes sont grêles, et ne présentent rien de remarquable. Les

(1) *Astacus narwal*, Fabricius, Mantissa, t. II, p. 331. — Herbst, Pl. 28, fig. 2. — *Palemon pristis*, Risso, Crust. de Nice, p. 105. — *Pandalus narwal*, Latreille, Règne anim. t. IV, p. 97, etc. — Desmarets, Consid. sur les Crust. p. 220. — *Pontophilus pristis*, Risso, Hist. nat. de l'Europe mérid. t. 5, p. 62, Pl. 4, fig. 14.

(2) *Melicerta*, Risso, Crust. de Nice. — *Lysmata*, ejusdem, op. cit. errata. — Latreille, Desmarets, Roux, etc.

pates portent, de même que les pates-mâchoires, une petite lame cornée, fixée à leur article basilaire, et représentent le fouet, qui chez les Écrevisses est situé de la même manière, mais acquiert des dimensions très-considérables. Les pates de la première paire sont de longueur médiocre, assez robustes, et se terminent par une petite main didactyle; celles de la seconde paire sont également didactyles; mais elles sont filiformes et très-longues. Leur main est rudimentaire; et leur carpe, extrêmement long, est divisé en une multitude de petits articles. Les pates des trois paires suivantes sont monodactyles, et conformées de la manière ordinaire, si ce n'est qu'on trouve à leur base un vestige de fouet. La disposition de l'*abdomen* est la même que chez les Palémons. Enfin les *branchies* sont au nombre de sept de chaque côté; les cinq dernières sont assez grandes, et sont fixées au thorax, au-dessus des cinq pates thoraciques; mais les deux antérieures sont placées, l'une sur l'autre, au-dessus de la pate-mâchoire externe, et sont réduites à un état rudimentaire. Un tubercule, situé à la base des pates-mâchoires de la deuxième et de la troisième paire, pourrait bien être aussi un vestige de branchie.

On ne sait rien de particulier sur les mœurs de ces Salicoques, dont on ne connaît qu'une seule espèce.

Lysmate queue soyeuse. — *L. seticaudata* (1).
(Pl. 25, fig. 10.)

Rostre naissant vers le milieu de la carapace, un peu infléchi vers le bout, n'atteignant pas l'extrémité du pédoncule des antennes internes, et armé de six dents en dessus et de deux en dessous. Deux des filamens des antennes supérieures aussi longs que

---

(1) *Melicerta seticaudata* et *Lysmata seticaudata*, Risso, Crust. de Nice, p. 110, Pl. 2, fig. 1. — Desmarest, Consid. sur les Crustacés, p. 239. — Latr. Règne anim. t. IV, p. 98. — Roux, Crust. de la Méditer. Pl. 37; et Mém. sur les Salicoques, p. 17.

le corps. Pates-mâchoires externes dépassant l'appendice lamelleux des antennes externes, et à peu près de la longueur des pates antérieures, dont la main est petite. Pates de la seconde paire à peu près deux fois aussi longues que les précédentes, et habituellement reployées en deux ; leur carpe extrêmement long. Longueur, environ 2 pouces ; couleur, rouge-brun, rayé longitudinalement de blanc.

Habite la Méditerranée. (C. M.)

Genre PALEMON. — *Palemon* (1).

Le genre Palémon a été établi par Fabricius pour recevoir un assez grand nombre de Décapodes Macroures, remarquables en général par la grandeur de leur rostre, et caractérisés par la conformation de leurs antennes et de leurs pates.

Le *corps* de ces Crustacés est peu comprimé, et en général arrondi en dessus. La carapace est de grandeur médiocre, et présente, vers son tiers antérieur, une crête médiane, qui est l'origine du *rostre* ; celui-ci s'avance au-dessus de la base des yeux et des antennes, et présente presque toujours une longueur très-considérable ; il est très-courbé en haut vers le bout, et fortement dentelé sur ses bords supérieur et inférieur. Les *yeux* sont gros et saillans. Les *antennes* internes s'insèrent au-dessus des externes ; le premier article de leur pédoncule est très-grand, déprimé, excavé à sa face supérieure pour loger les yeux, et armé en dehors d'une forte épine qui en occupe l'angle antérieur. Les deux articles pédonculaires suivans sont gros et cylindriques ; enfin les filets multi-articulés, qui terminent ces or-

(1) *Squilla*, Baster. — *Astacus*, Pennant, Sloane, etc. — *Palemon*, Fabricius, Suppl. Ent. Syst. — Bosc, Hist. des Crust. — Olivier, Encycl. méth. t. VIII. — Latreille, Hist. des Crust. et des Ins. t. VI ; Nouv. Dict. d'hist. nat. ; Règne anim. etc. — Lamarck, Hist. des anim. sans vert. — Leach, Mal. etc. — Desmarest, Consid. — Risso. — Roux, etc.

ganes, sont au nombre de trois, dont deux en général extrêmement longs, et un fort court et accolé par sa base à l'un des précédens. Les *antennes externes* s'insèrent au-dessous et un peu en dehors des antennes internes; le palpe lamelleux qui en recouvre la base est très-grand, ovalaire, arrondi et cilié au bout, et armé d'une épine vers l'extrémité de son bord externe. Les *mandibules* portent un petit appendice palpiforme cylindrique, et les *pates-mâchoires* externes sont de longueur médiocre, grêles, et tantôt onguiculées au bout, tantôt terminées par un petit appendice multi-articulé. Les *pates de la première paire* sont grêles, terminées par une petite main didactyle, et présentant près de leur base, du côté interne, une petite dilatation qui recouvre la bouche et agit à la manière des pates-mâchoires. Les *pates de la seconde paire* sont beaucoup plus longues et plus fortes; elles se terminent également par une main didactyle bien formée, et ont le carpe entier et conformé de la manière ordinaire. Les *pates* des trois paires suivantes sont grêles et monodactyles; leur longueur diminue progressivement, et on ne trouve à leur base aucun vestige de fouet ni de palpe. L'*abdomen* est très-grand, et se rétrécit graduellement vers le bout; sa face supérieure est régulièrement arquée, et il peut se redresser et s'étendre presque complétement sans devenir bossu, comme chez les Hippolytes. Le septième segment, qui forme la pièce médiane de la nageoire caudale, est triangulaire et moins long que les lames latérales; en général, il est armé de quelques épines à son extrémité, et on remarque sur sa face supérieure cinq petites épines, dont l'antérieure est située sur la ligne médiane, et les autres latéralement. Les lames latérales de la nageoire caudale sont très-grandes, ovalaires, et à peu près d'égale grandeur. Les fausses pates abdominales sont très-grandes; celles de la première paire portent une grande lame ciliée, et une seconde beaucoup pus petite; les autres sont pourvues de deux lames ciliées, à peu près de même grandeur, dont l'intérieure porte vers la base un petit appendice cylindrique.

Le système nerveux des Palémons présente une concentration plus grande que celui des Écrevisses, car tous les ganglions thoraciques en sont rapprochés au point de se toucher presque (1). Enfin les branchies sont au nombre de huit de chaque côté du corps.

Les Palémons sont fort recherchés à cause de la délicatesse de leur chair ; la plupart habitent les fonds sablonneux, voisins des côtes ; mais d'autres remontent l'embouchure des rivières. On en a trouvé sur nos côtes plusieurs espèces, qui sont toutes comestibles, et qui sont connues sous les noms vulgaires de *Crevettes*, *Salicoques*, *Bouquet*, etc. ; par la cuisson elles deviennent rouges.

Le nombre des espèces est très-considérable, et plusieurs de celles propres aux pays chauds atteignent une taille assez grande.

§ 1. *Espèces ayant le bord antérieur de la carapace armé de chaque côté de deux épines situées l'une au-dessus, l'autre au-dessous de l'insertion des antennes externes.*

1. PALÉMON SCIE. — *P. serratus* (2).

Rostre dépassant de beaucoup l'appendice lamelleux des antennes externes ; très-relevé vers le bout, et bifide à son extrémité ; son bord supérieur lisse dans près de sa moitié antérieure, et armé, dans le reste de son étendue, de sept à huit dents ; la crête, qui en occupe le bord inférieur, très-large à son extrémité postérieure, et armé de cinq à six dents. Le petit filet

(1) Voyez t. I, p. 140.

(2) *Astacus serratus*, Pennant, Brit. zool. t. IV, Pl. 16, fig. 28.— *Cancer squilla*, Herbst, t. II, p. 55, Pl. 27, fig. 1.— *Palemon serratus*, Fabricius, Suppl. Entom. syst. p. 604. — Bosc. Hist. nat. des Crust. t. II, p. 105. — Latreille, Hist. des Crust. et des Ins. t. VI, p. 256 ; Encycl. Pl. 294, fig. 3 (d'après Herbst). ; Règne anim. de Cuvier, t. IV, pl. 98, etc.—Leach, Malacostr. Pod. Brit. Pl. 43, fig. 1-10.—Desmarest, Consid. sur les Crust. p. 234, Pl. 40, fig. 1.

terminal des antennes supérieures très-court, n'atteignant pas l'extrémité du rostre quand il est dirigé en avant, ni le bord antérieur de la carapace lorsqu'il est dirigé en arrière. Pates-mâchoires externes ne dépassant que de peu le pédoncule des antennes externes ; leur palpe très-court. Pates antérieures n'atteignant pas le bout de l'appendice lamelleux des antennes externes; celles de la seconde paire ne dépassant que de peu cette lame, et celles des trois dernières paires, lorsqu'elles sont reployées en avant, ne la dépassant pas. Mains des deuxièmes pates à peine renflées ; leurs pinces à peu près de la longueur du carpe. Longueur, 3 ou 4 pouces. Couleur grisâtre ; avec des rangées de petits points rouges et bruns.

Habite nos côtes. (C. M.)

2. Palémon squille. — *P. squilla* (1).

Espèce très-voisine de la précédente, mais ayant le rostre beaucoup moins long, ne dépassant pas l'appendice lamelleux des antennes externes, presque droit et denté jusqu'au haut ; sept à huit dents en dessus et trois ou quatre en dessous ; antennes supérieures comme dans le P. squille. Pates de la seconde paire un peu plus longues, et terminées par des pinces beaucoup plus courtes que la portion palmaire de la main ; les pates suivantes comme chez le P. scie. Longueur, environ 20 lignes.

Habite nos côtes. (C. M.)

(1) *Crevette?* Belon, de la nat. des poissons, p. 364. —*Caramot* ou *Squilla gibba*? Rondelet, t. II, p. 395. — *Squilla fusca*? Baster, Opus. subs. Pl. 3, fig. 5. —Klein, Obs. sur les Crust. p. 86, fig. A. — *Cancer squilla*, Lin. Syst. nat. — *C. squilla*? Othon Fabricius, Fauna groëlandica, p. 237. — *Astacus squilla*, Fabricius, Entom. syst. t. II, p. 485. — *Palemon squilla*, ejusdem, Supplém. Entom. syst. p. 403. — Bosc. t. II, p. 105. — Latreille, Hist. des Crust. et des Ins. t VI, p. 257. — Règne anim. de Cuvier, t. IV, p. 98, etc. —Olivier, Encycl. méth. t. VIII, p. 662. — Lamarck, Hist. des anim. sans vert. t. V, p. 207.—Leach, Malacostr. pod. Britan. Pl. 43, fig. 11-13. — Desmarest, Consid. sur les Crust. p. 235. — Roux, Salicoques, p. 15. — Guérin, Iconogr. du règ. anim. (Crust.) Pl. 22.

Le petit Palémon, figuré par M. Savigny dans l'ouvrage sur l'Égypte (1), et rapporté par M. Audouin à l'espèce précédente, y ressemble en effet extrêmement; mais nous sommes porté à croire qu'il n'y appartient pas, car la disposition du palpe des pates-mâchoires, et quelques autres particularités de forme, nous paraissent l'en distinguer.

Il existe aussi, dans les mers voisines de la Nouvelle-Zélande, un petit Palémon qui ressemble extrêmement au P. squille, dont il ne paraît différer que par ses pates de la seconde paire, beaucoup plus courtes. Dans la collection du Muséum, je l'ai désigné sous le nom de *Palemon affinis;* mais il n'est pas assez bien conservé pour que je puisse en donner une description complète.

3. Palémon variable. — *P. varians* (2).

Suivant M. Leach, cette espèce se distingue de la précédente par son rostre très-court, et armé de quatre à six dents en dessus, et seulement deux ou trois en dessous, et par sa taille, de moitié plus petite.

Habite les côtes de l'Angleterre et de la France.

4. Palémon antennaire. — *P. antennarius.*

Espèce très-voisine du P. squille, mais dont le petit filament des antennes supérieures est uni à l'un des longs filamens dans presque toute son étendue. Rostre droit, point bifide au bout, de la longueur de l'écaille des antennes externes, et armé de quatre à cinq dents en dessus et de trois en dessous. Longueur, environ 1 pouce.

Habite la mer Adriatique. (C. M.)

---

(1) Crustacés de l'Égypte, Pl. 10, fig. 2.

(2) Leach, Malacost, Pl. 43, fig. 14-16. — Desmarest, Consid. p. 135.

5. Palémon long-nez. — *P. longirostris*.

Cette espèce ressemble extrêmement au P. squille, mais s'en distingue facilement par ses pates beaucoup plus grêles et plus longues; celles de la dernière paire, lorsqu'elles sont reployées en avant, dépassent de beaucoup l'extrémité de l'appendice lamelleux des antennes externes. La forme de la main est également différente. Longueur, environ 2 pouces.

Trouvé à l'embouchure de la Garonne, près de Bordeaux. (C. M.)

Le Palémon sauterelle, dont Latreille (1) parle comme se pêchant dans la Garonne, nous paraît devoir se rapporter à l'espèce précédente ; mais nous hésitons à le considérer comme identique avec l'espèce désignée sous le même nom par Fabricius ; car ce dernier auteur dit expressément que le rostre est dentelé en dessus et lisse en dessous, tandis que dans notre Palémon long-nez il existe des dentelures au bord inférieur du rostre, aussi bien qu'à son bord supérieur.

6. Palémon de Latreille. — *P. Treillianus* (3).

Cette espèce est extrêmement voisine du P. scie, dont elle me paraît cependant devoir être distinguée. Le corps est plus grêle ; la crête tranchante, qui occupe le bord inférieur du rostre, descend bien moins bas entre la base des antennes internes, et le petit filament terminal de ces derniers organes est beaucoup plus long que leur portion pédonculaire. Les pates ont à peu près les

---

(1) *Palemon locusta*, Latreille, Hist. des Crust. et des Ins. t. VI, p. 256.

(2) *Astacus locusta*, Fabricius, Ent. syst. t. II, p. 486. — *Cancer locusta*, Lin. Syst. not.—*C. Pennaceus*? ejusd. musc. ad, tred. p. 85. —*Palemon locusta*, Fabricius, Suppl. p. 404. — Bosc, t. II, p. 105. — Olivier, Encycl. t. VIII, p. 665.

(3) *Melicerta Treilliana*, Risso, Crust. de Nice, p. 111, Pl. 3, fig. 6. —*Palemon Treillianus*, Desmarest, Consid. sur les Crust. p. 235.— Risso, Hist. nat. de l'Eur. mérid. t. VIII, p. 61. — Roux, Crust. de la Méditer. Pl. 39.

mêmes proportions que chez le P. scie. Longueur, environ 2 pouces.

Habite la Méditerranée. (C. M.)

Je ne vois aucune raison suffisante pour séparer de l'espèce précédente le Palémon décrit par MM. Risso et Roux, sous le nom de *P. xiphias* (1); les différences qui l'en distinguent ne paraissent consister que dans des variations de couleur.

Il paraît que le *Palemon crenulatus* de M. Risso (2) ne diffère pas de son *P. xiphias* (3).

7. PALÉMON DE QUOY. — *P. Quoianus.*

Espèce très-voisine du P. squille. *Rostre droit, robuste*, de la longueur de l'écaille des antennes externes, armé de six dents en dessus et de trois en dessous, et *point bifide à l'extrémité*, mais terminé par une seule pointe, à la base de laquelle sont placées, immédiatement au-dessus l'une de l'autre de la première dent de la rangée supérieure et celle de la rangée inférieure ; deux épines de chaque côté sur le bord antérieur de la carapace. Pates de la seconde paire courtes, cylindriques, grêles, et dépassant à peine l'appendice lamelleux des antennes; mains de la longueur du carpe, à peine renflées; pinces très-courtes. Longueur, 1 pouce.

Trouvé, sur les côtes de la Nouvelle-Zélande, par MM. Quoy et Gaimard. (C. M.)

8. PALÉMON NAGEUR. — *P. natator.*

Rostre de la longueur de l'appendice lamelleux des antennes externes, étroit vers sa base, mais très-large vers le haut, ayant à peu près la forme d'un fer de lance, et garni de onze à douze dents en dessus et à peine denté en dessous; deux épines de cha-

---

(1) *Palemon xiphias*, Risso, Crust. de Nice, p. 102, et Hist. nat. de l'Eur. mérid. t. V, p. 60. — Roux, Crust. de la Méditer. Pl. 38.

(2) Risso, Hist. nat. de l'Eur. mérid. t. V, p. 60.

(3) *Voyez* Roux, Crust. de la Méditerr. Texte de la Pl. 38.

que côté de la carapace. Pates de la seconde paire de longueur médiocre, très-grêles vers la base, mais se rétrécissant vers le bout; mains ovoïdes; pinces grêles et droites jusque vers le bout. Dernier segment de l'abdomen terminé par trois épines et deux gros poils assez longs.

Trouvé dans l'océan Indien, sur du *fucus natans*. (C. M.)

Le *Palemon fucorum* de Fabricius (1), qui se trouve aussi sur le *fucus natans*, paraît être très-voisin de l'espèce précédente; mais s'en distingue par le nombre des dents du rostre, dont le sommet, dit Fabricius, est armé de cinq dents.

9. PALÉMON LONGIROSTRE. — *P. longirostris* (2).

Rostre extrêmement long, dépassant l'appendice lamelleux des antennes externes d'environ la moitié de sa longueur styliforme, relevé, surmonté à sa base d'une crête sexdentée, mais à peine dentelée dans le reste de son bord supérieur; enfin armé en dessous de neuf ou dix dents. Pates de la deuxième paire longues et filiformes, si ce n'est vers le bout; mains renflées et ovoïdes; pinces grêles, longues et droites jusque vers le bout, qui est crochu; dernier segment de l'abdomen pointu. Longueur, environ 3 pouces.

Habite l'embouchure du Gange. (C. M.)

Le *Palemon vulgaris* (3) des côtes de l'Amérique septentrionale, appartient aussi à cette division, et paraît avoir la plus grande analogie avec le P. squille de nos mers; la plupart des caractères que M. Say lui assigne sont également applicables à ce dernier. Mais quoique la description que cet auteur en donne soit très-longue, on n'y trouve pas de renseignemens sur la forme du rostre et la longueur des pates, qui auraient été nécessaires pour se

(1) Fabricius, Suppl. Entom. syst. p. 404. — Bosc, t. II, p. 105. — Latreille, Hist. des Crust. t. VI, p. 257. — Olivier, Encycl. méth. t. VIII, p. 666.

(2) Say, Crustacea of the United-States. Journ. of Sc. of the Acad. of Philadelphia, vol. V, p. 248.

(3) Say, op. cit. p. 249.

former une idée exacte de cette Salicoque. Le rostre est aigu, de la longueur de la lame des antennes externes, cilié et armé de huit ou neuf dents en dessus, et de trois ou quatre en dessous ; la main des pates antérieures est ovalaire, alongée et environ moitié aussi longue que le carpe, qui est un peu plus long que l'article précédent, et est armé d'une épine à son angle interne. Sa longueur est d'environ 15 lignes.

Le *Palémon tenuirostre*, du même auteur, présente également deux épines de chaque côté, sur le bord antérieur de la carapace, et ressemble beaucoup à l'espèce précédente ; mais il a le rostre armé de onze ou douze dents en dessus, et de six ou sept en dessous. Le carpe des pates antérieures sans épine, et à peine plus long que la main et les antennes très-grêles.

Il se trouve sur les bords de Terre-Neuve.

§ 2. *Espèces ayant le bord antérieur de la carapace armé de chaque côté d'une seule épine.*

A. *Une seconde épine située en arrière de la précédente, à peu près sur la même ligne horizontale.*

A**. *Bords préhensiles des pinces à peu près droits, et se touchant dans toute leur longueur.*

10. PALÉMON CARCIN. — *Palemon carcinus* (1).

Rostre très-long, dépassant de beaucoup les appendices lamelleux des antennes externes, fortement recourbé vers le haut dans sa moitié antérieure, et armé de douze ou quatorze dents sur son bord supérieur, et de onze ou douze sur son bord inférieur. Une dent très-forte au bord antérieur de la carapace, près de l'insertion des antennes externes, suivie d'une seconde dent moins grosse,

(1) *Palemon carcinus*, Fabricius. — *Astacus carcinus*, Herbst, t. p. Pl. 28, fig. 1. — *Palemon carcinus*, Olivier, Encyclop. t. VIII, p. 659. — Bosc. Hist. nat. des Crust. t. II, p. 104. — Latreille, Hist. des Crust. et t. VI, p. 260. — Lamarck, Hist. des anim. sans vert. t. V, p. 207. — Desmarest, Consid. p. 237.

située un peu au-dessous de sa base. Pates-mâchoires externes très-courtes, dépassant à peine la portion pédonculaire des antennes externes. Pates de la première paire atteignant l'extrémité du rostre ; celles de la seconde paire, cylindriques, couvertes, chez le mâle, de petites épines courtes ; chez le mâle adulte, elles sont plus longues que le corps, et leur troisième article dépasse l'appendice lamelleux des antennes externes ; carpe à peu près de la longueur de la portion palmaire de la main. *Pinces cylindriques* un peu crochues au bout ; le doigt immobile garni d'une petite crête cornée qui est reçue dans un sillon du *doigt mobile, lequel est plus gros que le premier, et couvert d'un duvet brunâtre très-serré*. Pates des trois paires suivantes un peu rugueuses en dessus ; leur tarse court et presque triangulaire. Dernier segment de l'abdomen terminé par une pointe aiguë, à la base de laquelle se trouve de chaque côté une épine rudimentaire. Taille quelquefois près d'un pied de long.

Se trouve dans la mer des Indes et dans le Gange. (C. M.)

11. Palémon orné. — *Palemon ornatus* (1).

Rostre presque droit, n'atteignant pas, ou du moins ne dépassant pas le bout de l'appendice lamelleux des antennes externes, et armé de huit à dix petites dents sur son bord supérieur, et de deux ou trois sur son bord inférieur. Pates de la seconde paire très-longues, grêles, et comme chagrinées ; carpe à peu près de la longueur de la portion palmaire de la main ; *pinces cylindriques, et un peu crochues au bout, et armées d'une dent sur le doigt mobile, et de deux près de la base du doigt immobile.* Dans les jeunes individus, ces dents sont peu visibles ; mais, par les progrès de

(1) Olivier, Encyclop. t. VIII, p. 660. — Latreille, atlas de l'Encyclop. Pl. 318, fig. 1. Je ne vois aucune raison pour distinguer cette espèce du *Palemon longimanus* (Suppl. p. 402. — Oliv. Op. cit. p. 661, etc.) ; mais n'ayant pas vu l'individu ainsi nommé par Fabricius, et ayant au contraire sous les yeux ceux qui ont servi à Olivier pour la description de son *P. ornatus*, j'ai préféré ce dernier nom, dans la crainte d'embrouiller la synonymie.

l'âge, elles deviennent très-fortes. Pates suivantes presque lisses, et ayant le tarse extrêmement court. Dernier segment de l'abdomen obtus au bout, terminé par un bord semi-circulaire, armé de chaque côté d'une épine. Du reste, très-semblable à l'espèce précédente. Taille, à peu près 6 pouces.

Se trouve à Amboine, à Waigou, et dans diverses autres parties de l'océan Indien.

Le Palémon Lar, de Fabricius (1), ne me paraît être qu'une variété de l'espèce précédente; il n'en diffère que par la brièveté de son rostre, dont l'extrémité n'atteint pas le bout des appendices lamelleux des antennes externes.

12. Palémon forceps. — *Palemon forceps.*

Corps trapu; *rostre droit, de la grandeur de l'appendice lamellaire des antennes externes, et armé de huit à dix dents en dessus, et de cinq ou six en dessous;* épines latérales de la carapace comme dans l'espèce précédente. Pates de la seconde paire assez longues, grêles, cylindriques, et armées de plusieurs rangées longitudinales de petites pointes; carpe à peu près de la longueur de la portion palmaire de la main; *pinces grosses, cylindriques, de la longueur de la portion palmaire de la main, et entourées d'un duvet serré.* Pates suivantes courtes et presque entièrement lisses. Dernier segment de l'abdomen terminé par trois épines, dont la médiane assez forte. Longueur, environ 5 pouces.

Habite Rio-Janeiro. (C. M.)

13. Palémon de Lamarre. — *P. Lamarrei.*

Rostre grand, dépassant de beaucoup l'appendice lamelleux des antennes externes; relevé, armé en dessus de six ou sept dents qui en occupent les deux tiers postérieurs; et en dessous de six ou sept petites dents. *Pates de la deuxième paire filiformes dans toute*

(1) Supplém. Ent. Syst. p. — Olivier, Encyclop. t. 8, p. 659. — Bosc. op. cit. t. II, p. 104.

leur longueur; main très-courte et à peine renflée; carpe environ deux fois aussi long que la main. Dernier anneau de l'abdomen grêle, et terminé par trois épines. Longueur, environ 2 pouces.

Trouvé sur les côtes du Bengale, par M. Lamarre-Picot. (C. M.)

Le *Palemon tranquebaricus* de Fabricius (1) pourrait bien ne pas différer de l'espèce précédente ; mais n'a pas été décrit avec assez de détails pour que nous puissions l'assurer.

Le Palémon, figuré par M. Savigny (Crust. de l'Égyp., Pl. 10, fig. 3), et désigné par M. Audouin sous le nom de *Palemon Petitthouarsii*, me paraît appartenir à cette division ; mais se distingue des espèces précédentes par la forme des secondes pates, et surtout la brièveté de leur carpe.

Le *Palemon Beaupresii*, Audouin, également figuré par M. Savigny (op. cit. Crust., Pl. 10, fig. 4), a beaucoup d'analogie avec l'espèce précédente; mais s'en distingue par la forme des pinces, qui sont fortement dentelées, et par quelques autres caractères.

14. Palémon de la Jamaïque. — *P. Jamaicensis* (2).

Corps trapu. Rostre court, ne dépassant pas le pédoncule des antennes internes, un peu aigu, et armé de dix à douze dents

(1) Suppl. Ent. Syst. p. 260. — Bosc, t. II, p. 105. — Latreille, Hist. des Crust. et des Ins. t. V, p. 260. — Olivier, Encycl. t. VIII, p. 662.

(2) Seba Thes. t. III, Pl. 21, fig. 4. — *Astacus fluviatilis.* Sloan, Jamaica, 12, tab. 245, fig. 2. — *Camaron de agua dulce*, Parra, Descripcion de differentes pieceas de l'Hist. natural, Pl. 55, fig. 2. — *C. astacus Jamaicensis*, Herbst, t. II, Pl. 27, fi. 2. — *P. carcinus*, Latreille, atlas de l'Encyclop. Pl. 292, fig. 2. — *Palemon Jamaicensis*, Olivier, Encyclop, t. VIII, p. — Lamarck, Hist. des anim. sans vertèbres, t. V, p. 207. — Leach, Zool-Ménel, vol. 2, tab. 92. — Desmarest, Consid. p. 237. — Fabricius, confond cette espèce avec le P. Carcinus.

serrées en dessus, et de trois à quatre en dessous. *Pates-mâchoires externes très-longues*, dépassant de beaucoup la portion pédonculaire des antennes externes, et atteignant presque au haut de l'écaille de ces organes, qui est plus courte que chez la plupart des Palémons. Pates de la deuxième paire assez longues, fortes, presque cylindriques, et finement granulées; mains un peu renflées; pinces presque cylindriques, se joignant dans toute leur longueur, un peu infléchies, et armées d'un bord corné, tranchant, disposé en ciseaux comme chez le P. carcin, etc.; chez les très-gros individus les pates deviennent épineuses, et il se développe deux à trois grosses dents sur le bord préhensile des doigts. Les pates suivantes courtes et assez grosses. Dernier segment de l'abdomen assez large au bout, terminé par un bord semi-circulaire garni de poils, et de deux épines latérales. Longueur, 10 à 12 pouces.

Habite les Antilles. (C. M.)

A **. *Bords préhensiles des pinces concaves de façon à laisser entre elles un espace vide.*

15. Palémon spinimane. — *P. spinimanus.*

Rostre presque droit, moins long que le pédoncule des antennes internes, et armé de treize ou quatorze petites dents en dessus et de trois ou quatre en dessous. Pates de la seconde paire grosses, inégales et très-épineuses; une rangée de grandes épines courbes et très-rapprochées sur le bord supérieur de la main, et un grand nombre de longs poils flexibles sur sa face interne; pinces courtes, grosses et arquées, de manière à laisser entre elles un grand espace vide garni de poils. Longueur, environ 4 pouces.

Habite les Antilles et les côtes du Brésil. (C. M.)

16. Palémon hirtimane. — *P. hirtimanus* (1).

Rostre très-court et très-grêle, presque droit, n'atteignant pas à beaucoup près l'extrémité du pédoncule des antennes internes, et armé de neuf ou dix dents en dessus, et de deux ou trois en dessous. Pates de la seconde paire grandes, renflées, très-inégales, et hérissées d'une multitude d'épines assez grosses; mains renflées, sans bord supérieur distinct et sans poil à leur surface interne; pinces grêles, dentées à leur base, et très-courbes, de manière à laisser entre elles un grand espace vide, qui dans la petite pate est rempli de longs poils. Longueur, environ 4 pouces.

Habite les côtes de l'Ile-de-France, et peut-être l'Océan indien (C. M.)

AA. *Point de seconde épine située à la base ou en arrière de celle dont le bord antérieur de la carapace est armé de chaque côté.*

17. Palémon de Gaudichaud. — *P. Gaudichaudii.*

Corps gros et trapu. *Rostre extrêmement court, ne dépassant pas le premier article basilaire des antennes internes,* incurvé et armé de sept à huit dents fort petites en dessus, et de deux ou trois en dessous, tout près de son extrémité. Une seule dent de chaque côté de la carapace. Appendice lamelleux des antennes externes très-court. Pates de la seconde paire renflées, très-inégales, et hérissées de pointes courtes chez les petits individus, mais devenant après longues par les progrès de l'âge; pinces grosses et aussi longues que la portion palmaire de la main. Pates suivantes très-courtes. Dernier segment de l'abdomen très-court, arrondi au bout, et sans épines notables. Longueur, 4 à 5 pouces.

Trouvé au Chili, par M. Gaudichaud. (C. M.)

---

(1) Olivier, Encyclop. t. VIII, p. 633. — Latreille, atlas de l'Encyclop. Pl. 318, fig. 2 (la grosse main est représentée à gauche, tandis que dans tous les individus du Muséum elle est à droite). — Lamarck, Hist. du anim. sans vertèb. t. V, p. 207.

Fabricius mentionne deux Palémons de l'Inde qui me paraissent être distincts des espèces précédentes, mais qui ne sont que très-imparfaitement connus, ce sont :

Le PALÉMON BRÉVIMANE (1), qui est de taille médiocre et qui a le rostre recourbé en haut, comprimé, dentelé sur les deux bords, et plus long que l'écaille des antennes ; les pates filiformes, lisses, et un peu plus longues que les pates suivantes ; les pinces plus courtes que la main, et la carapace lisse et bidentelée de chaque côté antérieurement.

Le PALÉMON DE COROMANDEL (2), qui a le rostre et les pinces plus courts que chez le précédent, dont il n'est peut-être, dit Fabricius, qu'une simple variété.

Le *Cancer armiger* de Herbst (3) ressemble beaucoup aux Palémons, mais est représenté avec les pates-mâchoires externes, grêles, pédiformes, de la longueur des pates antérieures.

Enfin le *Palemon parvus* d'Olivier (4), le *Palemon microramphos* et le *Palemon trisetaceus* de M. Risso (5), sont de très-petites Salicoques, dont les caractères n'ont pas été indiqués avec assez de détail pour que nous puissions décider si elles appartiennent à ce genre ou à quelqu'autre division.

Le PALÉMON JAUNATRE d'Olivier (6), qui se voit dans la collection du Muséum, n'appartient certainement pas à ce genre ; mais il est

(1) *Palemon brevimanus*, Fabricius, Suppl. p. 403. — Bosc, t. II, p. 104.—Latreille, Hist. des Crust. t. VI, p. 259.—Olivier, Encycl. méth. p. 661.

(2) *Palemon Coromandalinus*, Fabricius, Suppl. p. 403. — Bosc, t. II, p. 104. — Latreille, Hist. des Crust. t. VI, p. 259. —Olivier, loc. cit.

(3) Krabben, etc. t. II, p. 109, Pl. 34, fig. 4.—*Palemon armiger*, Olivier, Encycl. t. VI, p. 663.

(4) Encycl. t. VI, p. 666. — Olivier rapporte à cette espèce le *Squilla parva* de Rondelet, Pois. t. II, chap. IX, p. 396.

(5) Hist. nat. de l'Europe mér. t. V, p. 59 et 60.

(6) *Palemon flavescens*, Olivier, Encyclop. méth. t. VIII, p. 667.

si mal conservé, qu'il me paraît impossible de déterminer avec quelque certitude la place qu'il doit occuper.

Le Palémon pélagique (1) de Bosc est aussi un Macroure, qui ne peut être conservé dans ce genre, et qui me paraît avoir été mal observé; Bosc dit que toutes ses pates sont garnies de petites pinces.

Il a été trouvé dans la haute mer sur les fucus nageans.

Le Crustacé fossile, désigné par M. Desmarest sous le nom de Palémon spinipède (2), nous paraît devoir constituer le type d'un genre particulier, intermédiaire entre les Palé mons, les Pandales et les Sergestes; le corps de cette Salico que est comprimé latéralement, et l'abdomen paraît être un peu caréné comme chez les Penées; la carapace se termine en avant par un grand rostre droit, comprimé et cultriforme. Les antennes supérieures sont pourvues de trois longs filets multi-articulés comme chez les Palémons. Les pates des deux ou trois dernières paires sont grêles, monodactyles, tandis que celles des deux premières paires sont plus grosses et paraissent didactyles. Enfin les membres qui nous paraissent être les pates-mâchoires externes, présentent des dimensions très-considérables, et sont convertis en organes de la locomotion comme chez les Sergestes; de même que les quatre pates antérieures, ils sont garnis sur le bord inférieur de longs poils spiniformes, et ils se terminent par un article aplati. Ce fossile curieux se trouve assez fréquemment

(1) *Palemon pelasgicus*, Bosc. Hist. des Crust. t. II, p. 105, Pl. 14, fig. 2.

(2) *Locusta brachiis contractis*, Walch et Knorr, Monum. du Déluge, t. I, Pl. 13, fig. 1; Pl. 13 *bis*, fig. 1; Pl. 16, fig. 1 et 2. — Baier, Oryctographia norica, Pl. 8, fig. 9. — *Palemon spinipes*, Desmarest, Crust. fos. p. 134, Pl. 11, fig. 4.

dans le calcaire lithographique de Solenhofen et de Pappenheim.

Les *Macrourites tipularius* de Schlotheim (1) est une Salicoque, voisine de l'espèce précédente ; mais qui en est bien distincte. Elle nous paraît devoir être rangée dans le même genre et présente, à un degré encore plus marqué, le caractère déjà si remarquable dans le fossile précédent, et qui consiste dans l'existence d'une paire de membres ambulatoires, très-grands et monodactyles au devant des pates didactyles ; ces derniers sont de longueur médiocre, et au nombre de deux paires. Dans la figure donnée par Schlotheim, elles ne paraissent être suivies que de deux paires de pates monodactyles ; mais, dans un échantillon appartenant au Muséum, on voit qu'il y en a trois paires ; ces six pates postérieures sont très-grêles et très-longues. La forme générale du corps est à peu près la même que dans l'espèce précédente ; mais le rostre est beaucoup plus court, et on distingue fort bien un appendice lamelleux situé au-dessus de la base des antennes externes ; les antennes internes ne paraissent être terminées que par deux filets. Enfin les membres antérieurs, que nous considérons comme les analogues des pates-mâchoires externes des Sergestes, sont si grands que leur antépénultième article dépasse de beaucoup l'extrémité du rostre, ainsi que le pédoncule des antennes.

TRIBU DES PENÉENS.

Nous réunissons dans cette tribu les Salicoques, dont l'abdomen est en général extrêmement alongé, et dont les pates portent souvent à leur base un appendice palpiforme plus ou moins développé. Le

(1) Knorr, op. cit. t. I, Pl. 13 C, fig. 2. — Schlotheim, Nachträge zur Petrefactenkunde, Pl. 2, fig. 1.

rostre est-court ou presque nul, et les antennes inférieures, sinon celles des deux paires, presque toujours très-longues. La conformation des pates varie beaucoup, mais en général ces organes deviennent, pour la plupart, si grêles et si longues, qu'elles ne peuvent servir qu'à la nage, et quelquefois celles des dernières paires deviennent rudimentaires ou disparaissent.

						Genres.
PENÉENS ayant les	pates thoraciques de la cinquième paire de longueur ordinaire	Les pates des 3 premières paires didactyles.	Les palpes des pates thoraciques nuls ou rudimentaires.	Le carpe des pates de la quatrième et cinquième paire multi-articulé.		STENOPE.
				Le carpe des pates de la quatrième et de la cinquième paire point annelé. Les fausses pates abdominales terminées par	deux lames ciliées.	PENÉE.
					une seule lame ciliée.	SICYONIE.
			Les palpes des pates thoraciques longs et lamelleux.			EUPHÈME.
		Les pates des deux premières paires didactyles.	Corps arrondi en dessus; rostre très-long et styliforme; abdomen médiocre.			OPLOPHORE.
			Corps très-comprimé; abdomen très-alongé.	Rostre long, lamelleux et denté sur ses deux bords		EPHYRE.
				Rostre très-court et simple. . .		PASIPHÉE.
	pates thoraciques de la cinquième paire rudimentaires					SERGESTE.
	pates thoraciques de la cinquième paire nulles.					ACÈTE.

Genre STÉNOPE. — *Stenopus* (1).

Les Sténopes ressemblent aux Penées par l'existence de pinces didactyles aux pates des trois premières paires, mais en diffèrent par la forme générale de leur corps, et par le grand développement des pates de la troisieme paire. Leur corps (Pl. 25, *fig.* 13) n'est pas comprimé latéralement, et leurs tégumens offrent peu de dureté. La *carapace* se termine antérieurement par un petit rostre, et les *yeux* sont courts et disposés de la manière ordinaire. Le pédoncule des *antennes* supérieures est grêle, et ne porte pas d'appendice lamelleux, comme chez les Penées; les filets terminaux de ces organes sont longs et cylindriques, et au nombre de deux. Les antennes inférieures ne présentent rien de remarquable. Les *mandibules* sont fortes, et garnies d'un palpe peu élargi, et semblable à celui des Palémons plutôt qu'à celui des Penées. Les *pates-mâchoires* externes sont grêles, alongées, et pourvues d'un palpe presque rudimentaire. Les pates des trois premières paires sont didactyles, et augmentent progressivement de longueur; celles de la troisième paire sont beaucoup plus grosses que les autres, et très-épineuses. Les pates des deux dernières paires sont également très-longues, mais elles sont filiformes, et leurs deux derniers articles sont divisés en une multitude de petits anneaux, disposition qui ne se voit ni chez les Penées ni chez les Sicyonies, et qui rappelle ce qu'on remarque aux pates de la deuxième paire chez les Hippolytes, etc. Il est aussi à noter que les pates ne portent pas d'appendice lamelleux, comme chez les Penées. L'*abdomen* est de grandeur médiocre, et ne présente rien de remarquable.

(1) *Cancer*, Herbst. — *Palemon*, Olivier, Encycl. — *Stenopus*, Latreille, Règne anim. etc. — Desmarest. — Roux, etc.

Sténope hispide. — *S. hispidus* (1).
(Planche 25, fig. 1.)

Carapace et abdomen couverts de petits piquans et de quelques poils; rostre pointu, grêle, relevé, et ne dépassant pas l'article basilaire des antennes supérieures. Filets des antennes très-longs. Pates de la première paire moins longues que celles de la seconde paire, mais dépassant de beaucoup l'appendice lamelleux des antennes inférieures; lisses comme les secondes. Pates de la troisième paire plus longues que le corps entier, garnies de plusieurs rangées longitudinales de dents pointues. Tarse des pates des deux dernières paires bifide. Lame médiane de la nageoire caudale sillonnée au milieu, et garnie en dessus de deux rangées d'épines. Longueur, environ 2 pouces et demi.

Habite l'Océan indien.

Le *Squilla groenlandica* de Seba (2), appelé *Cancer astacus longipes* (3) par Herbst, et rangé par Olivier dans ce genre Palémon, me paraît être un individu mutilé de l'espèce précédente. En effet, il ressemble exactement à un Sténope hispide, dont les deux grosses pates auraient été cassées; accident qui arrive très-facilement. Latreille a désigné, sous le nom de *Palemon? asper*, l'une des figures de la Squilla groenlandica de Seba, reproduit dans l'atlas de l'Encyclopédie méthodique (4). Enfin c'est encore la même figure qui est reproduite par Latreille dans son Histoire naturelle des Crustacés et des Insectes, sous le nom de *Crangon boréal*: dans la Pl. 53, fig, 3; et sous le nom de *Penée boréal* dans le texte (t. VI, p. 250).

---

(1) Seba, Mus. t. III, Pl. 21, fig. 6 et 7 (individu mutilé). — *Palemon hispidus*, Olivier, Encyclop. t. VIII, p. 666. — *Stenopus hispidus*, Latreille, Règne anim. de Cuvier, 2. édit. t. IV, p. 93. — Desmarest, Consid. sur les Crust. p. 227. — Roux, Salicoques, p. 23. — Edwards, Règne anim. de Cuvier, 3e. édit. Crust. Pl. 50, fig. 2.

(2) Thesaur, t. III, p. 54, Pl. 21, fig. 6 et 7.

(3) Krabben, t. II, p. 90, Pl. 31, fig. 2 (d'après Seba, fig. 7). — *Palemon longipes*, Olivier, Encycl. t. VIII, p. 666, Pl. 29, fig. 3 (d'après Seba).

(4) Pl. 293, fig. 3, explication, p. 3.

Le Sténope épineux, *Stenopus spinosus* de M. Risso (1) paraît différer de l'espèce précédente par l'absence d'une rangée médiane, d'épines sur la face externe de la main.

Il habite la Méditerranée.

Il paraît probable que c'est d'après un Crustacé voisin des Sténopes que M. Raffinesque a établi son genre Byzenus, caractérisé de la manière suivante : « Écailles de la base des antennes extérieures sans dents ; les deux paires de pates antérieures pincifères, mais très-courtes ; la troisième pincifère, chéliforme, très-grosse. » Il ajoute que son *B. scaber* est entièrement couvert de tubercules aigus, a le rostre serreté en dessus et en dessous, bidenté latéralement, et plus court que les écailles des antennes, et a les doigts tridentés intérieurement (2).

Genre SICYONIE. — *Sicyonia* (3).

Les Sicyonies sont très-voisins des Penées, auxquels ils ressemblent par la forme comprimée de leur corps, par la terminaison de leurs antennes antérieures, par la main didactyle qui termine les pates des trois premières paires, etc. ; mais elles s'en distinguent par la conformation des fausses pates natatoires, et par plusieurs autres caractères.

Leur enveloppe tégumentaire est beaucoup plus dure que chez la plupart des Salicoques ; leur *corps* est un peu comprimé, et leur *carapace* est surmontée d'une crête médiane qui est dentelée, et qui se continue en avant par un rostre assez grand. On remarque aussi de chaque côté de la carapace, vers son tiers antérieur, une épine dirigée en

(1) Risso, Hist. nat. de l'Europe mérid. t. V, p. 66, Pl. 3, fig. 8.

(2) Précis de découvertes somiologiques. — Desmarest, Consid. sur les Crust. p. 216.

(3) *Palemon*, Olivier. — *Sicyonia*, Edwards, Ann. des Sc. nat. t. XIX. — Latreille, Cours d'entomologie, p. 384. — Roux, Salicoques, p. 21.

avant. Les *yeux* sont gros, cylindriques et à découvert. Les *antennes* supérieures sont très-courtes; leur pédoncule est gros, et ne présente pas, comme chez les Penées, un appendice lamelleux recourbé au-dessus des yeux; leurs filets terminaux, au nombre de deux, sont extrêmement courts. Les antennes externes s'insèrent au-dessous des précédentes, et n'offrent rien de particulier. Les *pates-mâchoires* des deux dernières paires sont conformées à peu près de même que chez les Penées, si ce n'est qu'elles sont dépourvues de palpes. Les *pates* des trois premières paires sont terminées par une petite main didactyle, et s'alongent d'avant en arrière comme dans le genre précédent; celles des deux dernières paires sont monodactyles, et les dernières sont beaucoup plus longues que les avant-dernières. Aucun de ces organes n'est multi-articulé comme chez les Sténopes, ni pourvu d'un appendice flabelliforme ou d'un palpe, comme chez les Penées. L'*abdomen* est carené en dessus, et présente divers sillons qui le font paraître comme s'il était sculpté; il porte en dessous cinq paires de fausses pates, qui ne sont pourvues chacune que d'une seule lame natatoire; la lame médiane de la nageoire caudale est pointue et sillonnée en dessus. Enfin les *branchies* ne sont qu'au nombre de onze de chaque côté.

1. Sicyonie sculptée. — *S. sculpta* (1).

Rostre de la longueur du pédoncule des antennes supérieures; six grosses dents situées tant sur son bord supérieur, que sur la crête dorsale de la carapace; une seule dentelure en dessous, près de la pointe du rostre; filament terminal des antennes inférieures grêle et cylindrique. Pates-mâchoires externes, médiocres.

Longueur, environ 2 pouces.

Habite la Méditerranée. (C. M.)

(1) *Cancer carinatus*? Oliv. Zool. Adriat. Pl. 3, fig. 2. — *Sicyonia sculpta*, Edw. Ann. des sciences naturelles, 1re. série, t. XIX, p. 339, Pl. 9, fig. 1-8.

Le *Cancer pulchellus* de Herbst (1) ressemble beaucoup à l'espèce précédente, et pourrait bien s'y rapporter.

2. Sicyonie carénée. — *S. carinata* (2).

Rostre moins long que le premier article des antennes supérieures ; deux petites dents sur son bord supérieur, près de son extrémité ; et deux autres plus fortes sur la crête dorsale. Tige terminale des antennes externes très-grosse et aplatie. Pates-mâchoires externes très-grandes. Longueur, environ 3 pouces.

Habite Rio-Janeiro.

3. Sicyonie lancifère. — *S. lancifer* (3).

Cette espèce ne nous est connue que par la description et la figure qu'en a données Olivier, mais nous paraît différer des deux espèces précédentes par le nombre de dentelures de la carène dorsale de la carapace. On en compte cinq ou six en arrière du niveau de l'origine des yeux, tandis que chez les précédentes il n'en existe que deux ou trois.

Le Crustacé fossile, désigné par Schlotheim sous le nom de *Macrourites fuciformis* (4), nous paraît être intermédiaire entre les Sicyonies, les Palémons et les Hippolytes, mais devoir prendre place dans la tribu des Penéens. La carapace est très-courte, et surmontée d'une crête médiane dentelée qui en occupe toute la longueur, et qui se termine antérieurement par un petit rostre infléchi et dentelé en dessus. L'abdomen paraît être également caréné en dessus : enfin, les pates des trois premières paires sont didactyles ; mais celles de la première et de la troisième paire sont grêles,

(1) Krabben, t. II, p. 175, Pl. 43, fig. 3.

(2) *Palemon carinatus*, Olivier, Encyclop. t. VIII, p. 667. — *Sicyonia carinata*, Edwards, Annales des scien. nat. 1re. série, t. XIX, p. 344, Pl. 9, fig. 44.

(3) *Palemon lancifer*, Olivier, Encycl. t. VI, p. 664, Pl. 317, fig. 2.

(4) Petrefactenkunde, Pl. 2, fig. 2.

tandis que celles de la seconde paire sont très-grosses, quoique de longueur médiocre. Il devra probablement former le type d'un genre particulier.

Genre PENÉE. — *Penæus* (1).

Les Penées sont remarquables par la forme comprimée de leur corps (2), par la brièveté de leurs antennes internes, et par la conformation de leurs pates.

Leur *carapace* est garnie en dessus d'une crête médiane plus ou moins longue, qui se continue en avant avec un rostre à peu près droit, lamelleux et dentelé ; on y remarque de chaque côté, près de l'insertion des antennes supérieures, une grosse dent et un sillon longitudinal, courbe, qui circonscrit latéralement la région stomacale, et donne naissance, vers son milieu, à un autre sillon oblique qui descend le long de la partie antérieure de la région stomacale ; presque toujours il existe aussi une épine au point de jonction du sillon stomacal et du sillon de la région branchiale, et quelquefois on voit une petite crête entre le premier de ces sillons et la crête basilaire du rostre. Les *yeux* sont gros et arrondis Le premier article des *antennes supérieures* est très-grand et excavé en dessus, de manière à former une cavité qui loge les yeux ; son bord externe est armé d'une dent, et son bord interne porte un petit appendice lamelleux et cilié qui se recourbe en haut et en dehors (3). Les deux derniers articles du pédoncule sont cylindriques et très-courts ; enfin ces organes se terminent par des filamens dont la longueur varie. Les *antennes externes* ne présentent rien de remar-

---

(1) *Squilla*, Rondelet. — *Astacus*, Seba. — *Cancer*, Forskael, Herbst, Linné.—*Penæus*, Fabricius, Suppl. Ent. syst. — Bosc, t. II. — *Palemon*, Olivier, Encycl. méth. — *Penæus*, Latreille, Lamarck, Leach, Desmarest, Roux, etc.

(2) *Voyez* Pl. 25, fig. 1.

(3) Pl. 25, fig. 2.

quable. Les *mandibules* sont pourvues d'un palpe lamelleux très-large (1). Les *pates-mâchoires* des deux dernières paires portent un palpe foliacé très-long et multi-articulé, et sont pourvues aussi d'un appendice flabelliforme qui remonte entre les branchies (2); les pates-mâchoires externes sont longues, grêles et pédiformes. Les *pates* thoraciques des quatre premières paires sont également pourvues d'un fouet qui remonte dans la cavité branchiale comme chez les Écrevisses, et à la base de toutes les pates on trouve un petit appendice lamelleux, analogue au palpe des pates-mâchoires (3); mode de conformation qui rappelle celui propre à la plupart des Stomapodes. Les pates des trois premières paires sont terminées par une petite main didactyle, et augmentent progressivement de longueur d'avant en arrière. Les pates des deux dernières paires sont monodactyles et de longueur médiocre. L'*abdomen* est extrêmement grand et très-comprimé; sa moitié postérieure est surmontée d'une crête médiane plus ou moins marquée. Les fausses pates sont plus encaissées par les lames latérales de l'abdomen, et se terminent par deux lames ciliées d'inégale grandeur. La nageoire caudale est grande, sa lame médiane est triangulaire, et creusée en dessous d'un sillon médian. Enfin les *branchies* sont disposées en faisceaux comme chez le Homard; elles sont au nombre de dix-huit de chaque côté, et entre chaque faisceau se trouve l'appendice flabelliforme de la pate située au-dessous.

---

(1) Pl. 25, fig. 3.
(2) Pl. 25, fig. 4 et 5.
(3) Pl. 25, fig. 6.

§ 1. *Espèces ayant les antennes terminées par des filets très-courts.*

* *Un sillon médian s'étendant de la base du rostre au bord postérieur de la carapace.*

1. Penée caramote. — *P. caramote* (1).
(Planche 25, fig. 1.)

Rostre moins long que le pédoncule des antennes supérieures, un peu recourbé en haut, armé en dessus d'une douzaine de dents assez fortes, en dessous d'une seule située un peu au devant des yeux, enfin garnie de chaque côté d'une crête qui se continue en arrière jusque vers le bord postérieur de la carapace, et forme ainsi de chaque côté de la crête médiane un sillon longitudinal très-profond ; un troisième sillon moins large, mais plus élevé, sépare ces deux sillons dans la moitié postérieure de la carapace, et fait suite à la base du rostre. Une dent très-forte sur le bord antérieur de la carapace au-dessus de l'insertion des antennes, une seconde beaucoup plus petite entre celle-ci et le rostre, et une troisième en arrière du sillon latéral situé à la base de la première. Yeux très-gros et très-courts. Filets terminaux des antennes supérieures extrêmement petits, moins longs que les deux derniers articles du pédoncule. Base des pates des trois premières paires armée de fortes épines. Lame médiane de la nageoire caudale armée à son extrémité de trois épines dont la médiane est la plus forte. Longueur, environ 7 pouces.

Habite la Méditerranée. (C. M.)

Le Penée a trois sillons, *Penœus trisulcatus* de Leach (2) ne

(1) *Caramote*, Rondelet, Poissons, t. II, p. 394, Pl. 25, fig. 1. — *Cancer kerathurus*, Forskael, Descrip. anim. quæ initinere observ. p. 95. — *Palemon sulcatus*, Olivier, Encycl. t. VIII, p. 661. — *Penœus sulcatus*, Lamarck, Hist. des anim. sans vert. t. V, p. 206. — Latreille, Encycl. t. X, p. 51, et Règne anim. de Cuvier, t. IV, p. 92. — *Alpheus caramote*, Risso, Crust. de Nice, p. 90. — *Penœus caramote*, Desm. Consid. sur les Crust. p. 225. — Risso, Hist. nat. de l'Eur. t. V, p. 57. — Edwards, Règ. anim. de Cuv. atlas Crust. Pl. 50, fig. 1.

(2) Malacostr. Pod. Britan. Pl. 42. — Desmarest, Consid. sur les Crust. p. 225, Pl. 39, fig. 3.

paraît différer que fort peu de l'espèce précédente, dont il pourrait bien être une simple variété. Voici, du reste, les seuls caractères qui y sont assignés : « Carapace marquée de trois sillons en arrière, les deux qui bordent la carène du rostre, et celui qui est placé dans la bifurcation supérieure; crête supérieure du rostre multidentelée, l'inférieure bidentelée; sa pointe assez aiguë, comprimée et dirigée en bas. »

Trouvé sur les côtes d'Angleterre.

2. Penée cannelé. — *P. canaliculatus* (1).

Espèce extrêmement voisine du P. caramote, mais qui s'en distingue par son rostre, moins élevé vers la base et plus cilié sur le bord supérieur, par l'absence d'épines à la base des pates de la troisième paire, et à l'extrémité de la lame médiane de la nageoire caudale. Longueur, environ 5 pouces. Trouvée aux îles Célèbes et à l'Ile-de-France, par MM. Quoy et Gaimard. (C. M.).

Le Penée brasilien (2) de Latreille ne paraît différer que fort peu de cette espèce, mais s'en distingue par l'existence de trois dents sur le bord inférieur du rostre.

** *Point de sillon médian entre la base du rostre et le bord postérieur de la carapace.*

3. Penée sétifère. — *P. setiferus* (3).

Rostre de la longueur de la lame des antennes externes, droit, styliforme au bout, armé de deux épines en dessous et de neuf

(1) Olivier, Encyclop. méth. p. 660.

(2) *Penecus brasiliensis*, Latreille, Nouv. dict. d'hist. nat. XXV, p. 154.

(3) *Astacus fluviatilis americanus*, Seba. — Thesaur, t. III, Pl. 17, fig. 2. — *Cancer setiferus*, Linné, Syst. nat.—*Cancer gemarellus setiferus*, Herbst, t. II, p. 106, Pl. 34, fig. 3. — *Palemon setiferus*, Olivier, Encyclop. t. VIII, p. 660, Pl. 291 (d'après la figure de Seba). —*Penæus fluviatilis*, Say. — Journ. of the Acad. of Philadelphia, vol. I, p. 236

à dix dents en dessus, se continuant en arrière avec une crête mince, qui occupe la moitié postérieure de la carapace, et garni sur les côtés d'une petite crête qui ne se prolonge pas au delà de la région stomacale. Point de petite dent au-dessus de la base des yeux, qui sont très-gros, et portés sur des pédoncules assez longs. (Dépassant de toute la longueur de la cornée le bord latéral de la lame des antennes externes lorsqu'ils sont dirigés en dehors.) Filets lamelleux des antennes supérieurs ayant environ la moitié de la longueur du pédoncule qui les porte. Filet multi-articulé des antennes externes excessivement long. Point d'épines à l'extrémité de la lame médiane de la nageoire caudale. Longueur, environ 7 pouces.

Se trouve souvent en nombres très-considérables à l'embouchure des fleuves de la Floride. (C. M.)

Le *Penœus Orbignyanus* de Latreille (1) ne me paraît pas différer spécifiquement du sétifer.

4. Penée monoceros. — *P. monoceros* (2).

Rostre droit, un peu relevé, cilié en dessous, et armé en dessus de neuf à dix petites dents, dont la dernière se trouve sur le milieu de la région stomacale; crête rostrale à peine marquée; yeux courts et gros. Filets terminaux des antennes supérieures extrêmement courts (moins longs que les deux derniers articles du pédoncule). Pates courtes, point d'épines sur les bords de la lame médiane de la nageoire caudale. Longueur, environ 3 pouces.

Habite les côtes de l'Inde. (C. M.).

5. Penée indien. — *P. indicus.*

Rostre droit, dépassant le pédoncule des antennes supérieures, styliforme vers le bout, et surmonté en arrière d'une crête qui se

(1) Nouveau dict. d'histoire naturelle, t. XXV, p. 154. — Desmarest, Consid. sur les Crust. p. 225.

(2) *Penœus monoceros*, Fabricius, Suppl. Ent. sys. p. 409. — Latreille, Hist. des Crust. et des Ins. t. VI, p. 249.

continue jusque vers le tiers postérieur de la carapace ; huit ou neuf dents sur son bord supérieur et quatre ou cinq en dessous. *Filets terminaux des antennes supérieures grêles et un peu plus longs que le pédoncule de ces organes.* Mains plus grêles et pinces plus longues, mais du reste très-semblable au P. sétifère. Longueur, environ 6 pouces.

Habite les côtes de Coromandel. (C. M.).

Le *Palemon longicorne* d'Olivier (1) est un Penée appartenant à cette division, et qui paraît être très-voisin de l'espèce précédente ; mais qui ne nous est connu que par une description très-incomplète.

6. Penée monodon. — *P. monodon* (2).

Espèce extrêmement voisine de la précédente, mais dont le le rostre ne présente en dessous que trois dents, et dont les filets des antennes supérieures sont beaucoup plus courts. Suivant Fabricius elle serait de très-grande taille, mais tous les individus que j'ai vus n'avaient pas plus de 3 pouces de long.

Habite les côtes de l'Inde. (C. M.)

7. Penée voisin. — *P. affinis.*

Cette espèce ne diffère que fort peu du P. indien, dont elle se distingue cependant facilement par l'absence de dents sur le bord inférieur du rostre, la brièveté des yeux (qui reployés en dehors dépassent à peine le bord extérieur de la lame des antennes externes), et la forme du dernier article des pates postérieures, qui est extrêmement grêle, et pas sensiblement aplati. Longueur, 5 pouces.

Habite la côte de Malabar. (C. M.)

---

(1) *Palemon longicornis,* Olivier, Encycl, méth. t. X, p. 662.

(2) Fabricius, Suppl. Entom. syst. p. 408. — Latreille, Hist. des anim. et des Ins. t. VI, p. 249. — Lamarck, Hist des anim. sans vert. t. V, p. 205. — Desmarest, Consid. sur les Crust. p. 225.

8. Pénée brévicorne. — *P. brevicornis.*

Rostre très-court, ne dépassant pas les yeux, lamelleux, très-élevé près de sa base, aigu, armé en dessus de six dents, et terminé en dessous par un bord droit. Point de crête médiane sur la partie postérieure de la carapace. Sillons des régions branchiales à peine marqués. Filets terminaux des antennes supérieures grêles, et à peu près de la longueur du pédoncule. Longueur, environ 3 pouces.

Habite les côtes de l'Inde. (C. M.)

Le *Penæus planicornis* de Fabricius (1) appartient aussi à cette division, et paraît se rapprocher beaucoup du *P. affinis*, Penée voisin décrit ci-dessus; il est caractérisé par ses antennes supérieures, courtes et comprimées, par son rostre court et dentelé en dessus, et par ses pates qui sont toutes filiformes.

§ 2. *Espèces ayant les antennes supérieures terminées par des filets plus longs que la carapace.*

9. Penée membraneux. — *P. membranaceus* (1).

Carapace légèrement carenée dans toute sa longueur; rostre un peu relevé, lamelleux, très-court (ne dépassant pas les yeux), armé en dessus de cinq ou six dents assez grosses, et cilié en dessous. Yeux gros et courts. Filets terminaux des antennes supérieures beaucoup plus longs que la carapace; l'un grêle et cylindrique, l'autre gros, aplati et cilié en dedans. Antennes externes médiocres. Pates courtes; celles de la troisième paire ne dépassant qu'à peine le pédoncule des antennes supérieures. Lame

(1) Supplém. Entom. syst. p. 409.

(2) Risso, Crust. de Nice, p. 98, et Hist. nat. de l'Europe mér. t. V, p. 68.

médiane de la nageoire caudale alongée et armée d'une paire d'épines latérales près de sa pointe. Longueur, environ 3 pouces.

Habite la Méditerranée. (C. M.)

10. Penée crassicorne. — *P. crassicornis.*

Espèce très-voisine du P. membraneux, mais dont le rostre est droit et armé en dessus de dix à douze dents très-petites, dont les pates sont extrêmement longues (celles de la troisième paire dépassant le pédoncule des antennes supérieures, dans une longueur égale à celle de ce pédoncule), et dont la lame médiane de la nageoire caudale n'est pas épineuse sur les côtés. Longueur, environ 3 pouces.

Habite les côtes de l'Inde. (C. M.)

11. Penée stylifère. — *P. styliferus.*

Rostre styliforme, long, dépassant notablement le pédoncule des antennes supérieures, relevé vers le haut, et armé en dessus de six ou sept petites dents qui en occupent la moitié postérieure; ni dents ni cils sur son bord inférieur. Enfin une petite crête médiane qui s'étend de sa base vers la partie supérieure de la carapace. Yeux gros et courts; filets terminaux des antennes supérieures grêles, cylindriques, à peu près de même grosseur, et un peu plus longs que la carapace (le rostre non compris). Pates grêles et de longueur médiocre; celles de la troisième paire ne dépassant que de peu le pédoncule des antennes externes, et beaucoup moins longues que celles de la cinquième paire. Lame médiane de la nageoire caudale alongée et armée de quelques épines très-petites sur ses bords latéraux. Longueur, environ 4 pouces.

Habite les environs de Bombay. (C. M.)

Le Penée foliacé de M. Risso (1) paraît être une espèce bien distincte de toutes les précédentes, à en juger d'après la figure

(1) *Penæus foliaceus*, Hist. natur. de l'Europe mér. t. V, p. 69, Pl. 2, fig. 6.

qu'il en a donnée. Cette Salicoque aurait le rostre plus long que le thorax, multidenté en dessus et lisse en dessous ; les antennes internes terminées par un filet très-long, et un second rudimentaire ; le palpe des pates-mâchoires externes en forme de plume et excessivement long, et la lame médiane de la nageoire caudale fortement dentée dans toute la longueur de ses bords latéraux ; mais de nouvelles observations nous paraissent nécessaires pour fixer l'opinion des zoologistes relativement à cette espèce, qui, suivant M. Risso, habite les côtes de Nice.

Le Penée très-ponctué de Bosc (1) a été trop mal observé pour mériter de fixer l'attention ; c'est probablement quelque espèce de Palémon.

Le Penée mars de M. Risso (2) me paraît avoir été mal observé ; cet auteur y assigne pour caractère : un cartilage en forme de crête charnue, d'un bleu céleste fixé au sommet, d'un rostre petit et bidentelé ; disposition qui semble devoir être attribuée plutôt à quelque circonstance accidentelle qu'à la conformation normale de l'animal.

Le Penée en crête, que M. Risso (3) décrit dans son dernier ouvrage comme une espèce nouvelle, est évidemment le même animal auquel il avait donné précédemment le nom de Penée mars.

Il nous paraît difficile de se former une idée exacte du Penée aux longues antennes du même auteur (4), soit par la description qu'il en donne, soit par la figure bizarre qui s'y rapporte ; d'après celle-ci, le palpe des pates-mâchoires externes serait plus long que

---

(1) *Penæus punctatissimus*, Bosc, Hist. des Crust. t. II, p. 109, Pl. 14, fig. 3. — Latreille, Hist. nat. des Crust. et des Ins. t. VI, p. 247, Pl. 54, fig. 1 (d'après Bosc).

(2) *Penæus mars*, Risso, Crust. de Nice, p. 97, Pl. 2, fig. 5. — Desmarest, Consid. p. 229.

(3) *Penæus cristatus*, Risso, Hist. nat. de l'Europe mérid. t. V, p. 67.

(4) *Penæus antennarius*, Risso, Crust. de Nice, p. 96, Pl. 2, fig. 6, et Hist. nat. de l'Europe mérid. t. V, p. 68. — Desmarest, Consid. sur les Crust. p. 226. — Roux, Salicoques, p. 21.

le thorax, et les lames externes des appendices latéraux de la nageoire caudale seraient à peu près trois fois aussi longues que les lames internes.

Le genre Melicertus, de Raffinesque (1), paraît différer peu de celui des Penées; il y assigne les caractères suivans :

Tête rostrée; antennes intérieures très-courtes; les externes très-longues, simples, avec l'écaille de leur base lisse. Les trois premières paires de pates didactyles, l'antérieure étant la plus longue.

Le *Mélicertus tigrinus*, qu'il cite comme type de ce genre, est glabre, a le rostre court, dentelé en dessus, non dentelé en dessous, et la queue comprimée et carénée en dessus (2).

Genre EUPHÈME. — *Euphema.*

Dans ce nouveau genre les pates paraissent, comme chez les Mysis, complétement bifides par l'effet de l'alongement considérable du palpe lamelleux, dont tous ces organes sont pourvus à leur base. La forme générale du corps se rapproche beaucoup de celle des Hippolytes. La *carapace* se termine antérieurement par un rostre très-long, et l'abdomen est coudé vers le milieu; son second anneau se prolongeant postérieurement en une longue épine, qui se dirige horizontalement en arrière, comme le fait le rostre en avant. Les *yeux* sont gros et courts. La disposition des *antennes* ne présente rien de remarquable; celles de la première paire ont, comme de coutume, leur premier article excavé en

---

(1) Précis de découvertes somiologiques. — Desmarest, Consid. sur les Crustacés, p. 215.

(2) *Voyez* Desmarest, Consid. sur les Crust. p. 215.

dessus pour loger les yeux, et elles se terminent par deux filets multi-articulés. Les antennes de la seconde paire s'insèrent au-dessous des précédentes. Les *mandibules* sont courtes, grosses, peu dentelées et pourvues d'une tige palpiforme, courte, large et bi-articulée. L'appendice valvulaire des mâchoires de la seconde paire est ovalaire, et ne se prolonge que très-peu en arrière. Les pates-mâchoires des deux dernières paires sont médiocres, pédiformes, et pourvues d'un palpe lamelleux, presque aussi long que leur tige interne; elles portent aussi à leur base un appendice qui représente le fouet, mais qui est membraneux et vésiculeux, à peu près comme chez les amphipodes. Les *pates* thoraciques des trois premières paires sont terminées par une petite main imparfaitement didactyle; et celles des deux dernières paires sont monodactyles et fortement ciliées, de manière à être plutôt natatoires qu'ambulatoires; toutes portent à leur base un petit fouet très-court, aussi bien qu'un palpe lamelleux. Les appendices des cinq premiers anneaux de l'*abdomen* sont composés d'un pédoncule cylindrique et de deux articles terminaux, comme chez les Salicoques ordinaires; seulement les lames ne sont pas ciliées. La nageoire caudale ne présente rien de remarquable. Enfin les *branchies* sont lamelleuses et fixées sur plusieurs rangs de chaque côté du thorax.

Cette division générique ne comprend encore qu'une seule espèce.

EUPHÈME ARMÉ. — *E. armata.*

Rostre de la longueur de la carapace, horizontal, armé d'une dent à sa base, et légèrement denticulé le long de son bord supérieur; une petite épine de chaque côté sur le bord antérieur de la carapace. Antennes internes moins longues que le rostre. Pates de la première paire les plus courtes. Épine dorsale du second anneau abdominal longue et acérée (dépassant l'anneau suivant); une épine très-petite sur le milieu du bord postérieur de chacun des quatre segmens suivans. Lame médiane de la nageoire caudale étroite, pointue, et terminée par deux petites épines; lames latérales étroites et ciliées. Longueur, environ 8 lignes.

Trouvé en mer, dans l'océan Atlantique austral, par M. Reynaud.

Genre ÉPHYRE. — *Ephyra* (1).

La petite division générique, établie par M. Roux sous le nom d'Éphyre, n'est encore que très-imparfaitement connue, mais paraît devoir prendre place entre les Penées et les Oplophores. M. Roux nous apprend que ses Éphyres ont le corps comprimé latéralement; la carapace lisse, l'abdomen caréné et le rostre denté; les pates-mâchoires sont très-alongées et les pates thoraciques portent à leur base un appendice palpiforme; mais ne paraissent pas avoir de point comme dans le genre suivant; les pates des deux premières paires sont petites, plus courtes que les suivantes, et didactyles; enfin les carpes sont simples. M. Roux ne donne pas d'autres détails sur leur organisation, et rapporte à ce nouveau genre deux Salicoques déjà décrits par M. Risso comme étant des Pandales, savoir :

1. Éphyre pélagique. — *E. pelagica* (1).

M. Risso décrit cette espèce de la manière suivante : « Corps arqué, comprimé, d'un rouge corail vif; son corselet est alongé, orné sur les côtés d'une suture courbe, avec quatre aiguillons et un rostre cannelé, quinquedenté en dessus, bidenté et cilié en dessous. L'œil est grand, bleu noirâtre; les antennes intérieures longues, placées sur un pédicule tri-articulé, les pièces latérales striées, avec un aiguillon. Les pieds-mâchoires triangulaires; les

---

(1) Roux, Mémoire sur les Salicoques, p. 24.

(1) *Pandalus pelagicus*, Risso, Hist. nat. de l'Europe mérid. t. V, p. 79, Pl. 2, fig. 5. — *Ephyra pelagica*, Roux, Salicoques, p. 24.

deux premières paires de pates courtes, minces; les autres un peu plus larges; l'abdomen à six segmens comprimés, terminé par des écailles caudales ovales, oblongues, ciliées; la plaque du milieu courte, solide, bombée et aiguë. »

Habite les grandes profondeurs de la Méditerranée.

2. Éphyre pointillé. — *E. punctulata* (1).

Rostre armé de six dents en dessus et d'une en dessous, et traversé à sa base par un sillon profond; antennes supérieures très-courtes. Pates de la seconde paire plus courtes que celles de la première; abdomen très-long; lame médiane de la nageoire caudale munie de sept pointes à son extrémité. Longueur, environ 4 pouces; couleur, blanc livide, avec des points rouges-bruns, disposés par lignes transversales.

Habite la Méditerranée.

Genre OPLOPHORE. — *Oplophorus.*

Le Crustacé d'après lequel j'ai établi cette nouvelle division générique ressemble beaucoup aux Éphyres et aux Pasiphées par les points les plus importans de sa structure, mais a un facies tout-à-fait différent (2). Le corps n'est pas comprimé. La carapace se termine par un rostre styliforme très-long, et dentelé sur ses deux bords. Le pédoncule des *antennes supérieures* est très-court, et l'un des filets terminaux est très-gros et pyriforme à sa base, mais devient bientôt grêle et cylindrique comme l'autre. L'appendice lamelleux des *antennes externes* diffère beaucoup de celui de toutes les autres Salicoques; il est grand, se rétrécit graduellement depuis sa base, se termine par une pointe très-aiguë, et présente une série d'épines sur son bord externe. Les *pates-*

(1) *Pandalus punctulatus*, Risso, Hist. nat. de l'Europe mérid. t. V, p. 80, Pl. 2, fig. 7. — Roux, op. cit.

(2) Pl. 25 *bis*, fig. .

mâchoires externes sont courtes, et portent en dehors un palpe lamelleux extrêmement large. Les *pates* des deux premières paires sont très-courtes, terminées par une main très-petite, et pourvues à leur base d'un appendice lamelleux très-grand et cilié. Les pates des trois paires suivantes sont médiocres et monodactyles; l'appendice fixé à leur base est petit; et enfin le tarse de la troisième et de la quatrième paire est styliforme et assez grand, tandis que celui des pates postérieures est arrondi et extrêmement court. Il y a aussi à la base de chaque pate un petit appendice flabelliforme qui remonte entre les branchies, et le nombre de ces derniers organes est de neuf. Quant à l'*abdomen*, sa conformation ne présente rien de remarquable, et ne diffère que peu de celle de l'abdomen des Hippolytes.

Oplophore type. — *O. typus.*
(Planche 25, fig. 6.)

Rostre de la longueur de l'appendice lamelleux des antennes externes grêle, relevé et garni de sept ou huit petites dents sur chacun de ses bords. Une crête médiane s'étendant de la base du rostre au bord postérieur de la carapace, et deux petites crêtes latérales sur la région stomacale; enfin, deux épines de chaque côté sur le bord antérieur de la carapace, et une à son angle postérieur. Une dent acérée très-forte, et dirigée en arrière, naissant de la face supérieure des trois anneaux abdominaux qui précèdent le pénultième. Lame médiane de la nageoire caudale pointu et beaucoup plus longue que les lames latérales. Longueur, environ 20 lignes.

Trouvée à la Nouvelle-Guinée par MM. Quoy et Gaimard. (C. M.)

Genre PASIPHEE. — *Pasiphœa* (1).

Le genre Pasiphée, établi par M. Savigny, comprend des Crustacés qui établissent à plusieurs égards le passage

(1) *Alpheus*, Risso, Crust. de Nice. — *Pasiphœa*, Savigny, Mé-

entre les Penées et les Sergestes, et qui sont remarquables par l'aplatissement latéral de leur corps. Leur *rostre* est très-court ou même rudimentaire, et la *carapace* beaucoup plus étroite en avant qu'en arrière. Les *yeux* sont médiocres et dirigés en avant. Le pédoncule des *antennes* internes est grêle, et terminé par deux filets multi-articulés, dont l'un est assez long; les antennes externes sont insérées au-dessous des précédentes et n'offrent rien de remarquable. Les *mandibules* sont fortement dentées et dépourvues de tige palpiforme. Les *pates-mâchoires* externes sont très-longues, grêles et pédiformes; à leur base se trouve un palpe lamelleux et cilié, semblable à celui des Penées. Les *pates* thoraciques portent aussi suspendu au côté externe de leur article basilaire un appendice lamelleux assez long et de même forme, mais membraneux et peu ou point cilié. Les pates des deux premières paires sont assez grosses, à peu près de même longueur, armées d'épines sur leur troisième article, et terminées par une main didactyle, dont les pinces sont grêles et garnies d'une série d'épines acérées sur le bord préhensile. Les pates des trois paires suivantes sont très-grêles, monodactyles, et plus ou moins natatoires; en général, sinon toujours, celles de l'avant-dernière paire sont de beaucoup les plus courtes. L'*abdomen* est très-long et fort comprimé. Les fausses pates du premier anneau se terminent par une seule lame, mais celles des quatre paires suivantes portent chacune deux lames natatoires courtes et peu ciliées. Le sixième anneau abdominal est très-long, et le septième court et triangulaire; enfin les lames externes de la nageoire caudale sont grandes, et rétrécies vers le bout.

---

moires sur les animaux sans vertèbres, note de la page 50. —Desmarest, Consid. sur les Crust. p. 241. — Latreille, Règne anim. de Cuvier, t. IV, p. 99. — Risso, Hist. nat. de l'Europe mér. t. V. — Roux, Salicoques.

1. Pasiphée sivado. — *Pasiphæa sivado* (1).

Cette espèce se distingue des suivantes par sa nageoire caudale, dont les lames sont égales, et par la conformation du rostre, qui est aigu, légèrement courbé, et infléchi vers la pointe. Si la figure que M. Risso en a donnée est exacte, elle aurait aussi les pates des trois dernières paires d'égale longueur.

Habite les côtes de Nice.

2. Pasiphée de Savigny. — *P. Savignyi* (2).

Rostre rudimentaire, et représenté seulement par une petite épine qui ne dépasse pas le bord antérieur de la carapace; pates de la deuxième paire notablement plus longues que celles de la première, et étant armées, sur le bord inférieur, de cinq ou six épines acérées et éloignées entre elles; pates de la deuxième paire beaucoup plus courtes que celles des deux paires voisines, et ayant leur pénultième article garni sur le bord interne d'une espèce de brosse composée de poils raides et crochus; celles de la cinquième paire terminées par un article ovalaire très-court, et cilié tout autour. Lames externes de la nageoire caudale beaucoup plus longues que celles de la paire interne, qui à leur tour dépassent de beaucoup la pièce médiane.

Patrie inconnue.

3. Pasiphée brevirostre. — *P. brevirostris.*

Cette espèce ne s'éloigne que fort peu de la précédente, dont elle se distingue par une différence dans la forme du front, par ses pates de la seconde paire de la même longueur que celles de la première paire, par la brosse qui garnit le dernier article et non

---

(1) *Alpheus sivado*, Risso, Crust. de Nice, p 94, Pl. 3, fig. 4. — Desmarest, Consid. sur les Crustacés, p. 240. — Latreille, Règne anim. de Cuvier, t. IV, p. 99. — Risso, Hist. nat. de l'Europe mérid. t. V, p. 81. — Roux, Salicoques.

(2) Leach, Musée britannique de Londres.

l'avant-dernier article des pates de la quatrième paire, et par la forme du dernier article des pates posterieures, qui n'est pas cilié. Longueur, deux pouces et demi.

Patrie inconnue. (C. M.)

Le Crustacé figuré par M. Guérin, sous le nom de *Pasiphæa sivado* (1), se rapproche de la Pasiphée de Savigny beaucoup plus que de l'espèce dont il porte le nom, mais paraît s'en distinguer par la brièveté extrême des pates de la quatrième paire, par les dentelures en scie du troisième article des pates des deux premières paires, et par quelques autres particularités.

Genre SERGESTE. — *Sergestes* (2).

Les Sergestes sont remarquables par l'état presque rudimentaire de leurs pates postérieures, et le grand développement de leurs pates-mâchoires externes, qui constituent de véritables pates ambulatoires. Le *corps* de ces Crustacés est grêle et un peu aplati ; la *carapace* présente antérieurement une petite épine qui tient lieu de rostre. Les *yeux* sont fort saillans, et l'anneau ophthalmique, sur lequel leurs pédoncules s'insèrent, n'est pas complétement recouvert par la carapace. Les *antennes supérieures* sont extrêmement longues, et portent, outre le filet terminal principal, deux filamens rudimentaires. Les *antennes externes* sont insérées au-dessous des précédentes, et sont également très-longues. Les *pates-mâchoires de la seconde paire* sont presque pédiformes, et ne portent ni palpe ni appendice flabelliforme ; elles sont longues, grêles, reployées sur elles-mêmes, et appliquées sur la bouche. Les appendices qui correspondent aux *pates-mâchoires externes* n'offrent rien qui puisse les faire distinguer des pates thoraciques ordinaires ; elles sont minces, très-longues,

(1) Iconographie du règne animal, Crust. Pl. 22, fig. 3.

(2) Edwards, Ann. des sciences natur. 2e série, t. XIX, p. 346. —Latreille, Cours d'entomol. p. 384. — Roux, Salicoques, p. 35

ciliées et terminées par un article styliforme très-grêle. Les pates des quatre paires suivantes ont la même forme générale; elles sont grêles, filiformes, garnies de beaucoup de poils, et ne présentent à leur base ni appendice flabelliforme, ni vestige de palpe; celles de la seconde et de la troisième paire sont pourvues à leur extrémité d'un article rudimentaire, mais mobile, et disposé de manière à constituer une pince microscopique. Les pates de l'avant-dernière paire sont très-courtes et un peu éloignées, et celles de la dernière paire sont presque rudimentaires. L'*abdomen* ne présente rien de remarquable, si ce n'est que ses lames latérales ne descendent pas de façon à encaisser la base des fausses pates comme chez les Salicoques ordinaires. La première paire de ces fausses pates se termine par une seule lame natatoire foliacée, et présente chez le mâle un prolongement corné, d'une forme bizarre, qui est fixé au pédoncule de ces appendices, et va s'articuler sur la ligne médiane avec celui du côté opposé. Les fausses pates des quatre paires suivantes se tiennent par deux lames natatoires étroites, ciliées, d'inégale grandeur. La lame médiane de la nageoire caudale est petite et pointue, et les lames latérales sont étroites, à peu près ovalaires, et terminées en pointe. Enfin les branchies sont disposées sur une seule ligne, et au nombre de sept de chaque côté du thorax.

Nous ne connaissons encore qu'une seule espèce de ce genre trouvée en haute mer.

SERGESTE ATLANTIQUE. — *S. atlanticus* (1).

Troisième article du pédoncule des antennes supérieures au moins aussi long que le précédent. Pates antérieures beaucoup moins longues que les pates-mâchoires externes, qui sont à peu

(1) Edwards, Annales des sciences naturelles, 1re. série, t. XIX, p. Pl. 10, fig. 1-9.

près de même longueur que les pates des deuxième et troisième paires. Longueur, environ 1 pouce.

Trouvé dans l'Océan atlantique, à quelque distance des Açores. (C. M.)

Genre ACÈTE. — *Acetes* (1).

Nous avons établi ce genre d'après un Crustacé fort singulier, qui par l'ensemble de sa conformation a la plus grande analogie avec les Sergestes, mais qui s'éloigne de tous les animaux du même ordre par l'absence des deux dernières paires de pates. Les pates thoraciques ne sont, par conséquent, qu'au nombre de trois paires; mais, de même que chez les Sergestes, les pates-mâchoires externes acquièrent une longueur excessive, et remplissent les mêmes usages que les pates ordinaires. La carapace des Acètes est lisse, et présente, à son extrémité antérieure, une série longitudinale de trois petites dents; mais il n'y a point de rostre proprement dit. Les yeux sont sphériques, et portés sur des pédoncules assez longs; les antennes supérieures, placées au-dessus des externes, ont un long pédoncule; mais son dernier article est plus court que le premier, et ne porte que deux soies, dont l'une a environ deux fois la longueur du corps. Les antennes inférieures ou externes présentent un filet terminal non moins alongé, et leur base est recouverte, comme d'ordinaire, par une grande lame cornée. Les mandibules, les mâchoires proprement dites, et les deux paires de pates-mâchoires, ne diffèrent pas notablement de celles des Sergestes. Il en est de même des pates ambulatoires, qui sont filiformes, et terminées par un article très-alongé; mais, comme nous l'avons déjà dit, celles des deux paires postérieures manquent complétement. Cependant, en arrière des der-

(1) Edwards, Annales des sciences naturelles, 1re série, t. XIX, p. 350. — Latreille, Cours d'entomologie, p. 384. — Roux, Salicoques, p. 37.

nières qui existent, on distingue encore un segment thoracique portant des branchies comme les précédens, mais sans appendices locomoteurs. L'abdomen ne présente rien de remarquable ; les fausses pates natatoires se terminent toutes par deux lames étroites et pointues, qui sont d'abord à peu près de même longueur, mais dont l'interne devient plus courte sur les derniers segmens. Le pédoncule de ces appendices présente des modifications tout opposées ; car, sur les premiers anneaux de l'abdomen, il est long et étroit, tandis que sur les derniers il devient gros et court. La nageoire caudale est semblable à celle des Sergestes.

Acète indien. — *A. indicus* (1).

Corps comprimé latéralement ; crête rostrale armée de trois ou quatre dentelures. Les pates postérieures plus longues que celles des deux paires précédentes, mais un peu plus courtes que les pates-mâchoires externes. Antenne inférieure environ quatre fois aussi longue que le corps. Longueur, environ 1 pouce.

Habite l'embouchure du Gange.

Suivant M. Raffinesque, il existerait sur les côtes de la Sicile une Salicoque qui ne serait pourvue que de trois paires de pates, dont la seconde chéliforme. Il en a formé le genre Alciope (1) ; mais il ne donne pas sur la structure de ce Crustacé des détails suffisans pour inspirer grande confiance dans l'exactitude de ses observations, et, en attendant plus ample informé, on ne peut adopter ce genre singulier.

---

(1) Edwards, Ann. des sc. nat. 1re série, t. XIX, p. Pl. 11.

(1) Précis de découvertes somiologiques, etc. Palerme, 1812. — Desmarest, Consid. sur les Crust. p. 28. — Roux, Salicoques, p. 38.

Il nous paraît également difficile d'adopter dans l'état actuel de la science, le genre SYMÉTHUS du même auteur (1), caractérisé de la manière suivante par M. Roux : l'une des pates de la première paire didactyle, l'autre seulement pinciforme ; les quatre autres paires simples. Écailles des antennes extérieures alongées. Pieds-mâchoires extérieurs chéliformes (?) alongés. Rostre comprimé, de moyenne longueur. Abdomen arrondi (2). L'espèce qui a servi de type à ce genre se trouve dans les eaux douces de la Sicile, et a été nommée *Symethus fluviatilis*, Raff.

APPENDICE.

DÉCAPODES DOUTEUX.

La plupart des zoologistes rangent dans l'ordre des Décapodes quelques Crustacés, qui, dans l'état actuel de la science, ne sont pas encore assez bien connus pour pouvoir prendre place dans aucune des divisions naturelles dont ce groupe se compose, et sur les affinités desquels il nous paraîtrait prématuré de nous prononcer. Nous avons donc pensé qu'il serait préférable de les reléguer, jusqu'à plus ample informé, dans une division des *Incertæ sedis*. Parmi ces Crustacés douteux ou mal connus, les plus remarquables sont les Zoés et les Cératespes.

GENRE ZOÉ. — *Zoea*.

Il n'est peut-être aucun Crustacé sur lequel les zoologistes aient émis des opinions aussi divergentes que sur le petit animal à forme bizarre, découvert par Bosc en haute

(1) Raffinesque, op. cit. — Desmarest, op. cit. p. 216. — Roux, Salicoque, p. 35.

mer, entre l'Europe et l'Amérique, et nommé par cet auteur Zoé (1). Bosc le rangea dans la division des Sessiliocles de Lamarck, entre les Branchiopodes et les Crevettes; Latreille, dans la première édition du Règne animal de Cuvier, le relègue à la fin de son ordre des Branchiopodes, entre les Polyphèmes et les Cyclops, tout en émettant l'opinion qu'il pourrait bien appartenir à la tribu des Décapodes schizopodes. Cette dernière opinion est aussi celle du docteur Leach, qui a eu l'occasion d'étudier des Zoés recueillies par M. Crank pendant le voyage du capitaine Tuckey au Zaïre; il les place à la fin de la légion des Podophthalmes, à côté des Nébalies; mais il ne fait pas connaître les raisons qui l'y ont déterminé; aussi son exemple n'a pas entraîné les zoologistes, et M. Desmarest a continué à ranger les Zoés dans l'ordre des Branchiopodes à côté des Branchippes, et Latreille, dans la seconde édition du Règne animal, les place dans la division des Monocles. Enfin, à cette incertitude sur la place que les Zoés doivent occuper dans la série naturelle des Crustacés, sont venues s'ajouter de nouvelles difficultés, car un naturaliste anglais, M. Thompson, a annoncé, il y a quelques années, que ces singuliers animaux ne sont autre chose que des espèces de larves du Crabe commun de nos côtes, dont les jeunes éprouveraient de véritables métamorphoses avant que de parvenir à l'état parfait (2), opinion qui a été repoussée par la plupart des zoologistes, et fortement combattue par M. Westwood (3).

Ces petits Crustacés ont le corps presque transparent et divisé en deux portions distinctes; l'une, céphalothoraciques, est recouverte comme chez les Décapodes, certains Stomapodes, les Apus, les Nébalies, etc., d'une grande

(1) Hist. nat. des Crust. t. II, p. 135.

(2) Zoological researches, vol. I, Corck, 1830.

(3) *Voyez* notre article Zoé du Dictionnaire classique d'histoire naturelle, t. XVI, p. 719 (1830); Latreille, Cours d'entomologie, p. 385; et Westwood, Transactions of the Phil. society, 1835.

carapace, et a une forme presque globuleuse ; la seconde, étroite et alongée, représente l'abdomen, et se compose d'une série de sept segmens articulés bout à bout. La forme de la carapace et des autres parties varie un peu suivant les individus ; dans ceux que nous sommes portés à regarder comme les plus jeunes, il existe sur la ligne médiane deux prolongemens spiniformes d'une longueur démesurée, terminés chacun par un petit renflement. L'un de ces prolongemens se dirige en avant et occupe la place du rostre, l'autre est tourné en arrière, et se porte au-dessus de l'abdomen. Enfin de chaque côté de la carapace, vers la partie postérieure, on voit aussi une épine latérale plus ou moins longue. Sur les côtés de la base du rostre se trouvent les yeux, qui sont très-gros, et portés sur des pédoncules mobiles ; enfin, au-dessous de la carapace, on distingue la série des membres qui constituent les antennes, les organes masticateurs et les pates. Les antennes, au nombre de quatre, sont placées au-dessous des yeux et à peu près sur la même ligne. Celles de la première paire sont courtes, assez grosses, et conformées à peu près comme chez les Mégalopes. Les antennes externes sont petites, grêles et styliformes ; tantôt elles sont simples, tantôt elles portent près de leur base un appendice lamelleux. Immédiatement en arrière de la base des antennes internes, on aperçoit l'ouverture buccale dont le bord antérieur est occupé par un labre ovalaire, de chaque côté duquel se trouvent les mandibules. Ces derniers organes sont très-développés ; on y distingue des dentelures, un gros tubercule molaire et une petite tige palpiforme très-courte ; la languette est lamelleuse et bilobée. Les deux paires d'appendices qui y font suite, et qui correspondent évidemment aux deux paires de mâchoires proprement dites des autres Crustacés, sont peu développés ; les mâchoires antérieures présentent une portion basilaire dont le bord interne est bilobé et garni de poils, et une petite tige terminale ; celles de la seconde paire portent en dehors une grande lame ovalaire en forme de valvule, et ressemblent beaucoup aux mâchoires extérieures des Brachyures. Les membres des deux paires suivantes qui correspondent aux pates-mâchoires antérieures et moyennes, sont au contraire très-développés et s'étendent sur les côtés du corps en forme de rame ; chacun d'eux présente un article basilaire à peu près cylindrique, portant à son extrémité deux tiges qui se dirigent en dehors; aux pates-mâchoires antérieures, ces branches ont à peu près la même longueur; l'interne se compose de cinq petits articles, et l'externe d'un ou de deux articles, dont le dernier est garni de poils. La branche externe des pates-mâchoires de la seconde paire présente la même disposition, mais la branche interne est beaucoup plus courte. Dans les individus que j'ai eu l'occasion d'examiner, et dont j'ai publié une description détaillée il y a quelques années (1), on voyait en arrière de ces appendices, de chaque côté du sternum, un tubercule pilifère formé de deux articles, et assez semblable à l'espèce de bourgeon qu'on voit apparaître sur le moignon de la pate d'un Crabe, lorsque ce membre a été cassé et se reproduit; cette paire d'appendices m'a paru représenter les pates-mâchoires externes, et dans les Zoés, dont M. Westwood a donné récemment une description, on voit à la même place une paire d'appendices grêles et très-petits, composés chacun de deux branches. Enfin, à la suite des divers organes dont nous venons de parler, et toujours à la face inférieure du thorax, se trouve une série de cinq paires de membres qui sont très-faibles, très-peu développés, et habituellement cachés sous la carapace; la première présente à son extrémité une petite pince didactyle; les autres se terminent par un petit article conique. L'abdomen présente aussi en dessous une double série de membres composés chacun d'une lame ovalaire portée sur un petit pédoncule; le premier anneau de l'abdomen n'en offre pas; enfin le corps se termine par

(1) Dictionnaire classique d'histoire naturelle, t. XVI, p. 720 (1830).

une grande nageoire caudale formée par le septième segment abdominal, qui est bifurqué postérieurement, et qui recouvre les fausses pates de l'anneau précédent. Nous avons constaté aussi qu'il existe de chaque côté du thorax une cavité particulière renfermant des branchies comme chez les autres Décapodes.

D'après ces détails, on voit que c'est évidemment à la classe des Crustacés Décapodes que les Zoés doivent être rapportées ; mais faut-il les considérer comme des animaux parfaits et en former un genre particulier, ou les regarder comme de jeunes animaux dont les formes ne sont pas stables ; et, dans ce cas, peut-on admettre avec M. Thompson que ce sont les jeunes du Tourteau de nos côtes ?

Pour éclairer ce point intéressant, nous avons comparé entre eux un assez grand nombre de ces petits animaux, et nous nous sommes assurés qu'ils présentent des différences assez considérables. Chez un certain nombre de Zoés, pris avec celles dont nous venons de donner la description, es épines latérales de la carapace avaient disparu ; le rostre était devenu très-court, et la grande pointe qui se prolongeait au-dessus de l'abdomen avait perdu les trois quarts de sa longueur ; les pates-mâchoires des deux premières paires étaient proportionnellement plus petites, et les vestiges de celles de la troisième paire plus développés ; les pates thoraciques dépassaient de beaucoup la carapace ; enfin la lame terminale de l'abdomen était bien moins alongée. En un mot, ils ressemblaient bien plus à certains Crustacés de la section des Décapodes Anomoures, et surtout aux Mégalopes. La consistance de l'enveloppe tégumentaire des Zoés, l'aspect de leurs membres, l'absence d'articulations bien nettes aux antennes, et plusieurs autres caractères, semblaient être aussi des motifs pour penser que ces petits animaux sont de jeunes Crustacés dont le développement n'est pas encore terminé, et c'est en effet l'opinion à laquelle nous nous sommes arrêtés (1). Les observations que nous avons faites plus récemment sur les jeunes Dromies, fournissent de nouveaux argumens en faveur de cette manière de voir, et à cet égard nous nous rangeons tout à-fait de l'avis de M. Thompson; mais nous avons bien de la peine à croire que ces petits êtres puissent devenir des Tourteaux. Il est vrai que M. Thompson dit avoir vu naître des Zoés des œufs de ce Cancérien; mais cette observation n'est pas relatée avec assez de détails pour que l'on y puisse ajouter une grande confiance sur les résultats que ce naturaliste déduit de ce qu'il a vu. Nous avons eu l'occasion d'examiner un assez grand nombre de jeunes Crustacés Brachyures, dont la taille était moindre que celle des Zoés, et nous leur avons toujours trouvé à peu près les mêmes formes que chez les animaux adultes. M. Westwood a observé aussi des faits analogues (2). La position des branchies, qui manquent sur les deux derniers anneaux du thorax, comme cela a lieu chez les Brachyures et chez plusieurs Anomoures, nous porte à croire que ce n'est pas à quelque Décapode Macroure que ces êtres singuliers doivent être rapportés; mais tous les caractères que nous avons énumérés ci-dessus nous semblent in-

(1) *Voyez* l'article Zoé du Dictionnaire classique d'histoire naturelle, publié en 1830. Par une erreur singulière, M. Thompson, dans son dernier mémoire inséré dans les Transactions philosophiques (1835), me prête des opinions que je n'ai jamais professées; il dit que, chargé par l'académie des sciences d'examiner la question du développement des Crustacés, j'ai passé un été à l'île de Ré, et que le résultat de mes observations a été que les Crustaces naissent avec les formes qu'ils doivent toujours conserver. M. Thompson critique nécessairement cette conclusion; mais il aurait pu s'en épargner la peine, car il n'y a pas un mot de vrai dans tout ce qu'il dit à ce sujet. Je n'ai jamais été à l'île de Ré, et tout ce que j'ai écrit à ce sujet tend à établir que certains Crustacés subissent après la naissance des changemens considérables, bien que tous ne soient pas dans ce cas. J'espère que M. Thompson ne porte pas dans ses observations autant de légèreté que dans ses citations.

(2) *Voyez* ses observations sur les petits d'une espèce de Gecarcinien; Philosophical transactions, 1835, Pl. 4, B.

diquer que c'est à la section des Anomoures qu'ils appartiennent, et, si l'on fait abstraction des épines monstrueuses de la carapace, parties sans aucune importance anatomique, on verra en effet que les Zoés ne diffèrent que fort peu des jeunes Dromies, et que, pour devenir des animaux semblables à ceux-ci, ils n'ont en aucune façon à subir de véritables métamorphoses : il suffira que la partie céphalothoracique de leur corps croisse plus rapidement que l'abdomen, et que les appendices du pénultième anneau abdominal se réduisent à un état rudimentaire.

Ainsi, il nous paraît bien probable que les Zoés, de même que les Mégalopes et les Monolepis, ne sont pas des animaux parfaits, mais le jeune âge de quelque Décapode Anomoure.

Nous sommes portés à croire aussi que tous les Crustacés décrits sous ce nom n'appartiennent pas à la même espèce, ni peut-être au même genre.

Le premier qui ait fixé l'attention des zoologistes est le Zoé pélagique de Bosc (1), dont les prolongemens spiniformes de la carapace sont médiocres et pointus.

Le docteur Leach a donné le nom de Zoé a masse (2) à un autre Crustacé peu différent du précédent, mais dont les prolongemens spiniformes de la carapace se terminent par un bouton arrondi.

M. Thompson en a décrit et figuré avec soin plusieurs individus dans son intéressant mémoire sur les métamorphoses des

---

(1) *Zoea pelasgica*, Bosc, Hist. nat. des Crust. t. II, p. 135, Pl. 15, fig. 3 et 4.—Latr. Hist. des Crust. et des Ins. t. IV, p. 289, Pl. 35, fig. 1 (d'après Bosc), et Règne anim. de Cuvier, t. IV, p. 152. — Lamarck, Hist. des anim. sans vert. t. V, p. 132. — Desmarest, Consid. sur les Crust. p. 395.—Thompson, Zoological researches, Pl. 1, fig. 3 (d'après Bosc).

(2) *Zoea clavata*, Leach, appendice au Voyage du capitaine Tuckey, Pl. 18, fig. 5; et Journal de physique, 1818, p. 304, fig. 4.—Latreille, Encyclop. Pl. 354, fig. 5 (d'après Leach). — Desmarest, Consid. sur les Crust. p. 395. — Thompson, op. cit. Pl. 1, fig. 5.

Crustacés (1), et dans un travail plus récent, dans lequel il assure que les jeunes du Carcin mœnade passent par la forme des Zoés et des Mégalops avant que d'arriver à l'état parfait (2).

M. Westwood a donné le nom de *Zoea gigas* (3) à un autre animal très-voisin des précédens.

Enfin, c'est avec raison que Latreille rapproche de ces Crustacés la *Puce aquatique* ou *Taureau*, figuré depuis long-temps par Slabber (4), et il est à noter que ce dernier naturaliste avait déjà en 1778 signalé la disparition des cornes de la carapace par les progrès de l'âge et l'existence de changemens considérables chez l'animal soumis à ses observations.

Le *Cancer germanus* de Fabricius (5) paraît être aussi un Zoé.

Genre CÉRATASPE. — *Cerataspis.*

Le genre Cérataspe de M. Gray, qui ne diffère pas du genre Cryptope de Latreille, a été rangé par ce dernier naturaliste dans une division particulière de la section des Macroures, mais pourrait bien appartenir à l'ordre des Stomapodes plutôt qu'à celui des Décapodes; car, par la forme générale de leur corps, les petits Crustacés dont il est ici question ressemblent un peu aux Ericthes, et on ne sait pas s'ils sont pourvus ou non de branchies thoraciques. Leur carapace est grande, subovoïde, renflée sur les côtés, et prolongée inférieurement, de façon à pouvoir cacher tout

---

(1) Zoological researches, 1 vol (in-8o. Corck, 1830), Pl. 1 et 2.

(2) On the double Metamorphosis in the Decapodous Crustacea, Transs. of the phil. soc. 1835, 2e. partie, p. 359, Pl. 5, fig. 1, 2.

(3) On the supposed existence of metamorphosis in Crustacea. Trans. of the Philos. soc. 1835, part. 2, p. 312, Pl. 4, A.

(4) *Monoculus taurus*, Slabber. Amus. naturels et observ. micros (en hollandais, Harlem, 1778), Pl. 5, figures reproduites par Latreille dans son Hist. nat. des Crust. t. IV, Pl. 35, fig. 2, 34, et de l'Encyclop. méthod. Pl. 333, fig. 1-4, sous le nom *Zoé Slabberi*; et par Thompson (op. cit. Pl. 1, fig. 1).

(5) Mantissa Insect. t. I, p. 326. — Linn. com. (Syst. nat. t. II, p. 2981). — Latreille, Règne anim. de Cuvier, t. IV, p. 152.

le corps de l'animal, ainsi que ses pates et ses antennes, et à ne laisser au-dessous qu'une fente longitudinale; ce bouclier est armé de cinq cornes, dont une s'avance entre les yeux et constitue un rostre, deux occupent les angles latéraux du front, et les deux autres sont situées au dehors de ces dernières et dirigées en bas; sur le milieu, il est garni d'une série longitudinale de tubercules, et de chaque côté présente six ou sept côtes verticales tuberculeuses. L'abdomen se compose de sept segmens, et se termine par une nageoire caudale. Les yeux sont pédonculés; les antennes sont longues et sétacées, et celles de la deuxième paire portent à leur base un appendice lamelleux comme les Salicoques; enfin les pieds, au nombre de six ou sept paires, sont longs, grêles et pourvus d'un appendice latéral.

On ne connaît qu'une seule espèce de ce genre, savoir : le *Cerataspis monstruosus* de M. Gray (1), qui ne paraît pas différer du *Cryptopus Defrancii* de Latreille (2).

Genre MULCION. — *Mulcion.*

Latreille range à côté du genre précédent, à la fin de l'ordre des Décapodes, une autre division générique, qui est également trop imparfaitement connue pour que l'on puisse en déterminer les affinités naturelles. Voici les caractères que ce célèbre entomologiste y assigne :

Corps mou et thorax ovoïde; yeux cachés; antennes internes coniques, inarticulées et fort courtes; les latérales composées d'un pédoncule et d'un filet sans articulations distinctes, et sans écaille saillante à leur base. Pieds en forme de lanières, et pour la plupart, au moins, pourvus d'un appendice à leur base; ceux de la quatrième paire les plus larges.

---

(1) Spicilegia zoologica, p. 8, Pl. 6, fig. 5.
(2) Règne anim. de Cuvier, t. IV, p. 100.

« Je n'en connais qu'une espèce, le *Mulsion de Lesueur*, dit » Latreille (1), elle a été recueillie par ce zélé naturaliste dans les » mers de l'Amérique septentrionale. Feu Olivier avait trouvé » dans la pinne marine un Crustacé très-analogue au premier » coup d'œil, mais dont les individus étaient tellement défor- » més, qu'il ne m'a pas été possible d'en étudier les caractères. »

Genre POSYDON. — *Posydon* (2).

Fabricius a établi, sous ce nom, un genre qui paraît avoir de l'analogie avec les Macroures, mais qui est caractérisé d'une manière tout-à-fait insuffisante pour pouvoir prendre place dans une classification naturelle. Voici tout ce que cet auteur en dit :

« Palpes extérieurs foliacés et onguiculés à leur sommet; quatre antennes sétacées à pédoncule simple; les inférieures courtes et bifides. »

Il y range deux espèces: le Posydon déprimé (3), dont la queue a sept lames avec celle du milieu transversale et tronquée; et le Posydon cylindrique (4), dont la queue a cinq lames avec celle du milieu triangulaire. Les deux proviennent de l'Océan indien.

---

(1) Règne anim. de Cuvier. t. IV, p. 100.

(2) Fabricius, Suppl. Ent. syst. p. 417.

(3) *Posydon depressus*, Fabricius, Suppl. p. 417. — Latreille, Hist. des Crust. t. VI, p. 269.

(4) *Astacus cylindricus*, Fabricius, Entom. syst. t. II, p. 483.— *Polydon cylindricus*, ejusd. Suppl. p. 418. — Latreille, Hist. des Crust t. VI, p. 271.

ORDRE DES STOMAPODES.

Nous comprenons dans l'ordre des Stomapodes tous les *Crustacés Podophthalmes dépourvus de branchies thoraciques logées dans des cavités intérieures*.

Cette division se compose entièrement de Crustacés nageurs, dont le corps est alongé, et dont la forme générale se rapproche souvent beaucoup de celle des Décapodes Macroures; mais, chez ces animaux, la concentration des anneaux de la tête et du thorax est portée moins loin. Chez la plupart des Stomapodes, les anneaux ophthalmiques et antennulaires ne se confondent pas avec le reste de la tête, et ils acquièrent même quelquefois un développement remarquable (1). De même que chez les autres Podophthalmes, il existe toujours une *carapace* (2) qui est formée par l'élargissement de l'arceau dorsal des anneaux antennaire ou mandibulaire; mais les dimensions de ce bouclier varient beaucoup. Quelquefois il recouvre la presque totalité du thorax, et ne laisse à découvert qu'une portion du dernier anneau de cette partie du

(1) Pl. 1. fig. 1, *a*, *b*, et Pl. 2, fig. 1 et 2.
(2) Pl. 1, fig. 1, *c*; Pl. 2, fig. 3.

corps (1). D'autres fois, tout en se prolongeant au-dessus de la plupart des anneaux thoraciques, il n'adhère qu'à ceux qui sont voisins de la bouche, et laisse les autres libres et complets sous sa face inférieure (2). Enfin, d'autres fois encore, il n'atteint pas les quatre ou cinq derniers anneaux du thorax, qui ressemblent alors à ceux de l'abdomen (3). Quant à sa forme, elle varie trop pour que nous puissions en rien dire de général. Le *thorax* est en général alongé, et composé en entier de segmens mobiles les uns sur les autres (3). Quelquefois cependant tous les anneaux de cette partie du corps sont réunis en une seule pièce (4). La conformation de l'*abdomen* varie encore davantage ; en général cette portion du corps présente à peu près la même disposition que chez les Décapodes Macroures, et se termine par une grande nageoire caudale, composée des appendices du sixième anneau et du segment suivant lui-même (5); mais chez quelques Stomapodes l'abdomen est rudimentaire (6).

La disposition des membres varie également dans cet ordre.

Les *yeux* sont toujours portés sur une première paire d'appendices mobiles, dont la longueur est

(1) Pl. 26, fig. 1, 7, 10.
(2) Pl. 28, fig.
(3) Pl. 1, fig. 1 : Pl. 26, fig. 11 ; Pl. 27, fig. 1, etc.
(4) Pl. 28, fig. 1.
(5) Pl. 26, fig. 1, 9, etc. ; Pl. 27, fig. ; Pl. 28. fig. 8.
(6) Pl. 28, fig. 1.

souvent très-considérable, et dont la disposition est essentiellement la même que chez les Décapodes Macroures (1).

Les *antennes* de la première paire sont assez longues, et se terminent par deux ou trois filets multi-articulés; leur pédoncule est toujours cylindrique, et ils ne peuvent jamais se reployer sous le front comme chez les Décapodes Brachyures. Enfin elles s'insèrent au-dessous des yeux, près de la ligne médiane, ou en dehors de la base du pédoncule de ces organes (2).

Les antennes de la seconde paire varient davantage; en général, cependant, leur conformation se rapproche beaucoup de ce que nous avons déjà vu chez les Salicoques; presque toujours l'article basilaire de leur pédoncule porte en dessus une grande lame ciliée, et elles se terminent par un long filament multi-articulé. Chez la plupart des Stomapodes, elles s'insèrent en dehors de celles de la première paire, à peu près sur la même ligne transversale.

La distance qui sépare la bouche des trois paires d'appendices dont nous venons de parler, est en général très-considérable; et la carapace ne se recourbe jamais en dessous, de manière à former autour de cette ouverture un cadre bien déterminé servant à loger les pates-mâchoires, comme cela a lieu chez la plupart des Décapodes. Chez la plu-

(1) Pl. 26, Pl. 27 et Pl. 28, fig. 2.
(2) Pl. 27, fig. 2, etc.

part des Stomapodes, l'appareil buccal est aussi beaucoup plus simple que dans l'ordre précédent, et ne se compose que d'une lèvre supérieure, d'une paire de mandibules, d'une lèvre inférieure, de deux paires de mâchoires, d'une seule paire de pates-mâchoires; souvent ces derniers organes manquent ou sont transformés en pates natatoires, et presque toujours les membres des sept paires suivantes sont tous conformés de manière à constituer des pates natatoires ou préhensiles. Il est aussi à noter que, chez les Stomapodes, les mâchoires de la seconde paire ne portent jamais à leur base un appendice lamelleux analogue à la valvule, qui chez les Décapodes remplit des fonctions si importantes dans le mécanisme de la respiration, et cette modification de structure est une conséquence naturelle de l'absence d'une cavité respiratoire renfermant des branchies thoraciques, comme il en existe dans l'ordre précédent.

Les pates sont en général au nombre de sept ou même de huit paires, et présentent souvent toutes le même mode de conformation. Presque toujours elles sont pourvues d'un appendice qui peut être considéré comme l'analogue d'un palpe (1). Souvent on trouve aussi, à la base de plusieurs des pates antérieures, un autre appendice mou et vésiculaire, qui a quelquefois la forme d'une galette, et qui représente le fouet (2); organe qui, chez la plupart

(1) Pl. 26, fig. 8, H; Pl. 27 et 28.
(2) Pl. 27, fig. 13 et 14 *b*.

des Décapodes, est lamelleux et d'une consistance cornée; mais qui, chez certaines Salicoques, présente une structure semblable à ce que nous voyons ici. Trois, ou un plus grand nombre des dernières paires de pates sont toujours natatoires; celles de la première paire, ou même des quatre premières paires, sont souvent préhensiles, mais elles ne se terminent jamais par une pince didactyle comme chez les Décapodes; elles sont subchéliformes, c'est-à-dire seulement d'une griffe mobile qui se rabat sur l'article précédent. Souvent la plupart de ces organes sont rapprochés de la bouche, ou même appliqués contre elle (1); disposition qui a valu à toute la division le nom de *Stomapodes*. Quant aux membres abdominaux, ils ne présentent rien de particulier; leur nombre est presque toujours de six paires.

Les *branchies* des Stomapodes sont toujours extérieures, et présentent en général une structure plus compliquée que celles des Décapodes; au lieu d'être composées de lamelles ou de filamens simples, elles sont formées de cylindres rangés parallèlement, donnant naissance à d'autres cylindres plus petits, lesquels à leur tour sont également frangés (2). Quelquefois ces branchies rameuses sont fixées à la base des pates thoraciques, et suspendues sous le thorax; mais en général elles naissent de l'article basilaire des fausses pates de

(1) Pl. 27, fig. 2.
(2) Pl. 10, fig. 3 et 4.

l'abdomen (1); chez certains Stomapodes elles sont réduites à un état rudimentaire, et chez d'autres on ne voit rien qui puisse être considéré comme un organe spécial de respiration, et il y a tout lieu de croire qu'alors c'est par la surface générale des tégumens que cette fonction s'exerce.

L'appareil de la *circulation* diffère beaucoup de ce que nous avons vu chez les Décapodes. Chez les Squilles, qui sont les seuls Stomapodes où on l'ait examiné anatomiquement, le cœur, au lieu d'être à peu près quadrilatère, et d'être situé vers le milieu du thorax, a la forme d'un long vaisseau cylindrique qui s'étend dans toute la longueur de l'abdomen (2); les artères qui naissent de ce cœur tubulaire se distribuent aussi d'une manière particulière, ainsi que nous l'avons déjà exposé ailleurs; et les principaux sinus veineux, au lieu d'être situés dans le thorax, occupent l'abdomen.

L'estomac de quelques Stomapodes présente encore des vestiges de la charpente solide, qui, chez les Décapodes, est armée de dents servant à broyer les alimens dans l'intérieur de la cavité digestive; mais, en général, on ne voit rien de semblable. La structure du foie varie aussi; et, dans les espèces chez lesquelles on a examiné les organes de la génération, on y a vu dans leur disposition des particularités assez remarquables. Le système nerveux

(1) Pl. 26, fig. 11.
(2) Pl. 9, fig. 2.

présente aussi dans cet ordre des modifications que nous n'avons pas rencontrées chez les Décapodes ; mais sa disposition varie trop pour que nous puissions en rien dire de général.

Cet ordre est beaucoup moins nombreux que celui des Décapodes, mais renferme des Crustacés, qui diffèrent beaucoup entre eux, soit par la forme générale de leur corps, soit par la structure particulière de leurs principaux organes. A l'exemple de Latreille, nous le diviserons en trois familles caractérisées de la manière suivante :

Division de l'Ordre des STOMAPODES en trois Familles.			
	Toutes les pates de même forme et disposées pour la natation. Les divers anneaux du thorax peu ou point distincts entre eux.	Thorax épais et comprimé latéralement. Carapace reployée en dessous contre la base des pates, et recouvrant la presque totalité du thorax. Article basilaire des pates très-court. Abdomen très-développé.	CARIDIOÏDES.
		Thorax déprimé et lamelleux. Carapace foliacée, horizontale, ne s'appliquant pas contre la base des pates, et en général ne recouvrant qu'une petite portion du thorax. Article basilaire des pates grêle et extrêmement long, de façon que le palpe naît très-loin de l'insertion de ces membres. Abdomen en général très-peu développé.	BICUIRASSÉS.
	Pates de formes diverses ; celles de la première paire (correspondant aux secondes pates-mâchoires des Décapodes) très-grandes, et constituant des pates ravisseuses ; celles des trois paires suivantes courtes, et terminées par une petite main subchéliforme ; enfin celles des trois dernières paires grêles et natatoires. La plupart des anneaux du thorax complets et distincts. Abdomen très-développé.		UNICUIRASSÉS.

FAMILLE DES CARIDIOIDES.

Les Crustacés que nous plaçons ici ressemblent extrêmement, par leur forme générale, aux Macroures de la famille des Salicoques; aussi jusqu'en ces derniers temps les avait-on rangés dans l'ordre des Décapodes, où ils constituaient une petite famille particulière sous le nom de Schizopodes (1); mais les recherches anatomiques que nous avons faites sur la disposition des organes de la respiration chez ces animaux, et la découverte d'espèces nouvelles qui établissent un passage entre les premières et les Phyllosomes, nous ont conduits à proposer de nouvelles limites entre les Décapodes et les Stomapodes, et à placer les Schizopodes dans le second de ces groupes (2). Cette innovation a été adoptée par Latreille dans son dernier ouvrage (3), et ce savant naturaliste a donné à la nouvelle division de l'ordre des Stomapodes, créé pour recevoir les Crustacés Podophthalmes dépourvues de branchies thoraciques intérieures, mais semblables à certaines Salicoques par leur forme extérieure, le nom de *Caridioïdes*, dont l'étymologie rappelle cette ressemblance.

De même que chez les Salicoques, le *corps* est épais et un peu comprimé latéralement (4); la tête est con-

(1) Latreille, Règne anim. de Cuvier, 1re édit. t. III, p. 28, etc.

(2) Mém. sur une nouvelle disposition de l'appareil branchial des Crustacés, Annales des sciences naturelles, 1re. série, t. XIX.

(3) Cours d'Entomologie, p. 386.

(4) Pl. 26, fig. 1, 7, 10.

fondue avec le thorax, et tous les anneaux dont cette dernière partie se compose sont, à l'exception quelquefois du dernier ou des deux derniers, complétement unis entre eux et soudés en dessus avec la carapace. L'abdomen présente un développement considérable et se termine par une grande nageoire composée de cinq lames, disposées en éventail comme chez les Décapodes Macroures. La carapace descend de chaque côté contre la base des pates et recouvre la totalité ou la presque totalité du thorax ainsi que la tête, et ne présente en avant qu'un rostre rudimentaire; on ne trouve pas à la place de ce prolongement frontal, une plaque mobile comme chez les Squilles, et l'anneau ophthalmique est en général très-court et à nu. La disposition des yeux, des antennes et des pièces de la bouche varie. Les pates thoraciques sont toutes grêles, natatoires et semblables entre elles; mais leur nombre varie beaucoup. L'abdomen se compose, comme d'ordinaire, de sept anneaux, dont les cinq premiers portent de fausses pates natatoires, et dont le septième forme, avec les appendices du sixième segment, la nageoire caudale; ces derniers appendices consistent chacun en un petit article basilaire très-court, et en deux grandes lames terminales, disposées comme chez les Décapodes Macroures. Enfin la conformation de l'appareil respiratoire varie; tantôt les branchies n'existent pas, tantôt on en trouve des vestiges aux fausses pates abdominales, et d'autres fois elles sont, au contraire, très-développées et suspendues sous le thorax.

On peut diviser les Caridioïdes en deux petites tribus, d'après les caractères suivans :

CARIDIOÏDES ayant les pates thoraciques	au nombre de six à huit paires, et pourvues d'un palpe très-développé qui les fait paraître doubles. Bouche située près de la base des antennes.	MYSIENS.
	au nombre de quatre paires, et dépourvues de palpe et de fouet. Bouche très-éloignée de la base des antennes.	LEUCIFÉRIENS.

TRIBU DES MYSIENS.

Les Mysiens ressemblent tellement à des Salicoques, que jusqu'à ces derniers temps on a rangé toutes les espèces, connues alors, dans la section des Décapodes Macroures, où ils formaient la famille particulière désignée sous le nom de *Schizopodes*. Leur *carapace* (1) s'étend jusqu'à la base des pédoncules oculaires, et présente en général, au milieu du front, un rostre rudimentaire. Les *antennes* sont insérées sur deux lignes et conformées comme chez les Salicoques, si ce n'est que l'appendice lamelleux de celles de la seconde paire est moins grand. La *bouche* est située tout près de la base de ces derniers, et se compose essentiellement d'un labre, d'une paire de mandibules garnies d'une tige palpiforme, d'une lèvre inférieure et de deux paires de mâchoires lamelleuses (2); quelquefois toute la série des membres, qui font suite à ces appendices, appartient à l'appareil de la locomotion; mais d'autres fois une ou même deux paires de ces organes constituent des pates-mâchoires, sans toutefois que leur forme diffère beaucoup de celle des pates thoraciques. Ces

---

(1) Voyez Pl. 26, *fig.* 1 et 7.
(2) Pl. 26, fig. 2, 3, 4 et 5.

pates présentent chacune deux branches très-développées, et portées sur un article basilaire très-court, de manière qu'elles paraissent être bifides dès leur base. Enfin, l'abdomen est de longueur médiocre, et les fausses pates, fixées à ses premiers anneaux, sont quelquefois rudimentaires.

Cette tribu renferme trois genres bien caractérisés, qu'on peut distinguer de la manière suivante :

Tribu des MYSIENS.	Point de branchies thoraciques. Une ou deux paires de pates-mâchoires ; pates postérieures complètes.	Fausses pates abdominales très-petites et dépourvues d'appendices branchiaux.	MYSIS.
		Fausses pates abdominales grandes, et portant des appendices branchiaux en forme de cylindre contourné en spirale.	CYNTHIE.
	Des branchies thoraciques en forme de panaches suspendues à la base des pates thoraciques ; point de pates-mâchoires proprement dites ; pates postérieures dépourvues de leur branche interne.		THYSANOPODE.

GENRE MYSIS. — *Mysis* (1).

Le genre Mysis se compose de quelques petits Crustacés nageurs, qui par la forme générale de leur corps ressemblent extrêmement aux Salicoques, et qui, à raison de cette analogie, ont été rangés, par la plupart des auteurs, parmi

(1) *Cancer*, Muller ; Othon, Fabricius. — *Mysis*, Latreille, Lamarck, Leach, Desmarest, Thompson, etc.

les Décapodes ; mais l'absence complète de branchies et la conformation des membres semblent les rapprocher davantage des Amphions et des autres Stomapodes ; et, tout en reconnaissant qu'ils établissent le passage entre ces deux ordres, nous avons cru devoir les placer ici plutôt que dans l'ordre des Décapodes ; marche qui a été adoptée aussi par M. Latreille dans son dernier ouvrage.

Les Mysis ont le corps étroit, alongé. Leur *carapace* (Pl. 26, fig. 7) recouvre l'extrémité antérieure du tronc, ainsi que la majeure partie du thorax, et se reploie en bas de chaque côté, de manière à s'appliquer contre la base des pates ; elle est libre latéralement, et n'adhère pas aux derniers anneaux du thorax ; antérieurement elle se rétrécit beaucoup et se termine par un petit rostre aplati, très-court ; enfin son bord postérieur est profondément échancré. Les *yeux* sont gros, courts, et ont leur base cachée sous le bord antérieur de la carapace. Les *antennes internes* s'insèrent au-dessous des yeux, près de la ligne médiane ; leur pédoncule a la même forme que chez les Salicoques, et porte à son extrémité deux filets multi-articulés, assez longs. Les *antennes de la seconde paire* s'insèrent au-dessous des précédentes, et se dirigent également en avant ; le premier article de leur pédoncule donne naissance à un appendice lamelleux très-alongé, et cilié sur le bord interne qui recouvre la base de ces organes, comme chez les Salicoques. Les deux articles suivans du pédoncule sont grêles et cylindriques, et le filet terminal est filiforme, multi-articulé, et plus long que les antennes supérieures. La *bouche* est très-rapprochée de la base des antennes, et présente, comme d'ordinaire, une lèvre supérieure transversale, suivie d'une paire de mandibules, d'une lèvre inférieure, de deux paires de mâchoires, et d'un certain nombre de pates-mâchoires. Les *mandibules* sont dentelées sur leur bord interne, et portent une tige palpiforme très-développée qui se porte en avant assez loin. Les *mâchoires* de la première paire se composent chacune de deux petites lames ou lobes aplatis, ciliés sur le bord interne. Les mâchoires de la seconde paire sont plus grandes et ressemblent beaucoup à celles des Squilles, sans être cependant aussi étroites ; elles sont lamelleuses, et divisées du côté externe en quatre lobes, par des scissures plus ou moins profondes ; le dernier de ces lobes est formé par l'article terminal, et le premier appartient aussi à un article basilaire distinct ; mais les deux lobes moyens sont confondus entre eux à leur base, et paraissent appartenir à un seul article, dont le bord externe est dilaté, arrondi et cilié ; le bord interne de ces organes est également garni de poils. Les *pates-mâchoires* sont au nombre de deux paires, mais ne diffèrent que très-peu des pates proprement dites. Celles de la première paire sont courtes, assez longues à leur base, et composées de trois branches ; l'interne est pédiforme, divisée en cinq articles, garnie de poils, et reployée en dedans au devant de la bouche ; la branche moyenne ou palpe est plus alongée, et présente un article basilaire très-grand, suivi d'une espèce de lanière ciliée de chaque côté, et composée d'un très-grand nombre de petits articles. Enfin la branche externe ou appendice flabelliforme est représentée par une lame semi-membraneuse, qui est dirigée en haut, et logée entre la carapace et les flancs. Les pates-mâchoires de la seconde paire ont la même forme ; mais leur branche interne est plus alongée, et elles manquent d'appendice flabelliforme ; de même qu'aux précédentes, le dernier article de leur branche interne est lamelleux, large, court et arrondi au bout. Les six paires de *pates* thoraciques, qui font suite à l'appareil buccal, et qui se composent de membres correspondans aux pates-mâchoires externes et aux cinq paires de pates ambulatoires chez les Décapodes, sont toutes grêles et divisées en deux branches ; leur longueur augmente progressivement d'avant en arrière, et elles sont toutes conformées pour la nage seulement. La branche interne présente à peu près la forme ordinaire, mais se termine par un tarse onguiforme à peine visible, qui précède un article styliforme qui semble multi-articulé, et qui est cilié sur les deux bords. La branche externe (ou palpe) est presque aussi longue que la branche interne, et a la même forme que celle des pates-mâchoires. Les pates des quatre premières paires ne portent pas de branche externe ou appendice flabelliforme, tandis que celles des deux dernières en sont pourvues. Chez les mâles ces appendices sont rudimentaires; mais chez les femelles, ils acquièrent un développement extrême et constituent de grandes lames demi-cornées (Pl. 26, fig. 8), reployées en dedans sous le sternum, de façon à former une espèce de poche destinée à loger les œufs et les jeunes pendant les premiers temps de la vie; disposition très-analogue à celle que nous verrons aussi chez les Isopodes. Les deux derniers anneaux du thorax sont entiers, plus ou moins complétement à découvert, et semblables à ceux de l'*abdomen*. Cette dernière partie du corps est alongée, presque cylindrique, et graduellement rétrécie d'avant en arrière; la portion dorsale de ses derniers anneaux ne se prolonge pas latéralement de façon à encaisser la base des fausses pates, comme chez la plupart des Salicoques; elle se termine par une grande nageoire caudale, composée de cinq lames dispersées en éventail, exactement comme chez les Décapodes Macroures. Enfin les cinq premières paires de fausses pates sont rudimentaires, et ne se composent chacune que d'une petite lame ciliée chez la femelle; mais chez le mâle on y distingue un pédoncule et une lame terminale; et celles de la première et de la quatrième paires acquièrent quelquefois un développement considérable.

Ainsi que nous l'avons déjà dit, il n'existe aucun vestige de branchies, soit à la voûte des flancs, soit à la base des pates, soit à la face inférieure de l'abdomen, et le seul appendice qui paraisse être modifié dans sa structure, de manière à devenir plus propre que le reste du corps à remplir les fonctions d'un organe de respiration, est le fouet des pates-mâchoires de la première paire, dont la disposition est du reste presque la même que celle qu'on remarque chez un grand nombre de Crustacés pourvus de branchies. Quelques auteurs donnent le nom de branchies à l'article basilaire de la branche externe, ou palpe des pates thoraciques, mais sans étayer cette détermination d'aucun argument qui puisse la faire adopter.

M. Thompson a observé la circulation dans les Mysis, et a constaté que le cœur de ces Crustacés est alongé, et occupe la partie postérieure du thorax; il donne naissance antérieurement à un vaisseau grêle qui se porte audessus de l'estomac, et se continue en arrière avec une grosse artère abdominale; enfin, de chaque côté, il reçoit un vaisseau qui paraît être un tronc branchio-cardiaque. Les pulsations du cœur sont si rapides, qu'elles ressemblent à des vibrations, et le sang est si transparent et si peu coloré, qu'on n'en distingue le mouvement qu'à raison des globules qui y flottent. M. Thompson pense que le vaisseau abdominal présente de chaque côté, vers son extrémité postérieure, une ouverture garnie de valvules, par laquelle le sang pénètre dans deux conduits veineux situés de chaque côté de l'intestin, et que c'est par ces derniers vaisseaux que ce liquide revient vers un grand sinus situé sous le cœur.

Ce naturaliste a enrichi aussi l'histoire de ces Crustacés par des observations très-intéressantes sur leur développement. Ainsi que nous l'avons déjà dit, les œufs éclosent dans l'espèce de poche située sous le thorax; et les jeunes Mysis y demeurent pendant les premiers temps de la vie; on les y trouve, serrés les uns contre les autres ayant la tête dirigée vers le sternum de leur mère, et le corps recourbé en avant. Leur forme s'éloigne beaucoup de celle des individus adultes. Les plus jeunes ont la tête très-grosse et le corps pyriforme; on leur voit de chaque côté deux petits membres styliformes. Bientôt l'extrémité postérieure s'allonge et se bifurque; le nombre des membres augmente, les yeux pédonculés et les antennes se montrent, et les divisions entre la tête, le thorax et l'abdomen deviennent distinctes. Enfin, ce n'est qu'après leur sortie de la poche ovifère qu'ils acquièrent tout-à-fait la forme qu'ils doivent conserver, et que la branche interne de leurs pates présente une tige terminale multi-articulée.

Les Mysis nagent dans la mer, réunis en troupes nombreuses, et paraissent abonder surtout vers le nord. Suivant Othon Fabricius, ces petits animaux constitueraient l'aliment principal des Baleines.

§ *Espèces dont la lame médiane de la nageoire caudale est bifurquée.*

1. MYSIS SPINULEUX. — *M. spinulosus* (1).

Rostre déprimé et triangulaire, et n'ayant qu'environ le tiers de la longueur des pédoncules oculaires; carapace s'étendant presque sur l'avant-dernier anneau thoracique. Pédoncule des antennes internes gros et très-court. Appendice lamelleux des antennes externes étroit, de même longueur jusqu'au bout, et cilié seulement en dedans et au bout. Lame médiane de la nageoire caudale garnie d'épines sur les bords latéraux, et profondément échancré au bout; les lames internes des appendices latéraux se rétrécissant graduellement vers le bout, et les lames externes très-obtuses. Longueur, environ 10 lignes; couleur brunâtre, avec une petite étoile au milieu de chacun des anneaux de l'abdomen.

Habite la Manche et les côtes de la Vendée. (C. M.)

Le Mysis trouvé à Noirmoutier, et mentionné par M. Desmarest (2) comme étant rapporté par Latreille à l'*Astacus harengum* de Fabricius, appartient à l'espèce décrite ci-dessus.

---

(1) *Mysis spinulosus*, Leach, Trans. of the Linnean society, vol. XI, p. 350. — *Praunus flexuosus*, ejusd. Edinb. Encyclop. — *Mysis spinulosus*, Desmarest, Consid. sur les Crustacés, p. 242. *Mysis Leachii*, Thompson, Zoological researches, vol. 1, part. 1, p. 27.

(2) Trans. of the Linn. soc. vol. XI, p. 350. — Latreille, Ency-

Le *Mysis Fabricii* de Leach (1) ne nous paraît pas différer notablement de M. spinuleux, surtout si l'on en juge par la figure que M. Desmarest en donne; mais cependant on doit noter que dans l'atlas de l'Encyclopédie, Latreille a représenté l'appendice lamelleux des antennes externes comme étant cilié en dehors aussi bien qu'en dedans, disposition qui, si elle existe réellement, serait caractéristique.

2. Mysis caméléon. — *M. chamæleon* (2).

Front obtus, et presque entièrement dépourvu de prolongement rostriforme. Lame médiane de la queue garnie de cils sur son bord postérieur; lames internes des appendices latéraux obtuses au bout et épineuses sur le bord interne. Du reste, très-semblable à l'espèce précédente. Sa couleur varie du gris au brun et au vert. Longueur, environ 1 pouce.

Trouvé sur les côtes de l'Angleterre et de l'Irlande.

Le *Cancer astacus multipes* de Montagu (3) est un Mysis qui se rapporte probablement à l'une des espèces dont il vient d'être question.

Le *Cancer flexuosus* de Muller (4) appartient à cette section du genre Mysis, et pourrait bien être une des espèces mentionnées ci-dessus; d'après la figure de Muller il paraîtrait cependant en différer par l'existence d'épines sur les côtés de l'abdomen.

---

clop. méthod. Pl. 333, fig. 5-21. — Desmarest, Consid. sur les Crustacés, p. 242, Pl. 40, fig. 6.

(1) Consid. sur les Crust. p. 244.

(2) Thompson, Zoological researches, p. 28, pl. 5, fig. 1-10.

(3) Trans. of the Linn. soc. vol. 9, p. 90, Pl. 5, fig. 3.

(4) *Zoologia danica*, t. II, p. 15, Pl. 66, fig. 1-9. — Herbst, t. II, Pl. 34, fig. 8 et 9. (D'après Muller.) — *Mysis flexuosus*, Lamarck, Hist des anim. sans vert. t. V, p. 200.

§ *Espèces dont la lame médiane de la nageoire caudale est entière au bout.*

3. Mysis longicorne. — *M. longicornis.*
(Pl. 26, fig. 7-9.)

Rostre très-court. Antennes internes longues; leur pédoncule grêle et très-alongé. Appendice lamelleux des antennes externes pointu au bout et cilié sur ses deux bords. Lame médiane de la nageoire caudale ciliée plutôt qu'épineuse sur les côtés, se rétrécissant graduellement vers le bout, et terminées par une pointe obtuse ; les quatre lames latérales assez larges à leur base, mais extrêmement étroites dans leurs deux tiers postérieurs. Longueur, environ 6 lignes.

Trouvé à Naples.

4. Mysis commun. — *M. vulgaris* (1).

Rostre médiocre; antennes internes courtes, ayant leur pédoncule conformé comme chez le M. spinuleux. Appendice lamelleux des antennes externes comme chez le M. longicorne ; lames latérales et mitoyennes de la nageoire caudale diminuant graduellement de largeur depuis leur base jusqu'à leur extrémité. Longueur, environ 1 pouce. Couleur grisâtre.

Habite les côtes de l'Irlande.

5. Mysis frontal. — *M. frontalis.*

Rostre grand et dépassant notablement les pédoncules oculaires ; pédoncules des antennes externes grêles et très-longs ; appendice lamelleux des antennes externes arrondi et un peu élargi au bout, et sans cils sur le bord externe. Lames de la nageoire caudale conformées comme dans l'espèce précédente, mais plus alongées. Longueur, environ 1 pouce.

Habite les côtes de Nice.

---

(1) Thompson, op. cit. p. 30, Pl. 4, fig. 1-12.

Le MYSIS ENTIER (1), décrit par Leach, n'est que très-imparfaitement connu ; tout ce que nous en savons c'est que la lame médiane de la nageoire caudale est sans échancrure comme dans les espèces précédentes, que sa longueur n'est que de 4 lignes, et que sa couleur est grisâtre, avec des pointes brunes et rousses.

Il habite les côtes de l'Écosse.

Le *Cancer oculatus* d'Othon Fabricius (2) appartient à ce genre ; mais il nous paraît impossible de décider à quelle espèce il doit se rapporter.

Le *Mysis plumosus* de M. Risso (3) ne peut appartenir à ce groupe ; mais il serait difficile de deviner à quel genre il appartient.

GENRE CYNTHIE. — *Cynthia* (4).

M. Thompson a donné le nom générique de Cynthia a des Crustacés qui ont la plus grande analogie avec les Mysis, mais qui s'en distinguent par l'existence d'appendices branchiaux fixés aux fausses pates abdominales, par la structure de ces derniers organes, et par quelques autres caractères.

Le corps des Cynthies est grêle, et de même forme que chez les Mysis ; la *carapace* est plus petite que chez ces derniers Crustacés, et se termine antérieurement par un petit prolongement rostral. En arrière elle laisse à découvert un certain nombre des anneaux thoraciques. Les *yeux* sont gros et courts, de longueur médiocre. Les *antennes* de la

(1) *Mysis integer*, Leach, Transs. of the Linn. soc. vol. XI, p. 350. — Desmarest, loc. cit — *Mysis scotius*, Thompson, op. cit. p. 30.

(2) Fauna Groenlandica, p. 245, fig. 1, A, B. — Herbst, Pl. 24, fig. 5 et 6. (D'après Oth. Fabricius.) — *Mysis oculatus*, Latreille, Hist. des Crust. t. VI, p. 285, Pl. 56, fig. 2 et 3 (d'après Fabricius). — Lamarck, Hist. des anim. sans vert. t. V, p. 200.

(3) Crustacés de Nice, p. 116.

(4) Thompson, Zoological researches.

première paire sont excavées à leur base pour faire de la place aux yeux; leur pédoncule est gros, et leurs filets terminaux au nombre de deux. Les antennes de la seconde paire s'insèrent au-dessous des précédentes comme chez les Mysis, mais sont beaucoup plus petites; l'appendice lamelleux qui en recouvre la base est moins long que le pédoncule des antennes supérieures. La conformation de l'appareil buccal est à peu près la même que chez les Mysis; la tige palpiforme des mandibules est très-grande, et les mâchoires de la seconde paire sont lamelleuses, et divisées du côté interne en plusieurs lobes. Suivant M. Thompson les huit paires de membres qui font suite aux mâchoires doivent toutes être considérées comme des pates natatoires; mais nous ne partageons pas cette opinion, et nous croyons que la première paire de ces organes appartient encore à l'appareil buccal, et constitue des pates-mâchoires; en effet, ces appendices, quoique plus alongés que chez les Mysis, sont de même reployés en dedans au-dessous des mâchoires, et leur branche interne se termine par un article élargi qui est propre à retenir les alimens pendant la mastication, tandis que les pates se terminent par un petit ongle crochu; la branche moyenne ou palpe de ces pates-mâchoires est conformée comme chez les Mysis, mais le fouet ou branche externe qui, chez ces derniers, constitue une grande lame membraneuse, paraît manquer complétement. Les membres thoraciques de la première paire diffèrent aussi un peu des six dernières paires de pates; ils sont plus élargis et se terminent par un article lamelleux dont les bords sont ciliés; mais néanmoins, à raison de leur longueur et de leur position, ils doivent être considérés comme servant à la locomotion, et ils nous fournissent un nouvel exemple de la manière graduelle dont le passage se fait entre des animaux chez lesquels les mêmes organes se modifient dans leur structure pour servir à des usages différents. Chez les Cynthies le nombre des pates thoraciques s'élève donc à sept paires; du reste, par leur structure et par leurs fonctions, ces organes ne diffèrent pas notablement de ceux des Mysis ; leurs deux branches sont également très-développées, seulement le pénultième article de la tige interne est plus fort, ne se rétrécit pas vers le bout, et n'est pas annelé de façon à paraître multi-articulé, et l'ongle terminal est plus gros. Nous ne connaissons pas la conformation des appendices, qui existent probablement aux pates postérieures chez les femelles, et qui, selon toute apparence, doivent remplir les mêmes fonctions que chez les Mysis ; chez les mâles on remarque à la base des pates postérieures une petite lame qui représente l'appendice flabelliforme. *L'abdomen* est conformé comme chez les Mysis, si ce n'est que les fausses pates, fixées aux cinq premiers anneaux, sont très-développées, et de même forme que chez les Salicoques; chacun de ces membres se compose d'un article pédonculaire très-gros, et de deux longues lames multi-articulées et ciliées sur les bords. Enfin, il existe aussi des *appendices branchiaux* d'une forme particulière, attachés à l'extrémité des pédoncules de ces fausses pates en arrière des lames terminales ; ces appendices consistent en un cylindre membraneux bifurqué près de sa base, et dont chacune de ses branches s'enroule sur elle-même (1).

Ces Crustacés sont tous de très-petite taille, et paraissent avoir les mêmes mœurs que les Mysis, car on les trouve souvent ensemble. On n'a observé encore que des mâles, et il serait bien possible que, lorsqu'on connaîtra les deux sexes, on soit obligé de modifier les caractères assignés à ce genre.

1. CYNTHIE DE THOMPSON. — *C. Thompsonii* (2).

Rostre très-court; carapace s'étendant jusqu'au dernier anneau du thorax, et peu rétréci en avant ; pédoncule des antennes in-

(1) Voyez Pl. 10, fig. 5.
(1) *Cynthia*, Thompson, Zool. res. p.57, Pl. 6.

ternes de la longueur de l'appendice lamelleux des antennes externes, et ayant le dernier article garni en dedans d'une petite écaille pilifère. Lame médiane de la nageoire caudale longue, tronquée au bout, et garnie latéralement d'épines ; lames externes moins longues que les lames mitoyennes, et n'ayant de poils ou d'épines que sur leur bord interne et à leur extrémité ; lames mitoyennes garnies d'épines sur leur bord interne. Longueur, environ 4 lignes.

Trouvé dans l'Océan atlantique, entre Madère et les Antilles.

2. Cynthie armée. — *C. armata.*

Thorax très-grêle antérieurement. Rostre pointu et plus long que les pédoncules oculaires. Antennes internes très-longues ; le troisième article de leur pédoncule fort grand, et portant du côté interne un grand lobe arrondi sur le bord, et garni d'un grand nombre de poils disposés en brosse ; appendice lamelleux des antennes externes n'atteignant que le milieu du troisième article pédonculaire des antennes internes. Les trois derniers anneaux du thorax presque entièrement à découvert. Lame médiane de la nageoire caudale étroite et arrondie au bout, et garnie d'épines tout autour ; lames externes beaucoup plus longues que les lames mitoyennes, et ayant leur bord externe garni de petites épines dans toute sa longueur ; bord interne des lames mitoyennes garni de longs poils. Longueur, environ 8 lignes.

Trouvée près de Noirmoutiers.

Genre THYSANOPODE. — *Thysanopoda* (1).

Les Crustacés, dont nous avons fourni le genre Thysanopode, ressemblent beaucoup aux Salicoques par la forme générale de leur corps ; mais se distinguent des Décapodes, ainsi que des autres Stomapodes, par la disposition de leur

(1) M. Edwards, Ann. des Sciences nat. t. XIX.—Latreille, Cours d'Entomologie, p. 386.

appareil respiratoire. Les branches sont composées chacune d'une espèce de tige d'où naissent, à angle droit, un certain nombre de branchies latérales, dont le bord inférieur est garni à son tour d'une série de longs filamens cylindriques (1) ; ce mode d'organisation est très-analogue à ce que nous verrons plus loin chez les Squilles ; mais les branchies, au lieu de s'insérer dans l'abdomen comme chez ces derniers Crustacés, occupent la partie thoracique du corps comme chez les Décapodes. Néanmoins elles ne sont pas renfermées dans des cavités particulières comme chez ceux-ci, elles sont situées à l'extérieur du corps, et flottent librement dans l'eau qui baigne l'animal. Elles sont fixées à la base des huit paires de pates thoraciques, et leur longueur augmente d'avant en arrière.

Les *Thysanopodes* ressemblent, par leur forme extérieure, aux Mysis (2). Leur *corps* présente les mêmes divisions que chez les Décapodes Macroures. La *carapace* qui recouvre la tête cache aussi tout le thorax ; et l'abdomen, dont la longueur excède beaucoup celle du céphalo-thorax, est étendu en arrière, et se compose de sept segmens, dont les trois médians présentent, à leurs bords postérieur et supérieur, une petite épine dirigée en arrière. Antérieurement, la carapace est terminée par un petit rostre pointu, qui n'atteint pas le niveau de l'extrémité des yeux, dont les pédoncules sont gros et courts. Les *antennes*, au nombre de quatre, s'insèrent sur deux lignes, et leur longueur est à peu près égale ; les supérieures ont un pédoncule recourbé à sa base pour recevoir les yeux, et composé de trois articles cylindroïdes ; enfin elles se terminent par deux tiges filiformes assez longues. La base des antennes inférieures est recouverte par une longue écaille lamelleuse, dont l'extrémité et le bord interne sont ciliés ; leur tige terminale ne présente rien de remarquable. La *bouche*, située

(1) Pl. 10, fig. 3.
(2) Pl. 26, fig. 1.

à peu de distance du point d'insertion des antennes inférieures, est entourée, comme d'ordinaire, d'un labre assez gros, d'une languette bifide, et d'une paire de *mandibules*. Ces derniers organes sont armés, sur leur bord interne, de quelques dents aiguës, et portent un palpe court, aplati, et divisé en trois articles (1). Deux paires de *mâchoires* entrent également dans la composition de l'appareil buccal, et sont appliquées sur les mandibules et la languette. Celles de la première paire n'offrent rien de remarquable. Les secondes sont composées de trois articles lamelleux, dont les deux premiers sont bilobés du côté interne (2); on n'y voit aucune trace de ce grand appendice foliacé qui existe toujours au côté externe de ces organes chez les Décapodes, et qui sert au mécanisme de la respiration; leur forme et leur structure sont absolument les mêmes que chez les Squilles, les Alimes, etc. Les huit paires de membres qui suivent les mâchoires, et qui correspondent à la fois aux pieds-mâchoires et aux pieds ambulatoires des Crustacés Décapodes, ont ici tous la même forme et les mêmes usages; aucun d'eux n'entre dans la composition de l'appereil buccal; mais tous servent à la locomotion. Ces *pates*, à l'exception de celles de la dernière paire, sont longues, grêles et bifides comme chez les Mysis. Leur article basilaire, gros et court, porte en dedans une longue tige, garnie de poils nombreux, et en dehors un palpe ou branche moyenne, composé de deux pièces, dont la dernière est mince, lamellaire, et ciliée sur les bords (3). La longueur de ces pates natatoires augmente un peu depuis la première jusqu'à la cinquième paire, puis diminue; enfin, celles de la huitième et dernière paires manquent de tige interne, et ne consistent que dans la branche externe ou palpe (4). Les cinq premiers seg-

(1) Pl. 26, fig. 2.
(2) Pl. 26, fig. 5.
(3) Pl. 26, fig. 6.
(4) Pl. 10, fig. 3.

mens de l'*abdomen* supportent aussi de petites pates natatoires, formées d'un pédoncule cylindrique portant deux lames alongées et ciliées sur les bords, dont l'interne, moins longue que l'externe, porte à son tour un petit appendice cylindrique. Enfin les membres du sixième anneau de l'abdomen, et le septième segment devenu lamelleux, constituent une nageoire en éventail, dont la pièce médiane, étroite et pointue, se termine par trois épines acérées; et les latérales, également étroites, sont garnies sur les bords de longs poils.

Nous ne connaissons encore qu'une seule espèce de ce genre, savoir, le

THYSANOPODE TRICUSPIDE. — *T. tricuspida.*

Ce petit animal, long d'environ 15 lignes, a été trouvé en haute mer, dans l'Océan atlantique, par M. Reynaud.

Le genre PODOPSIS (1) de M. Thompson paraît devoir appartenir à cette famille, mais il est trop imparfaitement connu pour qu'il soit possible d'y assigner des caractères précis. Le petit Crustacé, qui a reçu ce nom, ressemble assez aux Mysis par la forme générale du corps, mais se fait remarquer par la longueur extrême des pédoncules oculaires qui sont renflés en boule vers le bout. Les antennes s'insèrent sous les yeux; et, suivant M. Thompson, celles de la première paire ne seraient représentées que par deux petits appendices rudimentaires; celles de la seconde paire présentent, au-dessus de leur base, une grande lame ciliée en dedans comme chez les Mysis et les Salicoques. Deux des pates sont très-longues, et terminées par un article très-grêle et annelé. Les autres paraissent être courtes; mais ni leur conformation ni leur nombre ne sont connus. L'abdo-

(1) Zoological researches, t. I, p. 59, Pl. 7, fig. 1.

men est long, et porte cinq paires de fausses pates grêles, mais très-développées. Enfin la nageoire caudale est conformée comme chez les Mysis, si ce n'est que la lame médiane, formée par le septième segment abdominal, est extrêmement courte, tandis que les quatre lames latérales sont grandes. Ce Crustacé a été trouvé en haute mer, dans l'Océan atlantique, et paraît être phosphorescent.

TRIBU DES LEUCIFÉRIENS.

Le genre Leucifer, établi par M. Thompson, est un des plus singuliers que l'on connaisse, et ne se laisserait que difficilement ranger dans aucune des tribus déjà établies; aussi, quoique son histoire soit encore très-incomplète, croyons-nous devoir le prendre pour type d'une tribu particulière.

C'est à cette tribu que paraissent devoir se rapporter quelques-uns des Crustacés figurés d'une manière grossière dans l'atlas du Voyage de Krusenstern (1).

Genre LEUCIFER. — *Leucifer* (2).

L'un des traits les plus remarquables de l'organisation de ce Crustacé est la longueur excessive de la portion antérieure de la tête, la brièveté extrême de la partie du corps occupée par la bouche et constituant le thorax, et le grand développement de l'abdomen (3). La forme générale du corps est presque linéaire; les yeux et les antennes sont portés à l'extrémité d'un long prolongement grêle et cylindrique, qui est beaucoup plus long que tout le reste de la portion céphalo-thoracique du corps, et qui paraît être formé prin-

(1) Voyage autour du monde (en langue russe), Pl. 22, fig. 6 et 11.

(2) Thompson, zoological researches, t. I, p. — Latreille, Cours d'entomoligie, p. 386.

(3) Pl. 26, fig. 10.

cipalement par l'anneau antennaire; une petite carapace recouvre toute la portion postérieure du céphalo-thorax, et présente à peu près la même forme que chez les Mysis. Les yeux sont gros, et portés à l'extrémité de pédoncules cylindriques extrêmement longs. Les *antennes* de la première paire sont grêles, courtes, et terminées par une tigelle multi-articulée, rudimentaire; celles de la seconde paire s'insèrent au-dessous, tout près des précédentes, et sont également grêles; on voit près de leur base un petit appendice lamelleux, mais on ne connaît pas leur mode de terminaison. La *bouche* est saillante, et située en arrière de la base du prolongement qui porte les yeux, etc. On y trouve des mandibules fortes et dentées, mais dépourvues de tige palpiforme; deux paires de mâchoires portant chacune deux lames; deux paires de pates-mâchoires courtes et lamelleuses, et une paire de pates-mâchoires externes, qui sont longues, pédiformes et reployées contre la bouche. A la suite de ces organes on voit quatre paires de pates natatoires longues et grêles, qui s'amincissent graduellement vers le bout, et sont garnies de poils épars. Nous n'avons pu trouver aucun vestige de palpe ni de fouet à la base de ces pates, et nous n'avons aperçu aucune trace de l'existence de la dernière paire de membres qui manquent ici pour compléter le nombre normal des pates thoraciques; mais dans la figure que M. Thompson a donnée on voit à la partie postérieure du thorax un tubercule qui est peut-être un vestige de ces appendices. L'*abdomen* est très-étroit, et se compose, comme d'ordinaire, de sept anneaux, mais acquiert un développement tout-à-fait anormal, car chacun de ces segmens est au moins aussi long que toute la portion céphalo-thoracique du corps, où sont situées la bouche et les pates. Les cinq premiers anneaux sont à peu près égaux entre eux, et portent chacun une paire de fausses pates très-longues, composées d'un article basilaire cylindrique, et d'une ou deux lames natatoires alongées, multi-articulées et ciliées; chez les individus que nous présumons être des mâles, les fausses pates de la première paire présentent vers le milieu de leur article basilaire un appendice charnu d'une forme bizarre. Le sixième anneau est comprimé, très-long, et denté en dessous. Enfin l'abdomen est terminé par une nageoire caudale, composée, comme d'ordinaire, de cinq lames disposées en éventail. Nous n'avons trouvé aucun vestige de branchies thoraciques.

1. LEUCIFER DE REYNAUD. — *L. Reynaudii.*
(Pl. 26, fig. 10.)

Extrémité antérieure de la carapace distincte du prolongement oculifère. Pièce médiane de la nageoire caudale très-petite, comprimée, et échancrée en dessous; lames latérales beaucoup plus longues que les mitoyennes. Longueur, environ 4 pouces.

Trouvé dans l'Océan indien, par M. Reynaud. (C. M.)

2. LEUCIFER TYPE. — *Leucifer typus* (1).

Cette espèce diffère de la précédente par la forme de la pièce médiane de la nageoire caudale, qui est lamelleuse et sans échancrure en dessous, par la longueur plus considérable des lames mitoyennes, et par l'absence apparente d'une séparation entre la carapace et le prolongement oculifère.

Les deux Crustacés figurés par Krusentern sous les n°s. 9 et 10 dans l'atlas de l'édition russe de son Voyage appartiennent à ce genre.

(1) Leucifer, Thompson, Zoological Researches, p. Pl. 7, fig. 2.

FAMILLE DES BICUIRASSÉS.

Les Crustacés, dont cette famille se compose, sont très-remarquables par leur forme arrondie et par la transparence de leurs tégumens. Leur *carapace* est grande, lamelleuse, et semblable à une feuille qui s'étendrait horizontalement au-dessus de la base des antennes, d'une portion plus ou moins considérable du thorax et de l'origine de plusieurs des pates (1). Le thorax est également déprimé au point de ressembler à une lame mince, placée horizontalement, et c'est à cause de l'existence des deux espèces de boucliers formés ainsi par la carapace et le thorax que Latreille a donné à ces Crustacés le nom de Bicuirassés. L'anneau ophtalmique n'est que peu au point distinct du bord antérieur de la carapace, et c'est également de ce bord que naissent les antennes. Les *yeux* sont très-gros et saillans. Les *antennes* naissent au-dessous et en arrière de leur pédoncule, sur une même ligne transversale, et se dirigent en avant; celles de la première paire sont bifides au bout, et la conformation de celles de la seconde paire varie (2). La *bouche* est située très-loin de la base des antennes, et se trouve vers le tiers antérieur ou le milieu de la face inférieure de la carapace; elle a la forme d'un tubercule arrondi, et se compose essentiellement d'une grosse *lèvre supérieure*, d'une paire de *mandibules* crochues

(1) Pl. 28, fig. 1 et fig. 8.
(2) Pl. 28, fig. 2 et 9.

dépourvues de tige palpiforme, d'une *lèvre inférieure* membraneuse et bilobée, et d'une paire de *mâchoires* (1); quelquefois on trouve aussi une seconde paire de mâchoires et même des pates-mâchoires appliquées contre la bouche, mais en général ces organes sont rudimentaires et rejetés assez loin en arrière. La grande lame aplatie, qui constitue le thorax, commence immédiatement derrière la bouche, et ne présente pas de divisions annulaires; en général elle dépasse de beaucoup la carapace, et elle donne insertion aux pates par ses bords latéraux, de façon que ces organes sont très-éloignés de la ligne médiane. Le nombre des pates est de sept ou de huit paires, mais celles de la première paire, et quelquefois celles de la dernière paire, sont très-courtes, tandis que les autres sont fort longues; toutes sont très-grêles, et portent vers le tiers de leur longueur à un grand appendice flabelliforme, qui est analogue à la branche externe des pates thoraciques des Mysiens, mais qui naît beaucoup plus loin du corps. L'*abdomen* est grêle et quelquefois rudimentaire; en général, cependant, il est terminé par une nageoire composée de cinq lames disposées en éventail, comme dans la famille précédente. Quant aux fausses pates, elles sont toujours plus ou moins rudimentaires.

Ces Crustacés ne présentent pas d'organes qui puissent être considérés comme des branchies; quelques naturalistes donnent ce nom à l'appendice cilié qui représente le palpe des pates thoraciques, mais sans fonder cette détermination sur aucun fait, et nous

(1) Pl. 28, fig. 3, 4, 5, 6 et 9.

sommes disposé à croire que la respiration se fait par la surface générale du corps.

On ne connaît encore que deux genres appartenant à cette famille, savoir : les Phyllosomes et les Amphions.

Les Phyllosomes sont faciles à reconnaître par leur carapace foliacée, qui laisse à découvert la majeure partie du thorax, qui est également lamelleux.

Chez les Amphions la carapace cache le thorax en entier.

Genre PHYLLOSOME. — *Phyllosoma* (1).

Le genre Phyllosome, établi par Leach, est un des plus remarquables que l'on connaisse. Il se compose d'animaux dont tout le corps est tellement aplati, qu'il existe à peine un intervalle entre les tégumens des surfaces supérieures et inférieures, et qu'on comprend difficilement comment des viscères peuvent s'y loger. Ce corps lamelleux se divise en trois parties distinctes : la tête, le thorax et l'abdomen (2).

La tête a la forme d'un disque mince ou d'une feuille ordinairement ovalaire, et n'adhère au thorax qne par sa portion centrale, de façon que ses bords sont libres tout autour. Cette espèce de bouclier est large et horizontale ; à son extrémité antérieure elle donne insertion aux yeux et aux antennes. Les yeux naissent près de la ligne médiane et sont globuleux, ils sont portés sur des pédoncules grêles, cy-

---

(1) *Cancer*, Forster, Naturforscher, n°. 17, 1782. — *Phyllosoma*, Leach, Journal de physique et Voyage du capitaine Tuckey. — Latreille, Nouv. Dict. d'hist. nat. Encyclop. méthod. t. X, Règne animal, t. IV, etc. — Desmarest, Consid. sur les Crust. — Guérin, Monographie des Phyllosomes ; Mag. de Zool. — Roux, Crust. de la Méditerr. — *Crysoma*, Risso, Hist. nat. de l'Eur. mérid. t. V.

(2) Pl. 28, fig. 1.

lindriques et très-longs (1). Les *antennes internes* naissent également du bord de la carapace, immédiatement en dehors des pédoncules oculaires ; elles sont très-petites et présentent un pédoncule composé de trois articles cylindriques, et de deux petits filets terminaux. Les *antennes de la seconde paire* naissent en dehors des précédentes, et varient beaucoup par leur forme ; tantôt elles sont très-longues, grêles, cylindriques, et composées de plusieurs articles distincts ; d'autres fois elles sont courtes, lamelleuses, sans divisions apparentes, et ne semblent être que des prolongemens de la carapace (2). La *bouche* est située vers le milieu ou même vers le tiers postérieur de la carapace, et ne se compose que d'un labre, d'une paire de mandibules, d'une lèvre inférieure et d'une paire de mâchoires. Les *mandibules* sont grandes, arrondies en dehors, et armées en dedans de deux bords tranchans et d'une petite dent. La *lèvre inférieure* est grande, très-apparente et profondément bilobée ; enfin, les *mâchoires* sont petites, membraneuses, et terminées chacune par deux lobes ou lames dirigées en dedans, et armées de quelques épines vers leur sommet. Les appendices qui représentent les mâchoires de la seconde paire, et les premières pates-mâchoires, sont rudimentaires, et n'entrent pas dans la composition de l'appareil buccal ; on les trouve rejetés plus ou moins loin en arrière, et fixés au bord du bouclier thoracique comme les pates (3). Les mâchoires de la seconde paire sont représentées par une lame qui est quelquefois assez grande et ovalaire, d'autres fois tout-à-fait rudimentaire. Enfin une paire de tubercules, située un peu en arrière de ces derniers appendices, sont les seuls vestiges des membres, qui d'ordinaire constituent les pates-mâchoires de la première paire.

Le *thorax* est lamelleux comme la carapace, et constitue

---

(1) Pl. 28, fig. 2.
(2) Pl. 28, fig. 3, 4, 5, 6.
(3) Pl. 28, fig. 3, *c*, *d*.

un second bouclier, dont la portion antérieure seulement est couverte par le premier de ces deux disques foliacés. Il est en général plus large que long, et strié en travers, mais ne présente aucune trace de division en anneaux. Les *pates* s'insèrent tout autour de ce disque. Celles de la première paire (*b*, fig. 3) sont très-petites et cachées sous la carapace; elles sont grêles, cylindriques et unguiculées au bout; tantôt elles sont dépourvues d'appendices, d'autres fois elles donnent naissance, par l'extrémité de leur premier article, à un palpe flabelliforme. Les pates des cinq ou même des six paires suivantes sont très-longues et assez semblables entre elles; de même que les précédentes, elles sont cylindriques et très-grêles, et elles naissent chacune sur un prolongement cylindrique du bord de la grande lame thoracique. Leur premier article est très-long, et porte à son extrémité un palpe flagelliforme, composé d'un article cylindrique et d'une tigelle multi-articulée, garnie de poils nombreux. Les articles suivans de la branche principale des pates ne présentent rien de remarquable, mais se détachent très-facilement, de façon qu'en général on ne les trouve pas, et que les pates paraissent terminées par l'appendice cilié dont nous venons de parler. Les pates de la première paire se terminent par un article grêle et alongé, tandis que celles des quatre ou cinq paires suivantes sont terminées par un ongle assez fort; celles de la dernière sont tantôt semblables aux précédentes, d'autres fois rudimentaires, et dépourvues de palpe flabelliforme. Enfin on trouve souvent à la base des pates antérieures, ou même de tous ces organes, de petits appendices vésiculaires qui paraissent être des vestiges du fouet (ou branche externe) de ces membres.

La disposition de l'*abdomen* varie; tantôt il est alongé, divisé en anneaux bien distincts, et parfaitement séparé du thorax, qui en recouvre la base; d'autres fois il est confondu avec ce bouclier, et semble n'en être qu'un prolongement. Dans ce dernier cas il varie encore, car tantôt il est très-large à sa base, et occupe tout l'espace compris entre les pates postérieures ; tandis que d'autres fois il est rudimentaire et logé au fond de l'angle rentrant, formé par le bord de la lame thoracique. Presque toujours on peut cependant y distinguer six ou sept anneaux, dont le dernier forme avec les appendices du segment suivant une nageoire caudale plus ou moins développée. Quant aux fausses pates, fixées sous l'abdomen, leur nombre varie, et elles sont en général rudimentaires.

Le système nerveux des Phyllosomes présente un mode de conformation remarquable ; la masse formée par les ganglions céphaliques est située tout près de la base des antennes, et communique avec les ganglions thoraciques par deux cordons d'une longueur extrême. Les ganglions thoraciques ne sont pas réunis sur la ligne médiane, mais communiquent entre eux par des commissures transversales ; leur nombre est de neuf paires. Enfin, les ganglions abdominaux sont très-petits et au nombre de six paires. L'intestin paraît être droit, et dans l'intérieur du bouclier céphalique on aperçoit un grand nombre de vaisseaux qui divergent latéralement. M. Guérin pense que ces vaisseaux pourraient bien appartenir à l'appareil de la circulation ; mais cette opinion ne nous paraît pas admissible, et nous pensons que cet appareil est l'analogue du foie. Nous ne savons rien sur les organes générateurs de ces Crustacés, et leurs mœurs n'ont pas été étudiées. On les rencontre dans les mers des pays chauds ; et, si ce n'était par leurs yeux d'un beau bleu, on ne les apercevrait pas lorsqu'ils flottent à la surface de l'eau, tant leur corps est transparent.

On connaît un nombre assez considérable de Phyllosomes, et on remarque dans leur organisation des différences si grandes, qu'il faudra probablement dans la suite établir dans ce genre plusieurs divisions génériques ; mais jusqu'à ce que l'on sache quelles sont les modifications de structure dépendantes du sexe et de l'âge, on ne peut bien apprécier la valeur de ces différences, et il nous a paru préférable de les prendre seulement pour base de simples sous-genres.

Les Phyllosomes forment, à raison de ces différences, trois groupes naturels, qu'on peut distinguer aux caractères suivans :

<table>
<tr><td rowspan="3">PHYLLOSOMES ayant l'abdomen</td><td colspan="2">bien distinct du thorax, grand, divisé en anneaux, et terminé par une nageoire caudale assez développée.</td><td>PHYLLOSOMES ORDINAIRES.</td></tr>
<tr><td rowspan="2">intimement uni au thorax, sans divisions bien distinctes et terminé par une nageoire caudale très-petite.</td><td>Abdomen en général rudimentaire et logé au milieu d'une grande échancrure du bord postérieur du thorax.</td><td>PHYLLOSOMES BREVICAUDES.</td></tr>
<tr><td>Abdomen grand, triangulaire, et occupant toute la longueur du bord postérieur de la carapace.</td><td>PHYLLOSOMES LATICAUDES.</td></tr>
</table>

SOUS-GENRE DES PHYLLOSOMES ORDINAIRES.

Les Phyllosomes de cette division se rapprochent plus que les autres des Caridioïdes et des Amphions ; car leur abdomen, quoique aplati, ressemble beaucoup à celui des Salicoques. Le bouclier céphalique est ovalaire et très-alongé. Les antennes externes sont sétacées, très-longues, en général divisées en plusieurs articles et sans dilatation, en forme d'oreille au côté externe de leur base. Les pates des deux premières paires, qui correspondent aux pates-mâchoires de la seconde et de la troisième paire chez les Décapodes, portent un palpe flabelliforme. La lame thoracique est à peu près circulaire, et son fond postérieur est étroit et peu ou point échancré. Les pates postérieures sont rudimentaires. Enfin l'abdomen est assez grand, ne se rétrécit pas notablement en arrière, se compose d'anneaux bien distincts, et se termine par une nageoire caudale, dont les quatre lames latérales sont presque aussi longues que la lame médiane.

1. Phyllosome commun. — *P. communis* (1).

Lame céphalique moins large que la lame thoracique, recouvrant la base des pates de la deuxième paire (ou pates-mâchoires externes), alongée et rétrécie en avant. Antennes externes styliformes, notablement plus longues que les pédoncules oculaires, et composées de cinq articles (non compris le pédoncule qui les porte, et qui est seulement un prolongement du bord de la carapace), dont le troisième est très-petit, le quatrième moins long que le pédoncule oculaire, et le dernier à peu près moitié de la longueur du précédent, et point renflé. Bouche située vers le tiers postérieur de la carapace et très-près des mâchoires de la seconde paire, qui ont la forme de grandes lames ovalaires. Pates-mâchoires représentées par un petit appendice cilié, porté sur un tubercule plus large. Pates antérieures (ou pates-mâchoires de la seconde paire) dépassant la bouche, et ayant à leur base, comme les pates suivantes, une petite vésicule. Abdomen guère plus de moitié aussi long que le thorax. Longueur, environ 1 pouce.

Habite les mers d'Afrique et des Indes. (C. M.)

2. Phyllosome stylifère. — *P. stylifera.*

Lame céphalique moins large que la thoracique, et recouvrant la base des pates de la seconde paire. Antennes externes plus longues que les internes, mais un peu moins longues que les yeux, droites, simples, styliformes, et sans divisions bien marquées. Lame thoracique, ovalaire transversalement, et à bord postérieur à peu près droit. Abdomen étroit. Les lames externes de la nageoire caudale plus grandes que les mitoyennes. Premier article

(1) Leach, Journal de physique 1818, p. 307, fig. 11, et Appendice du voyage du capitaine Tuckey au Zaïre, p. 19, Pl. 18, fig. 6. — Latreille, Nouv. Dict. d'hist. nat. et Encyclop. méthod. t. X, p. 119, Pl. 354, fig. 1. — Desmarest, Consid. sur les Crustacés, p. 255, Pl. 44, fig. 5. — Guérin, Magazin zoologique, cl. VII, Pl. 8, fig. 1.

des pates des quatre premières paires portant à son extrémité une forte épine dirigée en arrière.

De l'Océan indien.

3. Phyllosome semblable. — *P. affinis* (1).

Cette espèce ne paraît différer que fort peu du Phyllosome commun, dont elle n'est peut-être qu'une variété d'âge ou de sexe; elle en diffère en ce que ses antennes sont seulement de la longueur des pédoncules oculaires; les pates-mâchoires antérieures ne sont représentées que par un tubercule sans lobe cilié; la lame thoracique est plus étroite que la carapace, et la lame médiane de la nageoire caudale est plus large que longue. Longueur, environ 10 lignes.

Trouvé par M. Lesson dans les mers de la Nouvelle-Hollande et de la Nouvelle-Guinée.

4. Phyllosome clavicorne. — *P. clavicornis* (2).

Carapace ou lame céphalique régulièrement ovalaire, à peu près de même largeur que la lame thoracique, et recouvrant en partie la base des pates de la troisième paire. Antennes externes presque trois fois aussi longues que les pédoncules oculaires, composées de cinq articles distincts, et renflées au bout, leur dernier article étant plus gros que le précédent. Pates-mâchoires antérieures représentées par un tubercule, comme dans les espèces précédentes. Pates antérieures dépassant la bouche, qui est située, comme dans les espèces précédentes, vers le tiers postérieur de la carapace. Abdomen presqu'aussi long que le thorax. Longueur, un peu plus d'un pouce.

Trouvé dans les mers d'Afrique et d'Asie.

---

(1) Guérin, op. cit. Pl. 8, fig. 2.

(2) Leach, Voyage du capitaine Tuckey, Append., et Journal de Physique, 1818, p. 307, fig. 11. — Latreille, Encycl. t. X, p. 11, etc. — Desmarest, Consid. sur les Crust. p. 254, Pl. 44, fig. 4. — Guérin, loc. cit. Pl. 7.

5. Phyllosome a longues cornes. — *P. longicornis* (1).

Carapace alongée, un peu rétrécie en avant, un peu plus large que la lame thoracique, et recouvrant en partie la base des pates de la troisième paire. Antennes externes beaucoup plus longues que le corps, et légèrement renflées vers le bout. Bouche placée comme dans les espèces précédentes; mâchoires externes également lamelleuses; pates-mâchoires antérieures représentées par une lame trilobée, à bords ciliés. Pates portant à leur base deux petites lamelles membraneuses; celles de la troisième paire dépassant un peu la bouche, et celles de la dernière paire armées à leur base d'un petit appendice conique, qui pourrait bien être l'organe mâle. Abdomen à peu près de la longueur du thorax. Lame interne des fausses pates de l'abdomen bilobé du côté interne. Lame médiane de la nageoire caudale étroite et alongée. Longueur, 15 lignes.

Trouvé par M. Lesson dans les mers de la Nouvelle-Hollande et de la Nouvelle-Guinée. (C. M.)

Ce Phyllosome pourrait bien être le mâle de l'espèce précédente.

6. Phyllosome de Freycinet. — *P. Freycinetii* (2)

Carapace ovalaire peu rétrécie en arrière, et dépassant à peine la base des pates de la seconde paire. Antennes externes un peu plus longues que les pédoncules oculaires, styliformes, et composées de cinq articles, dont le dernier est très-grêle. Bouche située vers le milieu de la face inférieure de la carapace, et très-éloignée des mâchoires de la seconde paire, qui sont représentées, comme dans les espèces précédentes, par une lame ovalaire assez grande. Pates-mâchoires antérieures représentées par une lame

(1) Guérin, voyage de la Coquille, et Magaz. zoologique, cl. 7, Pl. 6, fig. 1.

(2) Guérin, voyage de la Coquille, Pl. 5, fig. 3, et Mag. zool. cl. 7, Pl. 9, fig. 1.

trilobée. Thorax plus large que dans les espèces précédentes, et ayant son bord postérieur légèrement concave. Pates antérieures atteignant à peine la bouche. Abdomen presque aussi long que le thorax, et ayant les lames extérieures de sa nageoire caudale un peu plus longues que la lame médiane. Longueur, environ 17 lignes.

Trouvé par M. Lesson dans les mers de la Nouvelle-Guinée. (C. M.)

Le Phyllosome a front échancré (1) de Latreille appartient à cette division du genre Phyllosome, mais il a été décrit d'après un individu trop mutilé pour qu'on puisse y assigner des caractères précis.

Sous-genre des Phyllosomes brévicaudes.

Dans ce groupe l'abdomen présente à peu près la même forme que dans la division précédente, mais est en général presque rudimentaire, et est toujours logé au milieu d'un angle rentrant formé par le bord postérieur de la lame thoracique ; les fausses pates sont ordinairement réduites à l'état de vestiges, et la nageoire caudale est en général très-incomplète. La conformation des antennes externes est également caractéristique ; ces appendices sont moins longs que les antennes internes, et ont la forme d'une lame sans divisions transversales, qui présente en dehors un prolongement articuliforme ou une pointe, et qui semble être elle-même un simple prolongement du bord. Les pates-mâchoires antérieures sont presque toujours réduites à un état encore plus rudimentaire que dans le sous-genre précédent, et les pates des deux premières paires manquent de palpe flagelliforme.

(1) *Phyllosoma lunifrons*, Latreille, Nouv. Dict. d'hist. naturelle, t. XVI, p. 36; et Encyclop. méthod. t. X, p. 119. — *Phyllosoma lunifrons*, Desmarest, Consid. sur les Crust. p. 255. — *Phyllosoma lunifrons*, Guérin, Mag. zool. cl. VII, Pl. 13, fig. 3

7. Phyllosome laticorne. — *P. laticornis* (1).

Carapace ovalaire plus large en avant qu'en arrière et recouvrant la base des antennes externes. *Antennes externes plus longues que le pédoncule des antennes internes, très-larges, et présentant en dehors un grand lobe auriculiforme.* Mâchoires de la seconde paire conformées comme chez les Phyllosomes de la section précédente, et portant, outre la grande lame ovalaire terminale, un petit lobe antérieur. Pates-mâchoires antérieures représentées par une lame trilobée. Lame thoracique deux fois plus large que longue. Pates postérieures semblables aux précédentes. Abdomen assez grand, presque aussi long que le thorax, et divisé en anneaux bien distincts, mais n'occupant qu'environ le tiers de la longueur de la grande échancrure semi-circulaire formée par le bord postérieur de la lame thoracique. Nageoire caudale grande, et ayant ses cinq lames à peu près de même longueur. Longueur, plus de 2 pouces et demi.

Trouvé dans les mers de l'Inde. (C. M.)

8. Phyllosome indien. — *P. indica* (2).

Carapace recouvrant la base des pates de la seconde paire, et notablement plus large que la lame thoracique. Antennes externes de même forme que chez les Phyllosomes brévicornes, mais plus larges à leur base. Mâchoires externes représentées par un tubercule bilobé. *Pates de la dernière paire presque aussi grandes que les précédentes*, et conformées de même. Abdomen élargi vers sa base, et dépassant un peu le niveau de la lame thoracique.

---

(1) *Cancer cassideus*, Forster, Nachtricht von einen neuer Insekten, Naturforscher, n°. 17, 1782, Pl. 5. — *Phyllosoma laticornis*, Leach, voyage du capitaine Tuckey, Suppl. p. 20, Pl. 18, fig. 10, et Journal de physique, 1818. — Latreille, Encycl. méth. t. X, p. 119, Pl. 354, fig. 4. — Desmarest, Considérations sur les Crustacés, p. 255, Pl. 44, fig 7. — Guérin, voyage de la Coquille, Crustacés, Pl. 5, fig. 1, et Magazin zoologique, cl. VII, Pl. 9, fig. 2.

(2) Edw. Bulletin des sc. nat. de Férussac, t. 23, p. 148.

Fausses pates des quatre premières paires rudimentaires, mais distinctement bilobées ; celle du pénultième article dépassant de chaque côté et en arrière la lame caudale médiane. Longueur, environ 3 pouces.

Trouvé dans l'Océan indien par M. Reynaud. (C. M.)

Le PHYLLOSOME AUSTRAL de MM. Quoy et Gaimard (1) ressemble beaucoup à l'espèce précédente, mais paraît en différer par un développement bien plus considérable de l'abdomen.

9. PHYLLOSOME BRÉVICORNE. — *P. brevicornis* (2).

Carapace ovalaire, et ne s'étendant pas au-dessus de la base des pates de la seconde paire. *Antennes externes minces, ne dépassant que de peu le second article des antennes internes, et ne présentant au côté externe qu'un lobe rudimentaire.* Mâchoires de la deuxième paire réduites à de simples tubercules sans lobe terminal, et assez éloignées, à leur base, des tubercules qui représentent les pates-mâchoires. Lame thoracique grande et beaucoup plus large que longue. *Pates de la dernière paire presqu'aussi grandes que les autres*, et conformées de la même manière. Abdomen extrêmement petit, mais atteignant presque le niveau des angles latéro-postérieurs de la lame thoracique, et à peine élargi à sa base. Fausses pates rudimentaires, mais celles de la dernière paire obscurément brilobées, et dépassant latéralement le dernier segment abdominal, qui est large et très-court. Longueur, environ 20 lignes.

Trouvé dans les mers d'Afrique et d'Asie. (C. M.)

---

(1) *Phyllosoma australis*, Quoy et Gaimard, voyage de l'Uranie, partie zoologique, Pl. 82, fig. 1. M. Guérin pense que ce Phyllosome doit être rapporté au P. brévicorne, mais cela ne nous paraît pas probable.

(2) Leach, voyage du capitaine Tuckey, Supplém. Pl. 20, fig. 9, et Journal de physique, t. LXXXVI (1818). — Latreille, Nouv. Dict. d'hist. nat. et Encyclop. méthodique, t. X, p. 119, Pl. 354, fig. 3. — Desmarest, Considérations sur les Crustacés, p. 255. — Guérin, Magazin zoologique, cl. VII, Pl. 10 et 11, fig. 1.

10. PHYLLOSOME STYLICORNE — *P. stylicornis*.
(Planche 28, fig. 1-7.)

Carapace ovalaire, un peu rétrécie postérieurement, et ne *s'étendant pas au-dessus des pates de la deuxième paire*. Antennes externes plus courtes et plus grêles que dans l'espèce précédente. Mâchoires de la seconde paire représentées par un tubercule portant à son sommet un lobe ovalaire bien distinct. Vestiges des pates-mâchoires antérieures situées contre la base des mâchoires externes. Lame thoracique plus large que la carapace. Pates postérieures semblables aux autres. Abdomen réduit à un petit tubercule aplati, qui n'occupe qu'environ la moitié de la longueur de l'échancrure postérieure du thorax, et se termine par une lame arrondie, plus longue que large. Fausses pates encore plus rudimentaires que dans l'espèce précédente; celles du pénultième anneau simples et complétement cachées sous la lame terminale de l'abdomen. Longueur, environ 2 pouces.

Trouvé dans l'Océan indien par M. Reynaud.

11. PHYLLOSOME TRONQUÉ. — *P. detruncata*.

Carapace un peu rétrécie en avant, et recouvrant la base des pates de la seconde paire. Pédoncules oculaires très-longs. Antennes externes un peu plus larges que chez le P. brévicorne, mais de même forme. Lame thoracique beaucoup moins large que la carapace, et tronquée en arrière de façon que le point le plus reculé corresponde à l'insertion des pates de l'avant-dernière paire. *Pates postérieures rudimentaires*. Abdomen rudimentaire, et ne présentant que des vestiges de fausses pates. Longueur, 18 lignes.

Trouvé dans l'Océan atlantique par M. Reynaud. (C. M.)

SOUS-GENRE DES PHYLLOSOMES LATICAUDES.

Les Phyllosomes de cette division sont remarquables par la grande largeur de leur carapace, et surtout par la conformation de leur abdomen, qui est triangulaire, et occupe tout l'espace compris entre la base des pates postérieures, et se continue sans interruption avec le thorax, de façon à former avec lui une seule lame. Les antennes externes sont courtes, lamelleuses, et garnies en dehors d'un prolongement auriculiforme, comme dans le sous-genre précédent. La disposition des mâchoires externes et des pates-mâchoires antérieures est la même que chez les Phyllosomes ordinaires; tandis que les pates des deux premières paires manquent de palpe flabelliforme comme chez les Phyllosomes brévicaudes. Les pates postérieures sont rudimentaires. Enfin l'abdomen se termine par une nageoire à cinq lames assez grandes; mais les fausses pates des anneaux précédents sont rudimentaires.

12. Phyllosome épineux. — *P. spinosa* (1).

Carapace beaucoup plus large que longue, un peu pointue en arrière, et recouvrant la base des pates de la troisième paire. Lobe externe des antennes externes beaucoup plus petit que la lame interne. *Yeux sphériques.* Pates de la seconde paire courtes, mais dépassant la carapace dans plus de la moitié de leur longueur; celles de la troisième paire plus longues que celles de la quatrième. Une épine assez grosse à l'extrémité du second article des pates de la troisième, de la quatrième, de la cinquième et de la sixième paires. Pates postérieures beaucoup moins longues que l'abdomen. Abdomen court; son dernier segment grand, plus long que large, et *terminé par deux petites cornes* séparées par un bord arrondi; les quatre lames latérales de la nageoire caudale ne dépassant pas la base de ces cornes; fausses pates bifides, mais sans articulations, et très-courtes. Longueur, environ 15 lignes.

Trouvée près des Açores par M. Reynaud. (C. M.)

(1) Edw. Bulletin de Férussac, sc. nat. t. 23, p. 148.

13. Phyllosome de la Méditerranée. — *P. Mediterranea* (1).

Cette espèce est extrêmement voisine de la précédente, dont elle ne se distingue guère que par la forme des *yeux qui, au lieu d'être sphériques, sont alongés et rétrécis vers le bout, de manière à ressembler à une poire renversée.* Le second article des pates (celui qui suit l'insertion du palpe flabelliforme) paraît manquer d'épine à son extrémité. Enfin les pates de la seconde paire sont au moins aussi longues que celles de la troisième, et ces dernières sont notablement plus courtes que les suivantes.

Habite la Méditerranée.

14. Phyllosome de Duperrey. — *P. Duperreyi* (2).

Carapace presque circulaire, échancrée en arrière, et dépassant de beaucoup la base des pates de la quatrième paire. Antennes externes très-larges, ayant leur lobe externe presque aussi grand que la portion terminale de leur lame interne. Pates de la seconde, de la troisième et de la quatrième paires à peu près de même longueur; celles de la septième paire dépassant l'abdomen. *Lame médiane de la nageoire caudale plus large que longue, quadrilatère, et ayant ses angles latéro-postérieurs moins saillans que le milieu de son bord postérieur.* Lames externes plus longues que la médiane. Longueur, 16 lignes.

Trouvé au port Jackson par M. Lesson.

15. Phyllosome de Reynaud. — *P. Reynaudii* (3).

Espèce très-voisine du P. épineux, mais dont les pates de la

(1) *Chrysoma Mediterranea*, Risso, Hist. nat. de l'Europe méridion. t. V, p. 88, Pl. 3, fig. 9. — *Phyllosoma Mediterranea*, Guérin, Magazin zoologique, cl. VII, Pl. 13, fig. 2. — Roux, Crustacés de la Méditerranée, Pl. 25.

(2) Guérin, Voyage de la Coquille, Crust. Pl. 5, fig. 2, et Mag. zool. cl. VII, Pl. 12.

(3) Guérin, Mag. zool. cl. VII, Pl. 13, fig. 1.

seconde paire sont si courtes, qu'elles dépassent à peine le bord de la carapace, et dont l'abdomen est beaucoup plus étroit. Peut-être n'en est-ce qu'une variété d'âge ou de sexe.

Trouvé sur les côtes de l'Inde par M. Reynaud.

Le Phyllosome ponctué (1) de Lesson devra former le type d'un sous-genre, ou même d'un genre distinct, si la figure qui en a été publiée est exacte; ce qui, au reste, nous paraît peu probable.

Genre AMPHION. — *Amphion* (2).

Les Crustacés que j'ai désignés sous le nom d'*Amphion*, se rapprochent des Phyllosomes plus que tous les autres Stomapodes; mais, sous certains rapports, ils ressemblent aussi aux Alimes et aux Mysis, et ils établissent naturellement le passage entre ces animaux. Leur bouclier céphalique ou carapace est foliacé comme celui des Phyllosomes, mais est étroit, alongé et bombé comme chez les Alimes; les divers appendices de la portion céphalo-thoracique du corps diffèrent à peine de ceux des Phyllosomes; enfin la forme de l'abdomen et de la nageoire caudale est celle des Mysis.

Le *bouclier céphalique* (3) est très-développé et tout-à-fait lamelleux; il s'étend jusqu'à l'origine de l'abdomen et cache la base des pates; son diamètre longitudinal est plus du double de son diamètre transversal, et de chaque côté il se recourbe un peu en bas; son bord antérieur est presque droit, et laisse à découvert l'anneau qui porte les yeux. Il n'y a pas de trace de rostre; mais de chaque côté l'angle, formé par la réunion de ce bord avec le bord latéral, se prolonge en avant en manière d'épine. Enfin le bord postérieur de la carapace, qui est court et presque droit, se continue avec les bords latéraux sans former d'angles bien marqués.

(1) Guérin, Mag. zool. cl. VII, Pl. 11, fig. 2.
(2) Edwards, Annales de la société entomologique, t. I, p. 336.
(3) Pl. 28, fig. 8.

Les yeux sont très-gros ; leur portion terminale a la même forme que celle des Phyllosomes : mais la tige étroite qui les supporte, au lieu d'être très-longue comme chez ces Crustacés, est extrêmement courte. Les quatre *antennes* (1) s'insèrent sur la même ligne, immédiatement au-dessous et en arrière des pédoncules oculaires. Celles de la première paire ont la même forme générale que chez les Phyllosomes ; leur portion basilaire se compose de trois articles grêles et cylindriques, dont le premier et le dernier sont les plus longs, et elles se terminent chacune par deux petites tiges filiformes, dont l'interne est très-courte, et l'externe à peu près de la longueur de la portion basilaire. Les antennes externes sont beaucoup plus développées, et ne ressemblent pas du tout à celles des Phyllosomes ; elles se rapprochent beaucoup, par leur forme générale, de celles des Alimes ; mais, au lieu d'être dirigées en bas et en dehors, elles se portent directement et en avant. Leur premier article, qui n'est pas bien distinct, donne insertion en dedans à une tige cylindrique, et en dehors à un grand appendice lamelleux cette lame, à peu près ovalaire, dépasse de beaucoup le niveau de la portion basiliaire des antennes internes ; ses bords interne et antérieur sont ciliés, et son bord externe se termine par une épine. La tige est composée de deux petits articles basilaires très-courts, et d'un long article terminal légèrement renflé vers le bout ; sa longueur est d'environ le double de celle de la lame qui en recouvre la base.

La disposition de la *bouche* est à peu près la même que chez les Phyllosomes ; elle est très-éloignée des antennes, et forme, vers le tiers antérieur du bouclier céphalique, un petit tubercule arrondi, de la partie postérieure de laquelle naît le thorax. Les parties qui entrent dans sa composition sont : un labre, deux mandibules, une languette, deux paires de mâchoires et deux paires de pates-mâchoires. Le *labre* est transversal et peu développé. Les *mandibules* ne

(1) Pl. 28, fig. 9.

portent pas de palpe, et sont en grande partie cachées par la languette, qui est bilobée. Les *mâchoires* de la première paire sont presque rudimentaires, et ne m'ont paru consister que dans une petite lame cornée, dont le bord est cilié. Celles de la seconde paire se composent de deux articles, dont le premier présente en dedans un prolongement garni d'épines. Les *pates mâchoires* de la première et de la seconde paire, qui chez les Phyllosomes n'existent qu'à l'état de vestiges, et n'entrent pas dans la composition de l'appareil buccal, sont au contraire ici très-développées et appliquées sur les mâchoires. Celles de la première paire présentent au dedans plusieurs languettes garnies de poils à leurs extrémités et au côté externe de leur base un grand appendice foliacé et ovalaire. Les pates-mâchoires de la seconde paire sont beaucoup plus développées que les précédentes ; leur article basilaire est lamelleux, et porte à sa partie antérieure, 1° une tige cylindrique composée de trois articles ; 2° un appendice flabelliforme, ou une espèce de palpe qui s'avance au côté externe de la tige, et la dépasse. Le *thorax* est aplati comme chez les Phyllosomes, mais plus étroit et complétement caché sous la carapace. Il donne attache à six paires de *pates* ayant absolument la même disposition que chez ces derniers Crustacés : toutes sont grêles et cylindriques, et à l'extrémité de leur deuxième article naît un appendice palpiforme, composé d'un article cylindrique terminé par une soie multi-articulée et ciliée. Les pates de la première paire, celles qui correspondent aux pates-mâchoires externes des Décapodes, s'insèrent très-loin de la bouche, et sont beaucoup plus courtes que les autres ; leur deuxième article se termine en avant par une épine aiguë. Les pates des trois paires suivantes deviennent de plus en plus longues, et ont au bord leur troisième article, une, deux ou trois épines semblables à celle qui existe à l'extrémité du second article. Les pates de la cinquième paire, qui sont un peu moins longues que celles de la quatrième paire, présentent la même disposition ; enfin celles de la dernière sont beaucoup plus courtes que les précédentes, et ne présentent pas d'épines bien distinctes. L'*abdomen* est presque aussi long que la portion céphalo-thoracique du corps, et se compose de sept segmens. Sa forme est la même que celle de l'abdomen des Salicoques, et il se termine par une nageoire en éventail, dont la pièce médiane (formée par le septième anneau) est lancéolée, et dont les pièces latérales sont ovalaires. Quant aux appendices fixés sous les cinq premiers anneaux de l'abdomen, ils sont presque rudimentaires.

On ne connaît qu'une seule espèce appartenant à cette division générique.

L'AMPHION DE REYNAUD. — *A. Reynaudii* (1).
(Pl. 18, fig. 8.)

Sa longueur est d'environ 1 pouce; et ses tégumens, à l'exception de ceux de l'abdomen, sont diaphanes. Ce crustacé a été recueilli en haute mer, dans l'Océan indien, par M. Reynaud, chirurgien de la marine. (C. M.)

FAMILLE DES UNICUIRASSÉS.

Les Crustacés de cette famille sont pourvus d'une carapace assez grande, mais néanmoins ils se rapprochent des Edriophthalmes par la conformation de leur thorax, car la plupart des anneaux de cette portion moyenne du corps sont complets, mobiles et nus, ou simplement recouverts par le bouclier dorsal sans contracter avec lui aucune adhérence. L'indépendance des premiers segmens du corps est même portée plus loin chez ces Crustacés que chez aucun autre,

(1) Edwards, Annales de la société entomogique, t. I, p. 336, Pl. 12, A, fig. 1-10.

car chez la plupart d'entre eux, non-seulement l'anneau ophtalmique, mais aussi l'anneau antennulaire, restent libres (1), et dans quelques-uns on voit à la base des antennes de la seconde paire une pièce transversale qui semble devoir être le représentant de l'arceau inférieur du troisième anneau céphalique, et qui ne serait pas soudée comme d'ordinaire avec l'anneau suivant, dont la carapace est une dépendance. Souvent tous les anneaux thoraciques et céphaliques situés en arrière de ce dernier sont également distincts entre eux et plus ou moins mobiles, mais, à l'exception des quatre derniers, ils sont incomplets en dessus, et représentés seulement par leur arceau sternal. L'abdomen est toujours très-développé, et se compose de sept segmens mobiles, dont le dernier constitue une lame caudale très-grande. Les *yeux* sont gros et renflés vers le bout (2); les *antennes* de la première paire (3) s'insèrent au-dessous et en arrière de leur pédoncule, et se composent d'un pédoncule cylindrique formé de trois articles, et terminé par trois filamens ordinairement multi-articulés. Les antennes de la seconde paire s'insèrent en arrière et en dehors des précédentes, et sont pourvues d'un grand appendice lamelleux fixé sur un article gros et cylindrique, à l'extrémité du premier article de leur pédoncule, qui porte aussi en avant un filament ordinairement multi-articulé (4). La *bouche* est assez éloignée des antennes et portée sur une éminence à peu près triangulaire, dont la base

(1) Pl. 1, fig. 1, *a*, *b*, fig. 1 et 2; Pl. 26, fig. 11; Pl. 27, fig. .
(2) Pl. 1, fig. 1; Pl. 27, fig. 1 et 9; Pl. 28, fig. 10.
(3) Pl. 27, fig. 2 et 10.
(4) Pl. 27, fig. 2 et 10; Pl. 28, fig. 11, etc.

correspond à l'insertion des pates préhensiles (1). La lèvre supérieure est grande, saillante et semi-circulaire. Les *mandibules* (2) sont dirigées en bas et se terminent par deux branches dentées, dont l'une remonte dans l'arrière-bouche vers l'estomac; la tige palpiforme que porte ces organes est toujours petite, et quelquefois rudimentaire ou nulle. La *lèvre inférieure* est grosse, et recouvre en partie l'extrémité des mandibules. Les *mâchoires* sont très-petites et appliquées exactement contre la bouche (3); celles de la première paire se terminent par une espèce de crochet dirigé en dedans, et sont armées d'épines le long du bord interne de leur second article; on y remarque aussi un petit appendice palpiforme rudimentaire. Les mâchoires de la seconde paire sont lamelleuses, à peu près triangulaires, et composées de quatre ou cinq articles placés bout à bout; on n'y voit rien qui ressemble à un appendice flabelliforme. Les membres qui appartiennent au septième anneau céphalique, et qui constituent d'ordinaire les *pates-mâchoires* antérieures, ne paraissent pas appartenir à l'appareil buccal (4); ils sont très-alongés, et constituent une paire de pates grêles, et généralement élargies vers le bout, dont les usages ne sont pas connus. Les membres thoraciques de la première paire, qui sont les analogues des secondes pates-mâchoires des Décapodes et des pates antérieures des Edriophthalmes, présentent un très-grand développement, et constituent de grandes pates dites *ravisseuses*, dont le der-

(1) Pl. 27, fig. 2 et 10.
(2) Pl. 27, fig. 3 et 11; Pl. 26, fig. 12.
(3) Pl. 27, fig. 10, *j*, *k*; fig. 5, 6, etc.
(4) Pl. 27, fig. 2, *g*.

nier article se reploie comme une griffe le long du bord interne de l'article précédent (1), et forme de la sorte une espèce de pince dont l'animal se sert, tant pour sa défense que pour saisir sa proie. Les *pates* des trois paires suivantes sont beaucoup plus petites, et en quelque sorte refoulées en avant, de façon à occuper d'ordinaire une ligne courbe transversale, et à se placer entre la base des pates ravisseuses (2); en général elles sont appliquées sur la bouche, et ne paraissent servir qu'à la préhension des alimens; elles se terminent toutes par une espèce de main ovalaire, armée d'une griffe mobile, disposée de manière à se reployer contre son bord interne. Ces cinq paires de membres portent à leur base, du côté externe, un appendice membraneux, vésiculaire, aplati en forme de disque et pédiculé, qui est l'analogue du fouet, et qui, d'après quelques auteurs, serait un organe de respiration. Les pates thoraciques des trois dernières paires sont assez éloignées entre elles et dirigées en bas (3); elles sont grêles, cylindriques, et presque toujours garnies d'un appendice styliforme qui naît à l'extrémité de leur second article. Les membres abdominaux sont au nombre de six paires; ceux des cinq premières paires sont conformés à peu près comme chez les Décapodes Macroures, si ce n'est que leur pédoncule est beaucoup plus large, et qu'en général ils donnent insertion à des branchies (4). Les appendices du sixième anneau abdominal concourent à former la nageoire caudale; elles sont dirigées en

(1) Pl. 27, fig. 2, *k*.
(2) Pl. 27, fig. 2, *i*, *j*, fig. 13, 14, etc.
(3) Pl. 26, fig. 1; Pl. 27, fig. 9 et fig. 2, *j*.
(4) Pl. 26, fig. 11, et Pl. 27, fig. 7.

dehors, et terminées par deux lames ciliées, entre lesquelles on remarque un grand prolongement lamelleux de l'article basilaire; la branche externe de ces fausses pates est ordinairement composée de deux articles (1). Enfin il existe quelquefois sur le bord postérieur du dernier segment de l'abdomen une paire d'épines mobiles, qui peuvent être considérées comme des vestiges d'une septième paire de membres abdominaux.

Les *branchies* sont rameuses, et composées d'un grand nombre de petits cylindres, portés sur des tigelles, qui à leur tour naissent d'une tige plus grosse (2); quelquefois ces organes manquent complétement ou n'existent qu'à l'état de vestiges, mais en général ils sont très-développés. Ils sont suspendus sous l'abdomen, à la base de la lame externe des fausses pates des cinq premières paires, et flottent librement dans l'eau.

On n'a encore examiné la structure interne que d'un seul genre appartenant à ce groupe, par conséquent nous ne pouvons rien dire de général relativement à leur anatomie.

Cette famille, quoique peu nombreuse, peut être divisée en deux petites tribus reconnaissables aux caractères suivants :

STOMAPODES UNICUIRASSÉS	Ayant la carapace sans divisions et armée d'un rostre styliforme; point de plaque rostrale mobile et des branchies en général rudimentaires.	ERICTHIENS.
	Ayant la carapace divisée en trois lobes, une plaque rostrale mobile et des branchies très-développées.	SQUILLIENS.

(1) Pl. 27, fig. 8 et 9, etc.
(2) Pl. 10, fig. 4, et Pl. 27, fig. 7.

TRIBU DES ERICHTHIENS.

La tribu des Erichthiens se compose d'un certain nombre de petits Crustacés assez voisins des Squilles, mais qui n'ont en général que des branchies rudimentaires, et qui en sont souvent complétement privés. On les reconnaît facilement à la conformation de leur carapace, qui est grande, lamelleuse, en général transparente, sans sillons longitudinaux ni lobes distincts et toujours armés d'un rostre styliforme qui s'avance au-dessus des anneaux ophthalmique et antennulaire (1). Ces deux premiers anneaux de la tête sont moins distincts entre eux que chez les Squilles, mais conformés à peu près de même, et mobiles sur le segment céphalique suivant. Les *antennes internes* s'insèrent au-dessous et en arrière des pédoncules oculaires ; elles sont assez écartées entre elles, et leur pédoncule, grêle et cylindrique, se compose de trois articles, et porte à son extrémité trois filets multi-articulés (2). Les *antennes externes* sont insérées à quelque distance en arrière des précédentes et se dirigent en debors ; leur pédoncule est gros et formé de deux articles, dont le premier donne naissance, par le bord antérieur de son extrémité, à une tige grêle et courte, composée de deux articles pédonculaires et d'un filet multi-articulé, et dont le second porte à son extrémité une grande lame ovalaire à bords ciliés (3). L'*épistome* n'est pas saillant et renflé comme

(1) Pl. 27, fig. 1, et Pl. 28, fig. 10 et 11.
(2) Pl. 27, fig. 2 *d*.
(3) Pl. 27, fig. 2 ; et Pl. 28, fig. 11.

chez les Squilles, et la bouche ressemble à un tubercule pyriforme situé vers le milieu ou vers le tiers postérieur de la face inférieure de la carapace. La *lèvre supérieure* a la forme d'un triangle dont la base serait arrondie et dirigée en arrière. Les *mandibules* (1) sont verticales, renflées à leur base, et armées de deux branches à bords dentelées, dont la supérieure s'élève dans l'intérieur du pharynx; leur tige palpiforme est rudimentaire ou nulle. La *lèvre inférieure* (2) est grosse et composée de deux lobes renflés. Les *mâchoires* (3) sont petites et conformées de la même manière que chez les Squilles, si ce n'est que celles de la seconde paire sont plus étroites. Les membres qui représentent les pates-mâchoires antérieures, les pates ravisseuses, les trois paires de pates subchéliformes appliquées contre la bouche, et les trois paires de pates natatoires qui terminent la série des membres thoraciques, sont conformés et disposées de la même manière que chez les Squilles (4), et ont déjà été suffisamment décrits dans les généralités sur cette famille ; il est seulement à noter que souvent les trois paires de pates subchéliformes sont moins rapprochées de la bouche que chez les Squilles, et que celles des trois dernières paires sont quelquefois rudimentaires. La carapace (5) se prolonge plus ou moins loin au-dessus des derniers anneaux du thorax, ou même au-dessus des premiers segmens de l'abdomen, mais sans y adhérer. L'*abdomen* est alongé ; son der-

(1) Pl. 27, fig. 3.
(2) Pl. 27, fig. 4.
(3) Pl. 27, fig. 5 et 6.
(4) Pl. 27, fig. 2.
(5) Pl. 27, fig. 1 et 2 ; Pl. 28, fig. 10 et 12.

nier segment est très-grand, et recouvre en entier les appendices de l'anneau précédent, qui sont courts, mais conformés de la même manière que chez les Squilliens (1). Enfin les fausses pates suspendues aux cinq premiers anneaux de l'abdomen sont plus grêles et plus allongées que dans l'autre division de cette famille, et, comme nous l'avons déjà dit, ne présentent en général que des vestiges de *branchies*.

Les Erichthiens ne se rencontrent guère que dans la haute mer, et n'ont été trouvés jusqu'ici que dans les régions tropicales. On peut reconnaître aux caractères suivans les trois genres dans lesquels nous les répartissons :

			Genres.
ERICTHIENS	ayant la griffe des pates ravisseuses courbe et armée de dents sur son bord préhensile ; les branchies très-développées.		SQUILLERICHTHE.
	ayant la griffe des pates ravisseuses droite et sans dents ; les branchies nulles ou rudimentaires.	Carapace recouvrant l'anneau ophthalmique et la base des yeux, et s'étendant en arrière plus ou moins loin au-dessus de l'abdomen.	ERICHTHE.
		Carapace ne recouvrant pas l'anneau ophthalmique ni la base des yeux et ne s'étendant pas au-dessus de l'abdomen.	ALIME.

(1) Pl. 27, fig. 8.

Genre SQUILLERICHTHE. — *Squillerichthus.*

Nous proposerons de désigner sous le nom générique de Squillerichthe certains Stomapodes qui établissent le passage entre les Squilles et les Érichthes, et se lient d'une manière très-étroite à ces deux genres.

De même que chez les Érichthes, la *carapace* est armée de prolongemens spiniformes et recouvre la base des antennes internes, mais en arrière, elle ne dépasse pas (les épines non comprises) le dernier anneau du thorax (Pl. 27, fig. 1). Le rostre est stiliforme et très-long. Les yeux sont gros, pyriformes et articulés, à angle droit, sur un pédoncule cylindrique très-grêle et assez long. L'anneau ophthalmique n'est pas distinct de l'anneau antennulaire comme chez les Squilliens, mais le mode d'insertion des antennes est le même que chez ces animaux et chez les Érichthes (Pl. 27, fig. 2). Les *antennes* de la première paire sont dirigées en avant et ne présentent rien de remarquable. Les antennes externes sont dirigées en dehors, comme chez les Érichthes, et présentent aussi un gros pédoncule portant à son extrémité une grande lame ovalaire, ciliée tout autour et donnant insertion, par son bord antérieur, à une tigelle très-courte, et composée de deux articles pédonculaires et d'un filet terminal. La *bouche* est peu éloignée de la base des antennes, et située vers le milieu de la carapace. La *lèvre supérieure* est grande, demi-circulaire et saillante. Les *mandibules* sont dirigées en bas comme chez les Squilles; on y remarque aussi une grosse dent denticulée, et un prolongement également dentelé sur le bord, qui remonte vers l'estomac (fig. 3); mais la tige palpiforme est nulle ou rudimentaire. En arrière des mandibules on trouve une grosse lèvre inférieure bilobée (fig. 4); puis deux paires de *mâchoires,* dont la forme est la même que chez les Squilliens (fig. 5 et 6). Les appendices qui correspondent aux *pates-mâchoires* de la première paire ne présentent rien de remarquable, ils ont la forme d'une tige longue et grêle, et, de même que les autres Crustacés de cette famille, ne paraissent pas faire partie de l'appareil buccal (fig. 2). Les membres de la paire suivante sont très-grands, et constituent des *pates ravisseuses* exactement semblables à celles des Squilles; leur pénultième article est élargi et épineux vers la base; leur griffe terminale est courte et armée de dents spiniformes sur le bord préhensile. Les pates des trois paires suivantes s'insèrent sur une ligne transversale courbe, immédiatement en arrière des pates ravisseuses, et sont habituellement appliquées contre la bouche, exactement comme chez les Squilliens (fig. 2); chacune d'elles porte à sa base une vésicule aplatie en forme de disque, et se termine par une main chélifère ovalaire. Les trois derniers anneaux thoraciques sont complets et libres au-dessous de la carapace, qui en recouvre les deux premiers. Les trois paires de *pates* correspondantes sont de grandeur médiocre, et conformées comme chez les Squilliens, seulement leur dernier article n'est pas sétifère. L'*abdomen* est grand, et ressemble beaucoup à celui des Squilles, si ce n'est que son dernier segment est beaucoup plus grand et recouvre habituellement les membres du pénultième anneau (fig. 1). Ces derniers organes se composent, comme chez les Squilles, d'un article pédonculaire qui se prolonge inférieurement en une grande lame, et porte deux appendices insérés sur ses bords près de sa base (Pl. 27, fig. 8); l'appendice interne consiste en une grande lame ciliée, l'externe se compose de deux articles, dont le dernier est ovalaire, et le pénultième armé d'épines sur le bord externe. Les *fausses pates* suspendues aux cinq premiers anneaux de l'abdomen, sont grandes et formées d'un article pédonculaire presque carré, et de deux grandes lames ovalaires, à bords ciliés; la lame interne porte sur son bord interne un petit appendice rudimentaire, et l'externe donne insertion près de sa base à une grande *branchie* rameuse (fig. 7).

Ces Crustacés sont de petite taille, et n'ont été encore trouvés que dans les mers d'Asie.

1. Squillerichthe type. — *S. typus.*
(Pl. 27, fig. 1-8.)

Rostre dépassant le pédoncule des antennes internes; une grande épine horizontale sur le milieu du bord postérieur de la carapace ; et de chaque côté un autre prolongement spiniforme plus long, naissant de l'angle de la carapace; enfin une pointe assez forte vers le milieu du bord latéral de la carapace, et un autre au-dessus de la base des antennes externes. Griffes des pates ravisseuses, armées de quatre dents (y compris la pointe terminale). Le dernier anneau thoracique n'est pas recouvert par la carapace, et l'abdomen est très-grand. Son dernier segment est beaucoup plus long que large, et armé de trois paires de dents marginales. Longueur, environ 15 lignes.

Trouvé dans les mers d'Asie. (C. M.)

2. Squillerichthe épineux. — *S. spinosus.*

Carapace armée de longs prolongemens spiniformes comme dans l'espèce précédente, et ayant à peu près la même forme; mais ayant en outre son *bord latéral garni en dessous d'une série d'épines assez fortes.* Dernier anneau thoracique recouvert par la carapace. Griffes des pates ravisseuses armées de deux dents seulement. Abdomen de longueur médiocre, et ayant son dernier segment presqu'aussi large que long. Longueur, 6 lignes.

Trouvé par M. Dussumier dans le golfe du Bengale. (C. M.)

Genre ERICHTHE. — *Erichthus* (1).

Le genre Éricthe de Latreille se compose de quelques Crustacés de haute mer, qui ressemblent beaucoup par leur organisa-

(1) *Squilla*, Fabricius, Suppl. Ent. Syst.—*Erichthus*, Latreille, Règ. anim. de Cuvier, 1re édit. t. III. — *Smerdis*, Leach, Voyage de Tuckey, etc. — *Erichthus*, Lamarck, Anim. sans vert. t. V, p. 185. — Desmarest, Consid. sur les Crust. p. 251. — Latreille, Encyc. t. X, p. 474, etc.

tion aux Alimes, mais qui n'ont pas le corps alongé comme ces derniers (Pl. 28, fig 10). Leur *carapace* est très-grande, bombée et armée de prolongemens spiniformes ; elle recouvre en entier la base des pédoncules oculaires, ainsi que des antennes, et s'étend en arrière plus ou moins loin au-dessus de l'abdomen, qui est court et gros. Les *yeux* sont gros, pyriformes, et ne sont pas portés sur une tige grêle et alongée, comme chez les Squillerichthes et les Alimes. Les *antennes* ne présentent rien de remarquable, si ce n'est que la tigelle de celles de la seconde paire est souvent rudimentaire, et que celles de la première paire sont assez courtes. La *bouche* est conformée de la même manière que chez les Squillerichthes, seulement les mâchoires externes sont extrêmement petites et plus étroites. Les *pâtes-mâchoires* de la première paire sont extrêmement grêles et de longueur médiocre ; elles ne s'élargissent qu'à peine vers l'extrémité, et portent au bout un ongle rudimentaire. Les *pâtes ravisseuses* sont peu développées ; leur griffe est presque droite et sans dentelures, et le pénultième article est grêle, alongé, droit et dépourvu d'épines. Les pates des trois paires suivantes sont conformées de la même manière que chez les Squillerichthes, mais s'insèrent les unes à la suite des autres ; la vésicule aplatie, fixée à la base de chacun de ces organes, ainsi que des membres des deux paires précédentes, est très-grande. Les pates thoraciques des trois dernières paires sont conformées de la même manière que chez les Squilles et les Squillerichthes, mais sont peu développées, et manquent quelquefois de l'appendice styliforme ; d'autres fois elles sont tout-à-fait rudimentaires, et ne se composent que d'un petit pédoncule, terminé par deux articles, à peu près comme les fausses pates abdominales, mais beaucoup plus petites. L'*abdomen* est large et court ; la nageoire caudale qui le termine est disposée comme chez les Squillerichthes, et les fausses pates des premières paires sont grosses et terminées par deux grandes lames ovalaires, sur l'une desquelles on trouve une branchie rudimentaire.

§ *Espèces dont le rostre est très-long et dépasse sensiblement l'extrémité des antennes internes.*

1. Érichthe vitré. — *E. vitreus* (1).

Carapace courte, faiblement bombée, renflée latéralement en avant, et armée, 1°. d'un rostre styliforme et droit qui n'a pas une fois et demie la longueur des antennes internes; 2°. de deux pointes latéro-antérieures très-petites; 3°. d'une pointe médiane très-courte, située près du bord postérieur; 4°. d'une petite dent très-courte, située vers le milieu de chacun des bords latéraux, et dirigée en dedans; 5°. d'un long stylet occupant chacun des angles latéro-postérieurs, et se prolongeant jusqu'au niveau du dernier anneau abdominal; 6°. enfin d'une petite pointe située au-dessous de chacun de ces derniers stylets. Dernier segment de l'abdomen terminé par un bord épineux, et par deux cornes un peu infléchies en dedans; deux dents marginales de chaque côté sur le bord latéral de cette lame caudale. Prolongement lamelleux de l'article basilaire des fausses pates du sixième anneau abdominal triangulaire, et armé d'une petite dent sur son bord externe; lame externe de ces appendices à peine épineuse sur le bord. Point d'épines sur le segment dorsal du sixième anneau abdominal. Branchies rudimentaires. Longueur, environ 6 lignes.

Trouvé en haute mer dans l'Océan atlantique austral. (C. M.)

2. Érichthe hérissé. — *E. aculeatus.*
(Pl. 28, fig. 10.)

Carapace courte, renflée postérieurement, ainsi que sur les côtés, et armée comme dans l'espèce précédente, si ce n'est que

(1) *Squilla vitrea*, Fabricius, Supplém. Entom. syst. p. 17. — *Erichthus vitreus*, Latreille, Règne anim. de Cuvier, 1re. édit. t. III, p. 43, et 2e. édit. t. IV, p. — Lamarck, Hist. des anim. sans vert. t. V, p. 189. — *Smerdis vulgaris*, Leach, Voy. du cap Tuckey, App. Pl. 18, fig. 6. et Journal de physique, t. LXXXVI, p. 305, fig. 6. — Latreille, Encyclop. Méth. Pl. 354, fig. 7 — *Erichthus vitreus*, Desmarest, Consid. sur les Crustacés, p. 252, Pl. 44, fig. 2.

le rostre est un peu plus long et relevé vers le bout, que l'épine médiane de son bord postérieur est très-grande, et constitue un gros stylet presque vertical, que les stylets latéro-postérieurs sont un peu plus courts, et que les dents situées vers le milieu du bord latéral prennent un très-grand développement, et constituent des stylets dirigés en bas et aussi longs que le rostre. Pates thoraciques des trois dernières paires rudimentaires. Dernier segment de l'abdomen arrondi au bout, et garni de trois paires de petites dents marginales à peu près égales. Branchies nulles. Longueur, environ 4 lignes.

Trouvé en haute mer dans l'Océan atlantique austral, par M. Reynaud. (C. M.)

3. Érichthe longicorne. — *E. longicornis.*

Carapace alongée, renflée ni en dessus ni sur les côtés; rostre droit, et plus de deux fois aussi long que les antennes externes; dents latéro-antérieures de la carapace assez grandes; épine médiane du bord postérieur représentée seulement par un petit tubercule; cornes latéro-postérieures médiocres, ne dépassant pas le quatrième anneau abdominal; la dent située au-dessous de ces cornes médiocre, et celle placée vers le milieu du bord latéral médiocre et séparée de la précedente par une série d'environ dix-huit petites pointes rudimentaires rangées sur une ligne droite. Pates thoraciques des trois dernières paires assez grandes. Abdomen grand; son dernier segment de même forme quechez l'Erichthe vitré; deux petites épines sur le bord postérieur de l'arceau dorsal du sixième anneau abdominal; lame externe des appendices de ce segment très-épineuse sur le bord. Des branchies rudimentaires sur les fausses pates des cinq premiers anneaux de l'abdomen. Longueur, 1 pouce.

Trouvé dans le canal Mozambique par M. Dussumier. (C. M.)

5. Érichthe triangulaire. — *E. triangularis.*

Carapace grande, déprimée, très-élargie en arrière, et paraissant triangulaire lorsqu'on la regarde en dessus. Rostre droit, légèrement infléchi et de longueur médiocre. Front grand et triangulaire. Stylet médio-postérieur vertical et très-grand ; les deux stylets latéro-postérieurs également grands, et se continuant antérieurement avec une crête horizontale et légèrement courbée, au-dessus de laquelle la carapace s'infléchit brusquement en dessous ; bord latéral de la carapace arrondi, et sans épine vers sa partie moyenne. Bord postérieur de la carapace droit et situé au-dessus du quatrième anneau de l'abdomen ; les épines qui le terminent de chaque côté, situées assez loin de la base des stylets latéro-postérieurs. Pédoncules oculaires gros et courts. Pates thoraciques des trois dernières paires bien développées. Dernier segment de l'abdomen plus large que long, mais de même forme que chez l'Érichthe vitré ; deux petites épines sur la face supérieure du pénultième anneau, dont les appendices dépassent la seconde paire d'épines du septième segment. Des branchies rameuses, rudimentaires sur toutes les fausses pates. Longueur, 10 lignes.

Habite la mer de l'Inde. (C. M.)

6. Érichthe couverte. — *E. tectus.*

Carapace à peu près de même forme que dans l'espèce précédente, mais plus grande, s'étendant jusque sur le cinquième anneau de l'abdomen, et armée d'une épine styliforme assez forte sur le milieu de son bord latéral. Pates thoraciques des trois dernières paires rudimentaires. Abdomen très-large ; appendices du sixième anneau très-courts. Point de branchies.

Trouvée dans les mers de l'Inde, par MM. Quoy et Gaimard. (C. M.)

7. Érichthe pyramidal. — *E. pyramidatus.*

Carapace petite ; très-élargie en arrière, très-élevée, et ayant la forme d'une pyramide à trois pans, dont chaque angle serait armé d'une longue épine styliforme. Épines latérales du front grandes et dirigées en dehors. Point d'épines vers le milieu du bord latéral de la carapace ; bord postérieur échancré. Pates ravisseuses courtes et grosses. Abdomen à peu près de même forme que dans l'espèce précédente. Point de branchies. Longueur, 4 lignes.

Trouvé près de l'île de Sainte-Hélène, par M. Dussumier. (C.M.)

L'Érichthe narval, figuré par M. Guérin dans la partie zoologique du Voyage de la Coquille (1), se fait remarquer par la largeur du rostre, qui est à peu près de même longueur que la carapace, mesurée sur la ligne médiane, et qui est un peu dentée en dessous. La carapace est alongée, droite en dessus, sans dents médio-postérieures et terminée de chaque côté par un prolongement styliforme qui s'étend jusqu'à l'avant-dernier segment abdominal. Les yeux sont médiocrement saillans. L'abdomen est entièrement à découvert; son pénultième segment porte en dessus deux petites épines, et le dernier segment est beaucoup plus long que large, et armé de quatre dents marginales, dont les deux postérieures très-grandes et divergentes; enfin la branche externe des appendices du sixième anneau est dentelée sur le bord externe.

Le Crustacé, figuré par le même entomologiste sous le nom d'Érichthe de Latreille (2), a le rostre et le stylet postérieur de la carapace beaucoup plus courts; le pénultième anneau abdominal est également pourvu de deux petites dents; mais ce qui paraît surtout la distinguer, c'est la forme du dernier segment de l'abdomen, qui est carré, et aussi large que long.

§ B. *Espèces dont le rostre est de longueur médiocre, et dépasse le pédoncule des antennes internes sans atteindre à l'extrémité de ces appendices.*

8. Érichthe armé. — *E. armatus* (3).

D'après la figure que Leach a donnée de cette espèce, on voit

---

(1) Crustacés, Pl. 4, fig. 2-4.

(2) Voyage de la Coquille, Crustacés, Pl. 4, fig. 5 et 6.

(3) *Smerdis armata*, Leach, Voy. du cap. Tuckey, App. Pl. 18, fig. 7; Journal de physique, t. VIII, p. 305, fig. 6. — *Erichthus ar-*

que l'épine médiane du bord postérieur de la carapace est extrêmement grande et relevée en forme de corne ; de chaque côté du bord postérieur on remarque aussi deux prolongemens dentiformes et il ne paraît pas y en avoir sur le bord latéral. Le dernier segment de l'abdomen est plus large que long, et l'anneau précédent porte en dessus deux petites épines. Longueur, environ 5 lignes.

Trouvé sur les côtes d'Afrique.

§ C. *Espèces ayant le rostre extrêmement court* (ne dépassant pas le pédoncule des antennes internes).

ÉRICHTHE DE DUVAUCEL. — *E. Duvaucellii* (1).

Carapace très-large, bombée, et se prolongeant très-bas de chaque côté. Front avancé, recouvrant complétement les anneaux ophtalmique et antennulaire, triangulaire, et armé de chaque côté d'une épine très-forte ; un petit tubercule médian près du bord postérieur de la carapace ; cornes latéro-postérieures grosses, mais très-courtes, et ayant sous leur base une épine rudimentaire ; la portion du bord latéral située entre cette épine et celle du milieu de ce bord, courbe et presque verticale. Abdomen très-large, et ayant ses deux premiers anneaux cachés sous la carapace ; son dernier segment au moins aussi large que long, et arrondi en arrière. Fausses pates grandes, et garnies de branchies assez développées. Longueur, environ 15 lignes.

Trouvé au golfe du Bengale, par M. Dussumier. (C. M.)

GENRE ALIME. — *Alima* (2).

Les Alimes ressemblent extrêmement aux Erichthes, mais ont toujours le corps beaucoup plus alongé et les formes

---

matus, Latreille, Encyclop. Méthod. Pl. 354, fig. 6. — Desmarest, Consid. sur les Crust. p. 252, Pl. 44, fig. 3.

(1) Guérin, Iconographie du Règne animal, Crust. Pl. 24, fig. 3.

(2) Leach, append. au voyage du capitaine Tuckey et Journal de physique 1818. — Latreille, Encyclop. t. X, p. 475, Règne anim. t. IV, etc. — Desmarest, Consid. sur les Crust. p. 252.

sveltes. La *carapace* (Pl. 28, fig. 12) est étroite, droite en dessus, si ce n'est tout-à-fait en arrière, où elle présente souvent une élévation subite, et disposée en manière de toit; le *rostre* est droit et styliforme, et les angles antérieurs de la carapace constituent deux épines acérées, dirigées en avant; les angles postérieurs se prolongent aussi en forme de stylets dirigés en arrière de chaque côté de l'abdomen. Enfin les bords latéraux de la carapace sont presque droits. Les anneaux ophtalmique et antennulaire ne sont pas cachés sous la carapace comme chez les Erichthes, mais se voient à découvert sous le rostre; les *yeux* sont portés sur des pédoncules cylindriques grêles, longs, et dirigés en dehors. Les *antennes* ne présentent rien de particulier. La *bouche* est située très-loin du front, vers le tiers postérieur de la face inférieure de la carapace; la *lèvre supérieure*, les *mandibules*, la *lèvre inférieure* et les deux paires de *mâchoires* ont la même forme que chez les Erichthes et Squillerichthes. Les *pates* thoraciques sont également conformées de la même manière que chez les Erichthes, mais les trois paires de membres qui suivent les pates ravisseuses sont plus rapprochées de la bouche, à peu près comme chez les Squilles. Le bord postérieur de la carapace est ordinairement échancré, de manière à laisser à découvert les deux derniers anneaux thoraciques, et l'*abdomen* est étroit et alongé. Les fausses pates sont grandes, mais sont en général complétement dépourvues de branchies : quelquefois on trouve des vestiges de ces organes sur les membres abdominaux de la première paire, et d'autres fois ils sont représentés par un petit tubercule pédiculé fixé à la lame externe de ces appendices. Enfin la conformation de l'espèce de nageoire caudale formée par le dernier segment abdominal, et les fausses pates du sixième anneau, est tout-à-fait la même que chez les Erichthes.

On ne sait rien sur les mœurs de ces petits Crustacés.

§ *Espèces dont la main des pates ravisseuses n'est pas armée d'épines.*

ALIME HYALIN. — *A. hyalina* (1).

Rostre moins long que le pédoncule des antennes internes ; carapace brusquement relevée au-dessus de la partie postérieure du thorax, et ayant ses angles latéraux médiocrement prolongés. Abdomen long et grêle ; son dernier article très-grand. Longueur, 13 lignes.

Trouvé près du cap Vert.

§§ *Espèces ayant la main des pates ravisseuses armée de dents ou d'épines sur le bord préhensile.*

2. ALIME LATICAUDE. — *A. laticauda.*

Rostre dépassant en général le pédoncule des antennes internes. Carapace très-large, et présentant, près de son bord supérieur, un renflement médian très-élevé, surmonté d'une épine ; son bord postérieur presque droit, et recouvrant l'avant-dernier anneau thoracique. Stylets postérieurs atteignant le niveau de l'antépénultième anneau abdominal. Une douzaine d'épines sur le côté interne du bord latéral de la carapace. Main des pates ravisseuses étroite, et armée de deux épines sur la portion de son bord interne, situé entre le carpe et la pointe de la griffe quand celle-ci est reployée. Abdomen très-étroit, si ce n'est à son extrémité, où il s'élargit tout à coup ; son dernier segment presque aussi large que long. Fausses pates des cinq premières paires grandes, et portant chacune une vésicule ovalaire à la place occupée d'ordinaire par une branchie. Appendice du sixième anneau,

---

(1) Leach, expédition du capitaine Tuckey au Zaïre, Append. Pl. 18, fig 8, et Journal de physique, 1818, p 305, fig. 7. — Desmarest, Consid. sur les Crust. p. 253, Pl. 44, fig. 1. — Latreille, Encyclop. méthod. t. X, p. 475, Pl. 354, fig. 8.

dépassant à peine la première paire d'épines du bord latéral de l'anneau suivant. Longueur, environ 14 lignes.

Trouvé près de la Nouvelle-Guinée, par MM. Quoy et Gaimard. (C. M.)

3. Alime échancré. — *A. incisa.*

Carapace à peu près de même forme que dans l'espèce précédente, mais plus étroite et plus profondément échancrée en arrière, ne recouvrant pas le pénultième anneau thoracique, et armé en arrière de stylets médiocres qui ne dépassent pas le deuxième anneau abdominal; son bord inférieur armé en dedans de quinze à seize épines, dont la plupart sont très-petites. Main des pates ravisseuses élargie en dehors, et armée en dedans de deux grosses épines vers sa base, et d'une série de petites épines tout le long de son bord préhensile. Abdomen s'élargissant graduellement vers le bout, et armé sur les côtés d'épines assez fortes formées par un prolongement de l'angle postérieur de chaque anneau. Dernier segment beaucoup plus long que large, et ayant les épines marginales de la troisième paire droites et assez écartées entre elles. Fausses pates de la dernière paire, grandes, et atteignant la seconde paire d'épines du bord latéral de l'anneau suivant. Des vestiges de branchies rameuses. Longueur, environ 18 lignes.

Des mers de la Nouvelle-Guinée. (C. M.)

4. Alime tenaille. — *A. forceps.*

Carapace étroite, médiocrement renflée en arrière, et échancrée de manière à laisser à découvert les trois derniers anneaux du thorax. Stylets postérieurs médiocres. Pates ravisseuses comme dans l'Alime laticaude. Abdomen long, grêle, et conformé comme l'Alime échancré, si ce n'est que le dernier segment est plus large, et que les appendices de l'anneau précédent sont trop petits pour atteindre la première paire de ses épines marginales; *les dents de son bord postérieur (celles de la troisième paire) grandes, très-rapprochées à leur base, et recourbées dedans comme des tenailles.* Longueur, environ 1 pouce.

Des mers de l'Inde. (C. M.)

5. Alime grêle. — *A. gracilis.*

Carapace de même forme que chez les précédentes, mais ayant les stylets postérieurs plus courts, les épines du bord inférieur plus grosses, et n'atteignent pas en dessus l'antépénultième anneau thoracique. Pates ravisseuses, comme dans l'espèce précédente. Abdomen très-grêle. *Son dernier segment plus de trois fois aussi long que large, et n'ayant que des dents très-petites, disposées comme dans l'Alime échancré. Appendice du sixième anneau n'atteignant pas à beaucoup près la première paire de ces dents.* Des vestiges de branchies tuberculiformes. Longueur, 22 lignes.

Habite la mer des Indes. (C. M.)

L'espèce figurée par M. Guérin, sous le nom d'*Alima triacanthura* (1), appartient à cette division, et paraît se distinguer des espèces précédentes par la brièveté du rostre, le peu de longueur des lames latérales de la nageoire caudale, etc.

L'*Alima longirostris* du même naturaliste, figuré dans l'Iconographie du règne animal, n'a pas encore été décrit, mais paraît être très-voisin de l'espèce précédente (2).

TRIBU DES SQUILLIENS.

Cette division correspond au genre *Squilla* de Fabricius et de la plupart des auteurs, et comprend les trois groupes génériques établis par Latreille sous les noms de Squilles proprement dites, de Gonodactyles et de Coronis. Tous les Crustacés dont elle se compose ont entre eux la plus grande ressemblance,

(1) Voyage de la Coquille, Crust. Pl. 4, fig. 8-13.

(2) Iconogr. Crust. Pl. 24, fig. 4.

et les différences d'après lesquelles ces genres sont établis n'ont peut-être pas autant d'importance qu'on l'avait d'abord pensé.

Les Squilliens sont de tous les Crustacés Podophthalmes ceux dont les divers anneaux constituans du corps sont les plus également développés et les plus indépendans les uns des autres. A l'exception de ceux qui entourent immédiatement la bouche, tous ces anneaux sont plus ou moins mobiles les uns sur les autres, et la plupart sont complets. La carapace (1) ne recouvre ni les deux premiers anneaux de la tête ni les quatre derniers anneaux du thorax, et constitue un bouclier horizontal, à peu près quadrilatéral, qui est divisé longitudinalement en trois lobes plus ou moins distincts, par deux sillons longitudinaux. Au devant de ce bouclier se trouve une petite plaque triangulaire et mobile (2), qui paraît en être une dépendance, et qui recouvre l'anneau antennulaire; sa forme varie, et comme on peut se servir des caractères qu'elle fournit pour la distinction des espèces, nous la désignerons sous le nom de *plaque frontale*. L'anneau qui porte les yeux est petit, à peu près quadrilatère, et mobile sur le segment suivant (3); les *yeux* sont gros, courts et renflés. L'anneau antennulaire (4) est aussi à peu près quadrilatère et mobile, mais plus grand, et donne insertion aux *antennes internes* par son bord antérieur de chaque côté de l'anneau ophtalmique. Ces appendices sont dirigés en avant; leur pédoncule est long, grêle, et composé de trois articles cylindriques,

(1) Pl. 1, fig. 1; Pl. 2, fig. 3; Pl. 26, fig. 11,; Pl. 27, fig. 2.
(2) Pl. 1, fig. 1, *b*, et Pl. 2, fig. 3, *b*.
(3) Pl. 2, fig. 1.
(4) Pl. 2, fig. 3.

enfin ils se terminent par trois filamens multi-articulés, de longueur médiocre. Les *antennes de la seconde paire* s'insèrent sous le bord antérieur de la carapace, de chaque côté de l'anneau antennulaire, et sont conformées à peu près de même que chez les Érichthiens; le premier article de leur pédoncule est gros et court, et se continue avec un article également gros, qui porte à son extrémité une grande lame ovalaire, analogue au palpe ou branche moyenne des membres thoraciques et de l'écaille basilaire de l'antenne externe des Salicoques (1); la branchie interne, qui d'ordinaire prend un grand développement, reste ici grêle et si petite, qu'elle ne semble être qu'un appendice de la branche moyenne; elle naît de l'angle antérieur de l'article basilaire commun, et présente une portion pédonculaire, composée de deux articles cylindriques et d'un filet terminal multi-articulé. L'*épistome* est très-alongé, et constitue une grande masse saillante à peu près triangulaire, dont la base, dirigée en arrière, forme la lèvre supérieure (2). La *bouche* est située vers le tiers postérieur de la carapace, et présente de chaque côté une *mandibule* garnie d'une petite tige palpiforme, qui se dirige en avant sur les côtés de l'épistome; ces mandibules sont voûtées, et se terminent par deux branches divergentes et à bords dentelés, dont l'une remonte verticalement dans l'intérieur de l'œsophage (3). Une lèvre inférieure, profondément bilobée, clot la bouche en arrière et s'applique contre les mandibules. Les *mâchoires de la première paire* sont

(1) Pl. 1, fig. 1, *n*; Pl. 27, fig. 9, etc.
(2) Pl. 27, fig. 10.
(3) Pl. 26, fig. 12, et Pl. 27, fig. 11.

petites, et garnies en dedans d'une lame denticulée sur le bord, et d'un lobe conique recourbé sur lui-même et terminé par des épines; en dehors, ces organes portent aussi un petit appendice rudimentaire (1). Les *mâchoires de la seconde paire* sont plus développées, et recouvrent tout le reste de l'appareil buccal; elles sont lamelleuses, à peu près triangulaires, et composées de plusieurs articles placés bout à bout (2). Les membres, qui d'ordinaire constituent les mâchoires de la seconde paire, forment, comme dans la tribu précédente, deux longues pates, grêles et cylindriques, qui s'avancent de chaque côté de la tête, et ressemblent assez aux pates-mâchoires externes de certains Décapodes Macroures (3); la lame vésiculaire fixée à la base de ces organes est assez grande. Les membres de la paire suivante, qui chez les Décapodes constituent les pates-mâchoires antérieures, acquièrent ici un grand développement, et prennent, comme nous l'avons déjà dit, la forme de pates ravisseuses; ils sont en général reployés trois fois sur eux-mêmes, et rappellent par leur forme les pates antérieures des Insectes du genre Mante; quant à la conformation de leur griffe, elle varie un peu, et fournit ainsi des caractères pour la distinction des Squilles proprement dites, et des Gonodactyles (4). Les membres thoraciques des trois paires suivantes, au lieu d'être dirigés en dehors comme les pates ravisseuses, sont dirigés en avant, et appliqués contre l'appareil buccal; ils s'in-

---

(1) Pl. 26, fig. 13.
(2) Pl. 26, fig. 14, et Pl. 27, fig. 12.
(3) Pl. 26, fig. 15, Pl. 27, fig. 10 *l*. et fig. 13.
(4) Pl. 26, fig. 11, et Pl. 27 fig. 9.

sèrent sur une ligne demi-circulaire, et les derniers se touchent par leur base, et sont pour ainsi dire refoulés entre les précédents, de façon que l'anneau thoracique auquel ils appartiennent paraît au premier abord apode; leur conformation est essentiellement la même que dans la tribu précédente (1). Il en est de même des pates thoraciques des trois dernières paires (2), seulement elles sont plus développées que chez les Érichthiens; leur appendice est tantôt styliforme, tantôt élargi, et l'article qui les termine est en général lamelleux, ovalaire et cilié sur le bord. Les anneaux qui portent ces trois dernières paires de pates, et même celui qui les précède, sont presque entièrement semblables à ceux de l'abdomen, seulement ils ne descendent que peu ou point latéralement en dehors de l'insertion des membres. L'*abdomen* est très-grand et constitue un organe puissant de natation; la nageoire caudale qui le termine est très-grande; l'article basilaire des membres du pénultième segment est très-long, très-gros, et se prolonge postérieurement en une grande lame pointue, qui s'avance entre les deux branches terminales de ces organes; la branche interne consiste, comme d'ordinaire, en une lame ovalaire à bords ciliés, mais, de même que dans les tribus précédentes, la branche externe se compose de deux articles placés bout à bout, dont le premier est assez gros et le second lamelleux (3). Les fausses pates des cinq premiers anneaux abdominaux sont très-grandes; leur article basilaire est quadrilatère, et porte deux branches la-

(1) Pl. 26, fig. 11, et Pl. 27, fig. 14.
(2) Pl. 26, fig. 11 *m*.
(3) Pl. 27, fig. 9, *g*, *h*.

melleuses, dont l'externe donne attache par sa face postérieure, tout près de son pédoncule, à une grande branchie rameuse disposée en forme de panache (1).

La structure intérieure des Squilliens diffère considérablement de celle des Décapodes. Le *cœur* (2), au lieu d'être quadrilatère et d'être renfermé dans la partie moyenne du thorax, a la forme d'un long vaisseau, un peu renflé antérieurement, qui s'étend dans presque toute la longueur de l'abdomen aussi bien que du thorax, et qui fournit latéralement dans chacun des anneaux qu'il traverse une paire de branches artérielles; par son extrémité antérieure, ce vaisseau dorsal donne naissance à trois branches, qui paraissent être les analogues des artères ophthalmique et antennaires des Décapodes; et postérieurement il se termine par une petite artère qui pénètre dans le dernier segment abdominal. Les sinus veineux, dans lesquels le sang se rassemble avant que d'aller aux branchies, sont extrêmement vastes; la cavité principale appartenant à ce système occupe la ligne médiane du corps, et se trouve au-dessous de l'intestin et entre les masses musculaires latérales de l'abdomen; sa paroi inférieure est formée par une lame de tissu cellulaire, qui renferme dans son épaisseur le cordon nerveux ganglionnaire, et qui est accolée aux tégumens de la face inférieure de l'abdomen; de chaque côté il communique avec des lacunes intermusculaires, qui contournent la base des fausses pates, et conduisent aux branchies. Le pédoncule de chacun de ces derniers organes renferme deux vaisseaux longitudinaux, dont

(1) Pl. 10, fig. 4.
(2) Pl. 9, fig. 2.

l'externe paraît être le canal afférent, et l'interne le canal efférent ; ce dernier conduit se continue supérieurement avec un canal irrégulier, à parois formées seulement de tissu cellulaire très-fin, et qui remonte sur les parties latérales de l'abdomen, s'enfonce entre les muscles longitudinaux supérieurs et les viscères, pour gagner la face supérieure du cœur, où l'on voit une double série de petites ouvertures branchiocardiaques.

L'estomac est très-grand et s'avance dans la tête très-loin au devant de l'œsophage, qui est vertical et extrêmement court. La charpente solide de cet organe est bien moins compliquée que chez les Décapodes, et se trouve réduite presque exclusivement à la portion sous-pylorique, qui forme une espèce de valvule au devant de l'entrée de l'intestin. Ce dernier tube est droit, et est entouré d'une masse cellulaire et granulaire qui paraît être le foie, et qui donne naissance latéralement à de petits prolongemens, lesquels s'insinuent entre les muscles de la base des pates (1).

Les organes de la génération se trouvent au-dessus de l'appareil digestif. Dans le mâle, il part de la base de chacune des pates postérieures un long tube grêle, cylindrique et blanc, qui, en faisant un grand nombre de circonvolutions, se dirige en arrière sur les côtés de l'intestin, et se termine vers le tiers antérieur de

(1) Suivant M. Duvernoy, cet organe serait un sinus veineux, mais je crois que l'apparence qui a fait naître cette opinion est dépendante des altérations subies par les Squilles après la mort, car les résultats de la dissection de quelques individus *frais* me paraissent incompatibles avec cette nouvelle détermination proposée par le savant professeur de Strasbourg. (*Voyez* le compte rendu à l'Académie des sciences, du 8 mai 1837.)

l'abdomen dans une masse blanchâtre et lobulée, qui est l'analogue du testicule, et qui s'étend jusqu'à l'anus. Les verges ont la forme de deux tubes cornés, dont la longueur est souvent très-considérable. L'ovaire occupe la même place que le testicule, mais est plus grand (1).

Enfin le système nerveux présente à peu près la même disposition que chez la plupart des Décapodes Macroures; dans l'abdomen, les ganglions sont bien développés, et les cordons doubles; il en est de même pour les ganglions thoraciques des trois dernières paires, mais tous ceux de la portion antérieure du thorax sont réunis en une seule masse ovalaire.

La tribu des Squilliens a été divisée, comme nous l'avons déjà dit, en trois genres, dont les principaux caractères se voient dans le tableau suivant :

SQUILLIENS	ayant l'appendice latéral des pates thoraciques des trois dernières paires long, grêle et styliforme.	La griffe des pates ravisseuses lamelleuse et fortement dentée sur le bord interne.	SQUILLES proprement dites.
		La griffe des pates ravisseuses renflée, et peu ou point dentelée sur le bord préhensile.	GONODACTYLES.
	ayant l'appendice latéral des six dernières pates thoraciques en formé de lame membraneuse presque orbiculaire.		CORONIS.

(1) *Voyez* à ce sujet les observations de M. Duvernoy, Ann. des sc. nat. 2e. série, t. VII, p. 248.

Genre SQUILLE. — *Squilla* (1).

Les Squilles proprement dites sont probablement plus carnassières que les autres Crustacés de cette tribu, car elles sont pourvues d'armes offensives bien plus puissantes. La griffe qui termine leurs pates ravisseuses a la forme d'une lame de faux, dont le bord tranchant serait garni de longues dents pointues, et serait reçu dans une rainure du bord correspondant de la main (Pl. 26, fig. 11, *h.*); celle-ci est également comprimée et en général armée d'épines sur son bord préhensile. Les pates thoraciques des trois dernières paires portent un appendice grêle, cylindrique et alongé, qui représente le palpe (fig. 11, *n.*). Enfin le corps est en général plus svelte et plus rétréci derrière la carapace que chez les autres Squilliens.

On connaît un nombre assez considérable de Squilles. Ces Crustacés se montrent jusque dans la Manche, mais ne sont abondans que dans les mers des régions chaudes; ils se tiennent en général éloignés des côtes, et à des profondeurs assez considérables. Leurs fausses pates abdominales sont continuellement en mouvement, et ils nagent avec une grande vitesse en frappant l'eau de leur puissante queue.

Les principales différences qui se remarquent chez ces animaux conduisent à les diviser en deux groupes; mais ne nous paraissent pas assez importans pour servir de base à des divisions génériques; nous nous bornerons par conséquent à les distribuer en deux sous-genres qu'on peut distinguer à l'aide des caractères suivans :

---

(1) *Squilla*, Rondelet. — Aldrovande, Rumph, Seba. — *Cancer*, Linn. Herbst. — *Squilla*, Fabricius, Latreille, Bosc, Lamarck, Leach, Desmarest, Roux, etc.

SQUILLES	ayant le corps svelte, et rétréci au milieu, et la carapace courte, élargie en arrière, et laissant à découvert les trois ou quatre derniers anneaux thoraciques.	SQUILLES FINES-TAILLES.
	ayant le corps trapu et sans rétrécissement notable vers le milieu, et la carapace, peu ou point élargie en arrière, et se prolongeant au-dessus de l'antépénultième anneau thoracique.	SQUILLES TRAPUES.

SOUS-GENRE DES SQUILLES FINES-TAILLES.

Les espèces que nous réunissons dans cette division sont remarquables par le rétrécissement de la portion postérieure de leur thorax et l'élargissement graduel de l'abdomen. La carapace, élargie en arrière, atteint à peine le bord antérieur de l'anneau thoracique (1) qui précède les trois derniers segmens pourvus de pates. La plaque rostrale ne recouvre presque jamais l'anneau ophthalmique. Enfin le dernier segment de l'abdomen n'est jamais garni d'épines marginales mobiles.

§ *Espèces dont l'abdomen ne présente en dessus ni des crêtes ni de gros tubercules, et a son dernier segment une fois et demie aussi large que long, arrondi et à peine dentelé.*

1. SQUILLE MACULÉE. — *S. maculata* (2).
(Pl. 26, fig. 11.)

Carapace ovalaire, très-large, un peu plus étroite en avant qu'en arrière, et sans crêtes longitudinales. Lame rostrale cordi-

(1) *j*, fig. 11, Pl. 26.

(2) *Squilla arenaria*, Rumph, tab. 4, fig. E. — *Cancer (mantis), arenarius*, Herbst, t. II, p. 96, Pl. 33, fig. 2. — Latreille, Encycl. t. X, p. 470, Pl. 323. — *Squilla maculatus*, Lamarck, Hist. des anim. sans vert. t. V, p. 188. — Desmarest, Consid. sur les Crust. p. 250.

forme et très-pointue. Antennes internes très-courtes, leur second article dépassant à peine les yeux, et le troisième guères plus long que le second. Pates ravisseuses très-grandes ; leur pénultième article ayant son bord interne très-finement denticulé, et armé à sa base de quatre épines mobiles ; la griffe armée de neuf ou de dix dents. Les premiers anneaux qui suivent la carapace très-étroits, les autres s'élargissant graduellement jusque vers l'antépénultième anneau de l'abdomen. Septième segment arrondi, et armé sur le bord postérieur, de trois petites dentelures obtuses de chaque côté d'une petite échancrure médiane. Lame interne des appendices latéraux de la nageoire caudale ovalaire, plus grande que la lame externe, et dépassant la grande épine de l'article basilaire. Longueur, 10 ou 12 pouces. Couleur jaunâtre, avec trois bandes bleuâtres sur la carapace et une bande transversale semblable sur l'articulation des anneaux de l'abdomen.

Habite les mers d'Asie. (C. M.)

2. Squille rubannée. — *S. vittata* (1).

Espèce extrêmement voisine de la S. maculée, mais qui s'en distingue par le nombre des *dents des griffes, qui est de cinq ou de six seulement.* Les bandes bleues sont plus larges et indistinctement divisées en trois portions, une médiane et deux latérales.

La Squille glabriuscule de Lamarck (2) me paraît être la même que la précédente.

3. Squille a queue rude. — *S. scabricauda* (3).

Espèce très-voisine de la S. maculée, mais dont les deux derniers anneaux de l'abdomen sont finement granulés ; une rangée

---

(1) Latreille, Collect. du Muséum.

(2) Lamarck, Hist. des anim. sans vertèbres, t. V, p. 188. — Latreille, Encyclop. t. X, p. 470.

(3) *Tamaru guacu*, Marcgrave. — *Galera*, Parra, Descript. etc. Pl. 54, fig. 3. — *Squilla scabricauda*, Latreille, Encyclop. t. X, p. 471. Pl. 325, fig. 1. — Lamarck, Hist. des anim. sans vert. t. V, p. 118. — Consid. sur les Crust. p. 251, Pl. 42.

de petites épines sur le bord postérieur de l'antépénultième anneau, et une rangée de pointes encore plus petites sur le bord postérieur de l'anneau suivant. Septième segment garni en dessus d'une espèce d'écusson alongé, et armé sur le fond postérieur, de trois dents grosses et obtuses. Longueur, environ 8 pouces.

Habite les mers des Antilles.

§ *Espèces dont l'abdomen présente en dessus plusieurs crêtes longitudinales, ou de gros tubercules alongés, et a son dernier segment en général à peu près aussi long que large.*

* *Plaque rostrale ne recouvrant pas l'anneau ophthalmique.*

4. Squille mante. — *S. mantis* (1).

Carapace très-élargie, et alongée postérieurement; ses angles antérieurs spiniformes, mais peu saillans, et n'atteignant pas le niveau du bord qui sépare la carapace de la plaque frontale. Sur la face supérieure de ce bouclier une crête médiane qui se bifurque en avant, et se termine en arrière par un petit tubercule qui ne dépasse pas le bord postérieur. Sillons qui séparent la portion médiane de la carapace des régions latérales très-profonds; ces dernières régions, garnies chacune de deux lignes longitudinales saillantes, dont l'intérieure est interrompue par un espace lisse vers son tiers postérieur. *Point d'échancrures vers l'angle postérieur de la carapace; portion médiane de son bord postérieur droit.* Plaque frontale obtuse. Griffes armées de six dents, y compris la pointe terminale; bord préhensile de la main finement denticulé, et

---

(1) *Ciada*, Belon, de aquatilibus, chap. 3, p. 353. — *Squilla mantis*, Rondelet, Poissons, t. II, p. 397. — Aldrovande, de Crustaceis, p. 158. — Gesner, de aquatilibus, p. 908 — Degeer, Mem. pour servir à l'hist. des Insectes, t. VII, p. 533, Pl. 34, fig. 1-10. — *Cancer* (*mantis*) *digitalis*, Herbst, t. II, p. 92, Pl. 33, fig. 1. — Latreille, Hist. des Crust. t. VI, p. 278, Pl. 55, fig. 3. — Encyc. t. X, p. 471, Pl. 295, fig. 1 et 7, Pl. 324. — Règne anim. t. IV, p. 108, etc. Lamarck, Hist. des anim. sans vert. t. V, p. 118 (en excluant la variété B). — Desmarest, Consid. sur les Crust. p. 250, Pl. 41, fig. 2. — Risso, Hist. nat. de l'Eur. mérid. t. V, p. 85.

Linné confond cette espèce avec la S. maculée, etc.

garni vers sa base de trois grandes épines mobiles. Abdomen s'élargissant vers le bout, et présentant en dessus *huit rangées longitudinales de petites crêtes saillantes* (y compris celles formées par les bords latéraux de l'arceau dorsal), dont les deux supérieures sont très-près de la ligne médiane; vers la partie postérieure de l'abdomen chacune de ces petites crêtes se termine par une épine dirigée en arrière. Dernier segment abdominal plus long que large, garni en dessus d'une crête médiane qui se termine postérieurement par une petite pointe, et entouré d'une sorte de bordure tuberculeuse formée par la base renflée d'un grand nombre de dents marginales, dont trois paires sont très-grandes et aiguës; trois paires de denticules entre l'échancrure marginale médiane et la paire postérieure de ces grandes dents; neuf ou dix denticules arrondies entre chacune de celles-ci et la grande dent latéro-postérieure; une petite denticule entre la base de cette dernière et la grande dent suivante; enfin une grande dent obtuse entre cette dernière et l'angle latéro-antérieur. Un grand nombre de petites dépressions rangées par lignes courbes qui se dirigent de la crête médiane vers la bordure sur la face supérieure de ce segment. Enfin le prolongement lamelleux de l'article basilaire des appendices latéraux de la nageoire caudale dépasse la lame ovalaire interne, et se termine par deux cornes pointues. Le premier article de la branche externe de ces appendices est grand, et armé sur le bord externe d'environ neuf épines, dont les dernières grandes et mobiles; et le dernier article de cette branche est à peu près de même longueur que l'article précédent. Couleur, gris jaunâtre très-pâle. Longueur, environ 6 ou 7 pouces.

Habite la Méditerranée. (C. M.)

5. Squille armée. — *S. armata.*

Cette espèce est extrêmement voisine de la S. mante, dont elle se distingue par l'absence de crêtes sur la carapace, et par l'existence de deux dents spiniformes sur la face supérieure de l'anneau ophthalmique. Les griffes ont sept dents. Longueur, 3 pouces et demi.

Habite les côtes du Chili, (C. M.)

6. Squille nèpe. — *S. nepa* (1).

Espèce extrêmement voisine de la Squille mante. Plaque rostrale semi-ovalaire ; carapace très-retirée en avant, élargie et arrondie en arrière, et garnie en dessus de cinq crêtes longitudinales (une médiane, et de chaque côté deux branchiales) ; ses angles latéro-antérieurs spiniformes et très-avancés, dépassant la portion médiane du bord frontal. *Son bord postérieur, garni d'une dent médiane dirigée en arrière et de forme triangulaire.* Abdomen et pates chéliformes comme dans la Squille mante, si ce n'est que la griffe est plus courte, un peu coudée et armée de six dents. Longueur 3 pouces.

Habite les côtes de l'Inde et du Chili. (C. M.)

7. Squille scorpion. — *S. scorpion* (2).

Cette espèce, très-voisine de la précédente, s'en distingue par la disposition de l'abdomen ; les deux crêtes dorsales sont à peine marquées ; le pénultième anneau est garni en dessus de six éminences arrondies, qui ressemblent à de gros tubercules alongés plutôt qu'à des crêtes. La crête médiane du dernier segment est très-grosse et obtuse ; les six grosses dents marginales sont surmontées chacune d'un renflement pyriforme et obtus ; *enfin il n'existe que quatre petites dentelures entre les grosses dents moyennes, et trois ou quatre dentelures entre chacune de celle-ci et les suivantes.* Il est aussi à noter que la portion médiane du bord postérieur de la carace est droite et dépourvue de dents, et que les griffes ne sont armées que de cinq dents. Longueur, 2 pouces et demi.

Habite les côtes de l'Inde. (C. M.)

8. Squille douteuse. — *S. dubia.*

Cette Squille a la plus grande ressemblance avec la précedente,

(1) Latreille, Encyclop. méthodique, t. X, p. 471.

(2) Latreille, Encyclop. t. X, p. 472.

et n'en est peut-être qu'une variété ; elle s'en distingue néanmoins par sa carapace plus rétrécie en avant, les crêtes abdominales plus fortes, et surtout par le nombre des dents des griffes, qui est ici de six. Longueur, 4 pouces.

Habite les côtes d'Amérique. (C. M.)

9. Squille microphthalme. — *S. microphthalma.*

Forme générale à peu près la même que celle de la S. scorpion ; seulement la carapace est plus rétrécie antérieurement, et les crêtes longitudinales de l'abdomen sont à peine visibles. La plaque rostrale est plus alongée et plane. Les *pédoncules oculaires*, au lieu d'être plus larges à leur extrémité qu'à leur base, *sont retenus vers le bout*, et la cornée transparente est presque hémisphérique. Les griffes sont armées de quatre dents, et la main conformée comme dans la S. scorpion. Le dernier segment de l'abdomen est très-bombé, beaucoup plus large que long, garni en dessus d'une crête médiane obtuse, d'un grand nombre de petits tubercules arrondis. Enfin, les grosses dents de son bord postérieur sont à peine saillantes. Longueur, 2 pouces et demi.

Habite les côtes de l'Inde. (C. M.)

La *Squilla ichneumon* (1) de Fabricius paraît être semblable à l'espèce précédente.

10. Squille de Desmarest. — *S. Desmarestii* (2).
(Pl. 1, fig. 1.)

Carapace moins rétrécie en avant que chez la S. mante, et offrant à peine quelques traces de crêtes longitudinales. Plaque rostrale alongée et arrondie antérieurement. Yeux, antennes et

(1) *Squilla mantis*, Fabricius, Suppl. p. 416. Bosc, p. 122.

(2) Risso, Crustacés de Nice, p. 114, Pl. 2, fig. 8, et Hist. nat. de l'Europe méridionale, t. V, p. 86. — Lamarck, Hist. des anim. sans vert. t. V, p. 188. — Desmarest, Considérations sur les Crustacés, p. 251. — Latreille, Encyclop. t. X, p. 471. — Roux, Crustacés de la Méditerranée, Pl. 40.

pates comme chez la S. mante, si ce n'est que la griffe n'est armée que de cinq dents. *Abdomen lisse et bombé au milieu* (excepté vers le bout), et présentant de chaque côté trois crêtes longitudinales. Les deux derniers segmens de l'abdomen conformés comme chez la S. mante, si ce n'est que les petites dentelures marginales sont plus fines et très-aiguës. Longueur, environ 3 pouces et demi. Couleur jaunâtre, piquetée de brun, quelquefois d'un rose tendre. Longueur, 4 pouces.

Habite la Méditerranée et la Manche. (C. M.)

11. Squille raphidienne. — *S. raphidea* (1).

Cette espèce, qui ressemble beaucoup à la S. mante, mais est plus alongée, se distingue de toutes les autres Squilles connues par la forme de la carapace, dont *le bord latéral, au lieu d'être régulièrement arrondi en arrière ou droit, présente au devant de l'angle postérieur une échancrure très-large, précédée d'une dent triangulaire.* Le bord postérieur de ce bouclier est concave, et dépourvu de dent médiane ; les angles antérieurs sont spiniformes, mais beaucoup moins saillans que le front ; sa face supérieure est garnie de crêtes longitudinales ; enfin la plaque rostrale est très-longue et graduellement rétrécie en pointe. Les pates ravisseuses sont très-aplaties ; le bord supérieur de la main est armé, dans toute sa longueur, de longues épines immobiles, séparées entre elles par une ou deux épines plus petites ; et la griffe est armée de huit longues dents. La forme de l'abdomen est à peu près la même que chez la Squille mante, si ce n'est que le dernier anneau est garni d'une bordure renflée. Longueur, environ 8 pouces.

Habite les mers de l'Inde. (C. M.)

(1) *Squilla arenaria*, Seba, Thes. t. III, p. 50, Pl. 20, fig. 2. — *Squilla raphidea*, Fabricius, Supplém p. 416. — Bosc, t. II, p. 122. — *Squilla mantis*, Var. B. Lamarck, Hist. des anim. sans vert. t. V, p 187. — *Squilla raphidea*, Latreille, Encyclop. t. X, p. 471, et *S. mantis*, ejusdem, atlas, Pl. 324.

La *Squilla empusa* de Say (1) paraît se rapprocher de cette espèce par la forme de la carapace qui « présente de chaque côté un angle bien distinct au devant de sa terminaison arrondie »; mais ressemble, par le reste de sa conformation, à la S. mante.

** *Plaque rostrale cachant en entier l'anneau ophthalmique.*

12. Squille de Férussac. — *S. Ferussaci* (2).

Cette espèce se rapproche beaucoup de la Squille mante par sa forme générale; mais paraît se distinguer de toutes les espèces précédentes par la disposition de la lame rostrale, qui est très-large, et recouvre en entier l'anneau ophthalmique. La carapace est arrondie en arrière, et l'abdomen présente en dessus une crête médiane aussi bien que des crêtes latérales disposées comme chez la S. mante; caractère qui ne se voit pas dans les espèces précédentes. Le dernier segment de l'abdomen est armé de quatre paires de grandes dents marginales, entre lesquelles il n'y a point de denticules. Enfin la griffe mobile n'est armée que de trois dents. Longueur, 4 pouces. Couleur purpurine, lavée de verdâtre.

Habite les côtes de la Sicile.

La *Squilla phalangium* de Fabricius (3) paraît appartenir à cette subdivision; mais n'est que très-imparfaitement connue.

Sous-genre des Squilles trapues.

Le corps de ces Squilles est très-bombé, tout d'une venue, sans rétrécissement notable en arrière de la carapace. La portion postérieure du thorax est aussi large que l'abdomen, et la carapace arrive d'ordinaire jusque sur l'antépénultième anneau thoracique. La plaque rostrale recouvre

(1) Journ. of Sc. of Philadelphia, vol. I, p. 350.
(2) Roux, Crustacés de la Méditerranée, Pl. 28.
(3) Fabricius, Suppl. p. 415. — Latreille, Hist. des Crust. t. VI, p. 280.

en entier l'anneau ophthalmique. Enfin les deux dents postérieures du dernier anneau de l'abdomen portent, chacune à leur extrémité, une épine mobile.

13. Squille stylifère. — *S. stylifera* (1).

Carapace lisse et sans crêtes en dessus, ovalaire et sans rétrécissement notable en avant; plaque frontale, ovalaire transversalement. Antennes internes, grêles et extrêmement courtes (moins longues que les externes, leur second article dépassant à peine les yeux). Pates ravisseuses très-alongées et aplaties; bord interne de la main non dentelé, mais armé de deux ou trois épines mobiles; griffe grêle et armée de trois dents acérées. Abdomen bombé et lisse jusqu'à l'avant-dernier article, qui est armé de six dents spiniformes. Dernier segment de l'abdomen garni en dessus de sept crêtes minces, armé de chaque côté de deux fortes dents pointues, et de deux épines mobiles insérées près de la ligne médiane. Longueur, environ 3 pouces.

Habite l'Ile-de-France. (C. M.)

14. Squille narval. — *S. monoceros.*

Carapace lisse, rétrécie en avant et arrondie en arrière; les angles latéro-antérieurs obtus. Plaque rostrale très-large, et terminée en avant par une longue pointe aiguë qui dépasse les yeux. *Antennes internes très-grosses et excessivement longues*; leur pédoncule plus long que les pates ravisseuses. Celles-ci très-fortes; le bord interne de la main finement denticulé, et garni de quelques épines mobiles. Griffe garnie de trois dents, dont deux très-courtes, et présentant à la base de son bord externe un tubercule saillant. Pénultième anneau de l'abdomen bosselé; dernier segment garni d'onze crêtes obtuses et de huit dents obtuses, dont les deux mé-

(1) Lamarck, Hist. des anim. sans vertèbres, t. V, p. 189. — — Latreille, Encyclop. t. X, p. 472. — Guérin, Iconogr. Crust. Pl. 24, fig. 1. — Latreille pense que le *Squilla ciliata* de Fabricius (Suppl. p. 417) pourrait bien être la même que celle-ci.

dianes portent chacune à leur extrémité une petite épine mobile. Longueur, environ 5 pouces. Couleur verdâtre.

Habite les côtes du Chili. (C. M.)

15. Squille de Cerisy. — *S. Cerisii* (1).

Cette espèce est extrêmement voisine de la précédente, mais cependant se rapproche davantage des Squilles fines-tailles, car le corps est notablement rétréci en arrière de la carapace, et le bord de celle-ci n'arrive pas sur l'antipénultième anneau thoracique. Du reste, elle se distingue de la S. narval par sa carapace beaucoup plus retirée en avant, par ses antennes internes médiocres, et dont le pédoncule est moins long que les antennes externes, par l'acuité des dents du dernier segment abdominal, etc. Longueur, 3 à 4 pouces.

Habite la Méditerranée. (C. M.)

La Squilla Lessonii, dont M. Guérin a donné une figure dans la partie zoologique du voyage du capitaine Duperrey (2); mais dont la description n'est pas encore publiée, est intermédiaire entre les deux espèces précédentes : elle ne paraît même différer de notre Squille narval que parce que ses antennes internes sont beaucoup plus petites, et que sa carapace est plus courte et plus large en avant; peut-être n'en est-ce qu'une variété. Dans une publication récente (3), M. Guérin émet l'opinion que cette Squille, trouvée dans les mers de l'Australasie, est de la même espèce que celle découverte dans la Méditerranée par M. Roux, et nommée Squille de Cerisy; mais nous doutons beaucoup de l'exactitude de ce rapprochement.

---

(1) Roux, Crust. de la Méditerranée, Pl. 5.—*Squilla Broadbenti*, Cocco, Descrizion di alcui Crust. di Messina, Giorn. di scienze di Sicilia, nov. 1833, Pl. 3, fig. 2.

(2) Voyage de la Coquille, Crustacés, Pl. 4, fig. 1.

(3) Expédition scientifique de Morée, par M. Bory Saint-Vincent.

[GENRE GONODACTYLE. — *Gonodactylus* (1).

Les Squilliens, dont Latreille a formé le genre Gonodactyle, ressemblent extrêmement aux Squilles trapus ; le principal caractère qui les en distingue consiste dans le mode de conformation de leurs pates ravisseuses. Le dernier article de ces organes, au lieu d'avoir la forme d'une griffe lamelleuse et fortement dentelée, est droit, styliforme, plus ou moins renflé à sa base, et ne présente au plus que des vestiges de dents sur son bord préhensile, qui est élargi (Pl. 27, fig. 9). En général, le renflement de la portion basilaire de cet article est très-considérable, et suffit pour faire reconnaître ces Crustacés au premier coup d'œil.

Nous ne savons rien sur les mœurs des Gonodactyles.

* *Plaque rostrale armée sur la ligne médiane d'une longue dent spiniforme.*

1. GONODACTYLE GOUTTEUX. — *G. chiragra* (2).

Carapace alongée, à bords latéraux, droits et parallèles. Plaque rostrale quadrangulaire, armée d'une grosse dent médiane, spiniforme, et recouvrant l'anneau ophthalmique. Yeux pyriformes. Doigt des pates ravisseuses très-renflé à sa base, légèrement courbé au bout, et dépourvu de dents sur son bord interne. Tarses des pates des trois dernières paires lamelleux, mais étroits. Abdomen lisse, un peu rebordé latéralement, son dernier article surmonté de six gros tubercules alongés, et son dernier segment

(1) *Squilla*, Fabricius, Latreille, Lamarck, Desmarest, etc. — *Gonodactyle*, Latreille, Encyclop. t. X ; Règne anim. t. IV, etc.

(2) *Mantis marina barbadensis*, Petiver, Petrigraphia americana, tab. 20, fig. 10. — *Squilla chiragra*, Fabricius, Supplém. Entom. syst. p. — *Cancer chiragrus*, Herbst, t. II, p. 100, Pl. 34, fig. 2. — *Squilla chiragra*, Desmarest, Consid. p. 251, Pl. 43. — *Gonodactylus chiragrus*, Latreille, Encyclopédie méthod. t. X, p. 473, Pl. 325, fig. 2.

renflé en dessus, portant trois ou cinq tubercules alongés, très-arrondis, et armé de dents marginales, courtes, larges et renflées. Dernier article de la branche externe des appendices du sixième anneau extrêmement petit; l'article précédent long, et armé en dehors d'épines triangulaires très-courtes. Longueur, environ 3 pouces et demi.

Cette espèce paraît habiter toutes les mers des pays chauds; le Muséum en a reçu de la Méditerranée, des côtes de l'Amérique, des îles Séchelles, de Trinquemalay et de Tongatabou; du moins je n'ai pu découvrir aucune particularité constante pour distinguer entre eux les individus venant de ces parages éloignés.

** *Plaque rostrale arrondie, ou à peine pointue en avant.*

2. Gonodactyle scyllare. — *G. scyllarus* (1).

Carapace presque carrée, et s'étendant jusque sur l'antépénultième anneau du thorax; plaque rostrale beaucoup plus large que longue, et recouvrant en entier l'anneau ophthalmique. Yeux courts et sphériques. Griffe extrêmement renflée à sa base, et armée en dedans de deux petites dents. Tarses des pates des trois dernières paires styliformes. Abdomen offrant sur les côtés des vestiges de crêtes latérales, et ayant les angles latéro-postérieurs des quatrième, cinquième et sixième anneaux spiniformes; ce dernier anneau, garni de quatre ou cinq paires de tubercules alongées ou de crêtes obtuses, dont trois terminées par des épines. Dernier segment portant une crête médiane très-élevée, et terminée par une pointe acérée de chaque côté de laquelle se voient trois crêtes obtuses. Les dents marginales très-larges, acérées, et garnies en dessus d'une crête longitudinale arrondie. Pénultième article de la branche externe des appendices du sixième anneau très-long, armé sur le bord externe d'une

(1) *Squilla lutaria*, Rumph, Amb. Pl. 3, fig. F. — *Squilla arenaria*, Seba, T. III, Pl. 2, fig. 6. — *Cancer mirabilis*, Lin. Mus. — *Squilla scyllarus*, Fabricius, Supplém. p. 416. —*Cancer (mantis) scyllarus*, Herbst, t. II, p. 99, Pl. 34, fig. 1. — *Squilla scyllarus*, Lamarck, Hist. des anim. sans vert. t. V, p. 189. — *Gonodactylus scyllarus*, Latreille, Encyclop. t. X, p. 472.

rangée d'épines très-longues et lamelleuses, qui à leur base se recouvrent les unes et les autres. Le dernier article médiocre, aussi large que long. Longueur, environ 4 pouces et demi.

Habite les mers de l'Inde et les côtes de l'Ile-de-France. (C. M.)

3. Gonodactyle stylifère. — *G. styliferus*.
(P. 27, fig. 9-14.)

Carapace courte et beaucoup plus large en arrière qu'en avant. *Plaque rostrale étroite, alongée*, et atteignant à peine l'anneau ophthalmique. Yeux alongés et pyriformes. Griffe des pates ravisseuses, à peine dilatée à sa base. Tarses des pates des trois dernières paires lamelleux et très-larges. Abdomen lisse; les angles latéro-postérieurs de tous les anneaux arrondis. Pénultième anneau garni de crêtes obtuses, à peu près comme dans l'espèce précédente, mais sans épines. Septième segment très-large, et garni en dessus de trois crêtes obtuses, à peu près également élevées, et très-écartées entre elles. Les dents marginales grosses et renflées. Avant-dernier article de la branche externe des appendices du sixième anneau très-court, et armé d'épines médiocres; l'article suivant grand, et beaucoup plus long que large. Longueur, environ 5 pouces.

Habite les côtes du Chili. (C. M.)

Genre CORONIDE. — *Coronis* (1).

Les Crustacés auxquels Latreille a donné ce nom ne nous semblent pas différer des Squilles proprement dites par des caractères assez importans pour autoriser leur séparation générique; mais comme nous n'avons pas eu l'occasion de les observer par nous-même, et que nous ne pouvons en juger que par le peu de mots qu'en a dit Latreille, et par une figure publiée récemment par M. Guérin, nous nous abstiendrons de toute innovation à cet égard, et nous continuerons à conserver la division des Coronides au rang

(1) Latreille, Familles naturelles, p. 183; Encyclop. méthod. t. X, p. 474. — Règne anim. de Cuvier, t. IV, p. 109, et Cours d'entomologie p. 389.

des genres. Voici, du reste, les seuls caractères que Latreille y assigne (1) :

« Appendice latéral et postérieur du troisième article des six derniers pieds (les adactyles et thoraciques), en forme de lame (ou de palette) membraneuse, presqu'orbiculaire, et un peu rebordée. »

Coronide scolopendre. — *C. scolopendra* (2).

« Je n'ai vu, dit Latreille, qu'un seul individu, et en mauvais état, de ce Crustacé ; sa forme est plus étroite et plus déprimée que celle des Squilles. Ses antennes et ses pieds sont plus courts. Le corps est d'un brun foncé, généralement uni avec quelques petites lignes élevées en forme de stries fines et longitudinales, sur une dépression du milieu du dos de la plupart des segmens. Le bouclier du support antennaire est presque triangulaire et pointu au bout. Le dernier segment est presque carré, un peu tronqué obliquement à chaque extrémité latérale et postérieure, d'ailleurs entier et sans dentelures ni épines distinctes. Les deux serres sont blanchâtres et pointillées de brun. L'avant-dernier article, ou le poing est ovale ; caractère qui distingue encore ce genre des précédens, très-comprimé, mais en même temps un peu plus convexe sur l'une de ses faces, avec le bord interne garni de cils très-petits, nombreux, spinuliformes, et armé à sa base de trois à quatre épines mobiles. Le pouce ou la griffe est semblable à celui des Squilles, comprimé en faux, ou arqué, et m'a offert à son côté interne une douzaine de dents aiguës; celle qui termine est la plus forte. Ce Crustacé fait partie de la collection d'histoire naturelle, formée au Brésil par M. Delalande fils. Comme il a de grands rapports avec la Squille pieuse, *Squille eusebia* de M. Risso (1), je soupçonne qu'il a été pris surles côtes de l'île de Madère, où ce voyageur s'est arrêté quelques jours, et où il a pris divers animaux réunis ensuite avec ceux du Brésil (3). »

(1) Article Squille de l'Encyclop. méthodique, t. X, p. 474.

(2) Latreille, Encyclop. t. X, p. 474. — Guérin, Iconographie, Cuv. t. Pl. 24, fig. 2.

(3) Ce Crustacé curieux et unique qui appartenait au Muséum ne se trouve plus dans la collection de cet établissement, et il m'a été impossible d'avoir aucun renseignement sur ce qu'il était devenu.

ERRATA.

Page 202. Dans le tableau en tête de la page, substituez le mot ALBUNÉE à RÉMIPÈDE, et *vice versa*.

Page 212. Dans le tableau, au lieu de « dépassant de beaucoup le pédoncule des antennes internes, » lisez : dépassant de beaucoup le pédoncule des antennes *externes*.

www.ingramcontent.com/pod-product-compliance
Lightning Source LLC
LaVergne TN
LVHW010121230826
846091LV00001BA/106

* 9 7 8 2 3 2 9 3 9 0 4 6 8 *